教育部高等学校航空航天类专业教学指导委员会推荐教材

航空航天类专业应用型人才培养教材

现代燃气轮机燃烧技术

主　编　刘爱虢

副主编　曾　文　陈　雷

北京航空航天大学出版社

内 容 简 介

本书以现代燃气轮机燃烧技术为主要内容,系统地介绍了燃烧基本理论以及燃烧在现代燃气轮机上的应用。在燃烧的基础理论中,重点介绍了燃烧化学基础和物理学基础、气体燃料和液体燃料的物理特性及燃烧机理等内容,这些内容是学习燃烧技术需要掌握的基础内容。在燃气轮机燃烧技术中,重点介绍了燃气轮机燃烧室的结构组成及工作原理,燃气轮机燃烧室污染物形成机理及控制机理,现代先进燃气轮机低排放燃烧技术及燃烧室试验测试技术等内容,这些内容为应用内容,是与燃气轮机技术相关的专业内容。

本书既可以作为高等学校能源动力类、航空宇航类专业本科、专科高年级学生的教材,也可供相关专业研究生及从事燃气轮机研究、设计、试验、运行等工作的技术人员和管理人员阅读参考。

图书在版编目(CIP)数据

现代燃气轮机燃烧技术 / 刘爱虢主编. -- 北京 :
北京航空航天大学出版社,2023.11
ISBN 978 - 7 - 5124 - 4232 - 0

Ⅰ.①现… Ⅱ.①刘… Ⅲ.①燃气轮机-航空发动机
-航空发动机燃烧-高等学校-教材 Ⅳ.①V235.1

中国国家版本馆 CIP 数据核字(2023)第 223937 号

现代燃气轮机燃烧技术

主 编 刘爱虢
副主编 曾 文 陈 雷
策划编辑 周世婷 责任编辑 孙兴芳

*

北京航空航天大学出版社出版发行

北京市海淀区学院路 37 号(邮编 100191) http://www.buaapress.com.cn
发行部电话:(010)82317024 传真:(010)82328026
读者信箱:goodtextbook@126.com 邮购电话:(010)82316936
北京建宏印刷有限公司印装 各地书店经销

*

开本:787×1 092 1/16 印张:22.75 字数:582 千字
2023 年 11 月第 1 版 2023 年 11 月第 1 次印刷 印数:1 000 册
ISBN 978 - 7 - 5124 - 4232 - 0 定价:69.00 元

航空航天类专业应用型人才培养教材

编 委 会

前　　言

  燃气轮机是高端技术密集型产品,被誉为工业产品领域的"皇冠上的明珠",表征一个国家的工业技术水平。燃烧室是燃气轮机上重要的热端部件,在燃烧室内燃料与空气进行燃烧反应,完成从化学能到热能的转化。对燃烧现象及基本规律进行研究的科学即为燃烧学,涉及热力学、流体力学、化学动力学和传热学等多门学科。国内外有很多优秀的教材都系统深入地讲解了燃烧学的相关理论及应用,但这些教材或者是针对燃烧学的基本理论进行了讲解,内容全面而深刻;或者是在动力设备相关教材中对燃烧学进行了讲解,缺乏系统性;或者是在对燃烧基本理论讲解的基础上对燃烧学在热力、动力设备上的应用进行了广泛讲解,由于篇幅的限制,针对燃气轮机方面的燃烧学问题进行系统讲解的内容较少。我国通过对外合作引进了先进的燃气轮机技术,目前已经初步建立燃气轮机工业体系,但高温热端部件的核心技术仍由国外厂家掌握,我们要依靠自主创新才能掌握核心技术。在这种背景下,作者针对燃气轮机中的燃烧学问题编写了本书。本书根据高等院校能源与动力工程、飞行器动力工程等专业人才的培养要求,认真分析了燃气轮机燃烧技术相关课程的教学要求,系统简明地介绍了燃烧基本现象、燃烧理论及燃烧在现代燃气轮机中的应用,力求通俗易懂,简明扼要,尽量使用大量简单图表来说明问题。教材内容新颖,参考了大量国内外有关燃烧的教材和资料,在介绍了燃烧学基础理论的基础上融入了燃气轮机燃烧技术的前沿研究,体现了当前燃气轮机燃烧学发展中的新成就和新成果;同时,将理论性和工程性进行了紧密结合,以燃烧机理和燃烧现象为主线,在讲解基础理论知识的同时融入了工程实例,确保了教学内容的实用性。

  全书共8章,第1~4章为基础理论,具体包括第1章绪论,第2章燃烧化学基础,第3章燃烧物理学基础,以及第4章燃料与燃烧。基础理论部分的内容是各类与燃烧相关专业的通用内容,但考虑涉及的专业学时限制,只介绍了气体燃料和液体燃料的基础内容,未涉及固体燃料。该部分内容是在参考国内外相关燃烧学基础教材的基础上编写的,主要讲述的是燃烧的基础理论和基本现象,在数学处理上避免了烦琐数学公式的推导,力求简明、易懂,为后面应用部分打好基础。第5~8章为应用,具体包括第5章燃气轮机燃烧室,第6章燃气轮机燃烧室污染物及控制机理,第7章燃气轮机燃烧室低污染燃烧技术,以及第8章燃烧室试验。该部分内容是与现代燃气轮机燃烧技术相关的专业内容,主要讲述了现代燃气轮机燃烧室的结构特点、工作过程、主要性能及发展趋势,重点介绍了现代先进低排放燃烧室的技术特点及应用现状。本书以应用大量图片的方式,使学生能够深入浅出地理解燃气轮机燃烧室的工作过程及低污染燃烧技术的原理，能够深入理解及掌握与先进低排放燃烧室相关的基本原理、基本规律、技术现状及发展趋势，为其毕业后从事相关研究工作奠定基础。

本书由沈阳航空航天大学航空发动机学院组织本院教师编写而成。本书继承了原有同类教材的一些优点和精髓，并在此基础上根据本院教师长期积累的教学经验对教学内容进行了必要的精简和扩充。课程团队的王成军、刘凯、郑玮琳、秦瑞鸿、朱建勇、陈潇潇等对本书内容的选取提供了宝贵的建议，对本书的编写提供了支持，在此向他们表示衷心感谢。在本书的撰写过程中还参考了大量的图文及网络资料，在此谨对提供相关文献的作者深表感谢。同时感谢沈阳航空航天大学教务处、航空发动机学院、北京航空航天大学出版社对本书出版的大力支持。

由于作者水平有限，书中若有不妥之处，请广大读者批评指正。

编　者

2023 年 8 月

目　　录

第1章 绪 论

1.1 燃烧的定义及分类

1.1.1 燃烧的定义

燃烧一般是指可燃物和氧化剂之间发生的氧化反应,同时伴随着发光、放热等现象。《韦伯词典》提供了一个最基本的燃烧定义:产生热或同时产生光和热的快速氧化反应,也包括只伴随少量热没有光的慢速氧化反应。本书中,我们将燃烧的定义限定在快速反应的部分,因为绝大部分燃烧设备都属于这一范畴。

这一定义强调了化学反应在燃烧中固有的重要性,它也强调了燃烧为什么如此重要:燃烧将储存在化学键中的能量转变为热,并用于很多用途。但是,燃烧并不单纯是一个化学反应,其中还涉及流动、传热和传质等过程的综合作用,是一个复杂的物理化学过程。化学反应是燃烧过程中最主要的基本现象。在任何一个燃烧过程中,很少仅涉及一个化学反应,而是会同时发生许多化学反应。热量传递是燃烧过程中必然发生的物理现象。燃烧化学反应将提高火焰介质的温度,而且这些化学反应本身对温度的敏感性也很高。在燃烧所产生的火焰中,热量的传递不仅通过导热的方式来进行,有时也存在辐射,而且经常以由湍流涡旋运动而引起的热扩散来进行。传质现象广泛存在于燃烧过程中,传质过程包括两种类型:形成火焰部分或所有气体的对流传质、火焰中某些组分相对于其他组分的分子或湍流扩散。火焰中的气体流动可能是由火焰本身的流动所引起的,也可能是由于浮力作用而产生的。火焰中的炙热气体由于浮力效应而不断上升,从而卷吸较冷的气体来加以补充,结果就形成了气体的对流。燃烧中的扩散现象是由于火焰中气体组分浓度的显著差异而引起的。其中,因分子无规则热运动使火焰中气体组分由浓度较高处传递至浓度较低处的现象称为分子扩散;而在湍流火焰中,凭借气体质点的湍动来进行质量传递的现象称为湍流扩散。燃烧过程中的传质现象与流体的流动及其物理性质有关。

要形成强迫点火燃烧,可燃物、氧化剂和点火源三个要素缺一不可。一般情况下,凡是能与空气、氧气或者其他氧化剂发生剧烈氧化反应的物质,都称为可燃物质。可燃物质按其常温相态可分为气态、液态和固态三类,一般气态较容易燃烧,其次是液态,再次是固态。按组成的不同,可分为有机可燃物质和无机可燃物质两类,可燃物质大多为有机类,少数为无机类。凡是具有较强的氧化性能,能与可燃物发生氧化反应的物质都称为氧化剂。氧气是最常见的一种氧化剂,一般物质均能在空气中燃烧。点火源是指一种具有一定能量,能够引起可燃物燃烧的火源。点火源的作用是为燃烧提供一个初始能量,在该能量的激发下,可燃物与氧化剂发生剧烈的氧化反应,引起燃烧。

1.1.2 燃烧的分类

在自然界和工程中,燃烧现象的表现形式是十分丰富的,因此,燃烧分类的方法也有多种且是相互交叉的。通常可以按燃料相态分为气体、液体、固体燃料燃烧,按燃料和氧化剂是否预先混合分为预混燃烧和非预混燃烧,按化学反应传播的特性和方式分为非燃烧波和燃烧波,按是否有火焰分为有火焰燃烧和无火焰燃烧。图1-1列举了部分常见分类法。

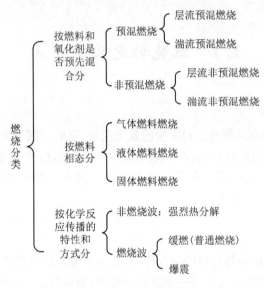

图1-1　燃烧分类

燃烧是化学反应、流动、传热和传质并存且相互作用的综合现象。在燃烧过程中,用燃料和空气的混合状态进行燃烧分类:燃料和氧化剂先混合再燃烧,称为预混燃烧;燃烧和混合同时发生,称为非预混燃烧。每种类型再依据流体是层流还是湍流进一步细分。

1. 气体燃料燃烧

气体燃料燃烧,既可以是预混的,也可以是非预混的,因为燃料和氧化剂都是气体,化学反应也是气相反应,故相对于液体燃料和固体燃料,气体燃料燃烧理论较为成熟。

预混气体燃烧,通常将预混可燃气体充入容器中,在某处点火,然后火焰在容器中传播,这就是预混火焰传播理论。也可以喷射燃烧,此时的重点是火焰稳定性问题。图1-2所示为典型的喷射燃烧,其中 v_u 为可燃混合气的流动速度,Φ 为当量比,θ 为锥形火焰半角。

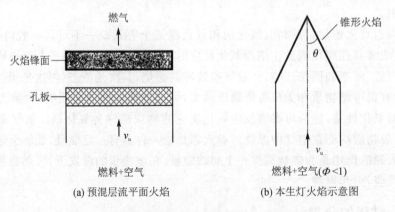

(a) 预混层流平面火焰　　　　　(b) 本生灯火焰示意图

图1-2　预混层流平面火焰和本生灯火焰示意图

非预混气体燃烧,也称为扩散燃烧,燃料和氧化剂在燃烧过程中混合。图 1-3 所示为两种常见的用于研究的火焰模式:逆流扩散火焰和顺流扩散火焰。通常将气体燃料作为射流,射入静止或流动的空气中。这就是气体射流燃烧理论。

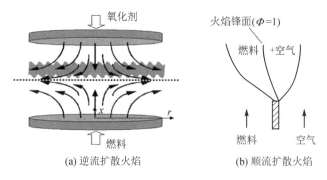

(a) 逆流扩散火焰　　　　　　　　(b) 顺流扩散火焰

图 1-3　逆流扩散火焰和顺流扩散火焰

相对于扩散燃烧,预混气体燃烧的优点是:火焰的长度容易控制,不容易产生炭黑;燃烧完全;燃烧产物的温度比较高,但要加一个混合装置。在燃气轮机上,为降低燃烧过程所产生的污染物,所发展出的贫燃预混合燃烧技术是预混燃烧应用的典型案例。而扩散燃烧有利于燃料的安全运输和安全存储,同时在燃烧过程中能保持较好的燃烧稳定性,传统的燃气轮机燃烧技术采用非预混燃烧技术,但由于这种燃烧技术所产生的污染物排放较高,不能达到环保要求,所以在新研制的燃气轮机中几乎不再采用。

2. 液体燃料燃烧

液体燃料必须汽化成气相后,才能与空气混合燃烧。因此,液体燃料燃烧比气体燃料燃烧多出液体蒸发环节。

汽化与燃烧宏观上同时进行,即液体燃料边汽化边燃烧,这就是液体燃料喷雾燃烧理论,其中包括单个液滴蒸发理论、液滴群蒸发理论等。传统燃气轮机使用液体燃料扩散燃烧时燃烧室内的燃烧即为这种燃烧方式。

注意,不能简单地将液体射流燃烧归结为非预混燃烧。对于柴油机,燃油喷入燃烧室初期要经过一个滞燃期才能燃烧。在滞燃期内,早期喷入燃烧室的液体燃料蒸发,但因温度未达到着火温度而未燃烧,只进行了燃气与空气的混合,这部分燃烧,属于预混燃烧。只有在发生燃烧后喷入液态燃料,才属于非预混燃烧。对于燃气轮机,为达到低污染排放要求,在液体燃料燃烧之前在燃烧室内通常采用预混装置,将液体燃料与空气均匀混合后再进入主燃烧区进行燃烧,这就是液体燃料的贫燃料预混预蒸发燃烧技术。

3. 固体燃料燃烧

在实际燃烧装置中,固体燃料燃烧比液体燃料燃烧更为复杂。以煤为例,煤的燃烧过程为:煤被加热→煤粒表面上和渗在缝隙里的水分蒸发逸出→有机质热分解并燃烧→固体焦炭燃烧。因此,煤燃烧中包括热分解理论、煤粉燃烧理论、煤的层燃理论、沸腾燃烧理论等。鉴于固体燃料的特点,目前在燃气轮机上直接使用固体燃料的案例较少。可以采用汽化或液化技术,将固体燃料转化为气体燃料或液体燃料,以便在燃气轮机上使用。对于我国这种燃煤大国,该项技术具有重要意义。

燃烧过程中,按照化学反应传播方式又分为强烈热分解、缓燃和爆震。在强烈热分解中,化学反应在整个物质内部展开,燃烧速率与环境温度有关,当温度升高时,燃烧速率加快。当环境温度很高时,就会立刻爆炸。缓燃和爆震与强烈热分解不同,化学反应不是在整个物质内部展开,而是从某个局部开始,并以燃烧波的形式,按一定速率一层一层地自行传播。化学反应波阵面很薄,化学反应就是在很薄的波阵面内进行并完成。缓燃又称为普通燃烧,燃烧产生的能量通过热传导、热扩散及热辐射作用传入未燃混合气,然后逐层加热、逐层燃烧。爆震过程是通过冲击波对可爆震混合物的一层层强烈冲击压缩作用使其发生高速化学反应。爆震波是一种超声速燃烧波。爆震威力大,有巨大的破坏作用,因此,在内燃机、工业灾害中,要力求防止爆震波的产生。爆震燃烧的优点是火焰传播速率快,在燃烧过程中可以同时实现对工质的增压,该技术在航空发动机上应用的研究已开展多年。

1.2　燃烧的应用

燃烧是一门人类最古老的技术,火是人类最早发现和应用的现象之一。燃烧在生产中的应用在古代的中国遥遥领先于欧洲。早在新石器时代和仰韶文化时期,中国已用窑炉烧制陶器,宋代已经出现了喷气发动机的雏形——用燃烧产物推动的走马灯。近代从 17 世纪的产业革命蒸汽机的出现和 18 世纪内燃机的出现,到 20 世纪 40 年代的航空和航天技术的发展和 20 世纪 70 年代的能源危机,促进了燃烧技术的大发展。目前,燃烧学仍然是一门正在发展中的科学,其涉及的领域比较广泛,包括能源、航空航天、环境工程和火灾防治等多个领域,各方面都仍然存在许多有待解决的重大问题,如高强度的燃烧、燃烧污染物的排放和控制、火灾发生机理与防治方法等。

燃烧是能源利用的一种主要形式,燃烧过程的基础理论、污染物防治和燃烧技术在国民经济和国防工业的各个行业都有着广泛的应用,随着经济的迅猛发展,燃烧学和燃烧技术也得到广泛应用,燃烧领域的新成果、新技术不断涌现。

1.2.1　在民用燃烧技术中的应用

据统计,目前世界上大约 85％的能量供应都是由燃烧生成的,燃烧是目前日常生活和工业生产中一种最基本也是应用最广泛的能量转换方式。随着现代工业的发展,人类越来越倚重于能源,而对能源的利用又多是通过燃烧方式实现的。虽然核能、太阳能、风能等可再生能源正在被人们积极开发利用,但是,在今后一个相当长的时期,燃料燃烧仍然是动力生产的主要来源。在生活方面,我们的衣食住行均离不开燃烧。舒适的生活环境若不是直接来自燃烧,就是间接地来自矿物燃料燃烧所产生的电能。各种交通工具中的发动机的动力来源也是固体、液体或气体燃料的燃烧。在工业方面,如钢、铁、有色金属、玻璃、陶器和水泥等工程材料的生产过程,石油炼制、化肥生产、炼焦生产等加工过程中都伴有燃烧现象。

1.2.2　在航空航天高强度燃烧技术中的应用

随着科技的进步,燃烧科学也要不断地发展,而且当代社会对燃烧科学也提出了更高的要求。航空航天动力装置中的燃烧是燃料燃烧化学反应、湍流流动、传热传质共同作用的多相、多尺度、多组分的复杂物理化学过程,涉及喷雾、流动、混合、着火、燃烧、火焰传播等,涵盖化学动力学、流体力学、热力学、传热传质学等多学科科学问题。对于从事航空航天动力领域的研究者来说,要求燃烧不断强化且处于更高的能量利用水平,这就是所谓的高能或高温、高压、高速(超声速)、强湍流、强旋流等条件下的燃烧。

近年来,除了更进一步继续挖掘现有飞行器动力装置中燃烧热能的潜力之外,随着航空航天动力向更高、更快、更远的方向发展,必须开拓一些新型燃烧模式的动力装置,如基于超声速燃烧和脉冲爆震燃烧的飞行器动力装置。

1.2.3 在环境污染和火灾防治领域中的应用

燃烧中存在的有害物质,在燃烧过程中会散发出来,包括烟尘、灰粒、碳粒、氮氧化物、硫氧化物、一氧化碳和二氧化碳等,同时还伴随着噪声、臭味、未燃尽的碳氢化合物以及微量有害元素等。这些排放物会污染环境,是目前影响全球环境的酸雨、"温室效应"等的来源,危害着人类和动植物的健康和生长,甚至破坏整个生态环境的平衡。除此之外,还有各种各样的火灾。因此,研究清洁燃烧技术,控制污染物排放,预防和减少火灾,已成为目前燃烧学方面需要研究的重要课题。

1.2.4 在燃气轮机中的应用

燃气轮机是一种将燃料燃烧产生的热能直接转换成机械功并对外输出的回转式动力机械。图 1-4 所示为燃气轮机的结构。现代燃气轮机由压气机、燃烧室和透平组成,其中燃烧室是重要的能量转化设备,将燃料的化学能转化为热力学能,燃烧过程发生在燃烧室内。在燃气轮机工作时,空气通过进气道连续不断地被吸入压气机并压缩,压力升高,接着进入燃烧室中与喷入的燃料混合燃烧,所形成的高温高压燃气再进入透平中,推动叶轮高速旋转。

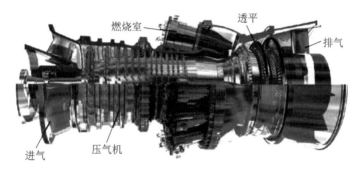

图 1-4 燃气轮机的结构

燃气轮机的燃烧设备是燃烧室,它将喷入的燃料与压缩空气混合燃烧形成高温燃气,通常采用高温耐热合金制作。现代燃气轮机燃烧室按照基本结构形式可分为圆筒型燃烧室、分管型燃烧室、环管型燃烧室和环型燃烧室等形式。按照空气、燃气流在燃烧室中流动方向的不同,燃气轮机燃烧室可分为逆流式(回流式)和顺流式(直流式)等形式。按照燃烧方式的不同,燃气轮机燃烧室可分为扩散燃烧和预混燃烧等基本形式。从结构上看,燃气轮机燃烧室主要由火焰筒、火焰稳定器、燃料喷嘴、点火器、外壳、联焰管等部件组成。其中,火焰筒是实现燃料燃烧和燃气掺混的空间,是燃烧室的关键部件。按照使用燃料的不同,燃料喷嘴可分为液体燃料喷嘴、气体燃料喷嘴和双燃料喷嘴三种。双燃料喷嘴分别具有气体、液体燃料各自的喷口,可以只烧天然气或燃油,也可以在天然气供应不足时与燃油混烧。

从设计的角度讲,燃气轮机燃烧室的出口温度越高,整个燃气轮机的效率和比功率就越高,这就需要燃气轮机燃烧室在有限的空间内保证提供工质所需要的高温,同时维持工质的压力不变。从应用的角度看,一台运行中的燃气轮机要适应外部负荷需求的变化,最基本的调节手段就是改变燃烧室的燃料供应量。这就要求燃烧室在负荷变动时能保证稳定燃烧。对燃气轮机燃烧技术的研究,主要是围绕这两个核心问题展开的。

1.3 燃烧学的特点及研究方法

1.3.1 燃烧学的特点

燃烧学是工程热物理学科体系最大的一个分支,是一门研究燃烧现象及其基本规律的学科,其通过实验研究、理论分析和数值模拟计算了解燃烧现象的本质、主要影响因素及发展变化规律。它涉及热力学、化学动力学、流体力学、传热传质学、数学、计算机等诸多学科,是一门内容丰富且实用性很强的学科。

化石能源的燃烧为当今世界提供了超过85%的能源供应,而化石能源急剧上升的消耗量和有限的存储量之间却已经产生了严重的矛盾。由于新型能源技术尚有待发展,在可预测的未来数十年内,通过化石能源燃烧提供动力或热源的格局仍然不会有大的改变。因此,优化现有燃烧器、发展新型燃烧技术、提高燃烧效率是目前最为有效的节能手段中的几项。

燃烧会产生大量的污染物,是目前主要的大气污染来源,给全球环境和人类健康均造成了严重危害。化石燃料的燃烧过程中污染物的形成,将继续是未来燃烧研究的中心课题。

燃烧在能源领域具有极为重要的作用,尤其是电力领域,目前我国的电能还主要来源于燃料燃烧所产生的能量。燃烧在国防领域具有极为重要的应用,特别是在航空和航天领域,如新一代航空飞机研制以及外层空间高超声速飞行器设计等。

由于以上诸方面因素的推动,燃烧学研究在国民经济发展、节能减排和国防安全等国家重大战略需求方面正发挥着越来越重要的作用。

1.3.2 燃烧学的研究方法

燃烧学的研究方法有实验研究、理论分析和数值模拟。

1. 实验研究

鉴于燃烧的复杂性,实验是研究燃烧最古老的方法,也是目前最可靠的方法。根据不同的燃烧应用,有不同的燃烧实验。激光诊断技术和气体分析技术是20世纪70年代中期以后出现的用于直接测量燃烧过程中气体和粒子的速度、温度、组分浓度等参数的先进的燃烧实验测试方法,具有非接触、测试精度高的优点,为深入研究燃烧现象及其规律提供了重要手段和精确可靠的实验数据。同步辐射真空紫外光电离质谱技术能够同时对自由基、同分异构体和多环芳烃等中间体进行检测,其探测灵敏度高,是一种强大的燃烧诊断方法。从此,燃烧学的研究实现了从定性到定量、从宏观到微观的转变,形成了一门系统的学科。

2. 理论分析

由于燃烧与化学动力学、流体力学、传热传质学、工程热力学等相关,所以这些学科的发展对燃烧理论分析均有促进作用。18世纪中叶,俄国科学家罗蒙诺索夫和法国化学家拉瓦锡提出了可燃物质氧化的学说,揭开了火的秘密;19 世纪,由于热力学与热化学的发展,建立了燃烧热力学,出现了燃烧反应热、绝热火焰温度、燃烧产物平衡成分等概念和计算方法;20 世纪初,发展了燃烧反应动力学的链式机理;20 世纪初到 30 年代,开始建立研究燃烧的动态过程理论,如最小点火能、火焰传播等概念;20 世纪 30—50 年代,建立了着火、火焰传播和湍流燃烧理论;20 世纪 50—60 年代,美籍德国人冯·卡门和我国科学家钱学森提出了采用连续介质力学来研究燃烧基本现象的方法,并逐渐发展为反应流体力学。

目前,国际燃烧研究的热点方向涵盖了燃烧化学反应动力学、层流火焰、湍流火焰、异相燃烧、碳烟和大分子燃烧污染物形成机理等。

3. 数值模拟

20 世纪 70 年代初,人们就比较系统地把计算流体力学的方法用于燃烧研究,并建立了燃烧的物理模型和数值计算方法,用它可以定量地预测燃烧过程和燃烧设备的性能。从此,燃烧学的研究进入定量、微观研究阶段。

随着计算机运行速度的提高和近年来大规模并行计算的发展,数值计算把燃烧理论与燃烧现象有机地联系起来,形成了燃烧科学从定性到定量、从宏观到微观的研究技术路线。迄今世界上能用于燃烧过程模拟计算的商业软件有十几种,目前常用的包括 Ansys‐Fluent、Star‐CD、AVL‐Fire 等。这些软件比较容易掌握,只需根据具体燃烧问题进行参数选择即可。

燃烧与国民经济和人民生活有着紧密的关系。现代工业技术的高度发展和环境保护、火灾防治的严格要求对燃烧学和燃烧技术提出了新的挑战。因此,每年国内外都要举办各种与燃烧相关的会议,出版与燃烧相关的期刊。从燃烧学的角度来看,世界上顶级的会议是"国际燃烧会议"(Proceedings of the Combustion Institute),每两年举办一次;与燃烧相关的顶级刊物是《燃烧与火焰》(Combustion and Flame),月刊;同时,也可以从《燃烧科学与技术》(Combustion Science and Technology)和《能源与燃烧科学进展》(Progress in Energy and Combustion Science)得到大量的有关燃烧科学各方面详尽的、公认为优异的研究报道。

1.3.3　燃烧学的发展历程

燃烧学作为一门单独的学科是在燃烧技术的推动下发展起来的。虽然人类用火已有50 万年以上的历史,但对燃烧的认识却不够深入,这是因于燃烧是一个受多种物理和化学因素控制的复杂过程。燃烧学的发展至今已有近 250 年的历史,18 世纪中叶以前,人们对燃烧现象的本质几乎一无所知,把物质能否燃烧归结为是否含有一种特殊的"燃素"。直到 18 世纪中叶,俄国 Lomonosov 和法国 Lavoisier 于 1756—1777 年分别通过他们各自的实验观测,提出燃烧是物质的氧化这一概念,可以看成是创建燃烧学的萌芽。

到了 19 世纪,由于热化学和化学热力学的发展,出现了燃烧热力学,把燃烧装置作为热力学体系,考察其初态、终态间关系,阐明了燃烧热、产物平衡组分及绝热燃烧温度的规律性。这对了解燃烧系统的静特性是必要的、有用的。不过,当时曾把化学热力学的特点看成是燃烧的唯一特点,某些特性,如着火温度,被错误地看成是燃料的固定不变的属性。从 20 世纪初到30 年代,建立了研究燃烧动态过程的理论,出现了燃烧反应动力学,提出了燃烧的链式反应机理。20 世纪 30—40 年代间,一些研究者由反应动力学和传热传质相互作用的观点,首次从定量关系上建立了着火及层流火焰传播的经典燃烧理论,接着又发展了经典的湍流燃烧理论。这时人们已逐渐认识到,限制燃烧过程反应速率的往往不是反应动力学而是流动和传热传质。

从 20 世纪 40—50 年代开始,基于扩散燃烧或扩散-动力燃烧的观点研究了液滴和碳粒燃烧。到 20 世纪 50—60 年代,提出了用连续介质力学来研究燃烧,称为"化学流体力学"或者"反应流体力学",并且沿这一方向进行了一系列研究,把经典流体力学方法,诸如边界层及射流理论、摄动法等用于研究燃烧。随着大型数字电子计算机的出现、计算流体力学和计算传热学的发展,从 20 世纪 70 年代初开始较系统地把计算流体力学方法用于研究层流及湍流气体燃烧、液雾及煤粉燃烧,包括有回流及旋流的燃烧,建立了燃烧的数值模拟,发展了一系列计算程序软件。自 20 世纪 80 年代初至今的 40 多年来,把多相流体力学和单相湍流模型理论结合起来,又把无反应湍流模型理论和反应流体力学结合起来,研究多相湍流反应流动的规律(称为多相湍流反应流体力学),并且系统地研究了多相湍流反应流动的理论、数值模拟、测量及其在燃烧中的应用。目前已经出现了一系列商业软件,并且在国内外的工程中取得了广泛的应用。与此同时,激光诊断技术的发展使人们有可能用非接触法直接测量燃烧条件下的气体速率、温度、组分浓度和湍流度、颗粒速度、浓度、尺寸分布和湍流度等,可以检验数值模拟结果,从而使人们对燃烧机理的了解不断深入。

近年来,出现了流动和燃烧的细观的大涡模拟和直接模拟,揭示了湍流的产生和发展的细观结构,有助于更深入地了解两相湍流和湍流与反应相互作用的本质,从而完善了用于燃烧研究的数学模型。可以说,燃烧学已经由定性的科学发展成为能够严格地用数学描述的定量科学。但是应当指出,仍然有不少数学模型问题有待解决,例如,更合理的而又能够用于工程的两相湍流模型、湍流和有限反应率的相互作用模型、污染物生成模型、颗粒与壁面的碰撞模型、稀疏和稠密悬浮流动中的颗粒碰撞模型、粗糙壁面对颗粒湍流的作用、有沉积和磨蚀的颗粒相边界条件等。无疑这些问题的不断深入研究将会使燃烧学的数值模拟理论更加精确和可靠,从而成为工程应用的强大工具。

1.4 本书的内容要点

本书以现代燃气轮机燃烧技术为主要内容,介绍了燃烧的基础理论,包括燃烧化学基础、燃烧物理学基础、气体燃料和液体燃料的燃烧等基础理论内容,这些内容是燃烧通用内容。在燃气轮机燃烧技术中,重点介绍了燃气轮机燃烧室的结构和工作原理,燃烧室污染物及控制原理,现代先进燃气轮机低排放燃烧技术及燃烧室试验。该部分内容为应用内容,是与燃气轮机燃烧技术相关的专业内容。

习 题

1. 如何定义燃烧? 燃烧现象包括哪些?
2. 燃烧有哪几种分类方法? 按照燃料的相态分,燃烧分为哪几种?
3. 学习燃烧学的意义是什么?
4. 燃气轮机中的能量转化方式是什么?
5. 对于燃烧科学来说,一般有哪几种研究方法?

第 2 章　燃烧化学基础

2.1　燃烧热力学定义

燃烧热力学主要研究燃烧系统中有化学反应时的能量转换和守恒关系,涉及应用于燃烧和反应系统的热力学定义。应用热力学第一定律和第二定律是计算燃烧过程释放的能量、燃烧产物的平衡温度和平衡组分的基本方法。

2.1.1　化学恰当比

考虑各种元素的质量守恒,一个化学反应可以写成以下形式:

$$\underbrace{\sum v_i A_i}_{\text{反应物}} \longrightarrow \underbrace{\sum v_i' A_i}_{\text{生成物}} \tag{2-1}$$

式中:A_i 为组分 i(反应物或生成物)的化学元素符号;v_i,v_i' 为组分 i 的化学计量系数(反应物或生成物)。

以碳氢燃料 $C_x H_y$ 和空气为例,方程(2-1)可写成:

$$C_x H_y + a(O_2 + 3.76 N_2) \longrightarrow x CO_2 + (y/2) H_2 O + 3.76a N_2$$

$$
\begin{aligned}
A_1 &= C_x H_y, & v_1 &= 1, & v_1' &= 0 \\
A_2 &= O_2, & v_2 &= a, & v_2' &= 0 \\
A_3 &= N_2, & v_3 &= 3.76a, & v_3' &= 3.76a \\
A_4 &= CO_2, & v_4 &= 0, & v_4' &= x \\
A_5 &= H_2 O, & v_5 &= 0, & v_5' &= y/2
\end{aligned}
$$

式中:

$$a = x + y/4$$

其中,a 表示的是单位摩尔燃料完全燃烧时所需要的氧气摩尔数。

燃料在燃烧过程中所需的氧气一般由空气提供。空气中含有 21% 的 O_2(容积成分)和 79% 的 N_2。也就是说,空气中含 1 mol O_2 就有 3.76 mol N_2,而 N_2 在燃烧过程中是不参加反应的。化学恰当反应定义为所有参加化学反应的反应物都按照化学反应方程规定的比例完全燃烧的反应,即所有的反应物都消耗掉,发生完全燃烧并生成最稳定燃烧产物的一种独特的反应。空气-燃料化学恰当比定义为化学恰当反应时消耗的空气-燃料质量比,其数值等于 1 kg 燃料完全燃烧时所需的空气量,表示为

$$(A/F)_{\text{stoic}} = \left(\frac{m_{\text{air}}}{m_{\text{fuel}}}\right)_{\text{stoic}} = \frac{4.76a}{1} \frac{MW_{\text{air}}}{MW_{\text{fuel}}} \tag{2-2}$$

式中:A 和 F 为空气和燃料的组分符号;m_{air} 和 m_{fuel} 分别为空气和燃料的质量流量;MW_{air} 和 MW_{fuel} 分别为空气和燃料的摩尔质量。

当量比 Φ 常用来定量地表示燃料和氧化剂的混合物的配比情况,其定义如下:

$$\Phi = \frac{(A/F)_{stoic}}{A/F} = \frac{F/A}{(F/A)_{stoic}} \quad (2-3)$$

由式(2-3)可知,对于富燃料混合物,$\Phi > 1$;对于贫燃料混合物,$\Phi < 1$;对于化学恰当比混合物,$\Phi = 1$。当量比 Φ 是决定燃烧系统性能最重要的参数之一。其他常用的参数还有过量空气系数,或称为余气系数 α,它与 Φ 是互为倒数的关系:

$$\alpha = \frac{A/F}{(A/F)_{stoic}} = \frac{1}{\Phi} \quad (2-4)$$

例 2.1 一台小型燃气轮机,当它在全负荷条件下工作时,空气的流量为 15.9 kg/s,混气的当量比为 0.286。假设燃料天然气的等效组成可表示为 $C_{1.16}H_{4.32}$,试确定燃料的流量和空燃比 A/F。

解:

已知:
$$\Phi = 0.286, \quad MW_{air} = 28.96,$$
$$m_{air} = 15.9 \text{ kg/s}, \quad MW_{fuel} = 1.16 \times 12.01 + 4.32 \times 1.008 = 18.286$$

求:m_{fuel}、A/F 及 α。

下面先求空燃比 A/F,然后再求 m_{fuel}。本例仅用到空燃比 A/F 和当量比 Φ 的定义。

由 $(A/F)_{stoic}$ 的定义得

$$(A/F)_{stoic} = 4.76a \frac{MW_{air}}{MW_{fuel}}$$

其中,$a = x + y/4 = 1.16 + 4.32/4 = 2.24$,因此,

$$(A/F)_{stoic} = 4.76 \times 2.24 \times \frac{28.96}{18.286} = 16.89$$

由当量比 Φ 的定义得

$$\Phi = \frac{(A/F)_{stoic}}{A/F} \Rightarrow$$

$$A/F = \frac{(A/F)_{stoic}}{\Phi} = \frac{16.89}{0.286} = 59.06$$

A/F 的定义也可写成

$$A/F = \frac{m_{air}}{m_{fuel}} \Rightarrow$$

$$m_{fuel} = \frac{m_{air}}{A/F} = \frac{15.9}{59.06} \text{ kg/s} = 0.269 \text{ kg/s}$$

$$\alpha = \frac{1}{\Phi} = \frac{1}{0.286} = 3.497$$

从例 2.1 可以看出,即使是在全负荷下工作,供给发动机的空气也是过量的。这是燃气轮机燃烧室的工作特点,这一特点将在后面的章节中详细介绍。

2.1.2 绝对焓和生成焓

在进行燃烧热力学计算时,需要使用每一组分的绝对焓 $\bar{h}_i(T)$。绝对焓等于从某一参考温度开始的显焓 $\Delta \bar{h}_{s,i}(T_{ref})$ 的变化,加上在这一参考温度下该组分的标准生成焓 $\bar{h}_{f,i}^0(T_{ref})$,即

$$\bar{h}_i(T) = \bar{h}_{f,i}^0(T_{ref}) + \Delta\bar{h}_{s,i}(T_{ref}) \qquad (2-5)$$

式中：$\Delta\bar{h}_{s,i}(T_{ref}) = \bar{h}_i(T) - \bar{h}_{f,i}^0(T_{ref})$，为显焓，表示从某一参考温度到当前温度下的焓差，是一个只与温度有关的量，带有上标"—"的符号表示摩尔比焓。

参考状态一般选 $T_{ref} = 298.15$ K，$p_{ref} = p^0 = 1$ atm(101 325 Pa)。在参考状态下，自然界存在的单质的生成焓等于零，化合物的生成焓等于由单质化合生成该化合物时的热效应的负数。各种物质的标准生成焓可以从化学热力学或物理化学的手册中查到。

例 2.2　由 CO、CO_2 和 N_2 组成的混合气体中，CO 的摩尔分数为 0.1，CO_2 的摩尔分数为 0.2，该混合气体的温度为 1 200 K，压力为 1 atm。试确定：(1) 混合物质量比焓和摩尔比焓；(2) 三种组分的质量分数。

解：

已知：$\chi_{CO} = 0.1$，$T = 1\ 200$ K，$\chi_{CO_2} = 0.2$，$p = 1$ atm。

求：(1) $\bar{h}_{mix}$ 和 h_{mix}；(2) Y_{CO}、Y_{CO_2} 和 Y_{N_2}。

(1) 由 $\sum \chi_i = 1$ 得

$$\chi_{N_2} = 1 - \chi_{CO_2} - \chi_{CO} = 1 - 0.1 - 0.2 = 0.7$$

由理想气体混合物焓的公式得

$$\bar{h}_{mix} = \sum \chi_i \bar{h}_i = \chi_{CO}\left[\bar{h}_{f,CO}^0 + (\bar{h}(T) - \bar{h}_{f,298}^0)_{CO}\right] +$$
$$\chi_{CO_2}\left[\bar{h}_{f,CO_2}^0 + (\bar{h}(T) - \bar{h}_{f,298}^0)_{CO_2}\right] +$$
$$\chi_{N_2}\left[\bar{h}_{f,N_2}^0 + (\bar{h}(T) - \bar{h}_{f}^0, 298)_{N_2}\right]$$

通过查表 A.1、表 A.2 和表 A.5，将所得值代入上式得混合物摩尔比焓为

$$\bar{h}_{mix} = \left[0.1(-110\ 541 + 28\ 440) + 0.2(-393\ 546 + 44\ 488) + 0.7(0 + 28\ 118)\right]\ kJ/kmol$$
$$= -58\ 339.1\ kJ/kmol$$

为了求混合物质量比焓 h_{mix}，需要确定混合物的相对分子质量：

$$MW_{mix} = \sum \chi_i MW_i$$
$$= 0.1 \times 28.01 + 0.2 \times 44.01 + 0.7 \times 20.013$$
$$= 31.212$$

因此，混合物质量比焓为

$$h_{mix} = \frac{\bar{h}_{mix}}{MW_{mix}} = \frac{-58\ 339.1}{31.212}\ kJ/kg = -1\ 869.12\ kJ/kg$$

(2) 各组分的质量分数可依其定义计算：

$$Y_{CO} = 0.10 \times \frac{28.01}{31.212} = 0.089\ 7$$

$$Y_{CO_2} = 0.20 \times \frac{44.01}{31.212} = 0.282\ 0$$

$$Y_{N_2} = 0.70 \times \frac{28.013}{31.212} = 0.628\ 3$$

由 $0.089\ 7 + 0.282\ 0 + 0.628\ 3 = 1.000$ 可验证 $\sum Y_i = 1$，其中 i 代表不同的组分符号。

质量单位和摩尔单位在燃烧学中使用频繁，因此必须熟练掌握两种单位之间的相互转换。

2.2 应用于燃烧反应系统的热力学第一定律

2.2.1 燃烧焓和热值

假定化学反应的生成物是已知的,用热力学第一定律可以计算其释放(或吸收)的热量。当 1 mol 的燃料与化学当量的空气混合物以一定的标准参考状态(比如一个大气压,25 ℃)进入稳定流动的反应器,且生成物(假定为 CO_2,H_2O,N_2)也以同样的标准参考状态离开该反应器时,把此反应释放出来的热量定义为标准反应焓 Δh_R 或称为燃烧焓。当反应为等压过程时,

$$\Delta h_R = q_{cv} = h_o - h_i = h_{prod} - h_{reac} \qquad (2-6)$$

式中:q_{cv} 为控制体中单位质量反应物反应释放的热量;h_o 和 h_i 分别为离开和进入反应器的单位质量物质的焓。

例如,对于甲烷(CH_4)的燃烧反应过程,有

$$CH_4 + 2(O_2 + 3.76N_2) \longrightarrow CO_2 + 2H_2O(气) + 7.52N_2$$

$$\Delta \bar{h}_{R,298\,K} = \Delta \bar{h}_{f,CO_2,298\,K} + 2\Delta \bar{h}_{f,H_2O,298\,K} - \Delta \bar{h}_{f,CH_4,298\,K}$$

N_2 和 O_2 对上述等式没有贡献,因为它们是单质。从附录表 A.2、表 A.4 和表 B.1 查得 CO_2、H_2O 和 CH_4 的生成焓值代入上式,得

$$\Delta \bar{h}_{R,298\,K} = [(-393\ 546) + 2(-241\ 845) - (-74\ 831)]\ \text{kJ/kmol}$$
$$= -802\ 405\ \text{kJ/kmol}$$

若燃料采用质量单位计量,则以每千克燃料为基础的焓(单位为 kJ/kg)为

$$\Delta h_R = \Delta \bar{h}_R / MW_{fuel}$$

则每千克甲烷的燃烧焓为

$$\Delta h_R = (-802\ 405/16.043)\ \text{kJ/kg} = -50\ 016\ \text{kJ/kg}$$

以混合物为基础的焓为

$$\Delta h_R = \Delta h_R \frac{m_{fuel}}{m_{mix}}$$

式中:

$$\frac{m_{fuel}}{m_{mix}} = \frac{m_{fuel}}{m_{air} + m_{fuel}} = \frac{1}{A/F + 1}$$

由例 2.2 可知,甲烷的空气/燃料恰当比为 17.19,于是反应焓或燃烧焓为

$$\Delta h_R = \frac{-50\ 016}{17.19 + 1}\ \text{kJ/kg} = -2\ 749.6\ \text{kJ/kg}$$

值得注意的是,对放热反应,反应热是负值(吸热为正,放热为负)。

反应热与燃烧产物的相态有关,因为生成热与相态有关。例如,气态水的生成热为 -242 kJ/mol,而液态水的生成热为 -286 kJ/mol,两者的差值等于在 25 ℃时的液态水的气化潜热。

燃料热值的定义为:1 kg 燃料在标准状态下与空气完全燃烧所放出的热量,它等于反应焓或燃烧焓的负数。对于有可凝结产物的燃料有两种热值:产物为凝聚相时为高热值

(HHV),产物为气态时为低热值(LHV)。各种碳氢燃料的热值见附录表 B.1。

例 2.3　(1) 正癸烷($C_{10}H_{22}$)的相对分子质量为 142.284,试确定每千克正癸烷和每摩尔正癸烷在 298 K 时的高热值和低热值。

(2) 如果正癸烷在 298 K 的蒸发潜热为 359 kJ/kg,试确定液态正癸烷的高热值和低热值。

解:

(1) 正癸烷的总体反应方程式:

$$C_{10}H_{22}(g) + 15.5(O_2 + 3.76N_2) \longrightarrow 10CO_2 + 11H_2O(l \text{ 或 } g) + 15.5 \times 3.76N_2$$

无论高热值还是低热值,都有

$$\Delta H_c = -\Delta H_R = H_{reac} - H_{prod}$$

其中,H_{prod} 的值依产物中 H_2O 的状态而定。因为计算 ΔH_c 的参考温度为 298 K,所以所有组分的显焓都为 0,并且 O_2 和 N_2 在 298 K 时的生成焓也为 0。

又因为

$$H_{reac} = \sum N_i \bar{h}_i, \quad H_{prod} = \sum N_i \bar{h}_i, \quad i \text{ 表示组分}$$

所以

$$\Delta H_{c,H_2O(l)} = HHV = 1 \times \bar{h}^0_{f,C_{10}H_{22}(g)} - (10\bar{h}^0_{f,CO_2} + 11\bar{h}^0_{f,H_2O(l)})$$

式中:下标 reac 表示反应物,prod 表示产物。从附录表 A.4 中可查得气态水的生成焓和蒸发潜热 $\bar{h}_{fg}$,据此可计算液态水的生成热为

$$\bar{h}^0_{f,H_2O(l)} = \bar{h}^0_{f,H_2O(g)} - \bar{h}_{fg} = (-241\,846 - 44\,010) \text{ kJ/kmol} = -285\,857 \text{ kJ/kmol}$$

利用此值以及附录表 A.2、表 A.4、表 B.1 中的生成焓,可得

$$\Delta H_{c,H_2O(l)} = 1 \times (-249\,659 \text{ kJ/mol}) - [10(-393\,546 \text{ kJ/mol}) + 11(-285\,857 \text{ kJ/mol})]$$
$$= 6\,830\,096 \text{ kJ}$$

所以

$$\Delta\bar{h}_c(HHV) = \frac{\Delta H_{c,H_2O(l)}}{N_{C_{10}H_{22}}} = \frac{6\,830\,096 \text{ kJ}}{1 \text{ kmol}} = 6\,830\,096 \text{ kJ/kmol}$$

$$\Delta h_c(HHV) = \frac{\Delta\bar{h}_c}{MW_{C_{10}H_{22}}} = \frac{6\,830\,096 \text{ kJ/kmol}}{142.284 \text{ kg/kmol}} = 48\,003 \text{ kJ/kg}$$

对于低热值,将 $\bar{h}^0_{f,H_2O(l)}$ 换成 $\bar{h}^0_{f,H_2O(g)}$,因此有

$$\bar{h}_c(LHV) = 6\,345\,986 \text{ kJ/kmol}$$

$$\Delta h_c(LHV) = 44\,601 \text{ kJ/kg}$$

(2) 对于液态的正癸烷有

$$H_{reac} = 1 \times (\bar{h}^0_{f,C_{10}H_{22}(g)} - \bar{h}_{fg,C_{10}H_{22}})$$

即

$$\Delta h_c(\text{液态燃料}) = \Delta h_c(\text{气态燃料}) - \bar{h}_{fg}$$

所以

$$h(HHV) = (48\,003 - 359) \text{ kJ/kg} = 47\,644 \text{ kJ/kg}$$

$$h(LHV) = (44\,601 - 359) \text{ kJ/kg} = 44\,242 \text{ kJ/kg}$$

2.2.2 绝热火焰温度

对于给定的反应混合物及初始温度,如果知道产物气态组分,就可以用热力学第一定律计算燃烧产物的温度。人们特别关心的是,当燃料和空气的初始状态,即燃料/空气比及温度一定时,绝热过程燃烧产物所能达到的最高温度,这个温度称为绝热燃烧(火焰)温度。一般感兴趣的是两种极限情况——等压燃烧和等容燃烧。

1. 等压燃烧过程

下面举例说明计算绝热火焰温度的方法。这里考虑的是等压燃烧,燃气轮机燃烧室中即为等压燃烧过程。对于等压燃烧,热力学第一定律可以表示为

$$H_{prod}(T_2) = H_{reac}(T_1) \tag{2-7}$$

其中,T_1、T_2 分别为反应物和生成物的温度,而

$$H_{reac} = \sum N_i \bar{h}_i, \quad H_{prod} = \sum N_i \bar{h}_i \tag{2-8}$$

$\bar{h}_i$ 包括显焓和生成焓。当反应物的组分及温度一定时,不难算出 H_{reac} 及 H_{prod}。T_2 是要求的未知数,如果知道产物的组分,就可以求出 T_2。一般产物的组分指的是化学平衡时的组分,而它与产物本身的温度有关,所以求解能量方程是一个反复迭代的过程。但是,如果能用表将所求组分的热化学数据(显焓)列出,就可以直接进行求解。

例 2.4　初始压力为 1 atm、初始温度为 298 K 的甲烷和空气以化学恰当比混合后进行绝热等压燃烧,假设:(1)"完全燃烧",即产物中只有 CO_2、H_2O 和 N_2;(2)产物的焓用 1 200 K($\approx 0.5(T_{298} + T_{ad})$)计算,其中假设 T_{ad} 为 2 100 K 的定常比热容估算。试确定该混合物的绝热等压燃烧火焰温度。

解:

混合物总体反应方程式:

$$CH_4 + 2(O_2 + 3.76N_2) \longrightarrow CO_2 + 2H_2O + 7.52N_2$$

$$N_{CO_2} = 1, \quad N_{H_2O} = 2, \quad N_{N_2} = 7.52$$

由热力学第一定律得

$$H_{reac} = \sum N_i \bar{h}_i, \quad H_{prod} = \sum N_i \bar{h}_i$$

$$H_{reac} = [1 \times (-74\ 831) + 2 \times 0 + 7.52 \times 0]\ kJ = -74\ 831\ kJ$$

$$H_{prod} = \sum N_i [\bar{h}_{f,i}^0 + \bar{c}_{p,i}(T_{ad} - 298\ K)]$$

$$= \big\{ 1 \times [-393\ 546 + 56.21 \times (T_{ad} - 298\ K)] +$$

$$[-241\ 845 + 43.87 \times (T_{ad} - 298\ K)] +$$

$$7.52 \times [0 + 33.71 \times (T_{ad} - 298\ K)] \big\}\ kJ$$

将 $H_{reac} = H_{prod}$ 代入上式,可解得 $T_{ad} = 2\ 318\ K$。

将上面的结果和用组分平衡计算得到的值($T_{ad} = 2\ 226\ K$)相比较后可发现,上述简化方法使计算结果偏高 100 K 左右。在这种粗略的假设下能得到这样的结果,其实是相当不错了。去掉假设(2),用变比热容重新计算 T_{ad},即

$$\bar{h}_i = \bar{h}_{f,i}^0 + \int_{298}^{T_{ad}} \bar{c}_{p,i}\,\mathrm{d}T \tag{2-9}$$

可得 $T_{ad} = 2\,328$ K。因为用变比热容计算得到的结果与定常比热容的非常接近，所以可以推断导致上述 100 K 左右误差的原因是忽略了离解，从而导致 T_{ad} 下降，因为离解将显焓转化成化学键能（生成焓）储存起来。

2. 等容燃烧过程

根据热力学第一定律，对于等容过程有

$$U_{reac,init} = U_{prod,f}$$

式中：U 为混合物的内能，下标 init 表示反应物的值，f 表示产物值。由于等容时的标准反应热 $\Delta U_R = V(p_{init} - p_f)$ 与等压时的标准反应热 $\Delta H_R = H_{reac} - H_{prod}$ 有如下联系：

$$\Delta H_R = \Delta U_R \tag{2-10}$$

故由热力学第一定律得

$$H_{reac} - H_{prod} - R_u(N_{reac} T_{init} - N_{prod} T_{ad}) = 0 \tag{2-11}$$

式中：

$$N_{reac} = \frac{m_{mix}}{MW_{reac}}, \quad N_{prod} = \frac{m_{mix}}{MW_{prod}}$$

R_u 为理想气体常数，$R_u = 8.314$ J/(mol·K)。

例 2.5　利用例 2.4 中同样的假设，试确定初始压力为 1 atm、初始温度为 298 K 的甲烷和空气以化学计量比混合时绝热等容火焰温度。

解：

这里可以利用例 2.4 中的燃烧产物组成和特性参数。但是要注意到，由于绝热等容火焰温度 T_{ad} 比等压的 T_{ad} 高，所以比热容 $\bar{c}_{p,i}$ 应该用高于 1 200 K 的值。尽管如此，这里还将使用 1 200 K 的比热容值。

由热力学第一定律得

$$H_{reac} - H_{prod} - R_u(N_{reac} T_{init} - N_{prod} T_{ad}) = 0$$

即

$$\sum N_i \bar{h}_i - \sum N_i \bar{h}_i - R_u(N_{reac} T_{init} - N_{prod} T_{ad}) = 0$$

将具体数据代入上式得

$$H_{reac} = [1 \times (-74\,831) + 2 \times 0 + 7.52 \times 0]\ kJ = -74\,831\ kJ$$

$$
\begin{aligned}
H_{prod} =\ & \{1 \times [-393\,546 + 56.21 \times (T_{ad} - 298\ K)] + \\
& 2 \times [-241\,845 + 43.87 \times (T_{ad} - 298\ K)] + \\
& 7.52 \times [0 + 33.71 \times (T_{ad} - 298\ K)]\}\ kJ \\
=\ & [-887\,236 + 397.5(T_{ad} - 298\ K)]\ kJ
\end{aligned}
$$

$$R_u(N_{reac} T_{init} - N_{prod} T_{ad}) = 8.314 \times 10.52(298\ K - T_{ad})$$

其中，$N_{reac} = N_{prod} = 10.52$ kmol。

整理上面各式得

$$-74\,831 - [-887\,236 + 397.5(T_{ad} - 298\ K)] - 8.314 \times 10.52(298\ K - T_{ad}) = 0$$

解得

$$T_{ad} = 2\,988\ K$$

点评：

① 由例 2.4 和例 2.5 可知，在相同的初始条件下，等容燃烧的温度比等压燃烧的温度要高(本例中高 571 K)。这是由于在等容燃烧过程中，体系没有对外做容积功。

② 在本例中，燃烧前后物质的摩尔数保持不变，这只是一个巧合，对其他燃料而言并不一定这样。

③ 等容燃烧终态压力比初始压力高：$p_f = p_{init}(T_{ad}/T_{init}) = 9.69$ atm。

2.2.3　燃料热值的测定

燃料热值是燃料分析的重要指标之一。由于燃料的燃烧过程主要以获取大量的热量为目的，所以燃料的热值越高，其经济价值就越大。此外，燃料热值是进行工程燃烧计算和燃烧设备设计必不可少的燃料特性参数。

1. 固体和液体燃料热值的测定

对于固体和液体燃料热值的测定，国内外普遍采用氧弹量热计。该方法沿用至今，已有一个多世纪了。随着计算机和测控技术的发展，量热计性能不断得到改进，热值测定的自动化水平大为提高，但测定热值的基本原理并未改变。

氧弹量热计从测热的原理和结构上来分，可分为恒温式和绝热式两大类，燃料热值的测定方法也因此分为恒温式量热计法和绝热式量热计法。

图 2-1 所示为恒温式量热计结构，其主体是由氧弹、内筒、外筒、搅拌器、温度计等部件组成。测定燃料发热量时，先称取一定量的燃料试样(煤的称样量为(1±0.1)g，燃油的称样量一般以 0.5～0.7 g 为宜)，置于镍铬不锈钢燃烧皿中，然后将其装入氧弹中，再充以一定压力

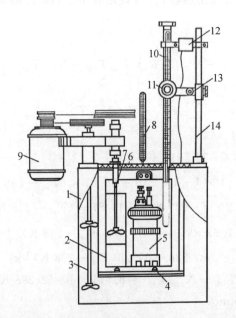

1—外筒；2—内筒；3—外筒搅拌器；4—绝缘支柱；5—氧弹；6—盖子；
7—内筒搅拌器；8—普通温度计；9—电机；10—贝克曼温度计；
11—放大镜；12—电动振荡器；13—计时指示灯；14—导杆

图 2-1　恒温式量热计结构示意图

的氧气($2.5 \sim 3.0$ MPa)。在有充足氧气存在的条件下,点燃燃料试样并使其完全燃烧,燃料试样所释放的热量包括内筒中的水及量热计各个部件的量热体系所吸收的热。由于吸热,它们的温度由燃烧前的初始值 t_0 升高至 t_n。由热平衡关系可得

$$Q = \frac{E(t_n - t_0)}{m}$$

式中:Q 为燃料的热值,J/g;m 为燃料试样的质量,g;E 为量热计的热容量,J/℃。

量热计的热容量 E 为内筒中的水以及浸没于水中的氧弹、搅拌器、温度计等各个部件热容量的总和,即

$$E = c_0 m_0 + c_1 m_1 + c_2 m_2 + \cdots + c_n m_n$$

式中:c_0 为水的比热容,J/(g·℃);m_0 为水的质量,g;$c_1, c_2, \cdots, c_n$ 为量热体系中各个部件的比热容,J/(g·℃);$m_1, m_2, \cdots, m_n$ 为量热体系中各个部件的质量,g。

通过采用已知热值的量热标准物质(苯甲酸)预先对量热计的热容量 E 进行标定,再根据测量的温度值 t_0 和 t_n 以及根据试验条件对计算公式进行若干修正,即可确定燃料试样的热值 Q。

由上述方法测定的燃料热值为燃料的弹筒热值 $Q_{b,ad}$,从 $Q_{b,ad}$ 中扣除硫、氮氧化物的生成热及溶于水的溶解热,即可得到燃料的高位热值 $Q_{gr,ad}$:

$$Q_{gr,ad} = Q_{b,ad} - (95 S_b + \alpha Q_{b,ad})$$

式中:S_b 为由弹筒洗液测得的燃料的含硫量,%;95 为燃料中每1%硫的校正值,J;α 为硝酸校正系数。

当 $Q_{b,ad} \leqslant 16.70$ kJ/g 时,$\alpha = 0.001$;

当 16.70 kJ/g$< Q_{b,ad} \leqslant 25.10$ kJ/g 时,$\alpha = 0.0012$;

当 $Q_{b,ad} > 25.10$ kJ/g 时,$\alpha = 0.0016$。

S_b 可采用酸碱滴定法测定,即采用 NaOH 标准溶液对弹筒洗液进行滴定,测得洗液中的总酸量,然后计算出 S_b 的数值,即

$$S_b = (c \cdot V/m - \alpha Q_{b,ad}/59.8) \times 1.6$$

式中:c 为 NaOH 标准溶液的浓度,mol/L;V 为滴定消耗的 NaOH 标准溶液的体积,mL;59.8 相当于 1 mol 硝酸的生成热,J。

当燃料中全硫含量低于 4%,或热值大于 14.6kJ/g 时,可用全硫或可燃硫代替 S_b。

2. 气体燃料热值的测定

气体燃料热值的测定方法很多,主要有水流吸热法、空气吸热法和金属膨胀法。

(1)水流吸热法(容克式热值测定法)

水流吸热法测定气体燃料热值的原理是使燃气以一定的流量流入水流式气体量热计并发生完全燃烧,利用水流将燃烧释放出来的热量完全吸收。由热平衡关系,根据燃烧所消耗的气体燃料体积、水流量和水的温升,计算出气体燃料的热值,即

$$Q_{gr} = \frac{c_0 m_0 (t - t_0)}{V}$$

式中:Q_{gr} 为气体燃料的高位热值,kJ/m³;c_0 为水的比热容,kJ/(kg·℃);m_0 为流过量热计的水的质量,kg;t_0 为量热计进口处水的温度,℃;t 为量热计出口处水的温度,℃;V 为燃烧所消耗的气体燃料体积,m³。

水流吸热法可用于天然气、液化石油气、焦炉煤气等各种热值气体燃料的热值测定。

（2）空气吸热法

空气吸热法采用空气流作为热交换介质，通过测定燃料燃烧释放出来并传递给空气流的全部热量，以确定气体燃料的热值。燃料与吸热空气保持恒定的体积比，吸热空气的温升直接与燃料的热值成正比。在量热计中，燃料燃烧生成的烟气和过量空气与吸热空气是以分隔开的形式进行热交换的，燃烧过程所生成的水蒸气全部冷凝成液体，因此测得的热值为高位热值。

（3）金属膨胀法

利用气体燃料燃烧所产生的热量，加热两只同心的金属膨胀管。这两只金属膨胀管的相对位置随着加热过程的进行所带来的温度的变化而变化，根据温度随燃料热值大小而变化的特性可测得燃料的热值。

2.3 应用于燃烧反应系统的热力学第二定律

2.3.1 化学平衡条件

在前面计算绝热燃烧火焰温度时没有考虑离解问题。在高温燃烧过程中，燃烧产物要发生离解，产生离解物质，如碳氢燃料与空气燃烧形成理想的燃烧产物，即 CO_2、H_2O、O_2 和 N_2，燃烧产物离解以及离解的物质之间反应产生如 H_2、OH、CO、H、O、N 和 NO 等物质。离解通常是吸热反应。燃烧产物离解使燃烧不完全，放热量减少，从而使燃烧温度下降。为了更准确地计算实际火焰温度，必须知道燃烧产物的成分。对于稳态燃烧过程，假设系统处于化学平衡状态，即正向反应速度等于逆向反应速度，系统内各组分的浓度不随时间变化。燃烧产物成分的确定是建立在化学平衡条件和元素守恒及能量原理基础之上的。

热力学第二定律引入了作为热力学状态函数的熵的概念，熵在时间上指明了物理和化学过程进行的方向。热力学第二定律表述为：对于一个孤立系统，即与环境没有能量（热量和功）或质量交换的系统，熵只能增加或保持不变，即

$$dS \geqslant 0 \qquad (2-12)$$

因此，对于一定的系统质量、能量和体积，平衡态时孤立系统的熵是可能的最大值。在平衡态时，

$$dS = 0 \qquad (2-13)$$

考虑一个与环境有热交换和做功（$p\,dV$）的系统（控制质量），其中 T 和 p 为常数。该系统运用热力学第一定律，得

$$\delta W - \delta Q + dU = p\,dV - \delta Q + dU = 0$$

而根据热力学第二定律，有

$$dS - \delta Q/T \geqslant 0$$

联立这两个方程得

$$T\,dS - dU - p\,dV \geqslant 0 \qquad (2-14a)$$

或

$$d[T\,dS - (U + pV)] + V\,dp - S\,dT \geqslant 0 \qquad (2-14b)$$

因为 T、p 是常数，所以方程(2-14b)可写为

$$\mathrm{d}[TS-(U+pV)]=\mathrm{d}(TS-H)\geqslant 0 \qquad (2-15)$$

或

$$\mathrm{d}(H-TS)\leqslant 0 \qquad (2-16)$$

为了方便起见，定义热力学性质 G，称为 Gibbs 函数，又称为吉布斯自由能，即

$$G\equiv H-TS \qquad (2-17)$$

所以，方程(2-16)可以写为

$$\mathrm{d}G_{T,p}\leqslant 0$$

此方程表述为：对于一个等温等压过程，吉布斯自由能必须减小或保持不变，因此，在平衡态时，吉布斯自由能为最小值，$\mathrm{d}G_{T,p}=0$。

2.3.2　平衡常数法

为了计算燃烧产物组分，需要把吉布斯自由能与反应系统中物质浓度联系起来。而物质的浓度常用分压力表示。下面将介绍吉布斯自由能与压力的关系。

由式(2-14b)得

$$\mathrm{d}G=V\mathrm{d}p-S\mathrm{d}T \qquad (2-18)$$

在等温系统中 $\mathrm{d}T=0$，所以

$$\mathrm{d}G=V\mathrm{d}p=NR_{\mathrm{u}}T\mathrm{d}p/p \qquad (2-19)$$

对式(2-19)积分，得

$$\int_{p_0}^{p_i}\mathrm{d}g=\int_{p_0}^{p_i}\frac{\mathrm{d}G}{N}=\int_{p_0}^{p_i}R_{\mathrm{u}}T\mathrm{d}p/p \qquad (2-20)$$

由式(2-20)得到理想气体混合物中某一组分 i 的吉布斯自由能的表达式：

$$\bar{g}_{i,T}=\bar{g}_{i,T}^0+R_{\mathrm{u}}T\ln(p_i/p_0) \qquad (2-21)$$

式中：$\bar{g}_{i,T}^0$ 为标准状态压力(即 $p_i=p_0$)下组分 i 的吉布斯自由能；p_i 为分压力。通常取标准状态压力 $p_0=1$ atm。

对于化学反应系统，各种化合物在标准状态下的吉布斯生成自由能常用 $\bar{g}_{\mathrm{f},i}^0$ 来表示，是在标准状态下，即压力为 1 atm，温度为 298.15 K，由化学单质化合成 1 mol 该化合物时吉布斯自由能的变化，即

$$\bar{g}_{\mathrm{f},i}^0=\bar{g}_i^0(T)-\sum_j v_j'\bar{g}_j^0(T) \qquad (2-22)$$

式中：v_j' 是生成 1 mol 化合物所需元素的化学计量系数；下标 j 表示单质。与焓类似，在标准状态下，单质的吉布斯生成自由能等于零。附录表 A.1～表 A.9 和表 B.1 列举了一些物质的吉布斯生成自由能。

理想气体混合物的吉布斯自由能可以表示为

$$G_{\mathrm{mix}}=\sum N_i\bar{g}_{i,T}=\sum N_i[\bar{g}_{i,T}^0+R_{\mathrm{u}}T\ln(p_i/p_0)] \qquad (2-23)$$

式中：N_i 为组分 i 的摩尔数。

当给定温度和压力时，平衡条件变为

$$\mathrm{d}G_{\mathrm{mix}}=0 \qquad (2-24)$$

或

$$\sum \mathrm{d}N_i \left[\bar{g}^0_{i,T} + R_u T \ln(p_i/p_0)\right] + \sum N_i \mathrm{d}\left[\bar{g}^0_{i,T} + R_u T \ln(p_i/p_0)\right] = 0$$

上式左端第二项等于零,因为 $\mathrm{d}(\ln p_i) = \mathrm{d}p_i/p_i$,当混合物总压力为常数时,其分压力变化之和应为零,即 $\sum \mathrm{d}p_i = 0$,于是得

$$\sum \mathrm{d}N_i \left[\bar{g}^0_{i,T} + R_u T \ln(p_i/p_0)\right] = 0 \qquad (2-25)$$

对于一般化学反应系统,

$$aA + bB \Longleftrightarrow cC + dD$$

每一种组分摩尔数的变化与其化学计量系数均成正比:

$$\mathrm{d}N_A = -ka$$
$$\mathrm{d}N_B = -kb$$
$$\mathrm{d}N_C = -kc$$
$$\mathrm{d}N_D = -kd$$

代入式(2-25),得

$$-a\left[\bar{g}^0_{A,T} + R_u T \ln(p_A/p_0)\right] - b\left[\bar{g}^0_{B,T} + R_u T \ln(p_B/p_0)\right] +$$
$$c\left[\bar{g}^0_{C,T} + R_u T \ln(p_C/p_0)\right] + d\left[\bar{g}^0_{D,T} + R_u T \ln(p_D/p_0)\right] = 0$$

经整理得

$$-(c\bar{g}^0_{C,T} + d\bar{g}^0_{D,T} - a\bar{g}^0_{A,T} - b\bar{g}^0_{B,T}) = R_u T \ln \frac{(p_C/p_0)^c (p_D/p_0)^d}{(p_A/p_0)^a (p_B/p_0)^b} \qquad (2-26)$$

式(2-26)左端称为标准状态吉布斯自由能变化 ΔG^0_T:

$$\Delta G^0_T = (c\bar{g}^0_{C,T} + d\bar{g}^0_{D,T} - a\bar{g}^0_{A,T} - b\bar{g}^0_{B,T}) \qquad (2-27)$$

定义平衡常数 K_p,令 $p_0 = 1$ atm,即

$$K_p = \frac{(p_C/p_0)^c (p_D/p_0)^d}{(p_A/p_0)^a (p_B/p_0)^b} = \frac{\chi_C^c \chi_D^d}{\chi_A^a \chi_B^b} p^{(c+d-a-b)} \qquad (2-28)$$

将式(2-27)和式(2-28)代入式(2-26),得到以下化学平衡方程式:

$$\Delta G^0_T = -R_u T \ln K_p \qquad (2-29)$$

或

$$K_p = \exp(-\Delta G^0_T/R_u T) \qquad (2-30)$$

化学平衡方程式表示当化学反应达到平衡时,参加可逆反应的各物质的摩尔数与温度、压力以及压强之间的关系。在给定温度与压力的条件下,它反映了参加反应的各物质摩尔数之间的关系。式(2-30)给出了平衡常数与标准反应自由能之间的关系,其中 ΔG^0_T 是一个常数,因此在一定的温度下 K_p 也是一个常数。17 种气相反应物的 K_p 值请参见附录表 D.2 所列。

例 2.6 CO_2 的离解程度因温度和压力而异,试求出纯 CO_2 在不同温度($T = 1\,500$、$2\,000$、$2\,500$、$3\,000$ K)和不同压力($p = 0.1$、2、10、100 atm)下离解平衡后 $CO_2 \Longleftrightarrow CO + \frac{1}{2}O_2$ 混合物中 CO_2、CO 和 O_2 的摩尔分数。

解:

要求出 χ_{CO_2}、χ_{CO} 和 χ_{O_2},需要 3 个方程:一个化学离解平衡方程和两个元素守恒方程。因为不管混合物的组成怎样,元素 C 和 O 的数量是保持不变的。

对于反应，

$$CO_2 \Longleftrightarrow CO + \frac{1}{2}O_2$$

其吉布斯自由能变为

$$\Delta G_T^0 = \left(\frac{1}{2}\bar{g}_{f,O_2}^0 + \bar{g}_{f,CO}^0 - \bar{g}_{f,CO_2}^0 \right)_T$$

由 $p_i = \chi_i p$ 可得

$$K_p = \frac{(p_{CO}/p_0)^1 (p_{O_2}/p_0)^{0.5}}{(p_{CO_2}/p_0)^1} = \frac{\chi_{CO}\chi_{O_2}^{0.5}}{\chi_{CO_2}} \left(\frac{p}{p_0} \right)^{0.5}$$

由 $K_p = \exp\left(\dfrac{-\Delta G_T^0}{R_u T} \right)$ 得

$$\frac{\chi_{CO}\chi_{O_2}^{0.5}}{\chi_{CO_2}} \left(\frac{p}{p_0} \right)^{0.5} = \exp\left(\frac{-\Delta G_T^0}{R_u T} \right) \tag{ⅰ}$$

由元素守恒得

$$\frac{C\ \text{原子数}}{O\ \text{原子数}} = \frac{1}{2} = \frac{\chi_{CO} + \chi_{CO_2}}{\chi_{CO} + 2\chi_{CO_2} + 2\chi_{O_2}}$$

为了使该问题更具代表性，我们可以将 C/O 定义为一个参数，它表示混合物初始状态时的 C/O，即

$$Z = \frac{\chi_{CO} + \chi_{CO_2}}{\chi_{CO} + 2\chi_{CO_2} + 2\chi_{O_2}} \tag{ⅱ}$$

也可写成

$$(Z-1)\chi_{CO} + (2Z-1)\chi_{CO_2} + 2Z\chi_{O_2} = 0$$

另一个方程为

$$\chi_{CO} + \chi_{CO_2} + \chi_{O_2} = 1 \tag{ⅲ}$$

在给定 p、T 和 Z 后，可以联立方程（ⅰ）、（ⅱ）和（ⅲ）求出 χ_{CO}、χ_{CO_2} 和 χ_{O_2}。用方程（ⅱ）和（ⅲ）消去 χ_{CO_2} 和 χ_{O_2}，方程（ⅰ）变为

$$\chi_{CO}(1 - 2Z + Z\chi_{CO})^{0.5} \left(\frac{p}{p_0} \right)^{0.5} - [2Z - (1+Z)\chi_{CO}] \exp\left(\frac{-\Delta G_T^0}{R_u T} \right) = 0$$

这个方程可用牛顿-拉夫森迭代法求解出 χ_{CO}，然后将 χ_{CO} 代入方程（ⅱ）和（ⅲ）可求出 χ_{CO_2} 和 χ_{O_2}。表 2-1 所列为在不同温度和压力下的计算结果。

图 2-2 所示为 χ_{CO} 随温度和压力的变化情况。

由计算结果可得出两点结论：

温度不变时，增大压力将使 CO_2 的离解减弱；

压力不变时，增大温度将促使 CO_2 的离解。

由这两点结论可见：当一个处于平衡状态的系统经历一个变化时，系统的平衡状态将朝着削弱该变化的方向移动。因此，当压力升高时，平衡状态移动使系统摩尔数减少。对于 $CO_2 \Longleftrightarrow CO + \frac{1}{2}O_2$ 而言，这意味着平衡向左移动；对于摩尔数守恒的化学反应而言，压力的变化对平衡状态没有影响。当温度升高时，平衡状态向消耗热量的方向移动。对于 $CO_2 \Longleftrightarrow$

$CO+\dfrac{1}{2}O_2$ 而言,温度升高平衡右移,这是因为 CO_2 的离解吸收热量。

表 2-1　不同温度和压力下的计算结果

摩尔分数	$p=0.1\ atm$	$p=1\ atm$	$p=10\ atm$	$p=100\ atm$
$T=1\ 500\ K$, $\Delta G_T^0=1.526\ 8\times10^8\ J/kmol$				
χ_{CO}	7.755×10^{-4}	3.601×10^{-4}	1.672×10^{-4}	7.760×10^{-5}
χ_{CO_2}	0.998 8	0.999 4	0.999 7	0.999 9
χ_{O_2}	3.877×10^{-4}	1.801×10^{-4}	8.357×10^{-5}	3.880×10^{-5}
$T=2\ 000\ K$, $\Delta G_T^0=11.104\ 62\times10^8\ J/kmol$				
χ_{CO}	0.031 5	0.014 9	7.755×10^{-3}	7.755×10^{-3}
χ_{CO_2}	0.952 7	0.977 7	0.989 5	0.995 1
χ_{O_2}	0.015 8	0.007 4	3.480×10^{-3}	1.622×10^{-3}
$T=2\ 500\ K$, $\Delta G_T^0=6.890\ 7\times10^7\ J/kmol$				
χ_{CO}	0.226 0	0.121 0	0.060 2	0.028 9
χ_{CO_2}	0.661 0	0.818 5	0.909 6	0.956 6
χ_{O_2}	0.113 0	0.007 4	3.480×10^{-3}	1.622×10^{-3}
$T=3\ 000\ K$, $\Delta G_T^0=2.787\ 8\times10^7\ J/kmol$				
χ_{CO}	0.503 8	0.358 1	0.214 4	0.113 8
χ_{CO_2}	0.244 3	0.462 9	0.678 3	0.829 3
χ_{O_2}	0.251 9	0.179 0	0.107 2	0.056 9

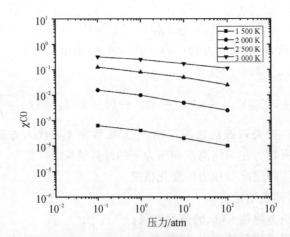

图 2-2　χ_{CO} 随温度和压力的变化情况

2.3.3　复杂反应系统平衡成分和燃烧温度的计算机计算

以上讨论概述了热化学计算的基本原理。在燃烧过程中,对指定初始条件和系统约束的平衡状态的计算通常是比较烦琐的,这是因为产物的组分繁多,而且产物组成与温度有关,受热力学第一和第二定律的控制。理论上,这些计算都可以手算,但实际上,由于复杂反应系统包含许多组分和反应,很难计算,故目前均采用计算机程序进行计算。

化学平衡成分的计算大体有 3 种方法:

① 平衡常数法,Olikara 和 Borman 研制了用于 C、H、N、O 系统的计算机程序 PER。该程序可以求解 12 种组分,其中包含 7 个平衡反应、4 个元素(C、H、N、O)守恒方程。该程序主要针对内燃机中燃烧产物平衡成分的计算,但也可以用于 C、H、O 组成的燃料和空气的燃烧过程。

② 基于最小自由能的通用化学平衡计算程序 CEA(Chemical Equilibrium and Application)。该程序能处理 400 种组分,可以计算不同热力学状态下化学平衡成分、火箭发动机的性能、Chapman - Jouguet 爆震性能、激波管参数等。

③ 基于元素势法的化学平衡计算程序 STANJIAN。这是斯坦福大学发展的、高效的、易于使用的以微型计算机为基础的软件。

下面将应用化学平衡计算程序 PER 对燃烧过程进行平衡计算。

例 2.7　已知一燃烧天然气的加热炉工作时的压力为 1 个大气压,混气的当量比为 0.9;进入加热炉中的天然气温度为 298 K,但是进入加热炉的空气是经过预热的。

(1) 试确定预热空气对绝热火焰温度的影响(加热炉入口空气温度从 298 K 变化到 1 000 K);

(2) 假设不管预热空气与否,加热炉出口和回流换热器进口之间的烟气温度均为 1 700 K,那么当空气从 298 K 预热到 600 K 时将节省多少燃料?

解:

(1) 在这里,利用程序 PER 包中的 HPFLAME 进行计算。HPFLAME 可用来计算有关热力学定律的问题,它有机结合了 Olikara 和 Borman 计算平衡组分的程序。HPFLAME 输入文件的内容包括:燃料等效分子式中碳、氢、氧、氮原子的数目,混气当量比,绝热火焰温度的迭代初值,压力和反应物的焓。本例中,燃料为甲烷,输入文件如下:

```
Problem Title: EXAMPLE 1.8 Air Preheat at 1000K
01        /CARBON ATOMS IN FUEL
04        /HYDROGEN ATOMS IN FUEL
00        /OXYGEN ATOMS IN FUEL
00        /NITROGEN ATOMS IN FUEL
0.900     /EQUIVALENCE RATIO
2000      /TEMPERATURE (K) (Initial Guess)
101325.0  /PRESSURE (Pa)
155037.0  /ENTHALPY OF REACTANTS PER KMOL FUEL (kJ/kmol - fuel)
```

输入文件中唯一需要计算的量就是反应物的焓(kJ/kmol)。要计算反应物的焓,就需要知道反应物的组成。下面为燃烧反应方程式:

$$CH_4 + a(O_2 + 3.76N_2) \longrightarrow 燃烧产物$$

式中:$a = \dfrac{x + y/4}{\Phi} = \dfrac{1 + 1/4}{0.9} = 2.22$,因此,反应物的焓(1 kmol 燃料)可按下式计算:

$$H_{reac} = \bar{h}^0_{f,CH_4} + 2.22\Delta\bar{h}_{f,O_2} + 8.35\bar{h}_{f,N_2}$$

利用附录表 A.5、表 A.8 和表 B.1,可以计算不同温度下的反应物的焓值,然后将计算得到的焓值输入 HPFLAME 的输入文件,就可以利用 HPFLAME 计算出等压绝热火焰温度,计算结果见表 2 - 2。

表 2 - 2　计算结果

T/K	$\Delta\bar{h}_{f,O_2}/(kJ \cdot kmol^{-1})$	$\Delta\bar{h}_{f,N_2}/(kJ \cdot kmol^{-1})$	$H_{reac}/(kJ \cdot kmol^{-1})$	T_{ad}/K
298	0	0	$-74\ 831$	2 134
400	3 031	2 973	$-45\ 254$	2 183
600	9 254	8 905	$+20\ 140$	2 283
800	15 838	15 046	$-86\ 082$	2 373
1 000	22 721	21 468	$+155\ 037$	2 456

点评：

从表 2 - 2 中可以看出，在所考察的温度范围内，空气温度每升高 100 K，火焰温度就升高 50 K。这种结果是由于离解作用和反应产物的比热容大于空气的比热容导致的。

（2）首先，写出有关控制体的能量守恒方程，假设整个过程是稳态的，并且无论空气预热与否，由于对外做功和损耗而减少的热量都相等。由能量守恒关系式

$$\dot{Q}_{cv} - \dot{W}_{cv} = \dot{m}\left[(h_0 - h_i) + \frac{1}{2}(v_0^2 - v_i^2) + g(z_0 - z_i)\right]$$

得

$$-\dot{Q} = -\dot{Q}_{load} - \dot{Q}_{loss} = \dot{m}(h_{prod} - h_{reac})$$

$$= (\dot{m}_A + \dot{m}_F)h_{prod} - \dot{m}_F h_F - \dot{m}_A h_A$$

为了方便起见，我们定义一个新的参数：燃料利用率，即

$$\eta = \frac{\dot{Q}}{\dot{m}_F LHV} = \frac{-[(A/F + 1)h_{prod} - (A/F)h_A - h_F]}{LHV}$$

其中，

$$A/F = \frac{(A/F)_{stoic}}{\Phi} = \frac{17.1}{0.9} = 19.0$$

$$h_F = \bar{h}_{f,F}^0/MW_F = \frac{-74\ 831}{16.043}\ kJ/kg = -4\ 664.4\ kJ/kg$$

$$h_{prod} = -923\ kJ/kg（利用 PER 程序包 TPEQUIL 计算得到）$$

$$h_{A@600\ K} = (0.21\Delta\bar{h}_{f,O_2} + 0.79\Delta\bar{h}_{f,N_2})/MW_A$$

$$= [(0.21 \times 9\ 254 + 0.79 \times 8\ 905)/28.85]\ kJ/kg$$

$$= 311.2\ kJ/kg$$

$$\eta_{298} = \frac{-[(19.0 + 1) \times (-923) - 19.0 \times 0 - (-4\ 664.4)]}{50\ 016}$$

$$= 0.276$$

$$\eta_{600} = \frac{-[(19.0 + 1) \times (-923) - 19.0 \times 311.2 - (-4\ 664.4)]}{50\ 016}$$

$$= 0.394$$

现在可以计算节省的燃料了,即

$$\text{Savings} = \frac{\dot{m}_{F,298} - \dot{m}_{F,600}}{\dot{m}_{F,298}} = 1 - \frac{\eta_{298}}{\eta_{600}} = 1 - \frac{0.276}{0.394} = 0.30$$

也写成百分数形式,即

$$\text{Savings} = 30\%$$

从此例中可以看到,通过使用回流换热器可以大大节省燃料。同时要注意到,由于绝热火焰温度的升高,一氧化氮的辐射作用将加强。当入口空气温度从 298 K 上升到 600 K 时,绝热火焰温度上升了 150 K(7.1%)。

2.4　化学反应速率

2.4.1　化学反应速率的定义

燃烧过程本质上就是化学反应过程。化学反应速率的定义为,单位时间内反应物浓度的减少或生成物浓度的增加。化学反应速率控制燃烧过程的许多方面,如点火、熄火、火焰稳定、火焰传播、燃烧装置性能及污染物生成等。化学动力学就是研究化学反应机理和化学反应速率的科学。采用不同的浓度单位,化学反应速率的表示方式也不同,作为基础,首先介绍不同的浓度单位。

物质的浓度是指单位体积内含某物质的量,物质的量可以用不同的单位来表示,因而相应的浓度也有不同的表示方法。

（1）分子浓度

分子浓度是指单位体积内含某物质的分子数,即

$$n_i = \frac{N_i}{V} \quad (\text{m}^{-3})$$

式中:N_i 为某物质分子数目;V 为体积。

（2）物质的量浓度

物质的量浓度是指单位体积内所含物质的摩尔数,即

$$c_i = \frac{M_i}{V} = \frac{N_i}{N_A V} \quad (\text{mol/m}^3)$$

式中:M_i 为某物质的摩尔数;N_A 为阿伏加德罗常数。

（3）质量浓度

质量浓度是指单位体积内所含物质的质量,即

$$\rho_i = \frac{G_i}{V} \quad (\text{kg/m}^3)$$

式中:G_i 为某物质的质量。

（4）物质的量相对浓度

物质的量相对浓度是指某物质的摩尔数（或分子数）与同一容积内总摩尔数（或总分子数）的比值,即

$$\chi_i = \frac{N_i}{N_\text{总}} = \frac{n_i}{n_\text{总}} = \frac{c_i}{c_\text{总}}$$

式中：$N_总$ 为容积中的总分子数；$n_总$ 为总分子浓度。物质的量相对浓度与物质的量浓度、分子浓度之间的关系为

$$\chi_i = \frac{c_i R_u T}{p} \quad \text{或} \quad \chi_i = \frac{n_i R_u T}{N_A p}$$

式中：R_u 为通用气体常数；p、T 分别为混合物气体的压力和温度。

（5）质量相对浓度

质量相对浓度是指某物质的质量与同一容积内总质量的比值，即

$$f_i = \frac{G_i}{G_总} = \frac{\dfrac{G_i}{V}}{\dfrac{G_总}{V}} = \frac{\rho_i}{\rho}$$

式中：ρ 为混合物的密度；$G_总$ 为混合物的质量。

采用不同的浓度单位后，根据化学反应速率的定义，化学反应速率可分别表示为

$$RR_c = \pm \frac{dc_i}{dt} \quad [mol/(m^3 \cdot s)]$$

$$RR_n = \pm \frac{dn_i}{dt} \quad (m^{-3} \cdot s^{-1})$$

$$RR_x = \pm \frac{dx_i}{dt} \quad (s^{-1})$$

这里的下标 c、n、x 分别表示物质的量浓度、分子浓度和物质的量相对浓度。

2.4.2 化学反应速率的碰撞理论

在气体中，化学反应是原子和分子间发生碰撞的结果。碰撞理论示意图如图 2-3 所示。根据气体运动学理论，原子 A 和分子 BC 碰撞的频率，即单位时间和单位体积内 $A-BC$ 的碰撞数 $Z_{A,BC}$，由下式给出：

$$Z_{A,BC} = [A][BC] N_A^2 \pi \sigma_{A,BC}^2 \left(\frac{8\bar{k}T}{\pi \mu_{A,BC}}\right)^{1/2} \tag{2-31}$$

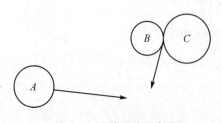

图 2-3 碰撞理论示意图

这里，$[A]$ 和 $[BC]$ 分别为原子 A 和分子 BC 的摩尔浓度；N_A 为阿伏加德罗（Avogadro）常数，$N_A = 6.02 \times 10^{23}$；$\bar{k}$ 为玻耳兹曼（Boltzmann）常数，$\bar{k} = 1.381 \times 10^{-23}$ J/K。设碰撞粒子为刚性球体，直径为 d，则有效碰撞直径 $\sigma_{A,BC} = (d_A + d_{BC})/2$，碰撞面积 $= \pi \sigma_{A,BC}^2 = \pi(d_A + d_{BC})^2/4$，折合质量 $\mu_{A,BC} = m_A m_{BC}/(m_A + m_{BC})$。

一般地，有两种类型的碰撞：① 不发生反应的碰撞，此时碰撞分子可能交换能量（平动能和内能），但化学键未断；② 能反应的碰撞，此时一个或多个化学键断裂或形成。碰撞频率是能产生反应的碰撞速率的上限。事实上，断键需要一定的能量（动能加内能），只有那些能量足够的碰撞才能发生反应。这一观点已示于图 2-4，它表示了反应碰撞的可能性与碰撞能量的函数关系。最简单的、但不完全准确的观点是：为了发生反应，碰撞能量必须超过临界值 E^*。

对小于 E^* 的能量,反应碰撞发生的可能性为零;而对大于 E^* 的能量,反应碰撞发生的可能性是常数,如图 2-4 中的虚线所示。图 2-4 中的实线表示的是更实际的反应可能性。这里,当碰撞能量变得非常大时,反应的可能性趋向于零,因为此时不可能形成中间络合物。图 2-5 所示为化学反应所需克服的能量障碍图。其要点是,若要发生反应,反应物首先要形成活化络合物,然后该络合物或者离解为反应物,或者分解形成产物。在所有的碰撞中,只有那些能形成活化络合物的才能引起化学反应。注意正反应和逆反应的能量障碍不同,即使它们必须跨越的过渡态是相同的。接下来我们要定义反应热,它等于正反应的活化能与逆反应的活化能之差,$\Delta H_r = E_{a前} - E_{a后}$。在图 2-5 中分别画出了放热和吸热反应的反应热。由此可见,放热反应的 $\Delta H_r < 0$,吸热反应的 $\Delta H_r > 0$。

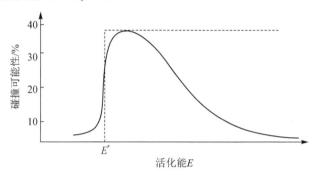

图 2-4　反应碰撞发生的可能性与碰撞能量的关系简图

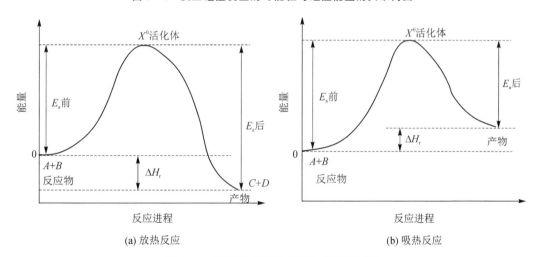

(a) 放热反应　　　　　　　　　　　　　(b) 吸热反应

图 2-5　化学反应所需克服的能量障碍图

　　假设反应碰撞的频率就是以反应粒子数目表示的化学反应速率,该反应速率可以用碰撞频率与能克服活化能障碍的有效碰撞分数的乘积来表示。能量比 E_a(活化能)大的碰撞分数与玻耳兹曼分布 $\exp(-E_a/R_uT)$ 有关,其中 R_u 为通用气体常数。因此,以粒子数目表示的化学反应速率的最终表达式为

$$反应速率 \propto \exp(-E_a/R_uT)$$

由此得以反应物摩尔浓度表示的反应速率为

$$反应速率 \propto \frac{Z_{A,BC}}{N_A}\exp(-E_a/R_uT)$$

式中：$Z_{A,BC}$ 为分子运动理论中的碰撞频率。

另外，以反应物摩尔浓度表示的反应速率又常常表示为一个与温度有关的反应速率常数 $k(T)$ 和反应物组分浓度的乘积，即反应速率＝$k(T)[A][BC]$。这里，$[A]$ 和 $[BC]$ 分别为原子 A 和分子 BC 的摩尔浓度。将这个式子与上面的反应速率和碰撞频率 $Z_{A,BC}$ 的关系式作比较，可以看出，k 与 T 的关系为

$$k \propto T^{1/2} \exp(-E_a/R_u T)$$

反应速率常数的这一函数形式称为阿累尼乌斯(Arrhenius)形式。

对反应速率常数的进一步研究发现，碰撞分子的方向对碰撞分子变成活化络合物，即发生反应的可能性有显著影响。基于这个几何上的考虑，引入一个表示原子空间排列位置的因子 P，简称空间因子，它一般被当作与温度无关的因子。此时，反应速率常数的表达式可表示为

$$k = PN_A \left(\frac{8\pi\bar{k}T}{\mu_{A,BC}} \right)^{1/2} \sigma_{A,BC}^2 \exp(-E_a/R_u T) \tag{2-32}$$

一般情况下，空间因子的值可在 $1 \sim 10^{-5}$ 之间。为了更严格地考虑原子空间排列位置的影响，可用统计热力学来对所有方向指定分区函数，但这些方法不属于本书讨论之列。

一般地，将与温度无关的、在指数因子前的项组合称为指前因子，用 A 表示，故

$$k = AT^{1/2} \exp(-E_a/R_u T) \tag{2-33}$$

只有当活化能 E_a 很大时，与温度相关的 $T^{1/2}$ 关系才能忽略。

2.4.3 化学反应速率的各种表示方法

对于任意化学反应：

$$\sum_{i=1}^{N} v_i A_i \longrightarrow \sum_{i=1}^{N} v_i' A_i \tag{2-34}$$

参加反应的组分 A_i 的摩尔数的变化可以用反应进程 ξ 表示，依据

$$dn_i = (v_i' - v_i)d\xi \tag{2-35}$$

对时间的微分 dn_i/dt 表示 A_i 的摩尔数变化的速率，这就是化学反应速率的定义。显然该速率正比于 $d\xi/dt$。但是，如上所述，反应速率习惯以参加反应的组分 i 的摩尔浓度 $[A_i]$ 表示，其单位是每单位体积的摩尔数，以此定义的化学反应速率可用 RR_i 表示，其单位是每单位体积、单位时间的摩尔数，它们也与反应进程有关。因为

$$RR_i = \frac{1}{V}\frac{dn_i}{dt} = \frac{v_i' - v_i}{V}\frac{d\xi}{dt} \tag{2-36}$$

整理后得

$$\frac{RR_i}{v_i' - v_i} = \frac{1}{V}\frac{d\xi}{dt}$$

这个关系式具有重要意义，表示在任一特定反应中，单个反应进程和化学计量系数就能定义参加反应的所有组分浓度的变化率。由反应进程和 n_i 之间的关系式，再加上 RR_i 的定义，化学反应速率可以分解成独立的两部分，即

$$RR_i = \frac{d[A_i]}{dt} + \frac{[A_i]}{V}\frac{dV}{dt}$$

因为浓度是摩尔数与体积的比值，所以反应速率与这两者的变化有关，上面的式子很好地

说明了这个问题。对定容系统，$[A_i]$ 的变化率正比于 RR_i，所以

$$\frac{d\xi}{dt} = \frac{V}{v_i' - v_i} \cdot \frac{d[A_i]}{dt} \tag{2-37}$$

也就是说，反应进程可以用组分的变化率来表示，反之亦然。监控化学反应的进程还有另一种方法，它可以表示出与化学反应计量系数和一个单一量（总反应速率）有关的所有组分变化，因为

$$RR_i = \frac{1}{V} \frac{dn_i}{dt}$$

所以对于所有组分来说，RR_i 与净化学计量系数变化的比值，即总反应速率，都是一样的，这就是总反应速率的定义，即

$$RR = \frac{RR_i}{v_i' - v_i} = \frac{1}{V} \frac{d\xi}{dt} \tag{2-38}$$

举例说明如下：考虑反应

$$A + 2B \longrightarrow P_1 + 2P_2$$

它的化学反应速率可以按以下各式中的任一式定义：

$$RR = \frac{\dfrac{d[A]}{dt}}{-1} = \frac{\dfrac{d[B]}{dt}}{-2} = \frac{\dfrac{d[P_1]}{dt}}{+1} = \frac{\dfrac{d[P_2]}{dt}}{+2} \tag{2-39}$$

至于反应进程，可以用化学反应速率来定义所有组分的变化率，即

$$\frac{d[A_i]}{dt} = (v_i' - v_i)RR \tag{2-40}$$

注意，当一种组分 A_i 参加了不止一个化学反应时，正如燃烧中经常出现的情况，必须对这一组假设 N 个化学反应中的每一个变化定义一个化学反应速率，如果这个化学反应速率用 RR_k 表示，那么 A_i 的浓度变化率可以用所有反应对它的独立贡献来表示，即

$$\frac{d[A_i]}{dt} = \sum_{k=1}^{N} (v_{ik}' - v_{ik})RR_k \tag{2-41}$$

这里双下标 ik 表示反应 k 对组分 i 的贡献。对每个反应各自的反应进程都可以写出类似的形式。

2.4.4　影响化学反应速率的因素

无论何种化学反应，其反应速率都主要与反应的温度、反应物的浓度、反应物的性质（活化能）及系统压力等因素有关。

1. 温度对化学反应速率的影响

在影响化学反应速率的诸多因素中，温度对反应速率的影响最为显著，它主要影响反应速率常数 k。实验表明，大多数化学反应速率是随着温度升高而剧烈上升的。范霍夫根据大量的实验数据总结出一条经验规律：温度每升高 10 K，反应速率就近似增加 2～4 倍；当温度升高 100 K 时，化学反应速率将随之加快 2^{10}～4^{10} 倍。这个经验规律可以用来估计温度对化学反应速率的影响。

1889 年，瑞典科学家阿累尼乌斯由实验总结出一个温度对反应速率常数影响的经验公式，即阿累尼乌斯定律，其表达式为

$$k = AT^b \exp(-E_a/R_u T) \tag{2-42}$$

式中：A 为指前因子；指数 b 的取值一般为 $-0.5 \sim 1$；活化能 E_a 为 $0 < E_a < 335$ kJ/mol，一般由实验测得。式（2-42）又可以称为阿累尼乌斯方程或速率常数表达式。

对式（2-42）两边取对数，则阿累尼乌斯定律可以改写为

$$\ln k = \ln A + b \ln T - E_a/R_u T$$

基于该对数形式，人们习惯在 $\ln k$ 与 $1/T$ 的坐标系中描述反应速率常数，图2-6给出了两种不同情况下反应速率常数随温度的变化规律。如图2-6(a)所示，对于活化能比较大的反应，此时活化能大到足以抑制温度幂次项的影响，那么该回归线的斜率 $-E_a/R_u$ 近似表示其活化能。图2-6(b)所示为小活化能反应的阿累尼乌斯图上的曲线，此时温度幂次因子 $k = AT^b \exp(-E_a/R_u T)$ 的影响很重要。这从另一个方面说明，反应速率常数不仅取决于温度，还取决于温度范围，某一特定表达式只适用于一定的温度区间。阿累尼乌斯方程一般不能描述很大温度范围的燃烧过程，按较低温度范围实验数据拟合的阿累尼乌斯方程则可能完全不适用于高温范围的实验数据，如图2-6(b)所示。因此，不能轻易将反应速率常数外推到实验温度区间以外。另外，该曲线也表明这种行为的反应不是真正的基元反应。

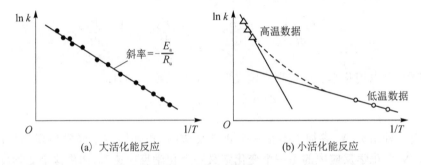

图2-6　不同情况下反应速率常数随温度的变化规律

应该指出的是，并非所有的化学反应都遵循此规律，有些化学反应的反应速率是随温度的升高而降低的。图2-7(a)所示为典型的化学反应速率随温度的升高而上升的情况（对简单反应和有明确反应级数的反应）；图2-7(b)所示是燃烧过程中遇到的情况，化学反应速率在某一定温度时会突然上升，产生火焰或爆炸；图2-7(c)所示是在催化反应中经常遇到的情况；图2-7(d)所示是 NO 与 O_2 反应合成 NO_2 时观察到的结果。

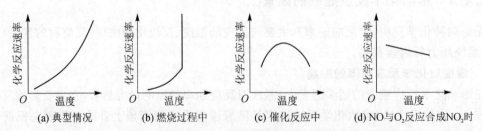

图2-7　不同的化学反应速率与温度的关系

2. 压力对化学反应速率的影响

在实际燃烧过程中，考虑压力对化学反应速率的影响是很重要的。化学反应的级数不同，压力对其影响程度也不同。现假定在一定温度条件下，分析其压力对化学反应速率的影响。

如果反应系统中某反应物的摩尔浓度用 C_i 表示,那么该物质的分压力 p_i 可表示为

$$p_i = C_i R_u T \tag{2-43a}$$

或者有

$$C_i = \frac{p_i}{R_u T} = \frac{\chi_i p}{R_u T} \tag{2-43b}$$

式中: T 为温度; p 为系统的总压力,为各组分分压力之和,即

$$p = \sum_i p_i \tag{2-44}$$

结合式(2-43a)、式(2-43b)和式(2-44),得

$$p = R_u T \sum_i C_i \tag{2-45}$$

令 $C = \sum_i C_i$,表示系统中单位体积内总的反应物质的摩尔量,则式(2-45)可写为

$$p = R_u T C \tag{2-46}$$

将式(2-46)代入反应速率表达式(2-36)中有

$$RR_i = \frac{dC_i}{dt} = k\,(C_i)^n = k\left(\frac{\chi_i p}{R_u T}\right)^n = k\left(\frac{p}{R_u T}\right)^n (\chi_i)^n \tag{2-47}$$

式中: n 为反应级数。式(2-47)表明在恒温反应条件下,以摩尔浓度表示的化学反应速率与压力的 n 次方成正比,即

$$RR_i \propto p^n \tag{2-48}$$

如果采用气体的摩尔分数随时间的变化量来表示化学反应速率,则其与系统压力的关系为

$$RR_i = -\frac{d\chi_i}{dt} = -\frac{d\left(\dfrac{C_i}{C}\right)}{dt} = -\frac{\dfrac{dC_i}{dt}}{C} \tag{2-49}$$

结合式(2-46)和式(2-47)有

$$RR_i = \frac{k\left(\dfrac{p}{R_u T}\right)^n (\chi_i)^n}{\dfrac{p}{R_u T}} = k\left(\frac{p}{R_u T}\right)^{n-1} (\chi_i)^n \Rightarrow RR_i \propto p^{n-1} \tag{2-50}$$

即在温度不变的条件下,以摩尔分数表示的化学反应速率与压力的 $n-1$ 次方成正比。

3. 反应物浓度和摩尔分数对化学反应速率的影响

质量作用定律描述了浓度对化学反应速率的影响。具体表述为,在一定温度下,基元反应在任何瞬间的化学反应速率正比于该瞬间反应物浓度的乘积,其幂次等于相应的化学计量系数:

$$RR = k \prod_{i=1}^{N} C_{A_i}^{v_i} \tag{2-51}$$

反应速率常数 k 是单位质量的反应速率系数,名义上它与浓度无关,在大多数情况下,只与温度有关。质量作用定律只能用于基元反应,而不能直接用于复杂反应。对于复杂反应,用反应级数 n 来定量地表示反应物浓度变化对化学反应速率的影响。对一般的化学反应方程式

$$\sum_{i=1}^{N} v_i A_i \longrightarrow \sum_{i=1}^{N} v'_i A_i$$

如果由实验或经验数据把反应物的浓度与化学反应速率的关系式拟合成式(2-51)的形式,则复杂反应的反应级数 n 是指其表达式中幂指数之和,即

$$n = \sum_{i=1}^{N} v_i \qquad (2-52)$$

在化学反应系统中,反应物的相对组成也对化学反应速率具有重要影响。例如,在燃烧过程中,随着燃烧产物的不断形成,空气中的惰性气体会不断掺入,使反应物浓度逐渐改变,从而影响化学反应速率。

首先,就反应物中无惰性气体的燃烧产物的情况,分析反应物浓度对化学反应速率的影响。对于二级反应,假设只有两种反应物参加反应,则根据式(2-49)有

$$RR_i = -\frac{d\chi_i}{dt} = k \; \frac{p}{R_u T} \chi_1 \chi_2 \qquad (2-53)$$

注意:式(2-53)是用摩尔分数随时间的变化量来表示化学反应速率的。χ_1、χ_2 为两种反应物的摩尔分数(物质的量相对浓度),且有 $\chi_2 = 1 - \chi_1$,代入式(2-53)则有

$$RR_i = -\frac{d\chi_i}{dt} = k \; \frac{p}{R_u T} \chi_1 (1 - \chi_1) \qquad (2-54)$$

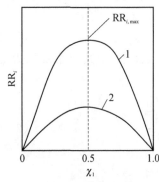

图 2-8　化学反应速率与反应物摩尔分数的关系

式(2-54)表明,在温度和压力不变的情况下,化学反应速率 RR_i 仅随反应物的摩尔分数 χ_1 而变化,如图 2-8 中的曲线 1 所示。化学反应速率在 $\chi_1 = 0.5$ 时达到最大值,当 $\chi_1 = 0$ 或 $\chi_1 = 1.0$ 时,反应速率均等于零,即

$$RR_{i,max} = \frac{k}{4R_u T} p \qquad (2-55)$$

下面就反应物中掺入惰性气体的情况,分析其反应物浓度对化学反应速率的影响。假设以 χ_{O_2} 表示空气中氧气的摩尔分数,以 χ_{N_2} 表示空气中惰性气体的摩尔分数,且有 $\chi_{O_2} + \chi_{N_2} = 1$,则有

$$\chi_1 + \chi_2 (\chi_{O_2} + \chi_{N_2}) = 1 \qquad (2-56)$$

同样,其化学反应速率为

$$RR_i = -\frac{d\chi_i}{dt} = \frac{k}{R_u T} p \chi_1 \chi_{O_2} \chi_2 = \frac{k}{R_u T} p \chi_1 \chi_{O_2} (1 - \chi_1) \qquad (2-57)$$

式(2-57)即表示当反应物中掺有惰性气体时,化学反应速率与反应物摩尔分数 χ_1 的关系,如图 2-8 中的曲线 2 所示。

从式(2-57)中可以看出,当 χ_{O_2} 不变时,RR_i 仍在 $\chi_1 = 0.5$ 时达到最大值,但其值相应是原来的 χ_{O_2} 倍,即

$$RR_{i,max} = \frac{k}{4R_u T} p \chi_{O_2} \qquad (2-58)$$

4. 活化能对化学反应速率的影响

反应的活化能是衡量反应物反应能力的一个主要参数,活化能较小的化学反应速率较快。一般化学反应的活化能在 42～420 kJ/mol 之间,而大多数化学反应的活化能是在 62～

250 kJ/mol 之间。如果反应活化能降低 10 kJ/mol,则其化学反应速率可增加 50 倍。当活化能小于 42 kJ/mol 时,其化学反应速率很快,甚至不能用一般方法测定;当活化能大于 420 kJ/mol 时,其化学反应速率将非常慢,可以认为不发生化学反应。

阿累尼乌斯方程(2 – 42)中包括的因子 $\exp(-E_a/R_uT)$ 被称为玻耳兹曼因子。由于 E_a 在该因子的指数项中,所以活化能的大小对化学反应速率的影响很大。例如在 300 K 时,当活化能从 100 kJ/mol 降至 80 kJ/mol 时,反应速率常数的变化关系为

$$\frac{k_2}{k_1} = \frac{\exp(-80\ 000/R_uT)}{\exp(-100\ 000/R_uT)} = 3\ 000$$

即反应速率常数增加 3 000 倍,这表明活化能对化学反应速率的影响十分显著。表 2 – 3 显示了不同活化能下玻耳兹曼因子的大小,由此可见,高活化能的化学反应速率对温度变化敏感。

表 2 – 3　在两个温度下,不同的活化能 E_a 所对应的玻耳兹曼因子

$E_a/(\text{kJ} \cdot \text{mol}^{-1})$	$\exp(-E_a/R_uT)$	
	$T = 1\ 000$ K	$T = 2\ 000$ K
42	10^{-2}	10^{-1}
126	10^{-7}	10^{-3}
210	10^{-11}	10^{-6}
293	10^{-16}	10^{-8}

活化分子发生化学反应过程中的能量变化如图 2 – 9 所示。要使反应物反应生成燃烧产物,首先反应物分子要吸收能量 $E_{a,1}$ 达到活化状态或者说形成活化体,其中 $E_{a,1}$ 就是该反应的活化能。随着反应的进行,反应物变成反应产物,同时放出热量 $E_{a,2}$,扣除吸收的热量 $E_{a,1}$,剩下的即为燃烧反应的净放热量 Q,也就是燃料的发热量。

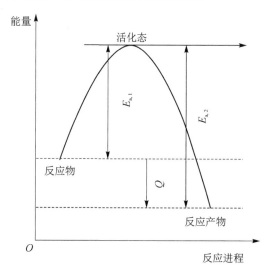

图 2 – 9　反应能量随反应进程的变化

活化能是通过实验测定不同温度下的反应速率常数而得到的。根据阿累尼乌斯方程将实验中测定的某一反应在各个温度下的反应速率常数绘制成 $\ln k - 1/T$ 曲线,拟合直线,计算其

斜率$-E_a/R_u$，便可由图$2-6$求出活化能的数值。

通过实验测得的活化能数值显然与实验的温度区间有关，因为反应速率常数与温度的关系在不同的温度区间是不同的（见图$2-6$）。因此，不同文献对同一反应过程给出的活化能数值常常出入很大，除了实验方法的差异之外，温度区间不同也是一个重要的原因，在采用时需要考察其实验温度区间。

5. 催化作用对化学反应速率的影响

催化剂是能够改变化学反应速率而本身在反应前后的组成、数量和化学性质保持不变的一种物质。催化剂对化学反应速率所起的作用叫作催化作用，催化也是化工领域应用最多的关键技术之一。催化剂分为均相催化剂和多相催化剂，均相催化剂与反应物相态相同，通常作为溶剂存在于液体反应混合物中；多相催化剂一般自成一相，通常是用固体物质催化气相或液相中的反应。催化剂之所以能加快化学反应速率，是因为降低了化学反应的活化能。对于均相催化反应，一般认为催化剂加快化学反应速率的原因是形成了"中间活化络合物"。

有固体物质参与的催化反应是一种表面与反应气体间的化学反应，属于表面反应的一种。表面化学反应速率会因为存在很少量具有催化作用的其他物质而显著增大或减小，一般是用"吸附作用"来说明。表面催化反应的关键是气体分子或原子必须先被表面吸附，然后才能发生反应，反应产物再从表面解吸。

气体分子在表面的吸附率存在一个上限值，不可能超过气相分子与表面的碰撞率。吸附与解吸是同一化学过程的正反应过程和逆反应过程，与反应并存，同时发生。

2.5　基元反应和复杂反应

能代表反应机理的、由反应微粒（分子、原子、离子和自由基等）一步实现的、不通过中间或过渡状态的反应，叫作基元反应，也称简单反应、基元步骤。它是复杂反应的基础，是确实经历的反应步骤，如：$HI+HI\longrightarrow H_2+2I$。基元反应常分为单分子反应、双分子反应和三分子反应，即对于基元反应，其化学计量系数为整数，可表示为实际参加反应的分子数。

需要经过两个或更多的基元反应（中间阶段）才形成最后产物的反应，叫作复杂反应，如：$H_2+Cl_2\longrightarrow 2HCl$。

其实际步骤如下：

① $Cl_2\longrightarrow 2Cl$；

② $Cl+H_2\longrightarrow HCl+H$；

③ $Cl_2+H\longrightarrow HCl+Cl$。

②和③两式相加可得总反应方程。所以，复杂反应方程并不是反应实际经历的步骤，不代表反应机理，只代表参加到反应中的反应物与生成物的定量关系。

为了描述一个复杂反应所需要的一组基元反应称为反应机理。反应机理可以包含几个步骤（基元反应），也可以包含多达几百个反应。目前，一个活跃的研究领域就是如何选择最少量的基元反应来描述一个特定的复杂反应，即简化的化学机理。这些简化机理抓住燃烧过程中最重要的特性而放弃并不需要的在详细机理中固有的很多细节。机理的简化方法包括采用敏感性分析和其他方法来剔除相对不重要的组分或基元反应，以建立一个骨架机理。骨架机理与复杂反应机理一样，也只包括基元步骤，但步骤少得多。

针对某一特定问题也可以用总包反应来表达化学机理。例如,1 mol 的燃料 F 和 a mol 的氧化剂 O_x 反应形成 b mol 的燃烧产物 Pr 的总包反应机理可以写为

$$F + aO_x \longrightarrow bPr \qquad (2-59)$$

这种表达方法通常是一种"黑箱"处理方法。这一方法对于解决某些问题是有用的,但并不能真正正确地理解系统中实际的化学过程。例如,a 个氧化剂分子同时与一个燃料分子碰撞并形成 b 个产物的分子,就需要同时断裂几个键并同时形成多个新键,实际上这是不可能的。事实上,这一过程发生了一系列连续的包含许多中间组分的反应。

一般情况下,化学反应是在正向(由反应物生成产物)和逆向(由产物重新生成反应物)同时进行的,当达到热力学平衡时,化学反应速率为零,我们称这类反应为可逆反应。

2.6　反应级数和反应分子数

反应级数表示的是在一定温度下,化学反应速率与反应物浓度的依赖关系,具体的定义式如式(2-52)所示。对于简单的化学反应,如果化学反应速率与反应物浓度的一次方成比例,则称此反应为一级反应;如果化学反应速率与反应物浓度的二次方成比例,则称该反应为二级化学反应,大多数化学反应都是双分子反应,在复杂反应中常常把二级反应作为一种基元反应,化学反应速率是由各个双分子反应中最慢的一个反应来确定的;如果反应速率与反应物浓度的三次方成比例,则称该反应为三级反应,例如,$2NO + O_2 \longrightarrow 2N_2O$,化学反应速率为

$$-\frac{d(NO)}{dt} = k[NO]^2[O_2] \qquad (2-60)$$

以上所说的反应级数是按照化学反应式中正规化合系数来分类的,表面看来反应级数似乎无限制,但实际所发生的反应很少有超过三级的。一级和二级反应很多,三级反应很少,四级以上的反应还没有见过,这是因为化合是通过两个分子相互碰撞产生的,四个分子同时碰撞的机会很少,所以四级反应实际上是不会发生的。实际化学反应的反应级数与按正规化合系数计算出的反应级数大有出入。例如,$2NO + 2H_2 \longrightarrow N_2 + 2H_2O$,如按正规化合系数来判断,它是四级反应,但据实验查明该反应级数为三级。

反应级数与反应的分子数有一定联系,后者代表参加反应的反应物的实际数目。对于简单反应,其反应级数一般为反应的分子数,它一定是整数,也就是说,单分子反应为一级反应,双分子反应为二级反应,……,依次类推。不过三分子反应是很少的,因为三个分子碰撞到一起的概率大大减少,三级以上的反应几乎没有,因为简单反应能代表反应机理,是一个个实际经历的过程。例如,一个单反应物的自发离解,$H_2 \longrightarrow 2H$,就是单分子反应,反应级数 $n=1$;反应 $H + O_2 \longrightarrow OH + O$ 是双分子反应,反应级数 $n=2$。

反应级数和反应分子数看起来似乎有些重复,但这两个概念对于基元反应和总反应,即复杂反应,是不一样的,它们将基元反应和总反应区分开来,这是非常重要的。基元反应确切地指明了化学反应实际的发生历程,反应分子数的概念用于解释微观反应机理,反应分子数是引起基元反应所需的最少分子数目,也就是说,在碰撞中涉及的所有组分都会在化学反应式中出现,而且,在基元反应中,逆反应和正反应一样可以进行。仅对基元反应来说,反应级数和反应分子数是同义词。相反,总反应只代表主要组分(通常包括燃料、氧化剂和最稳定的燃烧产物)间的化学计量关系,而不代表实际的反应历程。总反应常常涉及的化学计量系数是分数,只出

现分子组分(无活性中间体和原子),系数不是实际的反应物数目,逆反应也不可进行。丙烷燃烧反应的化学式就是具有这些特征的例子,它显然也是总反应式。

需要注意的是,质量作用定律和反应分子数的概念均不适用于总反应。总反应的浓度与化学反应速率的关系式由实验或经验确定,只需简单地对多次反应测试出的浓度(在温度一定时)拟合,得出化学反应速率表达式。其形式类似于质量作用定律,虽然假定总反应速率正比于$[A_i]$的幂次的乘积,但每个浓度的指数都是可调的。它们常常是分数甚至是负值,与化学计量系数无任何关系,因为反应并不是按照所写的那样进行的。这虽然有些模棱两可,但总反应的表观反应级数定义为由实验或经验数据得出的指数之和。由于依赖于实验,这些指数和表观反应级数仅适用于条件相同的情况。不论对简单反应还是复杂反应,知道反应级数就可以定量计算化学反应速率;若对某些复杂反应,其化学反应速率不具有上述形式,就不能应用反应级数的概念。

2.7　反应速率常数

反应速率常数与平衡常数的关系

本小节中的结论仅适用于基元反应,也就是那些直接通过碰撞就能进行的反应。因此,RR与浓度的关系很容易由质量作用定律定义。

在燃烧化学反应中,认为化学反应单方向进行是不恰当的。为了更好地表示产物自发地变回到反应物,化学反应最好这样表示:

$$\sum_{i=1}^{N} v_i A_i \underset{k_b}{\overset{k_f}{\rightleftharpoons}} \sum_{i=1}^{N} v_i' A_i \tag{2-61}$$

注意区分正、逆反应的化学反应速率,它们是不同的,分别为

$$RR_f = \frac{1}{v_i' - v_i} \cdot \frac{d[A_i]}{dt} = k_f \prod_{i=1}^{N} [A_i]^{v_i} \tag{2-62}$$

$$RR_b = \frac{1}{v_i - v_i'} \cdot \frac{d[A_i]}{dt} = k_b \prod_{i=1}^{N} [A_i]^{v_i'} \tag{2-63}$$

式中:k_f为正向反应速率常数;k_b为逆向反应速率常数。

这两个速率并不是独立的,因为净反应速率等于$RR_f - RR_b$,当反应达到平衡时等于零,因此,这两者与平衡常数的关系为

$$\frac{k_f}{k_b} = \frac{\prod_{i=1}^{N} [A_i]^{v_i'}}{\prod_{i=1}^{N} [A_i]^{v_i}} \equiv K_C \tag{2-64}$$

其中,K_C是以浓度表示的平衡常数,因为

$$K_P = \prod_{i=1}^{N} p_i^{(v_i'-v_i)}$$

$$p_i = [A_i]R_u T$$

所以

$$K_P = K_C (R_u T)^{\Delta n} \tag{2-65}$$

这里，K_P 是以压力表示的平衡常数，$\Delta n = \sum_{i=1}^{N} (v_i' - v_i)$ 为净化学计量系数。

因为 K_P 只是温度的函数，所以基元反应的速率常数也只依赖于温度。虽然该关系式源于平衡条件，但它一定适用于任何一种组分的浓度。除了认识这一重要特性以外，平衡常数的这一关系式在实用上还需注意：与任何基元反应相关的正反应速率和逆反应速率只需指定其中之一，就能通过以上关系得出另一个。因为平衡常数一般比反应速率常数更精确，故我们通常用平衡常数来表示反应速率。

例如，对以下反应

$$H_2 + I_2 \underset{k_b}{\overset{k_f}{\rightleftharpoons}} 2HI$$

$$\frac{d[HI]}{dt} = k_f [H_2][I_2] - k_b [HI]^2 \tag{2-66}$$

在平衡状态时，反应速率即等式左边为零，即

$$0 = k_f [H_2^*][I_2^*] - k_b [HI^*]^2$$

这里"*"号表示达到平衡状态时的值，整理得

$$\frac{k_f}{k_b} = \frac{[HI^*]^2}{[H_2^*][I_2^*]} = K_C \tag{2-67}$$

将式（2-67）代入反应速率的表达式，可明显地看出，在任何情况下，只用一个反应速率常数就能描述反应速率，也就是说，

$$\frac{d[HI]}{dt} = k_f [H_2][I_2] - \frac{k_f}{K_C} [HI]^2 \tag{2-68}$$

例 2.8　在确定 N−H−O 系统反应速率常数的实验中，反应 $NO+O \longrightarrow N+O_2$ 的速率常数为

$$k_f = 3.8 \times 10^9 T^{1.0} \exp\left(\frac{-20\,820}{T}\right)$$

试确定上述反应的逆反应 $N+O_2 \longrightarrow NO+O$ 在 2 300 K 时的逆反应速率常数 k_b。

解：

正、逆反应的速率常数通过平衡常数相互关联：

$$\frac{k_f(T)}{k_b(T)} = K_C(T) = K_P(T)$$

由此可见，要求 $k_b(2\,300\text{ K})$，必须知道 $k_f(2\,300\text{ K})$ 和 $K_P(2\,300\text{ K})$，由 K_P 和吉布斯自由能的关系可知，

$$K_P = \exp\left(\frac{-\Delta G_T^0}{R_u T}\right)$$

其中，

$$\Delta G_T^0 = \Delta G_{2\,300\text{ K}}^0 = (\bar{g}_{f,N}^0 + \bar{g}_{f,O_2}^0 - \bar{g}_{f,NO}^0 - \bar{g}_{f,O}^0)$$

$$= (326\,331 + 0 - 61\,243 - 101\,627)\text{ kJ/kmol（由附录表 A.6、表 A.8、表 A.9、表 A.10 查得）}$$

$$= 163\,461\text{ kJ/kmol}$$

由此可得

$$K_P(2\ 300\ \text{K}) = \exp\left(\frac{-163\ 461}{8.315 \times 2\ 300}\right) = 1.94 \times 10^{-4}\text{（无量纲）}$$

所以,温度为 2 300 K 时的正反应速率常数为

$$k_f = \left[3.8 \times 10^9 \times 2\ 300 \times \exp\left(\frac{-20\ 820}{2\ 300}\right)\right]\ \text{cm}^3/(\text{gmol} \cdot \text{s})$$
$$= 1.024 \times 10^9\ \text{cm}^3/(\text{gmol} \cdot \text{s})$$

综上可得

$$k_b(2\ 300\ \text{K}) = \frac{k_f}{K_P} = \frac{1.024 \times 10^9}{1.94 \times 10^{-4}}\ \text{cm}^3/(\text{gmol} \cdot \text{s}) = 5.28 \times 10^{12}\ \text{cm}^3/(\text{gmol} \cdot \text{s})$$

点评:

本例中的反应是重要的 Zeldovich 反应机理(或 NO 的热反应机理)的一部分:$O + N_2 \Longleftrightarrow NO + N$ 和 $N + O_2 \Longleftrightarrow NO + O$。在后面的例子中我们将更加详细地剖析这种反应机理。

2.8　动力学近似

在某些特定情况下,在一系列反应中,有些化学反应速率可以引入各种动力学近似以简化总的反应过程。这里要介绍两个近似分析方法:准稳态近似法和局部平衡近似法。

2.8.1　准稳态近似

准稳态近似(QSS)法通常是唯一的定义速率规律的方法,该方法足够简单,可与实验数据进行对比;在化学反应速率的表达式中它消去了很难测量的活性链载体的浓度。QSS 仅适用于组分,而不是反应方程组中的某一特定反应,因为任何组分的净生成率均可表示成不同反应的反应速率之和。

QSS 要求净积累项的数值要比该组分的生成和消耗速率小,因此,它只适用于同时存在的两个或更多的反应。通常,它只适用于浓度很小的链载体,由一个缓慢的吸热反应生成,由快速的中性或放热反应消耗掉。例如,考虑该反应序列中氮原子生成的净速率:

$$O + N_2 \xrightarrow{k_1} N + NO \quad \text{吸热反应} \tag{2-69}$$

$$N + O_2 \xrightarrow{k_2} O + NO \quad \text{放热反应} \tag{2-70}$$

其净反应速率为

$$\frac{d[N]}{dt} = k_1[N_2][O] - k_2[N][O_2] \tag{2-71}$$

应用 QSS,设 $d[N]/dt = 0$,可确定 $[N]_{准稳态} = k_1[N_2][O]/[k_2]O_2$。注意应用 QSS,只是将一种组分的浓度表示为其他相关变量的函数,因此,可从方程中消去一个速率方程。

QSS 并不意味着准稳态 [N] 与时间无关,因为它牵涉其他几种与时间有关的浓度。要注意在化学动力学中有多个不同的时间尺度,当应用 QSS 时一定要将不同的时间尺度牢记于心。首先,在活性中间体的积累时期,QSS 不适用。由稳态浓度和活性中间体的生成速率可估计这个感应时间,因为当活性中间体的浓度很低时消耗速率可忽略不计。对以上的氮原子系统,

$$t_{\text{感应}} = [\text{N}]_{\text{准稳态}} / k_1[\text{N}_2][\text{O}] = (k_2[\text{O}_2])^{-1} \tag{2-72}$$

在随后的阶段里，当活性中间体的浓度达到一个稳定的、很低的值时，QSS 意味着 $[\text{N}]_{\text{准稳态}}$ 的变化发生在比 $t_{\text{感应}}$ 慢的时间尺度内，因此，微分 $d[\text{N}]/dt$ 在整个过程中可以忽略。

应用 QSS 的主要缺点是它很难进行严格的验证。对很简单的反应机理，稳态浓度可以同完全分析解的精确值进行比较；但对复杂的机理，整个模式必须在计算机上进行模拟以提供比较基础。虽然这些缺点可能使它的使用受到限制，但采用 QSS 有时也能根据一套可用实验验证的、复杂的机理模式，导出其中某些组分的反应速率规律的封闭形式，这些规律是非常有用的。在很多情况下，我们要用到总化学反应机理，但是其详细的动力学机理却是不知道的。

2.8.2　局部平衡近似

燃烧反应从最初阶段，经链载体总数的增加、稳定，直至最终的放热阶段，其详细反应机理中每一步的相对重要性都有显著不同。我们已经知道这个特点可以促使 QSS 得到应用，但它的应用同时也受到限制，即只适合用到比感应期更长的时间里。现在，我们引入另一个近似法，叫作局部平衡近似（PE）法，它也可应用于反应过程的某些阶段，但不适用于全部阶段。

不像 QSS 假设适用于特定的组分，PE 与反应机理中的一个或几个反应有关。PE 意味着在这个子反应组中正反应速率与逆反应速率相等，并且达到热化学平衡的各主要组分是以相同的浓度份额参加反应的，但绝对水平不相同。例如，对反应 $\text{H} + \text{O}_2 \longrightarrow \text{OH} + \text{O}$，正逆反应速率达到平衡意味着 $k_{\text{f}}[\text{O}_2][\text{H}] = k_{\text{b}}[\text{OH}][\text{O}]$，因此，

$$\frac{[\text{OH}][\text{O}]}{[\text{H}][\text{O}_2]} = \frac{k_{\text{f}}}{k_{\text{b}}} = K_{\text{P}} \tag{2-73}$$

当 PE 适用时，无论整个系统是否达到平衡，以及在达到 PE 的反应中的单个组分，如在上例中的 O 和 O_2，彼此间是否达到平衡，这个结果一直成立。注意，PE 将组分浓度和系统中的其他组分联系起来，因此替代了一个速率方程。当各步都达到平衡时，加入关系式的数目等于达到平衡的反应数目。

当然，在局部平衡反应中的组分也常常参加其他相对缓慢的远未达到平衡的反应步骤。但是，因为这些其他步骤进行得非常缓慢，所以平衡反应能补偿这些缓慢变化以快速恢复局部平衡。因此，它经常适用于快速、能量充沛的中性反应。

2.9　链式化学反应及氧化反应机理

如上所述，阿累尼乌斯定律在分子运动理论的基础上，建立了化学反应速率关系式。但是化学反应的种类很多，特别是燃烧过程的化学反应，都是复杂的化学反应，无法用阿累尼乌斯定律和分子运动理论来解释。例如，有些化学反应即使在低温条件下，其化学反应速率也会自动加速而引起着火燃烧，有些化学反应在常温下也能达到极大的化学反应速率，如爆炸。由于这些现象不能用阿累尼乌斯定律和分子运动理论来进行合理的解释，所以不得不寻求化学动力学的新理论——链式反应理论。链式反应理论也是化学反应机理的两个基础理论之一。

2.9.1　链式化学反应

链式反应也叫链锁反应，是一种在反应历程中含有被称为链载体（也称活性中心）的低浓

度自由基或自由离子的反应,这种链载体参加到反应的循环中,且在每次生成产物的同时又重新生成。最常见的链式反应是以自由基为链载体,阳离子或阴离子也可以起到链载体的作用。链载体的存在及其作用是链式反应的特征所在。很多重要的化学过程,如石油热裂解、碳氢化合物氧化燃烧等都与链式反应有关。

链锁反应首先开始于将稳定的反应物分子通过加热或光致分解作用生成高度活泼的中间产物。这些中间产物是自由的、很小的活性物质,它们在其外层轨道上有不成对的电子,因此有很强的反应性。链的传播是一个活性链载体重新组合生成稳定的分子和一个新的活性链载体;链的分支与此类似,只是产生的活性链载体比消耗的数目多。链的终止将活性链载体除去,方式可以是双分子重新组合成稳定物质或不同物质间的碰壁销毁。

首先分析一个简单的链锁反应机理,以此来阐明一些基本的组成元素,其链锁反应简图如图 2-10(a)所示。

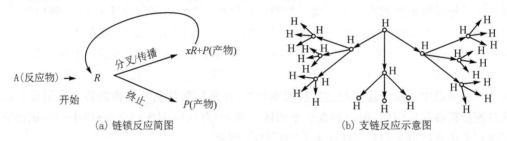

(a) 链锁反应简图 (b) 支链反应示意图

图 2-10 链锁反应简图及支链反应示意图

这里,A 是一种或多种反应物质(例如 H_2 或 O_2),R 是活性物质(例如 H、O 或 OH),P 是稳定的生成物(例如 H_2O),x 是分支因子。当 $x=1$ 时,反应 $R \longrightarrow xR+P$ 称为直链反应;当 $x>1$ 时,反应 $R \longrightarrow xR+P$ 称为支链反应,其示意图如图 2-10(b)所示。在此反应序列中的各个反应的速率可表示为

$$nA \xrightarrow{k_i} R \qquad \text{起链反应}$$

$$A+R \xrightarrow{k_b} P+xR \qquad \text{链分支／链传递}$$

$$R \xrightarrow{k_w} P \qquad \text{碰壁销毁}$$

$$R+A+M \xrightarrow{k_g} P+M \qquad \text{气相销毁}$$

活性链载体的浓度[R]的净反应速率方程为

$$\frac{d[R]}{dt}=k_i[A]^n+(x-1)k_b[R][A]-k_g[R][A][M]-k_w[R] \qquad (2-74)$$

引入下列简写形式,即

$$r_0=k_i[A]^n$$
$$k_1=k_b[A]$$
$$k_2=k_g[A][M]+k_w$$

因此,上面的速率方程可写为

$$\frac{d[R]}{dt}=r_0+(x-1)k_1[R]-k_2[R] \qquad (2-75)$$

整理得

$$\frac{\mathrm{d}[R]}{\mathrm{d}t} = r_0 - (k_1 + k_2)[R][1 - xk_1/(k_1 + k_2)]$$

设 $k_1 + k_2 = k_{\text{total}}$，定义 $k_1/k_{\text{total}} = \alpha =$ 通过链分支/链传递途径反应的 R 的百分数，即

$$\frac{\mathrm{d}[R]}{\mathrm{d}t} = r_0 - k_{\text{total}}[R](1 - \alpha x) \tag{2-76}$$

这样，产物 P 的生成速率为

$$\frac{\mathrm{d}[P]}{\mathrm{d}t} = k_{\text{total}}[R] \tag{2-77}$$

显然，反应过程的特性取决于 αx 的值。

情况 1：$\alpha x = 0$

因为 $\alpha > 0$，$\alpha x = 0$，所以 $x = 0$，表明在链分支/链传递反应过程中没有链载体形成。在这种情况下，反应过程如下：

$$A \longrightarrow R \longrightarrow P$$

并且

$$\frac{\mathrm{d}[R]}{\mathrm{d}t} = r_0 - k_{\text{total}}[R] = r_0 - \frac{\mathrm{d}[P]}{\mathrm{d}t}$$

如前所述，因为起链反应是吸热的，所以比较缓慢，故 R 是由一个缓慢的反应生成，而由一个快速的反应消耗，这时稳态近似适用于 R，故

$$\frac{\mathrm{d}[R]}{\mathrm{d}t} \approx 0$$

所以

$$\frac{\mathrm{d}[P]}{\mathrm{d}t} = r_0$$

这个结果说明此时产物的生成非常缓慢，其速率受限于起链反应。

情况 2：$1 > \alpha x > 0$

假设 $k_{\text{total}} =$ 常数，可对 R 的速率方程积分。此假设意味着反应物很充足，并且 $T =$ 常数，这种情况发生在反应初始阶段，设 $R = R(t)$，则

$$[R] = \{r_0/[k_{\text{total}}(1 - \alpha x)]\}\{1 - \exp[-tk_{\text{total}}(1 - \alpha x)]\}$$

定义一个特征时间，$\tau \equiv [k_{\text{total}}(1 - \alpha x)]^{-1}$，则

$$[R] = (r_0\tau)[1 - \exp(-t/\tau)]$$

当 $t \ll \tau$ 时，$[R] = r_0 t$，因此，

$$\frac{\mathrm{d}[P]}{\mathrm{d}t} = k_{\text{total}} r_0 t$$

即产物的生成速率在反应初期是随时间线性增加的。

当 $t \gg \tau$ 时，$[R] = r_0\tau =$ 常数，因此，

$$\frac{\mathrm{d}[P]}{\mathrm{d}t} = r_0/(1 - \alpha x) = 常数 > r_0$$

情况 2 对应于图 2-11 中的虚线。反应速率将保持一定，直到分析时采用的一个或多个假设（等温、反应物未被耗尽、无逆反应）失效。最终，当反应物被耗尽或系统趋于平衡时，反应速率肯定要下降。情况 2 的反应历程称为线性链，它是链终止反应快于链分支反应，从而抑制

了$[R]$的快速增长的结果。注意,x可以大于1,即每一次链分支反应均可产生多于一个的链载体,所以线性链反应还是可以发生的。同样在图2-11中示出了特征时间τ,它是初始反应速率线与最终反应速率线的交点,这个时间可看作反应达到稳态的时间。

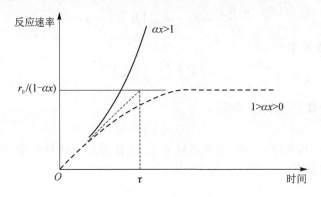

图2-11 化学反应速率随时间的变化

情况3:$\alpha x > 1$

在这种情况下,因为$\alpha < 1$,$x > 1$,故表明在链分支/链传递反应中生成了多于一个的链载体。这里,

$$[R] = \{r_0/[k_{\text{total}}(\alpha x - 1)]\}\{\exp[k_{\text{total}}(\alpha x - 1)t] - 1\}$$

定义一个特征反应时间,$\tau' \equiv [k_{\text{total}}(\alpha x - 1)]^{-1}$。

当$t \ll \tau'$时,$[R] = r_0 t$,因此,

$$\frac{d[P]}{dt} = k_{\text{total}} r_0 t$$

这与$\alpha x < 1$的结果相同。但是,当$t \gg \tau'$时,

$$[R] = r_0 \tau' \exp(t/\tau')$$

而且

$$\frac{d[P]}{dt} = [r_0/(\alpha x - 1)]\exp(t/\tau')$$

情况3如图2-11中的实线所示,它表示反应速率按指数增长,最终导致爆炸。在缓慢反应($\alpha x < 1$)和快速反应($\alpha x > 1$)之间的分界线是我们感兴趣的,因为它代表了爆炸或点火极限。在这个极限上,$\alpha x = 1$,并且

$$k_1(x - 1) = k_2$$

或者

$$(x - 1)k_b[A] = k_g[A][M] + k_w$$

在这个极限上,通过链分支/链传递反应的R的净生成速率正好等于通过链终止反应的净除去速率。

2.9.2 氧化反应机理

在燃料氧化时发生的一系列基元反应构成了反应机理。对于最简单的燃料,如H_2和CO,要涉及数十个反应;对碳氢燃料,要涉及上百个反应。理论上,一套完整的机理定量地描述了所有参加反应的反应物、中间产物和生成物在宽广的温度、压力和初始燃料当量比的范围

内与时间相关的浓度。显然,反应机理很难建立。首先将基元反应按大类分组,以便理解燃烧机理的基本框架,该框架解释了燃烧化学的爆炸特性;其次研究几种特定燃料的机理,尤其要强调其一般特性。在这些讨论中,要引入一些简化手段。

近似的总反应机理足以描述很多燃料的释热率和火焰结构的某些方面。然而,只有完全的反应机理能解释在宽广的温度、压力和燃料当量比的范围内的燃烧速率,而且在各个中间阶段,污染物的形成速率对很多链载体的浓度特别敏感。当然,详细的链分支机理很难直接理解,因为即使对简单燃料,如 H_2 和 CO,仍会涉及太多的基元反应。

1. H_2 的氧化反应机理

H_2 的氧化一直以来都是链分支反应的经典例子,而且这个反应机理完全适用于任何碳氢燃料的氧化。在后面将会称其为氢氧反应机理。一个详细的 H_2 的氧化反应机理如表 2-4 所列,包括频率因子 A、温度指数 b 和基元反应的活化能 E_a。在这个由 Masten、Hanson 和 Bowman 等人提出的反应机理中,有 8 种不同的化学组分和 19 个基元反应。在该表中,M 代表一种碰撞粒子。反应 16~19,将碰撞粒子对销毁的促进作用以不同的效率表示在每个反应所对应的数值中。例如,$H_2O/5.0$ 意味着若 H_2O 作为碰撞粒子,其速率常数是表 2-4 中所列值的 5 倍。

表 2-4　氧化反应机理以及 $k=AT^b\exp(-E_a/R_uT)$ 形式中的常数

反　　应	A	b	$E_a/(\text{kJ}\cdot\text{mol}^{-1})$
1. $OH+H_2=H_2O+H$	1.17×10^9	1.3	15.177
2. $H+O_2=OH+O$	9.33×10^{13}	0.0	61.951
3. $O+H_2=OH+H$	5.06×10^4	2.67	26.329
4. $OH+OH=O+H_2O$	6.00×10^8	1.3	0
5. $O+HO_2=O_2+OH$	1.4×10^{13}	0.0	4.491
6. $H+HO_2=OH+OH$	1.4×10^{14}	0.0	4.491
7. $H+HO_2=H_2+O_2$	1.25×10^{13}	0.0	0
8. $OH+HO_2=H_2O+O_2$	7.5×10^{12}	0.0	0
9. $HO_2+HO_2=H_2O_2+O_2$	2.0×10^{12}	0.0	0
10. $H_2O_2+OH=H_2O+HO_2$	1.00×10^{13}	0.0	7.534
11. $H_2O_2+H=H_2O+OH$	1.00×10^{13}	0.0	15.069
12. $H_2O_2+H=HO_2+H_2$	1.60×10^{12}	0.0	15.906
13. $H_2O_2+O=HO_2+OH$	2.80×10^{13}	0.0	26.789
14. $H_2O_2+M=OH+OH+M$	1.30×10^{17}	0.0	190.456
15. $O+O+M=O_2+M$	1.89×10^{13}	0.0	-7.484
16. $H+OH+M=H_2O+M,\quad H_2O/5.0$	1.60×10^{22}	-2.0	0
17. $H_2+M=H+H+M,\quad H_2/4.0/H_2O/18.6$	2.20×10^{14}	0.0	401.841
18. $H+O_2+M=HO_2+M,\quad H_2O/18.6/H_2/2.9$	3.61×10^{17}	-0.72	0
19. $H+O+M=OH+M,\quad H_2O/5.0$	6.20×10^{16}	-0.6	0

目前的研究结果一致认为,氢的氧化反应过程是按分支链式反应形式进行的。

链载体 H 原子的产生,即链的产生为

$$H_2 + M \longrightarrow H + H + M$$

高能分子 M 与 H_2 碰撞使 H_2 断裂分解成 H 原子,成为最初的活化中心 H。也有观点认为,由于热力活化等作用发生以下链的产生反应,同样产生了链载体 H。H 原子形成了链式反应的起源。

链的产生:

$$H_2 + O_2 \longrightarrow H + HO_2$$

链的传播过程是链式反应的基本环节。在氢的氧化反应过程中,分支链反应为

$$H + O_2 \longrightarrow OH + O \qquad (2-78)$$

该反应是吸热反应,热效应 $Q = 71.2\ \text{kJ/mol}$,所需要的活化能为 $75.4\ \text{kJ/mol}$。该反应产生的 O 原子与 H_2 发生反应,即为分支链反应:

$$O + H_2 \longrightarrow OH + H \qquad (2-79)$$

该反应为放热反应,热效应 $Q = 2.1\ \text{kJ/mol}$,所需要的活化能为 $25.1\ \text{kJ/mol}$。式(2-78)和式(2-79)所产生的两个 OH 基与 H_2 发生反应,形成最终产物 H_2O,即链传递反应:

$$OH + H_2 \longrightarrow H_2O + H \qquad (2-80)$$

式(2-80)为放热反应,热效应 $Q = 50.2\ \text{kJ/mol}$,所需要的活化能为 $42.0\ \text{kJ/mol}$。

比较各个反应方程式两边链载体的数目可以看出,式(2-78)和式(2-79)为分支反应,式(2-80)为不分支反应。吸热反应(见式(2-78))所需活化能最大,因此反应速度最慢,限制了整体的反应速率,在 H_2 的燃烧过程中,OH 在链传播进程中起到了突出作用。

综合以上反应后可得

$$H + 3H_2 + O_2 \longrightarrow 2H_2O + 3H$$

一个 H 原子参加反应,在经过一个基本环节链后,形成最终产物 H_2O,并同时产生 3 个 H 原子。这 3 个 H 原子又会重复上述基本环节,产生 9 个 H 原子,以此类推。随着反应的进行,链载体 H 原子的数目以指数形式增加,反应不断加速。这种链载体不断增殖的反应即是分支链式反应。

在分支链式反应中,随着链载体上 H 浓度的不断增加,碰撞的概率会越来越大,形成稳定分子的机会也会越来越大。另外,链载体也会由于在空中相互碰撞使其能量被夺取或撞到器壁等原因销毁,使其失去活性而成为正常分子,因此链载体的数目不会无限制地增大。如果出现撞到器壁而被销毁的链载体数目大于产生的链载体数目,销毁速度大于增殖速度,则会造成链的终止,此时就不会再发生化学反应了。

链终止反应:

$$H + O_2 + M \longrightarrow HO_2 + M$$
$$H + OH + M \longrightarrow H_2O + M$$
$$H + H + M \Longrightarrow H_2 + M$$
$$O + O + M \longrightarrow O_2 + M$$

2. CO 的氧化反应机理

不论 CO 在任意碳氢化合物的氧化过程中是中间产物还是最终产物,它整个的氧化反应机理都会影响所有化石燃料的燃烧机理。CO 的燃烧也是一种链式反应,氢和水蒸气对 CO

的燃烧反应具有催化作用,因此 CO 和 O_2 的混合气的化学反应可分为"干燥"和"潮湿"混合气两种情况来处理。干燥的 CO 和 O_2 进行化学反应时,可能产生臭氧和氧原子,它们起着活性中心的作用。通常,干燥的 CO 和 O_2 混合气要在 $660\sim740$ ℃以上才能着火,Blewis 认为其化学反应机理为

$$CO + O_2 \longrightarrow CO_2 + O \tag{1}$$
$$O + O_2 + M \longrightarrow O_3 + M \tag{2}$$
$$O_3 + CO + CO \longrightarrow CO_3 + CO_2 \tag{3}$$
$$O_3 + CO \longrightarrow CO_2 + 2O - 69.9\ kJ \tag{4}$$
$$O_3 + CO \longrightarrow CO_3 + O \tag{5}$$
$$O_3 + CO + M \longrightarrow CO_2 + O_2 + M \tag{6}$$
$$O + CO + M \longrightarrow CO_2 + M + 531.3\ kJ \tag{7}$$
$$CO_3 + CO \longrightarrow 2CO_2 \tag{8}$$

反应(1)为链的引发,反应(2)和反应(3)为链的传递,反应(4)和反应(5)为链的分支,反应(6)~反应(8)为链的终止。

"干燥"机理显然不适用于燃烧,但在大气化学中是很重要的。在燃烧中,"潮湿"机理适用,即使当水蒸气的浓度低于 0.01%。湿式氧化速率仍比干式氧化快几个数量级。在 CO 和 O_2 混合气中加入少量的水蒸气对反应会有很大的影响,因为水蒸气能催化 CO 燃烧。在水蒸气催化条件下,CO 燃烧反应机理归纳如下:

$$CO + H_2O \longrightarrow CO_2 + H_2$$
$$O_2 + H_2 \longrightarrow H_2O_2$$
$$H_2O_2 + M \longrightarrow 2OH + M$$
$$OH + CO \longrightarrow CO_2 + H$$
$$H + O_2 + M \longrightarrow HO_2 + M$$
$$HO_2 + CO \longrightarrow CO_2 + OH$$
$$O + O_2 + M \longrightarrow O_3 + M$$
$$H + O_2 \longrightarrow OH + O$$
$$O + H_2 \longrightarrow OH + H$$
$$H_2O_2 + CO \longrightarrow CO_2 + H_2O$$
$$HO_2 + 器壁 \longrightarrow 消活化$$

注意,在 CO 的氧化中也一定包括 H_2/O_2 机理,但是此时组分 H 的浓度很低。在高温反应序列中主要的反应为

$$H + O_2 \longrightarrow O + OH$$
$$CO + OH \longrightarrow CO_2 + H$$

在任何碳氢化合物燃烧中,与总的放热量相比,第二个生成 CO_2 的反应是放热最多的反应之一。一般地,形成产物的终止反应是放热最多的,但这里 CO 和 OH 间的反应却不是最多的,因为它同时也是一个链传播反应。因为氢氧链载体(H、O 和 OH)的总数决定放热量,再加上 CO 的数量,一般地说,下面这第三个反应在高温 CO 氧化反应机理中常常是很重要的:

$$OH + H_2 \longrightarrow H_2O + H$$

注意,在以上 CO 和 H_2 这两个反应中都需要 OH,以生成最稳定的燃烧产物 H_2O 和 CO_2。

正如氢的氧化,CO 的氧化反应机理在低温下也发生剧烈变化,此时主要反应变为

$$CO + HO_2 \longrightarrow CO_2 + OH$$

3. 烷类和烯类碳氢化合物的氧化反应机理

组成碳氢燃料的详细反应机理的基元反应有几百个,这里不可能一一列出,关于甲烷的详细和简化反应机理可参见附录 E。这里将只考虑直链碳氢化合物(烷烃和烯烃)氧化的主要途径,而特殊的芳香烃的燃烧特点不在考虑之列。

CH 链锁燃烧的 3 个主要因素为:① 氢氧化学;② CO 氧化;③ C_1/C_2 化学。

我们已经看到,氢氧机理产生大量 H、O 和 OH 的链载体,CO 氧化成 CO_2 是主要的放热步骤。现在来考虑 CH 燃料组分的情形。

在燃烧温度下,比 C_2 更多碳原子的 CH 链式燃料由于热解反应而很快地断裂,这样生成甲烷基(CH_3)和乙烷基(C_2H_5)。通常认为最终生成的烯烃裂解部分为丙烯(C_3H_6)。因为热解进行得非常快,所以无须考虑太细,可以用下式表示,即

$$燃料 \longrightarrow CH_3 + 碎裂部分 1 \longrightarrow \cdots \longrightarrow C_3H_3$$

甲烷基(CH_3)和乙烷基(C_2H_5)的进一步变化会在后面简要讨论。烯烃类,主要是丙烯,则按下式进行另一个更急速的变化:

$$烯烃 + (H,O,OH) \longrightarrow 烷基 + CH_3CO(+M) \longrightarrow CH_3 + CO$$

注意氢氧链载体池在这个反应机理中的作用。虽然这一步生成了 CO,但是还有很多其他的反应对其净生成率有贡献。

链载体池也在最初燃料成分的另一个裂解历程中起作用,它进行得也很快,因此开始步骤的细节也可忽略。但是,甲烷基和乙烷基链载体的数量很重要,这一步可写作

$$燃料 + (H,O,OH) \longrightarrow CH_3 \text{ 和 / 或 } C_2H_5 + 烯烃$$

接下来的步骤就要涉及 C_1/C_2 化学,如图 2-12 所示。甲烷基链载体可能重新复合,形成乙烷,并且最终形成乙烷基链载体。这样,甲烷的燃烧涉及 C_2 燃烧。但是,甲烷基的一个重要的消耗途径是按下式的氧化:

$$CH_3 + O \longrightarrow CH_2O + (M,O,H) \longrightarrow CHO + (M,O,H) \longrightarrow CO$$

乙烷基链载体也会生成甲烷基链载体,虽然很少。C_2H_5 主要变成了乙烯(C_2H_4),这开辟了形成 CO 的通道。乙烯可能与 O 和 OH 反应生成 CH_3、CH_2O 和 CHO,然后它们再生成 CO。另外,C_2H_4 也会反应生成乙炔(C_2H_2),然后生成 CH_2,再产生 CO 和 CO_2。当然,以这种方式生成的 CO_2 量很少。

在以上所有反应进行时,释热量是极小的。我们再一次看到,对于大多数情况,链分支和链传播反应是热中性的。最主要的释热发生在 CO 按 $CO + OH \longrightarrow CO_2 + H_2$ 机理氧化成 CO_2 的时候。这个反应在整个反应组中是最慢的,因此放热发生在燃料被消耗、链载体池形成很长时间以后。

因为各个主要反应途径的速率只能靠数值模拟来估计,所以在所有链式碳氢化合物的氧化中认识 C_1/C_2 化学的统治作用是非常重要的。因为最初燃料物质的变化,不论是裂解还是与 O、H 或 OH 反应,都是非常快的,这样甲烷基链载体和乙烷基链载体就成为主要焦点。快速燃料破裂的一个非直接的结果是,在反应过程中最重要的步骤在很大程度上不依赖于燃料

种类。这些重要的步骤如下：

$$H + O_2 \longrightarrow OH + O \quad \text{在形成链载体池时很重要}$$

$$CO + OH \longrightarrow CO_2 + H \quad \text{主要的放热反应}$$

即使对受化学动力学影响的现象,例如预混层流火焰传播速度,受燃料的影响仍然很小。这些相似主要由于上述两个反应占主导地位,它们对燃料组成不敏感所致。

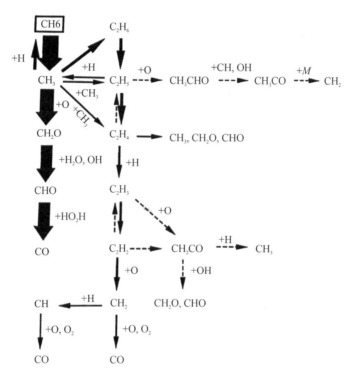

注：箭头的粗细表示反应速率的相对大小

图 2 - 12　高温下碳氢化合物组分 C_1/C_2 的燃烧机理

2.10　异相反应

到目前为止,讨论的化学动力学主要集中在气相中发生的反应。由于所有参与的组分,不管是反应物还是生成物都是单相(气相)的,这样的反应称为均相反应。下面将讨论异相反应。此次讨论的系统中所参与反应的组分不是单相的,这样的异相反应系统可以包括气、液、固相的各种组合。燃烧中特别重要的是气-固反应,如燃气轮机的天然气催化燃烧技术等。

异相反应的物理本质与均相反应(气相反应)有很大的不同。在均相反应中,反应物分子相互碰撞和反应,在原子之间重排键而形成产物。为了让反应发生,这种碰撞需要有足够的能量,还要有合适的方向。虽然这样的描述非常简化,但它直接表达了均相反应的物理本质。相对地,异相反应需要考虑气相分子在固体表面的吸附和解吸附这样另加的过程。异相反应存在着两类吸附：物理吸附和化学吸附。在物理吸附中,气体分子在范德华力作用下保持在固体表面上；而在化学吸附中,化学键将气体分子保持在固体表面上。在许多系统中,这两个极端情况之间分布着不同约束力的作用。由于物理吸附是可逆的,因此气相中的气体分子与在固体表面的分子之间达到了平衡。而相反地,化学吸附是不可逆的。在这样的情况下,化学吸附的分子强烈地固定在固体表面上而无法返回到气相中。化学吸附的这一属性对于讨论异相反应和催化是至关重要的,因为受化学吸附的分子能与相邻位置的其他分子反应形成可解吸附并释放出产物分子。在吸附过程中,被吸附的分子可以吸附在固体层上的不同位置。例如,有些位置属于结晶层的边缘或突出部分,而另外的位置是平面的位置。可促进反应的特定位置称为活性位。

为了阐明这些概念,我们考虑 CO 在铂表面氧化生成 CO_2 的反应。图 2-13 所示为一个 O_2 分子被化学吸附在两个开放位上,其所代表的反应是

$$O_2 + 2Pt(s) \longrightarrow 2O(s) + 2Pt \tag{2-81}$$

式中:符号(s)表示铂上的一个开放位,即 Pt(s);或一个被吸附的 O 原子,即 O(s)。对吸附态的 CO 和 CO_2 分子也用相同的符号表示,可写出 CO 氧化的剩余步骤,即

$$CO + Pt(s) \longrightarrow CO(s) + Pt \tag{2-82}$$

$$CO(s) + O(s) + Pt \longrightarrow CO_2(s) + Pt(s) \tag{2-83}$$

$$CO_2(s) + Pt \longrightarrow CO_2 + Pt(s) \tag{2-84}$$

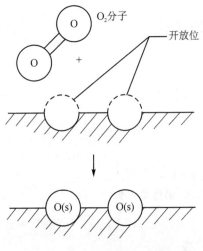

图 2-13 表面反应过程

在反应(2-82)中,一个气相的 CO 分子吸附在铂的一个开放位上。反应(2-83)代表吸附态的 CO 分子和吸附态的 O 原子产生吸附态的 CO_2 分子的反应。要使此反应发生,吸附的组分必须足够近,以使化学键重排。最后一步反应(2-84)表示 CO_2 分子解吸附到气相中,并在铂表面产生了一个开放位。4 个反应的总效果为

$$O_2 + 2CO \longrightarrow 2CO_2 \tag{2-85}$$

这是将反应(2-82)~反应(2-84)除以 2 并与反应(2-81)相加所得。

反应(2-85)表明,尽管铂对于反应的发生非常关键,但铂并没有被消耗。这一结果证明了标准的催化剂的定义。催化剂是一种用于增加化学反应速率而自身不改变的物质。在汽车尾气后处理的实际应用中,采用贵金属催化剂(Pt、Pd 和 Rh)可使 CO 的氧化在典型的尾气排放温度下发生。这一温度大大低于典型的气相 CO 氧化所需要的温度。

还可以注意到,催化剂的存在并不会改变混合物的平衡组成。事实上,催化剂可用于将一个慢速反应从不平衡的系统转变为平衡态。

习　题

1. 什么叫化学恰当反应?
2. 试求在 400 K、1 atm 下具有相同摩尔数的氧气和氮气组成的混合物的密度和摩尔浓度。

3. CO_2 和 O_2 的混合物,其中 $\chi_{CO_2}=0.1$,$\chi_{O_2}=0.9$,温度为 400 K,求混合物的绝对焓,单位取 kJ/kmol。

4. 求化学当量比下,甲烷–空气混合物的混合摩尔质量。

5. 丙烷预混火焰,空–燃比(质量比)为 18∶1,求其当量比 Φ。

6. 当量比 Φ 为 0.6 时,求甲烷、丙烷和癸烷的空–燃比(质量比)。

7. 一辆燃丙烷的卡车,在发动机运行时测得尾部烟气中含氧气 3%(体积),假设完全燃烧,无离解,求发动机的空–燃比(质量比)。

8. 正癸烷 $C_{10}H_{22}$ 的相对分子质量为 142.284,试确定每千克正癸烷和每摩尔正癸烷在 298 K 的高热值和低热值。

9. 设异辛烷–空气混合物理想燃烧(无离解),当量比为 0.7,求产物的焓。产物温度为 1 000 K,压力为 1 atm。单位以 1 kmol 燃料、1 kg 燃料以及 1 kg 混合物计。

10. 试确定初始压力为 1 atm、初始温度为 298 K 的正癸烷 $C_{10}H_{22}$ 和空气以化学计量比混合时等压绝热火焰温度。

11. 试确定初始压力为 1 atm、初始温度为 298 K 的正癸烷 $C_{10}H_{22}$ 和空气以化学计量比混合时等容绝热火焰温度。

12. 试用平衡常数法计算初始压力为 1 atm、初始温度为 298 K 的丙烷(C_3H_8)和空气以化学计量比混合时的燃烧产物的成分和等压绝热火焰温度。

13. 一个玻璃熔炉,燃料为乙烯(C_2H_4),氧化剂为纯氧(不是空气)。炉内的当量比为 0.9,乙烯的消耗率为 30 kmol/h。

(1) 按燃料的低位热值 LHV 计算,能量的输入功率是多少？单位取 kW。

(2) 求氧气的消耗速率,单位取 kmol/h 和 kg/s。

14. 甲醇在过量的空气中燃烧,空–燃比(质量比)为 8.0。求当量比 Φ 及产物中 CO_2 的摩尔分数。假设完全燃烧(无离解)。当 $T=298$ K 时,正癸烷蒸气的低位热值为 44 597 kJ/kg,正癸烷的蒸发焓为 276.8 kJ/kg;水在 298 K 下的蒸发焓为 2 442.2 kJ/kg。

(1) 求液态正癸烷的低位热值,单位取 kJ/kg。

(2) 求 298 K 下正癸烷蒸气的高位热值。

15. 化学当量比下的丙烷–空气混合物,温度为 298 K,设产物无离解,比定压热容取 298 K 下的值,求定压燃烧的绝热燃烧温度。

16. 考虑反应 $CH_4+O_2 \longrightarrow CH_3+HO_2$,虽然甲烷分子会与氧气分子碰撞,但并不一定发生化学反应。列出碰撞中确定是否发生反应的两个重要因素。

17. 分析影响燃烧反应速率的各种因素。

18. 阿累尼乌斯定律及其适用范围是什么？

19. 试分析下列反应是总包反应还是基元反应。对于基元反应,再区分是单原子、双原子还是三原子反应,并说出你的理由。

(1) $CO+OH \longrightarrow CO_2+H$;

(2) $2CO+O_2 \longrightarrow 2CO_2$;

(3) $H_2+O_2 \longrightarrow H+H+O_2$;

(4) $HOCO \longrightarrow H+CO_2$;

(5) $CH_4+2O_2 \longrightarrow CO_2+2H_2O$;

(6) $OH+H+M \longrightarrow H_2O+M$。

20. 纯氧分子间通过下面的双分子模型发生离解反应：

$$O_2+O_2 \Longleftrightarrow O_2+O+O$$

数据显示正反应速率系数与温度的依赖关系可通过下式描述：

$$k_f = 1.85 \times 10^{11} T^{0.5} \exp(-95\ 600/R_u T)$$

在这个表达式中，活化能的单位是 J/mol，反应速率系数的单位是 $cm^3/(mol \cdot s)$。

(1) 推导在特定的平衡温度和压力下氧分子离解程度 ξ_{O_2} 的表达式，也就是离解的氧分子占其初始值的比例。

(2) 利用推导的关系式，确定在 3 100 K、1 atm 时氧分子的离解程度。

(3) 以反应程度来表示氧分子的离解速率表达式，并用该表达式计算纯氧分子在达到 3 100 K、1 atm 的状态后 1 ms 时的离解程度。计算过程中可以忽略离解反应的逆过程。

21. Zeldovich 设想在燃烧过程中生成 NO 的反应机理如下：首先，氧分子通过离解反应分裂成氧原子，也就是如下反应：

$$15: O_2+M \Longleftrightarrow O+O+M$$

然后通过下面的反应生成 NO：

$$20: O+N_2 \Longleftrightarrow NO+N \qquad k_{20f} = 1.82 \times 10^{14} e^{\frac{-319\ kJ/mol}{R_u T}} \quad cm^3/(mol \cdot s)$$

$$21: N+O_2 \Longleftrightarrow NO+O \qquad k_{21f} = 6.4 \times 10^9 e^{\frac{-26.2\ kJ/mol}{R_u T}} \quad cm^3/(mol \cdot s)$$

上述 3 个反应都是可逆的，并且氧原子和氮原子的浓度在燃烧过程中保持准稳态。

(1) 假设 NO 的浓度很低，反应 20 和 21 的逆反应可以忽略。试用稳态组分浓度的浓度表示 NO 生成速率。假设空气的温度突然升至 2 500 K，试用稳态组分浓度的浓度表示的 NO 生成速率表达式确定 NO 的初始生成速率。

(2) 如果考虑上面 3 个反应的逆反应，则(1)中的结论有什么变化？

22. 何谓链式反应？简述链式反应的机理。链式反应主要分为几个阶段？各阶段有何特点？

23. 考虑下列高温氮氧化物生成的链式反应机理，即 Zeldovich 机理：

$$O+N_2 \xrightarrow{k_{1f}} NO+N \qquad\qquad (R.1)$$

$$N+O_2 \xrightarrow{k_{2f}} NO+O \qquad\qquad (R.2)$$

(1) 写出 $d[NO]/dt$ 和 $d[N]/dt$ 的表达式。

(2) 假设 N 原子处于稳态，且 O、O_2 和 N_2 在给定温度和成分组成下处于平衡浓度，在忽略逆反应的情况下，对上面得到的 $d[NO]/dt$ 进行化简。

(3) 写出(2)中用到的 N 原子的稳态浓度表达式。

(4) 根据(2)的假设条件，并利用下述条件，求形成摩尔分数为 50×10^6 的 NO 需要多长时间。

$$T = 2\ 100\ K, \quad \rho = 0.167\ kg/m^3, \quad MW = 28.778\ kg/kmol$$

$$\chi_{O,eq} = 7.6 \times 10^{-5}, \quad \chi_{O_2,eq} = 3.025 \times 10^{-3}, \quad \chi_{N_2,eq} = 0.726$$

$$k_{1f} = 1.82 \times 10^{14} \exp[-38\ 370/T] \quad (单位：cm^3/(gmol \cdot s))$$

(5) 计算反应(R.1)的逆反应（$O+N_2 \Longleftrightarrow NO+N$）的速率常数，温度设为 2 100 K。

（6）在（4）中,忽略逆反应是否合适？试定量说明。

24. 假设控制反应速率的链分支反应为

$$2: H + O_2 \longleftrightarrow OH + O$$

控制反应速率的链终止反应为

$$18: H + O_2 + M \longleftrightarrow HO_2 + M$$

点火时间定义为[H]达到某一临界值时的时间。

（1）试利用课堂上得出的常规燃烧模型推导氢/氧反应系统的点火时间与温度和反应物浓度的关系,在表达式中必须包含 $[H]_{crit}$；

（2）测得的当量比 $\Phi = 2.88$ 的氢/氧混合物在 1 200 K 和 2 atm 条件下的点火时间为 17 μs,试利用（1）中的结论和已知的数据估算该表达式中的任意常数（它取决于 $[H]_{crit}$）,并估计当量比 $\Phi = 1$ 的氢/氧混合物在 1 000 K、1 atm 时的点火时间。

第3章　燃烧物理学基础

3.1　燃烧中的输运现象

燃烧过程是物理与化学相互作用的过程。其中质量、动量以及能量交换起着十分重要的作用。质量、动量以及能量交换取决于燃烧过程中的浓度梯度、速度梯度以及温度梯度，服从费克（Fick）扩散定律、牛顿（Newton）粘性定律以及傅里叶（Fourier）热传导定律。

3.1.1　基本物理量定义

对燃烧过程进行定量处理要求了解一些基本概念和定义，本小节将对这些概念和定义进行描述。

化学反应是碰撞分子间原子的交换及重组。在化学反应过程中，例如以下反应：

$$HCN + OH \longrightarrow CN + H_2O$$

原子（与燃烧相关的原子主要有 C、H、O 及 N）是守恒的，即它们不会创造也不会消失。而分子（例如 HCN、OH、CN、H_2O）是不守恒的。反应物的分子重新组合生成燃烧产物分子，同时释放热量。在燃烧学中主要对反应热感兴趣。

原子和分子可以很方便地用物质的量或者摩尔数（单位：mol）计数。1 mol 化合物含有 6.02×10^{23} 个粒子（原子、分子等）。相应地，阿伏加德罗常数 $N_A = 6.02 \times 10^{23}\ mol^{-1}$。在多种物质的混合物中物质 i 的摩尔分数 χ_i 指的是物质 i 的摩尔数 n_i 在混合物总摩尔数 $n = \sum n_i$ 中所占的比例（$\chi_i = n_i/n$）。质量 m 是物质的一个基本特性（国际单位制中单位为 kg）。质量分数 w_i 指的是物质 i 的质量 m_i 在混合物总质量 $m = \sum m_i$ 中所占的比例（$w_i = m_i/m$）。

物质 i 的摩尔质量（又称相对分子质量）MW_i（单位：g/mol）是 1 mol 该种物质的质量。例如，碳原子、氢分子、氧分子及甲烷分子的摩尔质量分别为：$MW_C = 12\ g/mol$，$MW_{H_2} = 2\ g/mol$，$MW_{O_2} = 32\ g/mol$，$MW_{CH_4} = 16\ g/mol$。混合物的平均摩尔质量 MW（单位：g/mol）表示的是以摩尔分数为权的平均摩尔质量，即 $MW = \sum \chi_i MW_i$。

质量分数和摩尔分数常用百分数表示。通过简单推导，可以得到下面的关系式（S 表示的是混合物中各种组分的总数）：

$$w_i = \frac{MW_i n_i}{\sum\limits_{j=1}^{s} MW_j n_j} = \frac{MW_i \chi_i}{\sum\limits_{j=1}^{s} MW_j \chi_j} \tag{3-1}$$

$$\chi_i = \frac{w_i}{MW_i}\overline{MW} = \frac{w_i/MW_j}{\sum\limits_{j=1}^{s} w_j/MW_j} \tag{3-2}$$

密度与系统的尺寸（容积）无关。这样的参数称为强度参数，可以由相应的非强度参数（取决于系统的容积）与系统的体积比来定义，强度参数的例子有：

质量密度（密度）　　　　　　　$\rho = m/V$　　　　　（单位：kg/m^3）

摩尔密度（浓度）　　　　　　　$c = n/V$　　　　　　（单位：mol/m^3）

对于燃烧过程中的气体和气体混合物，状态方程将气体的温度、压力及密度联系起来。在许多情况下用理想气体状态方程是令人满意的，理想气体状态方程如下：

$$pV = nR_u T \tag{3-3}$$

式中：p 为压力（单位：Pa）；V 为体积（单位：m^3）；n 为摩尔数（单位：mol）；T 为热力学温度（单位：K）；R_u 为通用气体常数（$R_u = 8.314\ J/mol \cdot K$）。

3.1.2　分子输运基本定律

1. 费克(Fick)扩散定律

在双组分混合物中组分 A 的扩散通量的方向与该组分当地质量分数梯度方向相反，绝对值正比于该梯度值，比例系数称为扩散系数。在双组分情况下，由浓度梯度引起的组分扩散通量可以用费克扩散定律表示：

$$J_A = -\rho D_{AB} \frac{\partial w_A}{\partial y} \tag{3-4}$$

式中：J_A 为单位时间、单位面积组分 A 扩散而产生的扩散通量，单位为 $kg/(m^2 \cdot s)$；ρ 为混合物密度；D_{AB} 为组分 A 在组分 B 中的扩散系数，单位为 m^2/s；w_A 为组分 A 的质量分数；y 为尺度参数。

在考虑两种以上组分的多组分扩散问题时，常把组分 A 作为一种组分，而把组分 A 以外的所有组分作为另一种组分。这样将多组分的扩散问题处理为双组分的扩散问题。

2. 傅里叶(Fourier)导热定律

导热通量的方向与温度梯度方向相反，绝对值正比于该梯度值，比例系数称为导热系数。傅里叶导热定律表示为

$$q = -\lambda \frac{\partial T}{\partial y} \tag{3-5}$$

式中：q 为单位时间、单位面积热流通量，单位为 $J/(m^2 \cdot s)$；λ 为导热系数，单位为 $J/(m \cdot s \cdot K)$；y 为尺度参数。

因为 $\lambda = D_T \rho c_p$，D_T 为热扩散系数，所以当 ρ、c_p 等于常数时，傅里叶导热定律可以表示为

$$q = -D_T \frac{\partial(\rho c_p T)}{\partial y} \tag{3-6}$$

式（3-6）表示热流通量与热焓梯度的关系。

多组分气体的热流通量和单组分气体的有所不同，它不仅与温度梯度有关，还与各组分扩散所产生的焓差有关。后者一般不大，常可以忽略。

3. 牛顿(Newton)粘性定律

单位面积上剪切力方向与速度梯度方向相反，绝对值正比于该梯度值，比例系数称为粘性系数。牛顿粘性定律表示为

$$\tau = -\mu \frac{\partial v}{\partial y} \tag{3-7}$$

式中:τ 为单位面积剪切力,单位为 N/m^2;μ 为动力粘性系数,单位为 $N \cdot s/m^2$。因为 $\mu = \rho v$,v 是运动粘性系数,单位为 m^2/s,所以牛顿粘性定律又可以写成

$$\tau = -v \frac{\partial(\rho v)}{\partial y} \tag{3-8}$$

多组分气体中的剪切力在宏观上与单组分气体相同。

以上 3 个输运定律中所包含的扩散系数、导热系数以及粘性系数,按分子运动论的一阶近似理论,由下列式子给出:

$$D_{AB} = \frac{2}{3}\left(\frac{k_B^2 T}{\pi^3 m_A}\right)^{1/2} \frac{T}{\sigma^2 p} \tag{3-9}$$

$$\lambda = \left(\frac{k_B^3}{\pi^3 m \sigma^4}\right) T^{1/2} \tag{3-10}$$

$$\mu = \frac{5}{16} \frac{\sqrt{k_B m T}}{\pi^{1/2} \sigma^2} \tag{3-11}$$

式中:k_B 为玻耳兹曼常数,$k_B = 1.380\ 658 \times 10^{-23}$ J/K;σ 为分子直径;m 为分子质量。

4. 输运系数间的关系

在燃烧过程中,质量、动量以及能量交换常常是同时发生的,经常用到它们之间的关系。这些关系可以用一些无量纲数表示:

$$Pr = \frac{v}{D_T} = \frac{\mu c_p}{\lambda} = \frac{动量输运速率}{能量输运速率} \tag{3-12}$$

$$Sc = \frac{v}{D_{AB}} = \frac{\mu}{D_{AB}\rho} = \frac{动量输运速率}{质量输运速率} \tag{3-13}$$

$$Le = \frac{Sc}{Pr} = \frac{D_T}{D} = \frac{能量输运速率}{质量输运速率} \tag{3-14}$$

式中:Pr 称为普朗特数;Sc 称为施密特数;Le 称为路易斯数。

3.2 多组分反应流体守恒方程

燃烧现象包含流体流动、传热、传质和化学反应以及它们之间的相互作用。燃烧过程是一种综合的物理化学过程。本节将介绍控制燃烧过程的基本方程组:混合物质量守恒方程、组分质量守恒方程、动量守恒方程以及能量守恒方程。

3.2.1 多组分反应流体一维流动的守恒方程

1. 混合物质量守恒方程

设一长度为 Δx、截面积为 A 的一维控制体,质量守恒方程如下,即控制体内混合物质量变化率等于从控制体流出和流入的净流量:

$$\frac{dm_{cv}}{dt} = \dot{m}_x - \dot{m}_{x+\Delta x} \tag{3-15}$$

式中:控制体内混合物质量 $m_{cv} = \rho V_{cv}$,控制体体积 $V_{cv} = A \Delta x$;质量流量 $\dot{m} = \rho v A$,其中 v 为流速,代入式(3-15),得

$$\frac{\mathrm{d}(\rho A \Delta x)}{\mathrm{d}t} = (\rho v A)_x - (\rho v A)_{x+\Delta x} \tag{3-16}$$

用式(3-16)除以 $A\Delta x$，并取极限 $\Delta x \rightarrow 0$，得

$$\frac{\partial \rho}{\partial t} = -\frac{\partial(\rho v)}{\partial x} \tag{3-17}$$

对于定常流，$\dfrac{\partial \rho}{\partial t}=0$，于是

$$\frac{\mathrm{d}(\rho v)}{\mathrm{d}x} = 0 \tag{3-18}$$

或

$$\rho v = C \tag{3-19}$$

式中：$\rho v = \dot{m}'$，为质量通量(密流)，即单位时间、单位面积内的质量流量；C 为常数。

如果考虑非稳态流动，则混合物质量守恒方程更通用的形式可表示为

$$\frac{\partial \rho}{\partial t} + \nabla \cdot (\rho v) = 0 \tag{3-20}$$

2. 组分质量守恒方程

假设组分的扩散是由于浓度梯度引起的，混合物仅由两种组分组成。对于定常流，组分的质量守恒方程可以写成：

$$\frac{\mathrm{d}}{\mathrm{d}x}\left(\dot{m}' w_A - \rho D_{AB} \frac{\mathrm{d}w_A}{\mathrm{d}x}\right) = \dot{m}''_A \tag{3-21}$$

式中：$\dot{m}''_A$ 为与化学反应有关的组分 A 的净生成率。组分质量守恒更一般的一维形式为

$$\frac{\mathrm{d}\dot{m}'_i}{\mathrm{d}x} = \dot{m}''_i, \quad i = 1,2,\cdots,N \tag{3-22}$$

如果考虑非稳态流动，则组分 i 的质量守恒方程的一般矢量形式为

$$\frac{\partial(\rho w_i)}{\partial t} + \nabla \cdot \dot{m}'_i = \dot{m}''_i, \quad i = 1,2,\cdots,N \tag{3-23}$$

质量通量 $\dot{m}'_i$ 可以用组分 i 的质量平均速度 v_i 表示：

$$\dot{m}'_i = \rho w_i v_i \tag{3-24}$$

混合物的质量通量 $\dot{m}'$ 可用下式表示：

$$\dot{m}' = \sum \dot{m}'_i = \sum \rho w_i v_i \tag{3-25}$$

由于 $\dot{m}'_i = \rho v$，所以质量平均速度 v 为

$$v = \sum w_i v_i \tag{3-26}$$

扩散速度等于组分速度与质量平均速度之差，即 $v_{i,\text{diff}} = v_i - v$，于是扩散通量可以表示为

$$\dot{m}'_{i,\text{diff}} = \rho w_i (v_i - v) = \rho w_i v_{i,\text{diff}} \tag{3-27}$$

组分总的质量通量等于对流通量和扩散通量之和，即

$$\dot{m}'_i = \dot{m}' w_i + \dot{m}'_{i,\text{diff}}$$

或

$$\rho w_i v_i = \rho w_i v + \rho w_i v_{i,\text{diff}} \tag{3-28}$$

将组分扩散速度 $v_{i,\text{diff}}$ 和质量分数 w_i 代入式(3-23)，得

$$\frac{\partial (\rho w_i)}{\partial t} + \nabla \cdot \left[\rho w_i (v + v_{i,\text{diff}}) \right] = \dot{m}_i'', \quad i = 1, 2, \cdots, N \tag{3-29}$$

将质量输运的费克扩散定律(3-4)代入式(3-29),则有

$$\frac{\partial (\rho w_i)}{\partial t} + \nabla \cdot (\rho v w_i - \rho D \nabla w_i) = \dot{m}_i'' \tag{3-30}$$

3. 动量守恒方程

控制体内动量的变化率等于作用在控制体的表面力和体积力之和。对于一维直角坐标系,当忽略粘性力和体积力,只有作用在控制体上的压力时,动量守恒方程就会变得十分简单。对于定常流,动量守恒方程可以表示为

$$\sum F = \dot{m} v_{\text{out}} - \dot{m} v_{\text{in}} \tag{3-31}$$

式中:F 为控制体所受的外力。对于一维流动,

$$(pA)_x - (pA)_{x+\Delta x} = \dot{m}(v_{x+\Delta x} - v_x) \tag{3-32}$$

式(3-32)两边同时除以 $A \Delta x$,并取极限 $\Delta x \rightarrow 0$,得

$$-\frac{\mathrm{d}p}{\mathrm{d}x} = \dot{m}' \frac{\mathrm{d}v}{\mathrm{d}x}$$

或

$$-\frac{\mathrm{d}p}{\mathrm{d}x} = \rho v \frac{\mathrm{d}v}{\mathrm{d}x} \tag{3-33}$$

当考虑粘性力影响时,一维动量守恒方程可以写成

$$\frac{\partial (\rho v)}{\partial t} + \frac{\partial (\rho v v)}{\partial x} - \frac{\partial}{\partial x}\left(\mu \frac{\partial v}{\partial x} \right) = -\frac{\partial p}{\partial x} + \frac{\partial}{\partial x}\left(\mu \frac{\partial v}{\partial x} \right) \tag{3-34}$$

4. 能量守恒方程

根据热力学第一定律,控制体内能量变化率等于获得的外热的总和与对外做功的总和。一维笛卡儿坐标系下,能量守恒方程可以表示为

$$(\dot{q}_x' - \dot{q}_{x+\Delta x}')A - \dot{W}_{\text{cv}} = \dot{m}'A\left[\left(h + \frac{v^2}{2} + gz \right)_{x+\Delta x} - \left(h + \frac{v^2}{2} + gz \right)_x \right] \tag{3-35}$$

式中:$\dot{q}'$ 为热流通量;$\dot{W}_{\text{cv}}$ 为控制体对外界所做的功;h 为焓;gz 为重力势能。

对于定常流动,能量随时间的变化率等于零,假设系统对外界不做功,控制体进出口势能无变化,则方程(3-35)变成

$$(\dot{q}_x' - \dot{q}_{x+\Delta x}')A = \dot{m}'\left[\left(h + \frac{v^2}{2} \right)_{x+\Delta x} - \left(h + \frac{v^2}{2} \right)_x \right] \tag{3-36}$$

式(3-36)两边除以 Δx,并取极限 $\Delta x \rightarrow 0$,得

$$-\frac{\mathrm{d}\dot{q}_x'}{\mathrm{d}x} = \dot{m}'\left(\frac{\mathrm{d}h}{\mathrm{d}x} + v \frac{\mathrm{d}v}{\mathrm{d}x} \right) \tag{3-37}$$

热流通量包括热传导产生的热通量和由于组分扩散引起的附加焓通量,如果不考虑热辐射,则热流通量的一般矢量表达形式如下:

$$\dot{q}' = -\lambda \nabla T + \sum \dot{m}_{i,\text{diff}}' h_i \tag{3-38}$$

对于一维情况,热流通量可以表示为

$$\dot{q}_x' = -\lambda \frac{\mathrm{d}T}{\mathrm{d}x} + \sum \rho w_i (v_i - v) h_i \tag{3-39}$$

由于 $\dot{m}_i' = \rho v_i w_i$，$\rho v = \dot{m}'$，$\sum w_i h_i = h$，所以式（3 - 39）可以写成

$$\dot{q}_x' = -\lambda \frac{dT}{dx} + \sum \dot{m}_i h_i - \dot{m}' h \tag{3 - 40}$$

将式（3 - 40）代入式（3 - 37），得

$$\frac{d}{dx}\left(\sum h_i \dot{m}_i'\right) + \frac{d}{dx}\left(-\lambda \frac{dT}{dx}\right) + \dot{m}' v \frac{dv}{dx} = 0 \tag{3 - 41}$$

将式（3 - 41）左边第一项展开得

$$\frac{d}{dx}\left(\sum h_i \dot{m}_i'\right) = \sum \dot{m}_i' \frac{dh_i}{dx} + \sum h_i \frac{d\dot{m}_i'}{dx}$$

将上式和式（3 - 22）代入式（3 - 41），得

$$\sum \dot{m}_i' \frac{dh_i}{dx} + \frac{d}{dx}\left(-\lambda \frac{dT}{dx}\right) + \dot{m}' v \frac{dv}{dx} = -\sum h_i \dot{m}_i'' \tag{3 - 42}$$

因为

$$h_i(T) = h_{f,i}^0(T_{ref}) + \Delta h_{s,i}(T_{ref}) = h_{f,i}^0(T_{ref}) + \int_{T_{ref}}^{T} c_p dT = h_{f,i}^0(T_{ref}) + \bar{c}_p T$$

代入式（3 - 42），同时忽略动能项，考虑非稳态流动，则有

$$\frac{\partial(\rho c_p T)}{\partial t} + \frac{\partial(\rho v c_p T)}{\partial x} - \frac{\partial}{\partial x}\left(\lambda \frac{\partial T}{\partial x}\right) = -\sum h_{f,i}^0 \dot{m}_i'' \tag{3 - 43}$$

3.2.2　守恒标量的概念

1. 简单化学反应模型

实际化学反应包括几百个相互作用的化学反应过程，但它们总的结果往往十分简单：燃料和氧化剂消失，产生二氧化碳和水蒸气，燃气温度升高并放出热量。人们为了能对燃烧现象进行计算，绕过复杂的化学反应机理，提出一种易于理解、易于使用的燃烧模型，即简单化学反应模型。该模型假设：

① 燃料和氧化剂以化学恰当比进行单步不可逆反应，生成单一的燃烧产物，即

$$1\ kg\ 燃料 + v\ kg\ 氧化剂 \longrightarrow (1+v)kg\ 产物 \tag{3 - 44}$$

② 各组分的传输特性相同，但可随空间位置变化；

③ 各组分比热容相等。

由式（3 - 44）可知，燃料、氧化剂以及燃烧产物的化学反应生成率存在以下关系：

$$\dot{m}_f'' = \dot{m}_{ox}''/v = -\dot{m}_{pr}''/(1+v) \tag{3 - 45}$$

式中：$\dot{m}_{pr}''$ 是燃烧产物的化学反应生成率；$\dot{m}_f''$、$\dot{m}_{ox}''$ 分别为燃料和氧化剂的化学反应消耗率。

2. 混合物分数

假设流量为 1 kg/s 的混合物由两种成分混合而成，燃料的流量为 $\dot{m}_f$ kg/s，空气的流量为 $(1-\dot{m}_f)$kg/s。定义混合物分数 f_{mix} 为燃料中所含元素的质量除以混合物的质量。于是混合物分数 f_{mix} 可以用流动中任一点的燃料、氧化剂和燃烧产物的质量分数来表示：

$$f_{mix} = w_f + \frac{1}{v+1} w_{pr}$$

下面将证明 f_{mix} 是守恒量。

3. 守恒量

对于燃料、氧化剂以及燃烧产物,可以用式(3-44)分别写出它们的质量守恒方程,如下:

$$\dot{m}'\frac{\mathrm{d}w_{\mathrm{f}}}{\mathrm{d}x} - \frac{\mathrm{d}}{\mathrm{d}x}\left(\rho D\,\frac{\mathrm{d}w_{\mathrm{f}}}{\mathrm{d}x}\right) = \dot{m}_{\mathrm{f}}'' \qquad (3-46)$$

$$\dot{m}'\frac{\mathrm{d}w_{\mathrm{ox}}}{\mathrm{d}x} - \frac{\mathrm{d}}{\mathrm{d}x}\left(\rho D\,\frac{\mathrm{d}w_{\mathrm{ox}}}{\mathrm{d}x}\right) = \dot{m}_{\mathrm{ox}}'' \qquad (3-47)$$

$$\dot{m}'\frac{\mathrm{d}w_{\mathrm{pr}}}{\mathrm{d}x} - \frac{\mathrm{d}}{\mathrm{d}x}\left(\rho D\,\frac{\mathrm{d}w_{\mathrm{pr}}}{\mathrm{d}x}\right) = \dot{m}_{\mathrm{pr}}'' \qquad (3-48)$$

由式(3-46)+式(3-48)/(1+v),可得

$$\dot{m}'\frac{\mathrm{d}[w_{\mathrm{f}}+w_{\mathrm{pr}}/(1+v)]}{\mathrm{d}x} - \frac{\mathrm{d}}{\mathrm{d}x}\left\{\rho D\,\frac{\mathrm{d}}{\mathrm{d}x}[w_{\mathrm{f}}+w_{\mathrm{pr}}/(1+v)]\right\} = 0 \qquad (3-49)$$

不难看出,方程(3-49)是无源项的方程,其中所对应的量 $w_{\mathrm{f}}+w_{\mathrm{pr}}/(1+v)$ 就是混合物分数 f_{mix},从而证明它是守恒量。

同理,由式(3-46)-式(3-47)/v,可得

$$\dot{m}'\frac{\mathrm{d}(w_{\mathrm{f}}-w_{\mathrm{ox}}/v)}{\mathrm{d}x} - \frac{\mathrm{d}}{\mathrm{d}x}\left[\rho D\,\frac{\mathrm{d}}{\mathrm{d}x}(w_{\mathrm{f}}-w_{\mathrm{ox}}/v)\right] = 0 \qquad (3-50)$$

方程(3-50)是无源项的方程,因此 $w_{\mathrm{f}}-w_{\mathrm{ox}}/v$ 也是守恒量。由此可见,守恒量有许多不同形式,如混合物中惰性组分的质量分数等。

用 f_{mix} 代替 $w_{\mathrm{f}}+w_{\mathrm{pr}}/(1+v)$ 就得到混合物分数 f_{mix} 的守恒方程:

$$\dot{m}'\frac{\mathrm{d}f_{\mathrm{mix}}}{\mathrm{d}x} - \frac{\mathrm{d}}{\mathrm{d}x}\left(\rho D\,\frac{\mathrm{d}f_{\mathrm{mix}}}{\mathrm{d}x}\right) = 0 \qquad (3-51)$$

混合物分数 f_{mix} 在求解扩散火焰时特别有用。因为在求解组分守恒方程时,只要求解无源的混合物分数 f_{mix} 的守恒方程,求出 f_{mix} 后,就可以利用 f_{mix} 与燃料、氧化剂及燃烧产物的关系求出各组分的质量分数。同时,求解无源方程比求解有源方程更容易一些。对于完全预混火焰,混合物分数在空间是均匀分布的。

例 3.1 有一非预混的乙烷-空气火焰,其下列各组分的摩尔分数是利用不同的方法测量的:C_2H_6、CO、CO_2、H_2、H_2O、N_2、O_2 和 OH。假设其他组分可以忽略,试根据所测量的上述各组分摩尔分数定义混合物分数 f_{mix}。

解:根据混合物分数的原始定义,先用各组分的质量分数来表示 f_{mix},即

$$f_{\mathrm{mix}} = \frac{燃料中所含元素质量}{混合物的质量} = \frac{(m_{\mathrm{C}}+m_{\mathrm{H}})_{\mathrm{mix}}}{m_{\mathrm{mix}}}$$

假设燃料仅含有碳和氢元素,质量分别用 m_{C} 和 m_{H} 表示,空气仅由 O_2 和 N_2 组成。在燃气中,碳元素存在于组分 C_2H_6、CO 和 CO_2 中,氢元素存在于 C_2H_6、H_2、H_2O 和 OH 中,将各组分中的碳和氢元素的质量分数加起来就是 f_{mix},即

$$f_{\mathrm{mix}} = w_{\mathrm{C_2H_6}}\frac{2\mathrm{MW_C}}{\mathrm{MW_{C_2H_6}}} + w_{\mathrm{CO}}\frac{\mathrm{MW_C}}{\mathrm{MW_{CO}}} + w_{\mathrm{CO_2}}\frac{\mathrm{MW_C}}{\mathrm{MW_{CO_2}}} +$$

$$w_{\mathrm{C_2H_6}}\frac{3\mathrm{MW_{H_2}}}{\mathrm{MW_{C_2H_6}}} + w_{\mathrm{H_2}} + w_{\mathrm{H_2O}}\frac{\mathrm{MW_{H_2}}}{\mathrm{MW_{H_2O}}} + w_{\mathrm{OH}}\frac{0.5\mathrm{MW_{H_2}}}{\mathrm{MW_{OH}}}$$

其中,各组分质量分数的加权因子为碳和氢在组分中的质量分数,将质量分数 w_i 用 $\frac{\chi_i\mathrm{MW}_i}{\mathrm{MW_{mix}}}$

代替得

$$f_{\text{mix}} = \chi_{C_2H_6} \frac{MW_{C_2H_6}}{MW_{\text{mix}}} \frac{2MW_C}{MW_{C_2H_6}} + \chi_{CO} \frac{MW_{CO}}{MW_{\text{mix}}} \frac{MW_C}{MW_{CO}} + \chi_{CO_2} \frac{MW_{CO_2}}{MW_{\text{mix}}} \frac{MW_C}{MW_{CO_2}} + \cdots$$

$$= \frac{(2\chi_{C_2H_6} + \chi_{CO} + \chi_{CO_2})MW_C + \left(3\chi_{C_2H_6} + \chi_{H_2} + \chi_{H_2O} + \frac{1}{2}\chi_{OH}\right)MW_{H_2}}{MW_{\text{mix}}}$$

其中,

$$MW_{\text{mix}} = \sum \chi_i MW_i$$

$$= \chi_{C_2H_6}MW_{C_2H_6} + \chi_{CO}MW_{CO} + \chi_{CO_2}MW_{CO_2} + \chi_{H_2}MW_{H_2} + \chi_{H_2O}MW_{H_2O} +$$

$$\chi_{N_2}MW_{N_2} + \chi_{O_2}MW_{O_2} + \chi_{OH}MW_{OH}$$

虽然在概念上混合物分数很简单,但是用试验确定 f_{mix} 需要测定混合物的组分,比较麻烦。通常在测量中忽略很难测量的微量组分。

例 3.2 试验测量例 3.1 中非预混火焰中某点各组分的摩尔分数,分别如下:

$$\chi_{CO} = 949 \times 10^{-6}, \quad \chi_{H_2O} = 0.148$$

$$\chi_{CO_2} = 0.098\,9, \quad \chi_{O_2} = 0.018\,5$$

$$\chi_{H_2} = 315 \times 10^{-6}, \quad \chi_{OH} = 1\,350 \times 10^{-6}$$

假设混合物中剩下的组分为 N_2,试用所计算的混合物分数值决定混合物的当量比。

解: N_2 的摩尔分数为

$$\chi_{N_2} = 1 - \sum \chi_i$$

$$= 1 - 0.098\,9 - 0.148 - 0.018\,5 - (949 + 315 + 1\,350) \times 10^{-6}$$

$$= 0.731\,2$$

混合物的相对分子质量为

$$MW_{\text{mix}} = \sum \chi_i MW_i = 28.16 \text{ kg/mol}$$

将本例中给定的各组分的摩尔分数值代入例 3.1 中的混合物分数 f_{mix} 的表达式,可得

$$f_{\text{mix}} = \frac{(949 \times 10^{-6} + 0.098\,9) \times 12.011 + (315 \times 10^{-6} + 0.148 + 0.5 \times 1\,350 \times 10^{-6}) \times 2.016}{28.16}$$

$$= 0.053\,3$$

根据混合物分数的定义和实际空气量 L 的定义可知,

$$L = \frac{1 - f_{\text{mix}}}{f_{\text{mix}}}$$

又根据当量比的定义

$$\Phi = f / f_0$$

而

$$f_0 = \left[4.76 \times (x + y/4) \times \frac{MW_{\text{air}}}{MW_{C_2H_6}} \right]^{-1}$$

$$= \left[4.76 \times (2 + 6/4) \times \frac{28.85}{30.07} \right]^{-1} = 0.062\,6$$

于是，

$$\Phi = \frac{f_{mix}/(1-f_{mix})}{f_0} = \frac{0.053\ 3/(1-0.053\ 3)}{0.062\ 6} \approx 0.90$$

从本例中可知混合物分数和当量比之间的关系。

3.3 一维燃烧波

3.3.1 火焰传播

1. 火焰传播速度

在实际燃烧装置中，燃烧总是先由局部着火，然后逐渐传播到周围其他区域。我们把燃烧由局部向周围发展的这种现象称为火焰传播。假设在长管容器内充满了混合均匀的可燃混气，当可燃混气在管子开口处以一定的速度向管内未燃的混气部位均匀地移动时，火焰传播如图 3-1 所示。在火焰面的前面是未燃的预混气体，在其后面则是温度很高的已燃气体——燃烧产物，它们的分界面是薄薄的一层火焰面，在其中正进行着强烈的燃烧化学反应，同时发出光和热，它与邻近区域之间存在着很大的温度梯度与浓度梯度。我们称这薄薄的化学反应发光区（一般在 1 mm 以下）为火焰前沿（火焰前锋），这种由波驱动的化学反应称为燃烧波。事实上，这一层管子的厚度相对于系统的

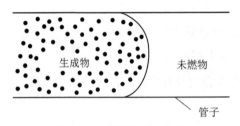

生成物　　未燃物

管子

图 3-1　火焰传播示意图

特征尺寸来说是极薄的，因此可把它看成几何面。

火焰传播速度指的是可燃混气燃烧的火焰前锋（或者燃烧波）在法线方向上的移动速度。当火焰在管道内传播时，由于管壁的摩擦，管道轴线上的传播速度要比近管壁处的大。粘性使火焰前锋呈现抛物线的形状，而不是完全对称的火焰锥，浮力的作用又使抛物面变形。

2. 火焰传播的形式

如果在静止的可燃混气某处发生了化学反应，且该反应随着时间的推移向未燃混气中传播，根据反应机理的不同，稳定的火焰传播可分为缓燃燃烧波和爆震燃烧波两种形式。缓燃燃烧波是依靠导热和分子扩散使未燃混气温度升高，并进入反应区而引起化学反应，从而使燃烧波不断向未燃混气中推进。在火焰前锋后气体密度减小，导致压力下降，产生膨胀波，火焰前锋相对于反应物以亚声速传播，一般速度不大于 1.3 m/s。在一定的物理、化学条件（温度、压力、浓度、混合比等）下，其传播速度是个不变的常数。爆震波，又称为爆轰波，它的传播不是通过传热和传质发生的，而是依靠激波的压缩作用使未燃混气的温度不断升高而引起化学反应，从而使燃烧波不断向未燃混气中推进。这种传播速度很快，它相对于反应物以超声速传播，可达 1 000~4 000 m/s。在给定情况下，究竟形成爆震波还是缓燃波，与反应物的成分以及管道结构等因素有关。

表 3-1 所列为爆震波、正激波与缓燃波的一般特征。表中下标"u"表示波前未燃气体参数，"b"表示波后已燃气体参数。由表可见：对于爆震波，未燃气体到已燃气体，压力、密度、速度都是增加的，爆震使已燃气体跟着燃烧波运动；对于缓燃燃烧波，未燃气体到已燃气体，压

力、密度、速度都是减少的,缓燃使已燃气体背着燃烧波运动。

表 3 - 1　爆震波、正激波与缓燃波的一般特征

特征参数	爆震波	正激波	缓燃波
v_u/c_u	5~10	5	0.000 1~0.03
v_b/c_b	1.0	0.42	0.003
v_b/v_u	0.4~0.7	0.2	4~6
p_b/p_u	13~55	29	0.98~0.976
T_b/T_u	8~21	5.8	4~16
ρ_b/ρ_u	1.4~2.6	5.0	0.06~0.25

3.3.2　一维燃烧波分析

在一维燃烧波的分析中,人们常常忽略燃烧波的结构细节,把它看作平面波。此外,为了将非定常问题变为定常问题,在分析波的传播过程时,将参考坐标固定在燃烧波上来建立燃烧波前后的守恒方程。假设未燃气体和已燃气体是均匀分布的,并忽略所有输运(热传导、粘性应力及质量扩散)的影响(见图 3 - 2)。下面考虑以相对于静止物的速度 v_w 通过等截面管的燃烧波的运动。

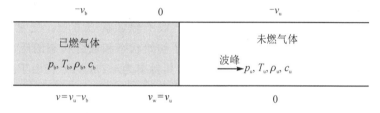

图 3 - 2　一维燃烧波及波峰前后速度

对于与环境没有热交换的一维定常流动,基于单位量的守恒方程可以表示为

质量守恒方程:

$$\rho_u v_u = \rho_b v_b = \dot{m}/A = C \tag{3-52}$$

动量守恒方程:

$$p_u + \rho_u v_u^2 = p_b + \rho_b v_b^2 \tag{3-53}$$

能量守恒方程:

$$h_u + v_u^2/2 = h_b + v_b^2/2 \tag{3-54a}$$

式中:$h = \sum_{i=1}^{N} w_i \{ [h_i(T) - h(T_{ref})]_{sens} + \Delta h_{f,i}(T_{ref}) \}$,其中 w_i 为组分 i(反应物或产物)的质量分数。

因为

$$\Delta h_R = \sum (w_i' - w_i) \Delta h_{f,i}(T_{ref}) \equiv -q$$

其中,q 为燃料的质量热值,于是能量守恒方程变成

$$h_{u,sens} + v_u^2/2 + q = h_{b,sens} + v_b^2/2 \tag{3-54b}$$

理想气体状态方程:

$$p_b = \rho_b R_b T_b \tag{3-55}$$

式中：$R_b = R_u / MW_b$，其中，MW_b 为已燃气体的摩尔质量。

在以上公式中有 5 个未知数：v_u、v_b 以及已燃气体的热力学状态参数 ρ_b、$h_{b,sens}$、p_b，还有 4 个独立关系式。只要知道最终的压力和温度，就可以根据热化学平衡关系式决定燃烧产物的成分和性质。为了做到这一点，还需要补充一个条件，下面将建立这个条件。首先，将基本的守恒关系变成两个包括初始和最终状态压力和密度的关系式；然后，将此关系式绘制成压力与比体积（密度的倒数）的曲线，从而确定可能的解；最后，引入补充的解析数据和经验数据来构成最终的约束条件。

3.3.3 Rayleigh 线

将质量守恒方程(3-52)与动量守恒方程(3-53)联立，得

$$p + (\dot{m}/A)^2 \nu = C$$

式中：比体积 ν 是密度 ρ 的倒数。由质量守恒方程 $(\dot{m}/A) = C$ 得

$$\mathrm{d}p / \mathrm{d}\nu = -(\dot{m}/A)^2 = C$$

将这个方程应用于燃烧波的前后，得

$$\rho_u^2 v_u^2 = \frac{p_b - p_u}{1/\rho_u - 1/\rho_b} = (\dot{m}/A)^2 \tag{3-56a}$$

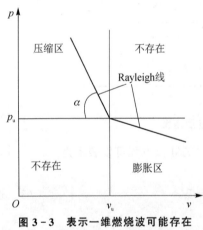

图 3-3　表示一维燃烧波可能存在区域的压力-比体积图

式(3-56a)是 Rayleigh 线的一种形式，注意到 Rayleigh 线不包含状态方程。更重要的是，这个方程确定了初始状态和最终状态的压力和比体积的线性关系，其斜率为 $-(\dot{m}/A)^2$。由于式(3-56a)中压力与比体积之比必须是正实数的质量通量，Rayleigh 关系式(式(3-56a))指出燃烧波不能同时使压力和比体积升高或降低，因此在压力与比体积关系图上，Rayleigh 线只能存在于以初始状态特征值为中心的四个象限中的两个，如图 3-3 所示。左上象限包括了压缩波，由于最终的压力是升高的，比体积是下降的，故这类燃烧波称为爆震燃烧波；而右下象限包括了膨胀波，称为缓燃燃烧波。

将式(3-56a)重新整理，得到燃烧波的速度：

$$v_u = v_w = \frac{1}{\rho_u}\left(\frac{p_b - p_u}{1/\rho_u - 1/\rho_b}\right)^{\frac{1}{2}} \tag{3-56b}$$

式(3-56b)提供了 $p-\nu$ 平面图中燃烧波速度有用的几何尺度。如图 3-3 所示，在式(3-56b)平方根内的值等于 Rayleigh 线夹角 α 的正切，因此，

$$v_w = \left[(\tan\alpha)^{1/2}\right](1/\rho_u)$$

这个关系式可用于有物理解的两个象限内。

将式(3-56b)与质量守恒方程(3-52)联立，得

$$v_b = \left[(\tan\alpha)^{1/2}\right](1/\rho_b)$$

因此，已燃气体相对于管壁的速度可表示为

$$v = v_u - v_b = \left[\left(\frac{1}{\rho_u} - \frac{1}{\rho_b} \right)(p_b - p_u) \right]^{1/2} \tag{3-56c}$$

将式(3-56c)除以燃烧波速度,可以得到物理上更好理解的形式,即

$$\frac{v}{v_w} = 1 - \rho_u/\rho_b \tag{3-56d}$$

由于爆震燃烧波是压缩波,$\rho_b > \rho_u$,所以燃烧产物向着波传播的方向运动;而在缓燃燃烧波中,已燃气体是膨胀的,所以燃烧产物向着与燃烧波相反的方向运动。根据声速和比热比的定义,Rayleigh 线也可以写成无因次形式。

未燃气体的声速由下式表示:

$$c_u = \sqrt{\gamma_u R_u T_u} = \sqrt{\gamma_u p_u / \rho_u}$$

式中:$\gamma_u = c_{p,u}/c_{V,u}$,$c_{p,u}$ 为未燃物的比定压热容,$c_{V,u}$ 为未燃物的比定容热容。于是,$c_{p,u} = \frac{\gamma_u}{\gamma_u - 1}(R_u/\mathrm{MW}_u)$。

将以上公式代入式(3-56a),由马赫数的定义 $Ma_u = v_u/c_u$ 得到

$$\gamma_u Ma_u^2 = \left(\frac{p_b}{p_u} - 1 \right) \bigg/ \left(1 - \frac{\rho_u}{\rho_b} \right) \tag{3-57}$$

对于爆震燃烧波,最终的压力比初始压力大得多,而最终的密度比初始密度大一些。若 γ_u 取稍大点的值 1.4,则方程(3-57)表示爆震燃烧波以超声速传播。对于缓燃燃烧波,由于最终的压力稍低于初始压力,最终的密度大大低于初始密度,所以方程(3-57)表明缓燃燃烧波是亚声速燃烧波。

3.3.4　Rankine-Hugoniot 关系式

能量方程也可以根据压力和比体积写成另外一种形式。首先,假设比定压热容不变,于是

$$h_{b,sens} - h_{u,sens} = c_p(T_b - T_u)$$

然后,将以 γ_u 表示的比热比代入,用理想气体状态方程消去温度参数,得

$$q = \frac{\gamma_u}{\gamma_u - 1} \left(\frac{p_b}{\rho_b} - \frac{p_u}{\rho_u} \right) - \frac{1}{2}(v_u^2 - v_b^2)$$

用动量方程消去速度,得

$$\frac{\gamma_u}{\gamma_u - 1} \left(\frac{p_b}{\rho_b} - \frac{p_u}{\rho_u} \right) - \frac{1}{2}(p_b - p_u) \left(\frac{1}{\rho_u} + \frac{1}{\rho_b} \right) = q \tag{3-58}$$

方程(3-58)是 Rankine-Hugoniot 关系的一种形式,它在 $p-v$ 平面上是一条双曲线。Rankine-Hugoniot 关系也可以用显焓变化或内能变化来表示,因为

$$h_{b,sens} - h_{u,sens} = \frac{\gamma_u}{\gamma_u - 1} \left(\frac{p_b}{\rho_b} - \frac{p_u}{\rho_u} \right)$$

所以

$$h_{b,sens} - h_{u,sens} = \frac{1}{2}(p_b - p_u) \left(\frac{1}{\rho_u} + \frac{1}{\rho_b} \right) + q \tag{3-59}$$

这些关系式也适用于无燃烧混合物中的压缩波和膨胀波,这时 $q=0$。

以上守恒方程已变为两个关系式,即 Rayleigh 线和 Hugoniot 线关系式。Rayleigh 线是质量守恒和动量守恒的结合,与释热无关,可以用于任何气体;而 Hugoniot 线是基于能量守

恒方程的,它在 p-v 平面的位置取决于 q 的值(见图 3-4)。对于无化学反应的混合物,$q=0$,Hugoniot 线通过初始状态点;对于有反应的混合物,$q>0$,Hugoniot 线向右上方移动,如图 3-4 中的曲线 5 所示,由于这条曲线表示了守恒律,因此与初始状态有关的最终状态取决于 Rayleigh 线和 Hugoniot 线的交点,把初始状态(未燃烧的)与最终状态连在一起的 Rayleigh 线的斜率给出了燃烧波的速度。

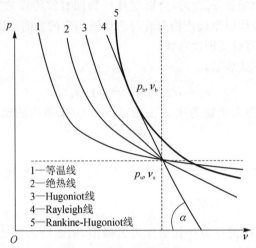

1—等温线
2—绝热线
3—Hugoniot线
4—Rayleigh线
5—Rankine-Hugoniot线

图 3-4 Rayleigh 线与 $q>0$ 时的 Rankine-Hugoniot 关系

习　　题

1. 试叙述质量、热量、动量输运定律的表达形式和物理意义。

2. 什么是路易斯数(Le)? 它的物理意义是什么?

3. 试推导一维球坐标下的质量守恒方程和能量守恒方程。

4. 什么是混合物分数? 它的物理意义是什么?

5. 什么是守恒标量? 它有什么用途?

6. 有一非预混射流火焰,其燃料为 CH_4,氧化剂为等摩尔混合的 O_2 和 CO_2 的混合物。火焰中的组分有 CH_4、CO、CO_2、O_2、H_2、H_2O 和 OH。假设所有双元扩散系数相等,即各组分之间的扩散性相同,如果燃料和氧化剂按化学恰当比混合,试计算该射流火焰的混合物分数,并用各组分的质量分数表示火焰中任一点处的局部混合物分数。

7. 试验证以下 C-J 条件:当 Hugoniot 线与经过初始点的 Rayleigh 线相切时,它同时也与等熵线相切,因此,上 C-J 点和下 C-J 点上的马赫数都是 1,而与介质的热力学性质无关。

8. 在 298 K、1 atm 下,试估计氧气-空气稀释混合物的施密特数和路易斯数。设该情况下,$D_{O_2\,air}=2.1\times10^{-5}$ m^2/s。讨论所得结果的含义。

9. 求空气在下面各状态下的普朗特数、施密特数、路易斯数:

(1) $p=1$ atm,$T=298$ K;

(2) $p=1$ atm,$T=2\,000$ K;

(3) $p=10$ atm,$T=298$ K。

设 $p=1$ atm,$T=298$ K 时,$D_{O_2\,air}=2.1\times10^{-5}$ m^2/s。

第4章 燃料与燃烧

4.1 气体燃料的组成及特点

4.1.1 单一可燃气体的主要性质

任何一种气体燃料都是由一些单一气体混合而成的。其中,可燃气体的成分有 CO、H_2、CH_4 和其他气态碳氢化合物。不可燃气体的成分有 CO_2、N_2 和少量的 O_2。为了更深入地了解各种气体燃料的有关特性,现将主要单一可燃气体的物理化学性质说明如下:

甲烷(CH_4):标准状态下为一种无色无味气体,相对分子质量为 16.04,密度为 0.715 kg/m^3,难溶于水,0 ℃时 1 体积的水内可溶解 0.557 体积的 CH_4,20 ℃时可溶解 0.030 体积,临界温度为 -82.5 ℃,$Q_{LHV}=35\,740$ kJ/m^3,与空气混合后可引起强烈爆炸,爆炸浓度范围为 2.5%~15%。着火温度为 530~750 ℃,火焰呈微弱亮火,当空气中 CH_4 浓度高达 25%~30%时才有毒性。

乙烷(C_2H_6):无色无臭气体,相对分子质量为 30.07,密度为 1.341 kg/m^3,难溶于水,20 ℃时 1 体积的水可溶解 0.047 2 体积的 C_2H_6,临界温度为 -34.5 ℃,$Q_{LHV}=63\,670$ kJ/m^3,空气中的爆炸范围为 2.5%~15%。着火温度为 510~630 ℃,火焰有微光。

氢气(H_2):无色无臭气体,相对分子质量为 2.016,密度为 0.089 9 kg/m^3,难溶于水,20 ℃时 1 体积的水可溶解 0.021 5 体积的 H_2,临界温度为 -239.9 ℃,$Q_{LHV}=1\,079$ kJ/m^3,空气中的爆炸范围为 4.0%~80%。着火温度为 510~590 ℃,空气助燃时火焰传播速度为 267 cm/s,较其他气体均高。

一氧化碳(CO):无色无臭气体,相对分子质量为 28.00,密度为 1.250 kg/m^3,难溶于水,0 ℃时 1 体积的水中可溶解 0.035 体积的 CO,临界温度为 -197 ℃,$Q_{LHV}=12\,630$ kJ/m^3,空气中的爆炸范围为 12.5%~80%。着火温度为 610~658 ℃,在气体混合物中含有少量的水即可降低其着火温度,火焰呈蓝色。CO 毒性极强,空气中含有 0.06%时即对人体有害,含有 0.2%时可使人失去知觉,含有 0.4%时可使人迅速死亡。空气中可允许的 CO 浓度为 0.02 g/m^3。

乙烯(C_2H_4):具有窒息性的乙醚气味的无色气体,有麻醉作用,相对分子质量为 28.5,密度为 1.260 kg/m^3,难溶于水,0 ℃时 1 体积的水可溶解 0.266 体积的 C_2H_4,临界温度为 9.5 ℃,$Q_{LHV}=58\,770$ kJ/m^3,易爆,爆炸范围为 2.75%~35%。着火温度为 540~547 ℃,火焰发光。空气中乙烯浓度达到 0.1%时对人体有害。

硫化氢(H_2S):无色气体,具有浓厚的腐蛋气味,相对分子质量为 34.07,密度为 1.52 kg/m^3,易溶于水,0 ℃时 1 体积的水可溶解 4.7 体积的 H_2S,$Q_{LHV}=23\,074$ kJ/m^3,爆炸范围为 4.3%~45.5%。着火温度为 364 ℃,火焰呈蓝色。毒性极强,室内空气中最大允许浓度为 0.01 g/m^3,当空气中含有 0.04%时即对人体有害,0.1%时可致人死亡。

4.1.2 气体燃料

1. 天然气

天然气是指天然蕴藏于地层中的烃类和非烃类气体的混合物,主要由甲烷(85%)以及少量乙烷(9%)、丙烷(3%)、氮(2%)和丁烷(1%)组成,此外一般还有硫化氢、二氧化碳、氮、水气和少量一氧化碳及微量的稀有气体,如氦和氩等。天然气的来源主要有:气田产生的天然气、油田开采中伴生的天然气、煤层中所含的天然气以及天然气与水形成的固体(天然气水合物)等。我国能源的中长期发展规划明确指出:2030年天然气将占到一次能源的10%,成为我国能源发展战略中的一个亮点和绿色能源支柱之一。天然气水合物是一种类冰状的结晶物质,是近年来全世界都关注的一种能源,也将是未来天然气的主要来源,是在高压低温条件下由天然气与水形成的。据估计,目前全球的天然气水合物的储量约为 2×10^{16} m³,为天然气储量的100多倍。2017年,中国地质调查局在南海神狐海域实施了天然气水合物连续60天试采,累计产气超过30万 m³,是世界首次成功实现泥质粉砂型天然气水合物安全可控开采,取得了历史性突破。

天然气是一种清洁能源,燃烧效率高,其燃烧产生的烟气温室气体排放因子仅为煤炭的1/2、石油的2/3,且尾气也比较清洁。近年来天然气消费占一次能源的比重逐渐增加,据预测,到2030年,天然气将取代煤成为世界上第二大一次能源。

2. 煤层气

煤层气是煤矿生成过程中在煤层产生的一种气体,是由生物质在生物和地质的作用下形成的一种可燃气体,其主要成分是甲烷。煤层气可以认为是一种非常规的天然气资源,根据其中的甲烷含量,煤层气可以划分为以下3种类型:

① 地面抽采煤层气:煤层气中成分比较稳定,其中甲烷的体积含量达到80%~95%,可以在煤矿开采前由地表直接钻井抽取,经过简单的净化处理就可以直接使用。

② 井下抽采煤层气:在煤矿开采过程中抽取的一种甲烷体积浓度在25%~80%之间变化的可燃气体,气体的成分受到多种因素的影响。由于这种气体燃料的可燃成分变化范围较大,不易于直接应用,要经过处理才能使用。由于该类气体储存地质情况复杂,国内开采技术不成熟,而且这一类型煤层气的甲烷含量尤其不稳定,导致使用起来很困难。

③ 矿井乏风:煤矿开采过程中矿井通风气中含有一定浓度的甲烷,但含量很低,只有0.05%~0.7%。这也是一种煤层气,但由于甲烷含量极低,导致这种煤层气难以得到有效利用,而是直接排放到大气中去,成为一种污染性气体。

我国煤层气开发利用起步较早,最早于1952年在抚顺煤矿龙凤矿建立了瓦斯抽放站,开创了煤层气开发利用的先河,但是,由于技术及管理方面的问题前期进展缓慢,近几年呈现快速发展态势。20世纪80年代,美国煤层气工业取得了巨大成功,我国煤层气产业也受到了推动,开始重视和支持煤层气的开发利用,并于1982年将煤层气利用工程引入国家节能基本建设投资计划,1989年底开始引进现代煤层气开发技术。

3. 合成气

我国能源的特点为富煤、贫油、少气,煤炭仍然是我国能源行业的主角,气体燃料在火电行业中的占比非常小,而欧美国家的比例则高于30%。这主要受我国天然气储存及输运的影响。与使用煤炭相比,气体燃料被公认为是一种清洁能源,低碳化已是大势所趋,在大多数地区天然气供应不足的前提下,煤炭产业清洁化利用将是未来煤炭产业可持续发展的关键。合成气是一种基于煤炭的清洁利用要求,以煤为原料,以空气或氧气和蒸气为气化介质,在一定的高温下,煤中的可燃物质(碳、氢等)与气化介质发生反应,经过不完全的氧化过程,使煤转化为含有一氧化碳、氢气和甲烷等可燃成分的混合气体的过程。再将混合气体净化,去除其中的硫化物、氮化物、粉尘等污染物,变为清洁的气体燃料。

整体煤气化联合循环发电系统(Integrated Gasification Combined Cycle,IGCC),是将煤气化技术和高效的联合循环相结合的先进动力系统。通过煤气化过程,可以将煤炭中的污染物在燃烧前去除,再将净化后的合成气作为在 IGCC 中燃气轮机燃料,这样可以有效遏制煤炭直接燃烧所带来的严重大气污染问题。同时将燃气轮机与汽轮机结合使用,采用能量的梯级利用原理,使燃料中的能量得到充分利用,可以有效提高能源的综合利用热效率,降低单位功率机组排放的温室气体。目前全球共有近 30 座 IGCC 示范电站在建或运行,总装机容量超过8 000 MW。表 4-1 所列为世界上一些 IGCC 电站的运行现状。我国 IGCC 电站已进入示范项目阶段,华能天津 IGCC 电站为我国第一座 IGCC 发电机组,于 2009 年 7 月开工建设,2011 年投入运营,2016 年电站累计完成发电量 10.78 亿 kW·h,核心的气化装置最长连续运行周期已超 100 天。

表 4-1 世界上一些 IGCC 电站的运行现状

电 站	国 家	机组容量/MW	效率/%	可用率/%
Cool Water	美国	96	31.2	80
Buggenum	荷兰	253	43.3	86.1
Wabash River	美国	265	40.0	>80
Peurtollano	西班牙	300	45.0	66.1

4. 垃圾填埋气

垃圾填埋气是城市生活垃圾被填埋于地下之后在厌氧条件下经生物分解产生的,其主要成分是甲烷和二氧化碳,其中甲烷占气体组成的 $40\% \sim 60\%$,属于生物质气的一种。其主要成分及与其他燃料热值的比较分别如表 4-2 和表 4-3 所列。由表 4-2 可以看出,垃圾填埋气为一种含有气态可燃成分 CH_4、H_2 和 CO 的可燃混合气体燃料。同时,由于燃料中含有H_2S,在应用时需要进行脱硫处理。垃圾填埋气属于高热值气体燃料。

表 4-2 典型的垃圾填埋气成分与含量

成 分	含量/%
CH_4	$45 \sim 60$
CO_2	$40 \sim 60$
N_2	$2 \sim 5$
O_2	$0.1 \sim 1$
H_2S	$0 \sim 1$
NH_3	$0.1 \sim 1$
H_2	$0 \sim 0.2$
CO	$0 \sim 0.2$
其他	$0.01 \sim 0.6$

表 4-3 不同燃料热值比较

燃 料	发热量
垃圾填埋气/(kJ·m^{-3})	19 254
天然气/(kJ·m^{-3})	35 915
合成气/(kJ·m^{-3})	16 743
汽油/(kJ·L^{-1})	30 556
柴油/(kJ·L^{-1})	39 766

美国、英国等发达国家早在 20 世纪 70 年代就开始了对垃圾填埋气应用的研究,20 世纪 80 年代初便开始利用垃圾填埋气。尤其是近年来,随着环保意识的加强和能源危机的加剧,人们开始意识到垃圾填埋气所引起的环境问题和蕴藏在垃圾填埋气中的能量,开始重视对垃圾填埋气的应用。据统计,目前全世界已有近千座垃圾填埋气回收利用装置投入运行,主要集中在卫生填埋技术应用推广较早的发达国家。垃圾填埋气的主要应用方向是作为动力设备燃料和居民生活用燃料。如德国、美国、英国等发达国家在垃圾填埋气的应用上已经开始了商业运营模式,德国通过提纯的方法将垃圾填埋气提炼到和天然气一样的纯度,将提纯后的垃圾填埋气作为汽车用燃料,已经获得成功;美国通过提纯处理后将垃圾填埋气处理成为符合管道煤气标准的高压、高热值气体,并通过管道输送的方式供居民使用。近年来,中国的城市化和工业化发展迅速,1998 年 10 月我国第一个垃圾填埋气发电厂在杭州天子岭卫生填埋场建成发电,年上网电量 14 343 MW·h,年产值 717 万元。我国垃圾填埋气发电项目多集中在东部沿海、华东等经济较发达地区。

5. 页岩气

页岩气是指从富有机质黑色页岩中开采的,或者自生自储、在页岩纳米级孔隙中连续聚集的天然气,这部分天然气以吸附或游离的状态聚集于页岩层中,其中吸附状态的天然气占气体总量的 40%～85%,它是一种非常规的油气资源。页岩气形成过程是甲烷在页岩微孔(孔径小于 2 nm)中顺序填充,在介孔(孔径为 2～50 nm)中多层吸附至毛细管凝聚,在大孔(孔径大于 50 nm)中以压缩或溶解态赋存。成藏中需要经过吸附、解吸、扩散等作用过程。有机质生气或油裂解成气、天然气先在有机质孔内表面饱和吸附;之后解吸扩散至基质孔中,以吸附、游离相聚集;过饱和气初次运移至无机质页岩孔中;气再饱和后,二次运移形成气藏。在世界上开发使用页岩气的国家中,美国已经有 180 多年的历史,是使用页岩气最成功的国家之一。目前我国对页岩气的研究处于起步阶段,关于页岩气矿井的资料几乎是空白的,研究重点还在气体的累积机制和产生规律上。页岩气的一个特点是储藏深度范围广,从近地表到地下 3 000 m 不等,这使得页岩气的开采难度较大。尤其是我国具有广泛的地域面积和复杂的地形地貌,导致页岩气储藏深度范围更广,从而为页岩气的使用带来障碍。

6. 纯氢及掺氢气体燃料

作为燃料,氢气具有燃烧产物不污染环境、原料丰富的优点。可以在燃料中掺入氢气形成掺氢燃料,也可以使用纯氢气作为燃料。但是氢燃料的发展在制氢、储氢和输氢等方面仍面临一定的问题。目前制氢技术有:化石能源制氢、水电解制氢、生物质能制氢、太阳能制氢、核能制氢等。其中,化石能源制氢是目前最成熟的技术,由于化石能源制氢中催化剂起着至关重要的作用,所以目前研究的热点是化石能源制氢催化剂的制备。制氢最简单的技术就是水电解制氢,其制氢纯度高,但需要消耗大量的电能,成本高。其他如生物质能制氢、太阳能制氢技术也在研究当中,但是由于技术还不够成熟、成本高,故实际应用较少。氢气在自然条件下是以气态形式存在的,密度较小,要满足实际使用要求必须提高其能量密度,常用的方法有:物理方法和化学方法。物理方法有:高压气态存储、低温液态存储、活性炭吸附存储等。化学方法有:金属氢化物存储、有机液态氢化物存储。氢气为小分子气态燃料,可燃极限宽、火焰传播速度快,在氢的输运过程中要防止氢气由于泄漏所导致的危险。同时,由于氢在钢中有一定的溶解度,即采用金属管道输运时有发生氢脆的风险。

7. 工业副产混合气体燃料

工业副产混合气体燃料主要包括高炉煤气、焦炉煤气、发生炉煤气等。高炉煤气是高炉炼钢过程中得到的副产品,其主要可燃成分为 CO,含有大量的 N_2 和 CO_2(占 63%～70%)。发热量不大,只有 3 762～4 180 kJ/m^3。焦炉煤气是炼焦的副产品,其可燃成分主要是 H_2、CH_4 和 CO,发热量为 15 890～17 140 kJ/m^3。可将焦炉煤气和高炉煤气混合使用,作为加热炉、燃气轮机的燃料。

4.2　液体燃料

4.2.1　液体燃料的性能参数

1. 热　值

热值(即燃烧焓)是指单位质量或单位体积(对气体燃料而言)的燃料在标准状态下完全燃烧时所能释放出的最大热量,它是衡量燃料作为能源的一个很重要的指标。对于固体燃料和液体燃料,其单位是 kJ/kg;对于气体燃料,其单位是 kJ/Nm^3。当不包括水蒸气凝结成水的冷凝热时的发热量称为低位热值;当计入燃烧生成的水蒸气汽化潜热时的发热量称为高位热值。通常因发动机排出烟气温度较高,其中水蒸气不能凝结,故用低位热值。燃料的热值通常不是一个固定值。目前,可用于燃气轮机的液体燃料包括柴油、重油(heavy oil)、渣油等石油基燃料,也有生物质液体燃料、煤制油等其他来源的液体燃料,还有将其他来源的液体燃料与石油基燃料进行不同比例掺混的混合燃料。不同来源的液体燃料因其组成成分及可燃成分不同,燃料的热值也不同。同一种液体燃料,根据其产地及加工工艺的不同,热值也会在一定范围内发生波动。

2. 闪点、燃点和着火点

液体燃料在一定温度下,低沸点的成分会蒸发而产生油蒸气,当明火掠过油表面时,会产生短暂的火花(或者闪光),但可燃气蒸发不及消耗掉得快,因而不可能持续下去,此时的温度定义为闪点。汽油的闪点为 -58～10 ℃,柴油的闪点为 45～120 ℃,煤油的闪点为 30～70 ℃。

在油温超过闪点后,明火掠过燃油表面时会使油蒸气燃烧(至少 5 s)而不熄灭,这时的油温称为燃油的燃点。显然,燃油的燃点高于闪点,一般重油的燃点比闪点高 10～30 ℃。

如果继续提高油温,燃油表面的蒸气会自己燃烧起来,这时的油温称为自燃点或着火点。闪点越低的燃油着火点也越低,越易于着火。

轻质油的闪点低于重油,说明轻质油比重油易于着火。所以,通过闪点的高低可以估计燃油中所含轻质成分的高低,故可用以判断燃油着火的难易程度。

3. 可燃极限

可燃物(如燃油蒸气)与空气混合,只能在一定浓度范围内才能进行燃烧。超过这个浓度(太稀或太浓)就燃烧不起来了。在这个浓度范围内,火焰一旦引发,就可以从点火源扩展出去,只要浓度合适,就可以无限地传播下去。通常定义一个富燃极限和一个贫燃极限(亦称富油/贫油极限)。超过这两个边界,一定不可燃,但在这个范围内不一定可燃。

4. 密　度

密度是液体燃料常用的物理指标。燃油的密度与温度有关,一般以相对密度值表示,即以 20 ℃时的燃油密度与 4 ℃时的纯水的密度之比表示,记以符号 d_4^{20}。燃油在其他温度 $t(℃)$ 下的相对密度可按式(4-1)换算:

$$d_4^t = d_4^{20} - \alpha(t - 20) \tag{4-1}$$

式中:α 为燃油的温度修正系数,单位为 $℃^{-1}$。

燃油的相对密度越大,元素成分中含碳量就越高,含氧量就越低,并且其发热量也越低。因此,可以根据燃油的相对密度,在某种程度上大致判断燃油的性质。

5. 粘　度

粘度对各种燃油的燃烧性能及使用等有决定性意义,它表示燃油的易流性、易泵送性和易雾化性能的好坏。粘度越大,燃油雾化质量越差。粘度主要取决于燃料中所含碳氢化合物的成分,燃料粘度按如下顺序降低:多环环烷烃、环烷烃、芳香烃、烷烃,同时随温度极为显著地变化(尤其在低温条件下)。燃油的温度越高,粘度越小,所以,燃油在运输、装卸和燃用时常需要预热。通常要求燃油喷嘴前的油温应在 100 ℃以上。表示燃油粘度的指标常用的有动力粘度 μ(单位为 Pa·s)和运动粘度 ν(单位为 m^2/s 或 mm^2/s),运动粘度是动力粘度与密度的比值。在燃油规格中,粘度一般采用运动粘度。

6. 凝　点

燃油的粘度会随着温度的降低而增大。当油温降低到某一值时,燃油会变得很稠,在装有燃油的试管倾斜至 45°而油面在 1 min 内可保持不变,这个温度被定义为燃油的凝点。又或者说,燃油的凝点是当它失去了流动性时的温度。凝点是保证燃油流动、泵吸所必须超过的最低温度,凝点越高则燃油的流动性越差。为了保证燃油的流动性,在输送中,需加热到高于凝点 10 ℃。

4.2.2　液体燃料的主要使用性能

燃气轮机具有使用灵活、单机输出功率大的特点,燃气轮机燃烧室内进行的是高容热强度的燃烧过程,燃烧是在极短的时间内完成的,这就要求大量的燃料必须在高速气流中连续、稳定、完全地燃烧,并最大限度地释放出其化学能。影响燃料燃烧性能的因素有燃烧室结构、工作条件和燃料性质等,这里仅分析燃料性质对燃烧性能的影响。

1. 燃料的蒸发性能

燃料的蒸发性能取决于燃料中的轻组分含量,通常判定燃料具有较好蒸发性的依据为,液体燃料中 10% 成分蒸馏出来需要的温度低、同时蒸气的饱和蒸气压大。如果燃料的蒸发性差,蒸发出的油蒸气少,那么所形成的混气就会因为过度贫油而低于燃烧极限,造成熄火,特别是在低转速工况下更易造成熄火;蒸发性能好的燃料,与空气混合快,因而燃烧完全,耗油率低,同时也容易起动。燃料的蒸发性差,蒸发速度慢,在燃烧室中处于波态的时间长,就会使燃料在高温条件下裂化的倾向大,容易生成烟怠和积碳,从而降低燃烧效率。

2. 燃料的雾化性能

液态燃料的雾化程度严重影响燃烧效率。当燃料喷入燃烧室时,雾化得越好,燃料的喷发表面积越大,形成混气速度就越快,从而加快了燃烧速度,提高了燃烧效率。影响雾化程度的物性是燃料的粘度。对于粘度过大的燃料,喷射锥角小而远,喷出的液滴大,雾化不良,蒸发慢,燃烧不易完全,也易生成积碳;对于粘度过小的燃料,喷射锥角大且射程近,火焰燃烧区域宽而短,在靠近火焰筒壁的地方出现富油混合气,会使火焰筒局部受热,易破坏火焰筒,而且也易使火焰筒壁沉积积碳。液体燃料的温度对粘度具有重要影响,提高温度会降低粘度,所以对于一些使用重油和渣油等粘度高的燃料的燃气轮机,需要将燃料加热后再进行雾化。粘度对发动机的低温起动也有影响。用 20 ℃粘度为 15 mm²/s 的轻柴油做试验表明:在温度低于 −7 ℃时,就完全不能保证起动时所需的雾化条件。此外,粘度过大时在低温下不易流动,会使供油量减少;面精度小,润滑性差,会使燃料泵的磨损增大,这些均会影响发动机的正常工作。

3. 燃料的化学组成

燃料的化学组成对燃烧性能有很大的影响。首先会影响燃烧的稳定性。不同烃类在空气中燃烧时的燃烧极限是不同的。各烃类中,烷烃特别是正构烷烃以及环烷烃燃烧极限较宽,而芳香烃则较窄。燃烧极限宽,有利于稳定燃烧,发动机不易熄火,也不易出现因间歇性熄火而引起的喘振现象。燃料在燃烧室中燃烧时生成积碳的倾向称为燃料的积碳性(或生碳性)。燃料在燃烧过程中生成的碳微粒积聚在不同部位上,将造成一系列问题。积聚在燃烧室火焰筒壁上的积碳,将会使热传导恶化,产生局部过热,使火焰筒壁变形,甚至产生裂纹。火焰筒壁上的积碳有时可能脱落下来,随气流进入高速旋转的燃气涡轮,造成堵塞、侵蚀和打坏叶片等事故。积碳附在喷嘴上,使燃料雾化恶化,燃烧状况变坏,促使火焰筒壁生成积碳。电点火器电极上的积碳会导致电路短路,影响发动机起动。

液体燃料生成积碳的倾向与燃料的燃烧完全度密切相关。在正常情况下工作时,燃料在燃气轮机中的燃烧是在高温、高压下进行,各类烃均能燃烧完全。但当混合气过度贫油或富油时,不同烃类的燃烧完全程度是不同的。在上述情况下,烷烃燃烧得比较完全,环烷烃稍差,芳香烃则更差。烃类的燃烧完全度按下面的顺序排列:双环芳香烃<单环芳香烃<带侧链的单环芳香烃<双环环烷烃<环烯烃<单环环烷烃<烷烃。总之,当燃料中芳香烃含量增多时燃烧完全度就下降,在发动机中容易产生积碳。燃料中的芳香烃含量越多,在燃烧室中生成积碳的数量也越大。

有的情况下,含有双环芳香烃的燃料,在燃烧中产生的碳粒被气流带走,不在燃烧室内形成积碳,但是,由于火焰中的碳粒增多,火焰的热辐射增强,过量的辐射热传到火焰筒壁上,使之温度升高,引起火焰筒壁裂纹、变形甚至烧穿。

各类烃产生积碳的倾向是:芳香烃>环烷烃>烷烃。

可以看出,燃料的化学组成中,芳香烃含量多会导致燃烧稳定性变坏,燃烧不易完全,也易生成积碳,芳香烃含量越多,影响越大。

4.2.3　液体燃料的种类及其特性

1. 液体燃料的化学组成

在燃气轮机中,主要使用由天然石油产品生产的液体燃料。在石油产品中主要的化学组成是以下 4 类碳氢化合物:

① 烷烃,分子通式为 C_nH_{2n+2},$C_5 \sim C_{15}$ 为液体燃料的主要组成。烷类亦称石蜡组碳氢化合物,从 C_5 开始,有正烷烃(直链结构)和异烷烃(侧链结构)之分。一般来说,烷烃具有较高的氢碳比,密度较低(轻),质量热值高,热稳定性好。烷烃的燃烧通常没有排气冒烟及积碳。

② 烯烃,分子通式为 C_nH_{2n}。烯烃是不饱和烃,它们的分子结构中含的氢少,所以化学上是活泼的,很容易与许多化合物起反应,其化学稳定性和热安定性比烷烃差。在高温和催化作用下,烯烃容易转化成芳香烃。一般原油中含烯烃并不多,用直接分馏法得出的石油产品中烯烃较少。烯烃通常由裂解过程产生,在裂解法得出的油中烯烃可以多到 25%。

③ 环烷烃,分子通式亦是 C_nH_{2n},是饱和的,分子结构中碳原子形成环状结构(而不是链状结构)。在分馏油中环烷烃的量和烷烃差不多,在化学稳定性、质量热值和冒烟积碳的倾向性方面与烷烃很相似。

④ 芳香烃,是环状结构,含有一个或更多的 6 个碳原子的环状结构。其在结构上与环烷烃有点类似,但含的氢少,因而它们单位质量的热值低很多。其主要的缺点是,冒烟积碳的倾向很高,吸湿性高,所以当燃油处于低温时容易导致冰结晶的沉积。芳香烃对橡胶制品有很强的溶解能力。单环芳香烃的分子通式为 C_nH_{2n-6},更复杂的芳香烃可以是上述分子结构中一个氢原子由其他基所替代。

燃油是由多种烃(还有其他组分)混合组成的,像 $CH_{1.96}$ 这样的分子式只是一种等价折合表示,只是说明混在一起算一个碳原子对应多少个氢原子。

液体燃料组成中含有烃类成分以外的杂质。其中,元素硫、硫醇、硫化氢,由于有高的腐蚀性并降低燃料的安定性,因此在燃油规格中都加以限制,可在炼油过程中用清洗或其他办法除硫。氮和氧的化合物是不希望有的成分,它会降低油料的热安定性和洁净性等性能。燃油中的微量金属元素也是不希望有的成分。燃料中的杂质除了原油本身所含有的之外,往往还有在贮运和泵送过程中掺入的污染物。

2. 各种液体燃油

燃油可以概括地分为馏分油和含灰分油。馏分油基本上是不含灰的,只要在贮运过程中处置得当,没有什么杂质,从炼油厂出来马上可以用,不需要再作任何处理;而含灰分油则有相当量的灰分,这种油在燃气轮机中使用前必须作相应处理。

① 汽油,是质量非常好的油,燃烧性能很好,粘度很低,但润滑性不好,同时闪点低,挥发性好,在安全上需要注意。汽油的辛烷值是汽油抗爆震的指标。

② 煤油,与汽油相比,馏程温度范围较大,体积较大,但润滑性好。蒸气压力低,在高空时由蒸发引起的损失较少,正是这一点使得航空燃气轮机使用煤油而不是汽油。

③ 柴油,比煤油、轻挥发油重些,适合于柴油机的特定要求(主要是十六烷值)。最常用的是二号柴油。

④ 重馏分油,常常是炼油厂的副产品,基本上不含灰分,但粘度高,难以雾化,在输送过程中要求加热。

⑤ 重油(含灰分油),这种油含有相当数量的灰分,较重,便宜,粘度非常高。

4.3 工业燃气轮机使用的燃料

4.3.1 气体燃料

通常可根据燃料的发热量将可燃气体分为高热值燃料(>15.07 MJ/Nm³)、中热值燃料($6.28\sim15.07$ MJ/Nm³)和低热值燃料(<6.28 MJ/Nm³)。经验表明,燃气轮机使用的气体

燃料热值范围为 $12.2\sim116$ MJ/Nm³。高热值气体燃料的主要成分是易挥发的碳氢化合物和少量的惰性气体,这是燃气轮机最佳的清洁燃料,主要包括天然气、液化石油气等。

中热值气体燃料主要指煤制气和工艺气,成分有 CO、H_2 和 CH_4,在生产过程中有明显的焦油沉积,使用时要注意清洁。

低热值燃料的主要成分是 CO 和 H_2,还有相当量的惰性气体(N_2 和 CO_2),通常是吹入空气对煤气化得到,一般要经脱硫处理。

表 4-4 和表 4-5 分别给出了普通气体燃料的成分和典型特性参数。

表 4-4　普通气体燃料的成分(体积百分比)

%

组　分	天然气	低热值煤气	高热值煤气	高炉煤气
CH_4	$75\sim97$	$0.5\sim4.5$	$20\sim35$	—
碳氢化合物	$2\sim20$	—	$2\sim4$	—
H_2	—	$12\sim16$	$40\sim55$	$1\sim4$
CO	—	$2\sim32$	$5\sim15$	$25\sim30$
N_2	$1\sim16$	$30\sim55$	$4\sim11$	$55\sim60$
CO_2	<3	$0.5\sim10$	$2\sim4$	$8\sim16$

表 4-5　普通气体燃料的典型特性参数

特　性	天然气	低热值煤气	高热值煤气	高炉煤气
热值/(MJ·Nm⁻³)	$35.9\sim42.9$	$4.2\sim6.1$	$18.4\sim26$	$3.3\sim3.81$
相对密度	$0.58\sim0.72$	$0.8\sim0.92$	$0.41\sim0.48$	$0.95\sim1.05$

燃气轮机在使用气体燃料时应注意如下几方面的问题:

① 液滴(包括水滴、液态烃)的存在会引起火焰温度剧烈下降而熄火;

② 固态颗粒阻塞燃料喷嘴,引起温度分布不均匀,甚至产生局部烧蚀;

③ 稳定的热值保证稳定燃烧;

④ 硫和微量碱金属对热通道有腐蚀作用;

⑤ 如供气压力不符合要求,将使燃烧不稳定,甚至烧坏部件。

为保证燃气轮机的正常运行,对气体燃料的性质、含杂质量、供气压力等都进行了一般的规定,而不同燃气轮机制造厂又对各厂产品适用的气体燃料做出了更具体或更严格的规定。

4.3.2　液体燃料

现代工业燃气轮机使用的液体燃料主要包括柴油、重油等,在工业燃气轮机中使用重油是有前途的,包括使用便宜的、质量差的渣油以及在产油国或产油地等少量场合使用原油。

重油是一种总称,所谓重油可以是以下几种之一:

① 渣油:这是最脏最重的、提炼过其他燃油剩下的;

② 原油(crude oil),其中包括轻馏分,没有提炼过,杂质也较多,但比渣油好些;

③ 混合油,可以是渣油混合了部分柴油形成的,例如我国的远洋货轮油。

我国商品重油有 4 种牌号:20、60、100 和 200 号重油,它们实质上是由原油加工后的各种残渣油和一部分轻油配制而成的混合物。每种重油按照它在 50 ℃时的恩氏粘度来定名,例如 20 号重油在 50 ℃时恩氏粘度不低于 20。应当注意,这些重油并没有规定严格的规格,所以质量难以保证。

我国商品重油的主要成分是残渣油,其化学组成与所用的原油有很大关系。其碳氢化合物主要是烷烃、烯烃和芳香烃。在重油中含灰分、水分、硫分、机械杂质比较多。重油粘度越大,含碳量越高,含氢则越低。重油中含硫危害很大,我国大多数油田中含硫量不算高。重油含水多,不仅会使热值降低,而且水分气化会影响供油设备的正常运行和火焰的稳定性。所以,在储油罐中用自然沉淀法使油水分离并加以排除。重油掺水乳化是一种改善燃烧的手段。

原油经过多次蒸馏,沸点低、相对分子质量较低的成分都已经提炼为汽油、煤油和柴油,剩下的渣油组分中,分子结构复杂,粘度大,沸点高,而且含灰分、微量金属、硫等。尽管渣油的价格比汽油、煤油、柴油等便宜很多,但是,燃用渣油会带来一系列使用、维护困难,如结焦、积碳、结垢、腐蚀下游部件等。其中最严重的是喷嘴、旋流器、火焰筒积碳,燃气轮叶片结垢、腐蚀等,排气中含硫化物。为了消除或减轻这些问题,应采取以下措施:

① 对燃烧用的原油、渣油预先处理,主要是水洗除盐。用软化水清除溶于水的钠(Na)、钾(K)、钙(Ca)盐及添加防腐剂,防止钒(V)、铅(Pb)等不溶于水的盐在高温下腐蚀火焰筒及涡轮叶片。使用前必须对原油、渣油进行沉淀及过滤。

② 燃油预热,使粘度降低到 0.2×10^{-6} m²/s 以下,一般预热温度为 100～120 ℃。

③ 采用空气雾化喷嘴,使得低负荷下,原油、渣油的雾滴直径小于 100 μm,在火焰筒中不容易发生积碳或结焦。

④ 使用优质材料制造喷嘴以抗腐蚀。如经过硼化处理的不锈耐酸钢 3Cr13,火焰筒内表面喷涂防腐涂层。

⑤ 恰当地分配火焰筒进气量,使主燃区的余气系数 $\alpha = 1.66～2.25$,当量比 $\Phi = 0.44～0.6$。主燃区火焰燃烧温度控制在 1 500～1 800 K 之间。这样做的好处是主燃区燃料燃烧充分,火焰筒壁温不致过高,减轻主燃区燃料的热分解,尤其是降低排气污染。

⑥ 重油、渣油的挥发性差,油滴燃尽的时间长,为了保证燃烧完全度,应当延长油滴在火焰筒内的停留时间,火焰筒应当加长。为了减小流阻,应适当降低气流速度,火焰筒的横截面积适当增加。

⑦ 设计火焰筒壁面冷却结构时,把壁温控制在低负荷状态 $T_w > 400～450$ ℃,高负荷状态 $T_w < 750～850$ ℃,以保证在各种状态下壁面的积碳、结焦都能迅速烧掉。

在燃气轮机中使用重油时值得注意的问题有:

① 燃烧本身的问题是燃烧不完全、点火较困难、冒烟、燃料喷嘴和火焰筒壁积碳。如果空气流动布局好,燃料雾化(采用空气雾化)好,则适当增加停留时间可以解决燃烧不完全的问题。

② 重油都是加温使用的,在油表面上方将出现油蒸气。油温越高,其表面的油蒸气浓度越大,当浓度大到一定值后,遇到点火小火焰即可发生闪火现象,这个油温就是闪点。所以从安全角度考虑,在储油罐中油的加热温度必须严格控制在闪点以下,以防发生火灾。

③ 重油粘度高是其基本特点,这对输送和雾化影响很大。重油粘度随温度的升高而降低,所以应根据油料在不同管段选取适当的加热温度。我国石油多是石蜡基石油,含蜡多,粘度大,所以我国重油粘度也大,凝点在 30 ℃以上,常温下大多数重油处于固体状态。为了输送

在泵前重油粘度不超过 30～40°E(恩氏粘度),这对 200 号重油大致相当于温度 75 ℃。在喷嘴前希望恩氏粘度在 2.5～3.5°E(对于压力雾化喷嘴),这相当于 200 号重油加热到 110～120 ℃。

④ 轻质燃油一般容易掺混,但重油并不都能掺混使用。不同来源的重油其化学安定性也不同,如果掺混使用,有时会出现沥青、含蜡物质等固体沉淀或胶状凝固物,造成输油管路阻塞。单独用直馏法所剩渣油配制的重油,其掺混性好,且不同牌号的重油可混合使用。由裂解法所剩渣油配制的重油,在混合使用前必须做掺混试验。

⑤ 燃烧产物会带来沉积、腐蚀、浸蚀和污染等问题。特别是在使用便宜的渣油时,对其中所含的过量杂质必须经过处理。从经济上说,必须在渣油成本加上处理费用再加上由于设备损坏、维修费用增加和维护人员费用增加之后与采用优质油相比仍为经济时,才是可行的。

工业燃气轮机上常用液体燃料的一些性质分别如表 4-6 和表 4-7 所列。

表 4-6　液体燃料的主要性质(与喷雾有关的)

种类	代号	凝点/℃	密度/ (g·cm^{-3})	表面张力/ (10^{-3}N·m^{-1})	运动粘度/ (mm^2·s^{-1})	灰分质量 分数	硫含量 质量分数	机械杂质 质量分数	应用范围
轻柴油	10 号	10	0.82～0.89 (实测)	20 ℃, 29.4	20 ℃, 3.0～8.0	0.01～0.02	0.2～1.0	无	中小型锅炉,工业炉主要燃料,大型电厂炉的点火枪用油,高速采油机,燃气轮机
	0 号	0			—				
	-20 号	-20			20 ℃, 2.5～8.0				
	-35 号	-35			—				
	-50 号	-50			20 ℃, 1.8～7.0				
重柴油	10 号	—	0.83～0.89 (实测)	20 ℃, 29.4	50 ℃, 13.5	0.04	0.5	0.1	中、低速柴油机,电厂锅炉燃料
	20 号	—			50 ℃, 20.5	0.06	0.5	0.1	
	30 号	—			50 ℃, 36.2	0.08	1.2	0.5	
重油	20 号	15	0.90～1.0	20 ℃, 30.8	80 ℃, 20	↑ 0.3 ↓	1.0	1.5	用于 30 kg/h 燃油炉以上的中等功率锅炉,工业炉,大型工业炉及锅炉,与炼油厂直通锅炉及燃气轮机
	60 号	20			80 ℃, 60	1.5	2.0	
	100 号	25			80 ℃, 100	2.0	2.5	
	200 号	36			80 ℃, 200	3.0	2.5	
醇类燃料	甲醇	-97.8	0.791 5	—	20 ℃, 1.20	无	无	无	内燃机代用燃料,燃机试用
	乙醇	-117.9	0.789 3	—					

表 4-7　各种燃油的闪点和自燃温度

燃 料	汽 油	煤 油	柴 油	重 油	渣 油	原 油
闪点/℃	<-20	28~35	50~80（开口）	80~200（开口）	200~300（开口）	28~50（开口）
自燃温度/℃	415~430	—	350~380	300~350	230~270	380~530

1984 年颁发的《ISO 推荐燃气轮机燃油规范》(ISO/DP 4261.2)，其中包括了柴油及柴油与其他油混合的燃油规范(见表 4-8)，它的要求是相当严格的。这是由于柴油的性能指标变化范围很大，为了保证燃气轮机具有良好的性能和长期工作的可靠性，必须有统一的规定。

表 4-8　ISO 推荐燃气轮机的燃油规格(ISO/DP 4261.2)

序 号	名 称		DST-0	DST-1	DST-2	ZXT-3	RXT-4
	说 明		粗汽油、宽馏分煤油及其他低闪点烃类燃料	煤油型、低闪点、烃类燃料	柴油型、低闪点、烃类燃料	低灰分重柴油或渣油和柴油混合物	重油、原油或渣油燃料
1	闪点/℃(最小)		—	38	陆用 55 海用 60	陆用 55 海用 60	60
2	运动粘度/$(mm^2 \cdot s^{-1})$	40 ℃最小	—	1.3	1.3	1.3	—
		40 ℃最大	—	2.4	5.5	20.0	—
		100 ℃最大	—	—	—	—	55
3	密度/$(kg \cdot m^{-3})$ (15 ℃,最大)		实测	实测	900	900	995
4	馏程 90%点/℃(最大)		288	288	365	—	—
5	低温性要求			冰点不高于-30 ℃	可按浊点、过炉点实测	55 ℃下可以泵送	55 ℃下可以泵送
6	残碳/%(指 10%残留物中,最大)		0.15	0.15	0.35	1.5（指全部燃料）	实测
7	灰分/%(最大)		0.01	0.01	0.01	0.03	0.15
8	水分/(%体积)(最大)		0.05	0.05	0.05	0.50	1.0
9	沉淀物/(%重量)(最大)		0.01	0.01	0.01	0.05	0.25
10	硫含量/%(最大)		0.5	0.5	1.3	2.0	4.5
11	铜片试验(级)(最大)		1	1	1	—	—
12	热值/$(MJ \cdot kg^{-1})$(最小)		实测	42.8	41.6	40.0	39.4
13	微量金属质量分数/$(mg \cdot kg^{-1})$	钒	0.5	0.5	0.5	0.5	与涡轮制造者商定
		钠+钾	0.5	0.5	0.5	0.5	
		钙	0.5	0.5	0.5	0.5	
		铅	0.5	0.5	0.5	0.5	

我国制定的燃气轮机燃料标准与 ISO 的基本一致。但是，不同原油产地供给的国产柴油

理化参数差别很大,其中微量金属(钒、钠、钾等)含量远高于 ISO 的规定,多数油田的柴油中钒单位质量含量<1 mg/kg(ISO 的钒单位质量含量<0.5 mg/kg);钠、钾单位质量含量分别<5 mg/kg(ISO 的钠+钾单位质量含量<0.5 mg/kg)。加上其他参数也有差别,致使引进机组烧国产柴油的故障率高,许多电站只好烧进口柴油。

4.4　着火及可燃极限

燃烧过程是发光放热的化学反应过程,一般包括着火阶段、稳定燃烧阶段及熄火阶段 3 个过程。着火是这样一个过程,使燃烧过程开始,并且通常包括将热量传至一种可燃混合物,以使混合物升至可以发生自持的化学反应的温度,即反应可以在点火源移开后仍能继续进行。假如对混合物的传热速率足够高,或者引入了足够数量的活化分子,可以使反应等温地开始进行,点火就可以发生。在燃烧阶段中,反应进行得很快,并发出强烈的光和热,形成火焰。熄火阶段是由强烈放热反应状态向无反应状态过渡的阶段。着火是燃烧的准备阶段,它是一种典型的受化学动力学控制的燃烧现象。着火理论是燃烧理论的重要组成部分。

很早以前,甚至直到现在,人们往往认为着火温度是每一种燃料的固有特性,但是燃烧学告诉我们,着火温度是压力、速度、几何尺寸、燃料-空气比,以及燃料、氧化剂特性的函数,并且存在一个表达着火或熄火条件的函数关系式。一般手册上燃料特性所指的着火温度,只是一定条件下的测量结果。在一定的初始条件或边界条件下,从某一瞬间或某一位置开始,化学反应能自动加速并迅速达到高温状态,这个初始条件或边界条件称为着火条件。临界现象——着火与熄火总是由于高热效应和高活化能的化学反应(动力学)和传热传质(流体流动)之间相互作用引起的。着火与熄火理论或临界现象理论,就是分析流动与化学反应之间的相互作用。

4.4.1　着火的基本概念

燃料和氧化剂混合后,由无化学反应、缓慢的化学反应向稳定的强烈放热状态的过渡过程,最终在某个瞬间、空间中的某个部分出现火焰的现象称为着火。着火过程是化学反应速率出现跃变的临界过程,即化学反应在短时间内从低速状态加速到极高速状态的过程。根据这个定义,爆炸也是一种着火过程。只不过相对于常规的着火过程,爆炸除了反应速率从低速瞬间加速到高速之外,它的反应时间更短而已。因此,在燃烧学中所谓的"着火""自燃""爆炸",其实质都是相同的,只是在不同场合叫法不同而已。

1. 着火的分类

燃烧学上将可燃物的着火方式分为自燃和点燃(强迫点火)两种,而自燃又可分为热自燃着火(或热自燃)和链式反应自燃着火(或称链式自燃)。

热自燃:可燃物和氧化剂的混合物由于本身氧化反应放热大于散热,或由于外部热源均匀加热,温度不断升高导致化学反应不断自动加速,积累更多能量,最终导致自动着火(此时着火发生在混合物的整个容积内),这种着火方式称为热自燃。大多数气体燃料着火的特性都符合热自燃的特征。热自燃包括在密闭容器、良好搅拌反应器、柴油机等装置中,由于加热整个系统而引起的热自燃,以及没有外部加热的煤堆或草堆的自燃。

链式自燃:由于某种原因,可燃混合物中存在活化中心,当活化中心产生速率大于销毁速率时,将导致化学反应速率不断加速,最终导致着火。某些低压下着火试验(H_2+O_2,$CO+$

O_2 的着火）和低温下的"冷焰"现象都符合链式着火的特征。

强迫点火：是指由于从外部能源，如电热线圈、电火花、炽热质点、点火火焰等得到能量，使混气的局部范围受到强烈的加热而着火。这时火焰就会在靠近点火源处被引发，然后依靠燃烧波传播到整个可燃混合物中，这种点火方式叫作强迫点火（在火灾或消防行业有时也叫作阴燃）。在实际工程中，强迫点火是各种燃烧装置所采用的主要方式。

这里需要说明的是，上述着火的分类方式并不能十分恰当地反映出 3 种着火方式之间的联系和差别。热自燃和链式自燃都是既有链式化学反应的作用，又有热量的作用，只不过热自燃所需要的热量较多，或者说，热自燃中链式反应程度不如链式自燃强烈而已；而热自燃和强迫点火的差别只是整体加热和局部加热的不同而已，绝不是"自动"和"受迫"的差别。

2. 热自燃与链式自燃的区别与联系

热自燃着火过程与链式自燃着火过程的区别如下：

① 微观机理不同。热自燃着火过程中，传递能量（微观动能）并使化学反应继续进行的载体是系统中所有的反应物分子，而链式自燃着火有效的反应能量只在链载体之间传递。

② 强度不同。热自燃着火通常比链式自燃着火过程强烈得多，这是因为在热自燃着火过程中，系统中的温度整体升高，即系统中所有分子的平均动能整体同步提高，这使得超过活化能的活化分子数按指数规律增加，从而导致整个系统的燃烧反应速率急剧上升。而链式自燃着火过程只是系统中的链载体局部增加、加速繁殖引起的，因此，不能导致所有分子的反应能力都增强，化学反应速率只在局部区域或特定的活化分子之间提高，而不是系统整体的化学反应速率提高。所以，链式自燃着火通常局限在链载体的增殖速率大于销毁速率的区域，而不引起整个系统的温度大幅度增加（如"冷焰"）。但是，如果活化中心能够在整个系统内加速增殖并引起系统能量的整体增加，就可能形成爆炸。

③ 外部条件不同。热自燃着火通常需要良好的保温条件，使得系统中化学反应产生的热量能够逐渐积累，最终引起整个系统温度的升高，从而使化学反应加速。而链式自燃着火一般不需要严格的保温条件，在常温下就能进行，其主要依靠合适的链载体产生的条件，使得链载体的生成率高于销毁率，维持自身的链式反应不断进行，使化学反应自动加速而着火。

但是，不论是热自燃着火还是链式自燃着火，都是在初始较低的化学反应速率下，利用某种方式（保温或保持链载体生成的条件），积累某种可以使化学反应加速的因素（如系统的温度或系统中链载体的数目），从而使化学反应速率实现自动加速，最终形成火焰。

而且在实际的燃烧过程中，不可能有单纯的热自燃着火或单纯的链式自燃着火，相反，往往是同时存在，且相互促进的。一般情况下，在高温时，热自燃着火是着火的主要原因；在低温时，链式自燃着火则是着火的主要原因。

3. 热自燃与强迫点火的区别与联系

强迫点火和热自燃没有本质上的区别，都是热量引起的，只是热量的来源不同。

① 热自燃时，可燃混气由于反应自动加速，使全部可燃混气的温度逐步提高到自燃温度，所以热自燃是在可燃物质的整个空间内进行的。

② 强迫点火时，可燃物质的温度较低，只有很少一部分可燃物质受到高温点火源的加热而反应，而在可燃物质的大部分空间内，其化学反应速率等于零。所以点燃时，着火在局部区域首先发生，然后火焰向可燃物质所在其他区域传播。

③ 可燃混气是否能够点燃成功，不仅取决于局部混气能否着火，而且还取决于火焰能否

在可燃混气内自行传播。所以,点燃问题比自燃问题要复杂得多。目前还没有完善的点燃理论,只有简化理论。

强迫点火除了和热自燃一样,存在着火温度、着火诱导期和着火界限外,还有一个很重要的参数——点火源尺寸。影响点燃过程的因素除了可燃物质的化学性质、浓度、温度和压力外,还有点燃方式、点火源和可燃物质的流动性等,而且后者的影响更为显著。一般来说,点燃温度要比自燃温度高,点燃温度一般在 1 000 ℃以上。

4.4.2　热自燃理论

1. 谢苗诺夫热自燃理论

对于任何反应体系中的可燃混气,一方面它会进行缓慢氧化而放出热量,使体系温度升高;另一方面体系又会通过容器壁向外散热,使体系温度下降。热自燃理论认为,着火是否进行主要由反应放热和散热谁强谁弱来决定:如果反应放热大于散热,体系就会出现热量累积,温度升高,反应加速,以致形成着火;相反,如果散热大于反应放热,则体系温度下降,不能自燃;当释放的热量恰好等于散失的热量时,反应处于慢速氧化状态。

在自然界和实际工程中,热自燃现象是相当复杂的,为了揭示自燃着火的本质,使问题简化,谢苗诺夫热自燃理论认为燃烧是在有限的空间内进行的,其假设条件如下:

① 有一个体积为 V、表面积为 S 的容器,内部充满了温度为 T_0、密度为 ρ_0 的均匀可燃混气。

② 开始时,混气的温度与外界环境温度一样,反应过程中,混气的温度为 T,并且随时间变化。这时,容器内的温度和浓度仍是均匀的(零维模型)。

③ 容器壁的初始温度也为 T_0,在反应过程中始终与混气温度相同。

④ 外界和容器壁之间有对流换热,对流换热系数为 h,它不随温度变化,是个定值。

⑤ 设反应在形成着火前,由于反应速率很低,可不计反应物的浓度因反应而引起的变化,即认为着火时浓度 $\rho_i = \rho_0$。

⑥ 在化学反应中,只有热反应,没有链式反应,化学反应速率遵守阿累尼乌斯定律,且可燃物质的反应热为定值。

热自燃简化模型如图 4-1 所示。化学反应系统的总放(生)热量 Q_r 为

$$Q_r = \dot{q}_r V \tag{4-2}$$

式中:$\dot{q}_r$ 为单位体积化学反应的生热量。根据阿累尼乌斯定律,其表达式为

$$\dot{q}_r = RR(\Delta H_c) = \rho_i^a \rho_o^b A \exp\left(\frac{-E_a}{R_u T}\right)\Delta H_c \tag{4-3}$$

式中:RR 为反应速率;ΔH_c 为单位质量燃料的热值;ρ_i、ρ_o 分别为燃料和氧化剂的密度;a、b 为反应级数;A 为指前因子;E_a 为可燃物质总体反应的活化能。

通过器壁的散热量 Q_1 为

$$Q_1 = hS(T - T_0) \tag{4-4}$$

根据能量守恒定律可知,化学反应所放出的热量,一部分用于加热气体混合物,使反应体系的温度升高;另一部分则通过容器壁传给了环境,系统的热平衡方程为

$$\Delta Q = Q_r - Q_1 \tag{4-5}$$

式中:ΔQ 为系统本身升温热焓的增加量,它可以表示为

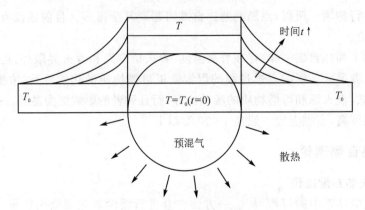

图 4-1　热自燃简化模型

$$\Delta Q = \rho c_V V \frac{\mathrm{d}T}{\mathrm{d}t} \tag{4-6}$$

把式(4-2)、式(4-4)及式(4-6)代入式(4-5),则有

$$\rho c_V V \frac{\mathrm{d}T}{\mathrm{d}t} = \dot{q}_r V - h S(T - T_0) \tag{4-7}$$

或

$$\rho c_V \frac{\mathrm{d}T}{\mathrm{d}t} = \dot{q}_r - \frac{h S}{V}(T - T_0) \tag{4-8}$$

定义单位体积容器壁的散热量为

$$\dot{q}_1 = \frac{h S}{V}(T - T_0) \tag{4-9}$$

则系统的能量方程为

$$\rho c_V \frac{\mathrm{d}T}{\mathrm{d}t} = \dot{q}_r - \dot{q}_1 \tag{4-10}$$

式中:$\dot{q}_r$ 为单位体积混气反应放出的热量,称为生热速率,取决于阿累尼乌斯因子 $\exp(-E_a/R_u T)$,它与温度成指数关系;$\dot{q}_1$ 为单位体积混气向外界散发的热量,称为散热速率,为 T 的线性函数,斜率为 hS/V,初始值为 T_0,它与 T 成线性关系。

　　根据热自燃理论,着火成败取决于生热速率 $\dot{q}_r$ 与散热速率 $\dot{q}_1$ 的相互关系及其随温度增加的性质。分析 $\dot{q}_r$ 和 $\dot{q}_1$ 随温度的变化,就可以得出系统的着火特点,并导出着火的临界条件。将 $\dot{q}_r$ 和 $\dot{q}_1$ 随温度的变化曲线绘在同一幅图上,从图上来讨论着火条件将更直观。从图 4-2 可以看出,$\dot{q}_r$ 曲线与 $\dot{q}_1$ 直线之间有三种可能的关系:第一种关系是 $\dot{q}_r$ 曲线与 $\dot{q}_1$ 直线相交,有两个交点 A 和 C;第二种关系是 $\dot{q}_r$ 曲线与 $\dot{q}_1$ 直线相切,切点为 B;第三种关系是 $\dot{q}_r$ 曲线与 $\dot{q}_1$ 直线无交点。下面将分情况讨论着火发生的可能性。

　　(1) $\dot{q}_r$ 曲线与 $\dot{q}_1$ 直线有两个交点

　　假设系统处于交点 A,当由于偶然原因使温度自 A 点下降时,系统的放热量大于散热量,即 $\dot{q}_r > \dot{q}_1^{\mathrm{I}}$,温度将回升而使系统的工况恢复到 A 点;相反,当系统的工况偶然偏离 A 点而上升时,即 $\dot{q}_r < \dot{q}_1^{\mathrm{I}}$,温度下降,系统工况又恢复到 A 点,所以 A 点所处的状态是一个稳定状态。在这个状态下,反应不可能自行加速,因而不可能导致着火。实际上,A 状态是一个反应速率

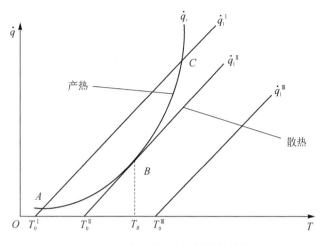

图 4-2　热自燃中的热量平衡关系

很小的缓慢氧化反应工况,由此可见,散热与放热的平衡仅仅是发生着火的必要条件,而不是充分条件。

对于 C 点,当系统的工况偶然偏离 C 点而降低时,即 $\dot{q}_r < \dot{q}_l^{I}$,温度下降,结果系统的工况离 C 点越来越远,最后到达 A 点;反之,当系统工况偶然偏离 C 点而上升时,即 $\dot{q}_r > \dot{q}_l^{I}$,系统温度上升,系统的化学反应越来越剧烈,促使温度进一步上升,最后导致混气着火。所以,C 点是不稳定的。实际上,C 点是不可能出现的,因为 C 点温度很高,而从 A 点到 C 点的过程中放热量一直小于散热量,所以,可燃物质从初温 T_0^{I} 开始逐渐升温到 T_A 后,不可能越过 A 状态自动升温到 T_C,除非有外界强热源向系统提供大量的热量才能使可燃物质从 A 状态过渡到 C 状态。然而,这已经不属于热自燃的范畴了,所以 C 状态是无法达到的。

(2) $\dot{q}_r$ 曲线与 $\dot{q}_l$ 直线无交点

当环境温度 $T_0 = T_0^{III}$ 时,生热曲线 $\dot{q}_r$ 与散热直线 $\dot{q}_l^{III}$ 永不相交,所以,无论在什么温度下,放热量都大于散热量,系统内将不断累积热量,温度不断升高,化学反应不断加速,最后必然导致着火。

(3) $\dot{q}_r$ 曲线与 $\dot{q}_l$ 直线相切

当环境温度 $T_0 = T_0^{II}$ 时,$\dot{q}_r$ 曲线与 $\dot{q}_l^{II}$ 直线相切于 B 点。这种工况是一种临界工况,如果系统工况偏离 B 点而上升,即 $\dot{q}_r > \dot{q}_l^{II}$,则最终导致着火;如果系统工况偏离 B 点而下降,则由于 $\dot{q}_r > \dot{q}_l^{II}$,系统能自动地恢复到 B 状态,因此 B 点的状况是不稳定的。B 点标志着由低温缓慢的反应态到不可能维持这种状态的过渡,产生这种过渡过程的初始条件就是着火条件。所以,称 B 点为热自燃点,T_B 为热自燃温度。对应该反应的初始温度 T_0^{II} 为引起热自燃的最低环境温度。

2. 影响热自燃着火的因素

根据谢苗诺夫热自燃理论,影响生热率和散热率的因素均会影响着火能否产生。由上面的分析发现,着火温度作为着火的评判参数之一,并不是一个常数,它会随着混气的性质、压力(浓度)、环境温度和导热系数等参数变化,即着火温度不仅取决于混气的反应速率,还取决于周围介质的散热速率。

（1）环境温度 T_0 对着火的影响

从图 4-2 可以看出，$\dot{q}_1$ 直线在横坐标上的截距即为环境温度 T_0，也可看出不同环境温度 T_0 对 $\dot{q}_r$ 和 $\dot{q}_1$ 的影响。当其他参数不变时，$\dot{q}_1$ 直线随环境温度的升高向右移动，即朝着 $\dot{q}_r$ 大于 $\dot{q}_1$ 的趋势发展，即更高的初始温度意味着更有利于着火。

（2）散热强度对着火的影响

如图 4-3 所示，当散热系数为 h_1 时，反应系统将稳定在下交点 A 处，即可燃混合物处于低温的氧化区；当换热系数降低到 h_2 时，散热线与放热曲线相切，切点 B 处的条件即为着火临界条件；当换热系数继续降低到 h_3 时，可燃混合物燃烧的生热量永远大于向环境散发的散热量，从而使混合物的温度不断升高，导致高温燃烧区域发生着火，即降低换热系数有利于着火的发生。

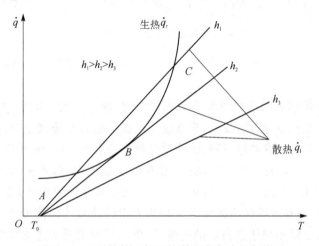

图 4-3　不同换热系数下的谢苗诺夫热平衡关系

（3）压力对着火的影响

如果不改变系统的散热条件，只改变系统的压力，则系统内可燃混气的反应速率将随着压力的增加而增加，即反应系统的生热量将会随着压力的增加而增加，如图 4-4 所示。系统在不同的压力情况下，也存在 $\dot{q}_r$ 曲线与 $\dot{q}_1$ 直线的三种关系。当系统压力低于临界压力时，可燃混气将停留在低温的氧化反应状态；当压力高于临界压力时，系统将产生着火，即燃烧。

可燃混气浓度对着火的影响规律类似于压力的影响。

上面的分析表明：可燃混气的着火温度不仅由可燃物的性质（生热率 $\dot{q}_r$）决定，而且也与周围环境的温度（T_0）、散热条件（散热系数 h）、容器的形状和尺寸（换热面积 S）等因素有关。

3. 着火温度

根据前面讨论的关于着火条件的结论可知，临界点 B 处的初始条件就是着火条件，它所对应的温度 T_B 即为着火温度。热自燃的充分必要条件是：在临界点 B 处，不仅放热量 $\dot{q}_r$ 和散热量 $\dot{q}_1$ 相等，而且两者随温度的变化率也要相等，用数学式表示为

$$\dot{q}_r = \dot{q}_1 \mid_{T=T_B} \tag{4-11}$$

$$\frac{\mathrm{d}\dot{q}_r}{\mathrm{d}T} = \frac{\mathrm{d}\dot{q}_1}{\mathrm{d}T} \mid_{T=T_B} \tag{4-12}$$

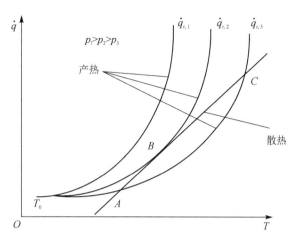

图 4 - 4　不同压力情况下的谢苗诺夫热平衡关系

把式(4 - 3)和式(4 - 9)代入式(4 - 11),得

$$\Delta h_c \left[A\rho_f^a \rho_o^b \exp\left(\frac{-E_a}{R_u T_B}\right) \right] = \frac{hS}{V}(T_B - T_0^{\mathrm{II}}) \tag{4 - 13}$$

把式(4 - 3)和式(4 - 9)代入式(4 - 12),得

$$\Delta h_c \left[A\rho_f^a \rho_o^b \frac{E_a}{R_u T_B^2} \exp\left(\frac{-E_a}{R_u T_B}\right) \right] = \frac{hS}{V} \tag{4 - 14}$$

用式(4 - 13)除以式(4 - 14)消去 $\exp\left(\dfrac{-E_a}{R_u T_B}\right)$ 和 Δh_c 项,得

$$T_B - T_0^{\mathrm{II}} = \frac{R_u T_B^2}{E_a} \tag{4 - 15}$$

或

$$T_B = \frac{E_a}{2R_u} \pm \frac{E_a}{2R_u} \sqrt{1 - 4R_u \frac{T_0^{\mathrm{II}}}{E_a}} \tag{4 - 16a}$$

可以看出,T_B 有两个解。取等号右边两项相加所对应的 T_B 值很高,它位于 $\dot{q}_r$ 曲线的拐点以上。实际上,T_B 不可能如此高,所以可以不予考虑,只取 T_B 较低的值,即

$$T_B = \frac{E_a}{2R_u} - \frac{E_a}{2R_u} \sqrt{1 - 4R_u \frac{T_0^{\mathrm{II}}}{E_a}} \tag{4 - 16b}$$

对于典型碳氢燃料,$E_a/R_u \gg T_0^{\mathrm{II}}$,因此,根号中 $4R_u T_0^{\mathrm{II}}/E_a \ll 1$。把根号中各项按二项式展开,取前三项,则可写为

$$T_B \approx \frac{E_a}{2R_u} - \frac{E_a}{2R_u}\left(1 - 2\frac{R_u T_0^{\mathrm{II}}}{E_a} - 2\frac{R_u T_0^{\mathrm{II} 2}}{E_a^2}\right)$$

$$= T_0^{\mathrm{II}} + \frac{R_u T_0^{\mathrm{II} 2}}{E_a}$$

对于 $E_a/R_u \gg T_0^{\mathrm{II}}$,有

$$T_B = T_0^{\mathrm{II}}$$

例如,取 $E_a = 167.44$ kJ/mol,$R_u = 8.314$ J/(mol·K),$T_0^{\mathrm{II}} = 1\,000$ K,可得

$$T_B - T_0^{\mathrm{II}} \approx 50 \text{ K} \ll T_0^{\mathrm{II}}$$

所以可近似地认为

$$T_B \approx T_0^{\mathrm{II}}$$

即在着火情况下,自燃温度在数量上与给定的环境温度相差不多。在近似计算中不需测量真正的自燃温度,因为测量它比较困难。在实际应用中,常常用 T_0^{II} 近似表示 T_B。

4.4.3 热自燃着火界限

上述的讨论表明,某种可燃物质在一定条件下,对于每个自燃温度 T_B,必然对应有自燃临界压力 p_B,所以可以用 p-T 图来表示热自燃着火界限。

把式(4-15)代入式(4-13),得

$$\Delta h_{\mathrm{c}} \left[A \rho_{\mathrm{f}}^a \rho_{\mathrm{o}}^b \exp\left(\frac{-E_{\mathrm{a}}}{R_{\mathrm{u}} T_B} \right) \right] = \frac{hSR_{\mathrm{u}} T_B^2}{V E_{\mathrm{a}}} \qquad (4-17)$$

对于理想气体,有 $\rho = p/RT$,其中 R 为气体常数,单位为 $\mathrm{J/(kg \cdot K)}$,则

$$\rho_{\mathrm{f}} = \frac{p_{\mathrm{f}}}{R_{\mathrm{f}} T_B} = \frac{\chi_{\mathrm{f}} p_B}{R_{\mathrm{f}} T_B} \qquad (4-18\mathrm{a})$$

式中:χ_{f} 为燃料的摩尔分数;p 为系统总压力;p_{f} 为燃料的分压。

同样,对于氧化剂有

$$\rho_{\mathrm{o}} = \frac{p_{\mathrm{o}}}{R_{\mathrm{o}} T_B} = \frac{\chi_{\mathrm{o}} p_B}{R_{\mathrm{o}} T_B} \qquad (4-18\mathrm{b})$$

式中:p_{o} 为氧化剂的分压;χ_{o} 为氧化剂的摩尔分数。

将式(4-18a)和式(4-18b)代入式(4-17),整理得

$$\frac{\Delta h_{\mathrm{c}} A V}{R_{\mathrm{f}}^a R_{\mathrm{o}}^b R_{\mathrm{u}} T_B^{n+2}} \chi_{\mathrm{f}}^a (1-\chi_{\mathrm{f}})^{n-a} \exp\left(\frac{-E_{\mathrm{a}}}{R_{\mathrm{u}} T_B} \right) p_B^n = \frac{hS}{E_{\mathrm{a}}} \qquad (4-19\mathrm{a})$$

或

$$\frac{p_B^n}{T_B^{n+2}} = \frac{hSR_{\mathrm{f}}^a R_{\mathrm{o}}^b R_{\mathrm{u}} \exp\left(\frac{E_{\mathrm{a}}}{R_{\mathrm{u}} T_B} \right)}{\Delta h_{\mathrm{c}} A V \chi_{\mathrm{f}}^a (1-\chi_{\mathrm{f}})^{n-a} E_{\mathrm{a}}} \qquad (4-19\mathrm{b})$$

式中:n 为反应级数,$n = a + b$。

将式(4-19b)两边取对数,得

$$\ln \frac{p_B}{T_B^{\frac{n+2}{n}}} = \frac{1}{n} \ln \frac{hSR_{\mathrm{f}}^a R_{\mathrm{o}}^b R_{\mathrm{u}}}{\Delta h_{\mathrm{c}} A V \chi_{\mathrm{f}}^a (1-\chi_{\mathrm{f}})^{n-a} E_{\mathrm{a}}} + \frac{E_{\mathrm{a}}}{n R_{\mathrm{u}} T_B} \qquad (4-20)$$

该式称为谢苗诺夫方程。如果令

$$K = \frac{E_{\mathrm{a}}}{n R_{\mathrm{u}}} \qquad (4-21\mathrm{a})$$

$$B = \frac{1}{n} \ln \frac{hSR_{\mathrm{f}}^a R_{\mathrm{o}}^b R_{\mathrm{u}}}{\Delta h_{\mathrm{c}} A V \chi_{\mathrm{f}}^a (1-\chi_{\mathrm{f}})^{n-a} E_{\mathrm{a}}} \qquad (4-21\mathrm{b})$$

则

$$\ln \frac{p_B}{T_B^{\frac{n+2}{n}}} = K \frac{1}{T_B} + B \qquad (4-21\mathrm{c})$$

以 $\ln\dfrac{p_B}{T_B^{\frac{n+2}{n}}}$ 为纵坐标,以 $\dfrac{1}{T_B}$ 为横坐标,可得到一条斜率为 $\dfrac{E_a}{nR_u}$ 的直线,如图 4 - 5 所示。

由于斜率 $K = \dfrac{E_a}{nR_u}$,因此谢苗诺夫方程为测量反应活化能提供了一种简单方法。

如果 h、S、Δh_c、V、A 和 χ_f 为已知,那么也可在图上得到方程(4 - 20)中 p_B 与 T_B 的关系曲线,以界定能够着火和不能着火的状态,如图 4 - 6 所示。从图 4 - 6 中可以看出,临界温度 T_B 是临界压力的强函数。在低压区时,自燃着火温度很高;反之,在高压区时,自燃着火温度很低。

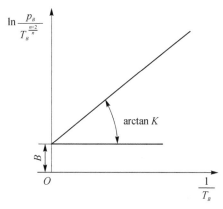

图 4 - 5 临界压力与温度的关系

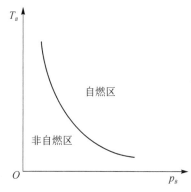

图 4 - 6 热自燃界限

同理,若保持总压力不变,由方程(4 - 19b)可得到自燃着火温度 T_B 和可燃气体浓度 χ_f 的函数关系,如图 4 - 7(a)所示;如果保持着火温度不变,由方程(4 - 19b)同样可得到自燃着火压力 p_B 和可燃气体浓度 χ_f 之间的关系,如图 4 - 7(b)所示。

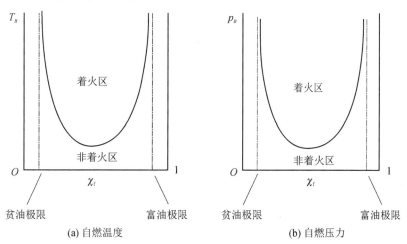

(a) 自燃温度

(b) 自燃压力

图 4 - 7 自燃温度和自燃压力与可燃气浓度的关系

由图 4 - 7 可以看出,自燃着火存在一定的界限,超过界限就不能着火。这些界限包括浓度界限、温度界限和压力界限等。

(1)浓度界限

在压力或温度保持不变的条件下,可燃物存在着火的上限和下限,即富油极限和贫油极限。如果体系中可燃物的浓度太大或太小,则不管温度或压力多高,体系都不会着火。

（2）温度界限

图 4 - 7(a)表明,在压力或浓度保持不变的条件下,体系温度低于某一临界值,体系不会着火。也就是说,如果温度低于该临界值,不论压力或浓度多大,系统都不会着火。这一临界温度值就称为该压力下的自燃温度极限。

（3）压力界限

同理,图 4 - 7(b)表明,在温度或浓度保持不变的条件下,体系压力降低,两个极限浓度之间的范围变窄,当压力低于某一个极限值后,任何浓度的混气均不能着火。这一临界压力称为该温度下的自燃压力极限。

4.4.4　强迫点火

强迫点火也叫点燃。除了柴油机以外,大多数热机燃烧室都是靠专门的点火装置点燃混气并建立起稳定的燃烧。因此,研究点燃理论对实际燃烧技术具有重要的指导意义。

1. 强迫点火方式

工程上常用的强迫点火方式主要有以下 3 种:

① 炽热物体点火。炽热物体点火可用金属板、柱、丝或球作为电阻,通以电流使其炽热变为炽热物体;也可用耐火砖或陶瓷棒等材料以热辐射方式使其加热并保持高温的方式形成炽热物体。这些炽热物体可用来点燃静止的或低速流动的可燃物质。

② 火焰点火。火焰点火是先用其他方法点燃一小部分易燃的气体燃料以形成一股稳定的小火焰,然后以此作为能源区点燃其他的不易着火的可燃物质。由于火焰点燃的点火能量大,因此它在工业上得到了十分广泛的应用。

③ 电火花点火。电火花点火利用两电极空隙间高压放电产生的火花使部分可燃物质温度升高从而着火。由于电火花点火能量较小,因此通常用来点燃低速流动的易燃的气体燃料。最常见的例子是汽油发动机中预混气内的电火花点火。

综上所述,不论采用哪种点火方式,其基本原理都是可燃物质的局部受到外来高温热源的作用而着火燃烧。

2. 炽热物体点火理论

当用第一种点火方式——炽热物体点火时,假设在点火过程中,炽热物体具有不变的温度 T_w,混气的初始温度为 T_0,且有 $T_w > T_0$。混气先受到高温点火源热边界的加热,因而在边界附近的区域内(即热边界层)混气的化学反应比较显著。如果化学反应产生的热量足够多,除了提供边界层散热以外,还可以使边界层里面的混气继续升温直到着火,则点火就可以实现。设有温度不同的炽热物体置于静止或低速可燃混气中(T_0),则有以下几种可能性:

（1）T_w 温度低于临界温度

温度 T_w 较低,远低于自燃温度,且 $T_w < T_{cr}$,其中,T_{cr} 为某一临界温度,但 $T_w > T_0$。此时,炽热物体与混合可燃气之间由于导热作用交换热量,仅使得靠近炽热点火物体表面附近的薄层内(热边界层)的气体温度升高,导致该层内化学反应速率升高、产热。但是,由于 T_w 较低,化学反应生热量很少,不足以点燃主流中的气体,因此点火不能成功。如图 4 - 8(a)所示,图中实线表示仅仅由炽热物体向混气传热导致其温度上升的温度分布,类似于混气是不可燃气体的情况;虚线表示由于化学反应生热使混气温度升高的实际温度分布。

（2）T_w 温度等于临界温度

当 T_w 继续升高，$T_w = T_{cr}$ 时（见图 4-8(b)），边界层内混气化学反应生热较快，混气温升较高，反映在图中，则实线虚线均上升，且之间所夹的面积将扩大。此时，气体中的温度分布曲线 在物体壁面处与物体壁面垂直，如图中虚线所示，此时气体与固壁间温度梯度为零，即 $(dT/dx)_w = 0$，气体与固壁间无热交换。可以想象此时气体边界层会一点点向混气推进，使混气 T 升高。这是主流着火的临界条件。

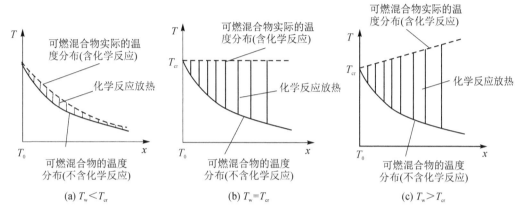

图 4-8 强迫点火时边界层的温度分布

（3）T_w 温度大于临界温度

当炽热物体的温度进一步提高到 $T_w > T_{cr}$ 时（见图 4-8(c)），边界层内的混气化学反应生热更快，混气的温度更高，在热物体边界处的温度梯度大于零，即 $(dT/dx)_w > 0$，此时，高温区将自动向混气传热，使混气的化学反应加速，高温区扩大，最后导致混气的点火。

炽热物体强迫点火理论认为，与混气接触的炽热物体表面的温度达到某一临界值（$T_w = T_{cr}$）时，在边界层里混气的化学反应生热使混气与热物体交界处的温度梯度为零，这时边界层与炽热物体之间没有热交换，只有边界层里的热混气层向冷混气层的热传导。如果炽热体的表面温度超过了该临界温度（$T_w > T_{cr}$），边界层的混气生热足够多，则除了向冷混气层传热以外，还有多余的热量可供进一步提高混气自身温度，直到最后导致混气着火。点火的临界条件就是炽热物体的表面温度达到临界温度，即 $T_w = T_{cr}$ 的情况。

3. 电火花点火

（1）电火花点火的最小点火能量

电火花点火点燃可燃混气的过程为：首先，由电火花加热火花附近的混气，使局部混气着火（电火花使分子电离，产生大量的链载体中间产物对混气的点燃十分有利）；然后，已着火的混气气团向未燃混气进行稳定的火焰传播。与其他强迫点火方式一样，要使火花点火成功，必须具备两个因素：

① 电火花要有足够大的能量，能点燃一定尺寸的混气（形成火球）；

② 这个具有足够能量的火球能稳定地向外界传播而不熄火。

只有满足这两个条件，点火才能成功。电火花点火的试验表明，当电极间隙内的混气压力、温度、混合比一定时，要想形成初始火焰中心（火球），电极能量就必须有一最小值。当放电能量大于此最小值时,初始火焰就能形成。这个必需的放电能量就是所谓的最小点火能量。

所以,最小点火能量定义为能将一个最小混气团点着,并能使这个混气团的火焰在主燃区传播所需的火花能量。可燃混气的混合比、压力、初温等都不同程度地影响着最小点火能量。图 4-9 给出了最小点火能量 E_{min} 与当量比的关系,其中横坐标为当量比,当量比为 1 时最小点火能量最小。

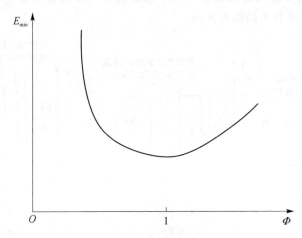

图 4-9　最小点火能量与当量比的关系

关于最小点火能量的半经验公式为

$$E_{min} = \frac{1}{3}\pi d^2 \left(\frac{\lambda}{S_L}\right)(T_b - T_0)$$

式中:πd^2 为起始火焰球面火焰微团的表面积;d 为火焰传播的临界直径,这里认为它等于淬熄距离;λ 为未燃混气的导热系数;S_L 为层流火焰传播速度;T_b 为已燃气体的温度;T_0 为未燃气体的温度。

(2) 淬熄距离

在上面的分析中,我们提到一个淬熄距离的概念,下面将解释什么叫淬熄距离。根据电火花点火的条件可知,要想点火成功,除了点火源要有足够的能量外,还必须保证点燃的火焰可以向外界传播。那么,在传播过程中,当充满可燃混气容器管径或容器尺寸小到某个临界值时,火焰便不能传播,这个临界管径就叫淬熄距离 d_q。影响淬熄距离的因素包括可燃混气的成分、性质、压力及温度等。图 4-10 给出了淬熄距离随不同参数的变化规律。

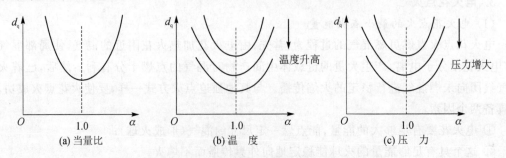

图 4-10　淬熄距离随当量比、温度和压力的变化规律

淬熄距离可以用热理论和链锁理论给出合理的解释:

①　如果用热理论来解释：当管径小于淬熄距离时，火焰单位容积的表面积将增大，那么通过管壁的散热量增大，此时生热量不足以抵消容器的散热量，所以火焰不能传播。

②　如果用链锁理论来解释：当管径小于淬熄距离时，火焰传播时活性中间产物碰壁销毁的概率增大，所以反应变慢，生热量变小，最终导致火焰熄灭。

在工程中，也有利用淬熄距离的实例，如在环管型或单管型燃烧室中，联焰管的尺寸就必须大于淬熄距离；相反，在防火装置中，防火网网眼的尺寸则要小于淬熄距离。

4.4.5　熄　火

前面分析可燃混气的着火过程时，假设混气浓度不变。而实际上，燃料一旦着火，其浓度必然下降，这时，如果外界条件恶化，或者燃烧装置里的混气流速增大，燃烧就可能无法进行，最终导致熄火。与分析着火自燃条件相似，我们讨论生热曲线 $\dot{q}_r$ 与散热曲线 $\dot{q}_1$ 的相互关系，同样也有 3 种类型的趋势变化，如图 4 - 11(a)所示。

当初温为 T_0 时，散热曲线 $\dot{q}_1$ 与生热曲线 $\dot{q}_r$ 有 3 个交点(分别为 1、2、3)，其中交点 2、3 代表的工况是稳定的；而交点 1 代表的工况是不稳定的。当系统在交点 1 工作时，如果受到干扰，则温度降低，因为散热大于生热，所以温度会继续降低，直到交点 2 才能保持稳定；如果受到干扰使温度上升，则生热大于散热，这时温度继续上升，直到交点 3 才能保持稳定。所以，交点 2 的温度较低，它只是缓慢地氧化，实际上没有燃烧，只有交点 3 是稳定的燃烧。

如果初温增加，散热曲线 $\dot{q}_1$ 右移，当初温增加到 T_{0B} 时，生热曲线 $\dot{q}_r$ 与散热曲线 $\dot{q}_1$ 有一个切点 B 和一个交点 4，切点 B 与以前的着火临界情况一样，若这时系统中受到干扰使温度上升一点，就会使工况转向燃烧工况 4，这就是由热自燃到稳定燃烧的转变。当系统已经稳定燃烧时，如果可燃混气温度降低，散热曲线 $\dot{q}_1$ 左移，这时系统仍能稳定燃烧。

如果当初温减小到 T_{0C} 时，生热曲线 $\dot{q}_r$ 与散热曲线 $\dot{q}_1$ 相切于 C 点，如果系统稍有扰动使温度升高，则因散热 $\dot{q}_1$ 大于生热 $\dot{q}_r$，所以会使温度下降直到 $\dot{q}_r = \dot{q}_1$，回到 C 点；如果扰动使温度下降，则因散热 $\dot{q}_1$ 大于生热 $\dot{q}_r$，所以会使系统温度不断下降，直到 $\dot{q}_r = \dot{q}_1$，这时系统的温度很低，混气只能缓慢氧化而没有燃烧，亦即熄火。因此，切点 C 代表熄火的临界工况，在这一点上系统会由燃烧转变为熄火。

根据以上分析可知，增加初温会使稳态生热率增大，燃烧系统容易着火；相反，减小初温会使稳态生热率减小，系统容易熄火。

同样，火焰在燃烧区域的停留时间和生热量对熄火都有一定的影响。图 4 - 11(b)中的曲线表示混气在燃烧室里停留时间 τ_T 或燃烧所需时间 τ_R 对生热曲线 $\dot{q}_r$ 的影响。当 τ_T 增加时，燃烧接近完善，因而生热量增加，$\dot{q}_r$ 曲线左移；或 τ_R 减小，也会导致 $\dot{q}_r$ 曲线左移，也就是说，延长混气在燃烧室的停留时间，或者缩短反应需要时间，都会使生热率增大，燃烧系统容易着火；相反，如果缩短停留时间或加长反应需要时间，则会使生热率减小，燃烧系统容易熄火。

图 4 - 11(c)中的曲线表示散热系数 h 对散热 $\dot{q}_1$ 的影响，当 h 增大时，$\dot{q}_1$ 的斜率增大，容易产生熄火。

由以上分析可知，燃烧系统的熄火比着火要在更加不利的条件下才会发生，即熄火过程带有滞后性。出现这种滞后现象的原因是：着火是在较低的温度下进行的，而熄火是在更高温度下进行的(这可以根据各自的初始条件分析，着火时对应初始条件差，即着火初始温度要求高；而熄火时，对应初始温度较低，初始条件相对较好，即要求低)，亦即着火时初温、停留时间(与

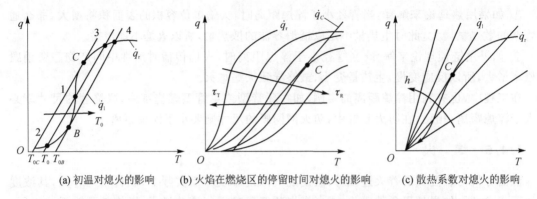

(a) 初温对熄火的影响　　　　(b) 火焰在燃烧区的停留时间对熄火的影响　　　　(c) 散热系数对熄火的影响

图 4-11　初温、火焰在燃烧区的停留时间以及散热系数对熄火的影响

流速有关)均要大于熄火时的,而其散热要小于熄火时的。

总之,混气的初温、浓度、流速和混气性质对混气的着火和熄火都有影响。初温较高、浓度接近于化学恰当比、混气流速低或活化能小均会使着火过程容易实现,亦即有利于稳定燃烧;而熄火则发生在初温较低(比着火温度低)、浓度偏离化学恰当比、流速较高的情况下。

4.5　层流预混火焰

根据燃料与氧化剂之间是否预先混合,可将燃烧分为预混燃烧和扩散燃烧。在实际应用中,也可以通过混合时间和反应时间所占比例来区分预混燃烧和扩散燃烧两种燃烧类型。

将燃料燃烧所需要的时间用 τ 表示,燃烧反应时间包括燃料和氧化剂的混合时间 τ_m 和燃烧时间 τ_r,即 $\tau = \tau_m + \tau_r$。如果 $\tau_m \ll \tau_r$,即 $\tau \approx \tau_r$,也就是说,燃料和氧化剂的混合过程进行得很快,燃烧的快慢主要取决于化学反应速率,而与混合扩散过程关系不大,我们将这种燃烧称为预混燃烧或动力燃烧;相反,如果 $\tau_m \gg \tau_r$,即 $\tau \approx \tau_m$,则表明化学反应进行得很快,燃烧的快慢主要取决于混合扩散速率,而与化学反应速率关系不大。由于混合过程是通过分子扩散或气团扩散完成的,因此这类燃烧称为扩散燃烧。扩散燃烧和预混燃烧是燃烧过程的两个极限情况,如果燃料和氧化剂的混合时间和燃烧时间相当,即燃料的燃烧既与化学动力学因素有关,也与混合过程有关,则这种燃烧被称为动力-扩散燃烧。

同时,无论是预混燃烧还是扩散燃烧,都可以根据流体流动是层流还是湍流来进一步分为层流预混燃烧、湍流预混燃烧、层流扩散燃烧和湍流扩散燃烧 4 种燃烧类型。在实际的工程燃烧设备中,都是采用湍流燃烧。但是,由于在层流气流中火焰传播的速率是可燃预混气体的基本物理化学特性参数,且层流火焰传播速率与湍流火焰传播速率密切相关,故它是了解湍流中火焰传播的基础,也是探求燃烧过程机理的基础。因此,有必要先讨论层流预混火焰的传播规律。

4.5.1　一维层流预混火焰模型

所谓火焰,指的是温度和浓度发生剧烈变化的,有反应和传热传质的薄层区域。层流预混火焰中由冷端到热端,燃料和氧浓度变为零,燃烧产物浓度和温度成为最大值。火焰传播是靠高温燃烧产物通过导热不断使相邻的新鲜混合气体升温、着火、燃烧。导热和反应是支配火焰传播的两个重要因素。

关于层流预混火焰传播机理目前主要有热理论和扩散理论两种解释。热理论认为：火焰中化学反应主要是由于热量的导入使分子热活化而引起的，所以，化学反应区（火焰前锋）在空间中的移动将取决于从反应区向新鲜预混气体传热的热导率。虽然热理论并不否认火焰中有链载体的存在和扩散，但是该理论认为决定化学反应快慢的主要因素是热量的传递。而扩散理论则认为：自反应区的链载体向新鲜预混气体的扩散是控制层流预混火焰传播的主要因素。但是，无论哪种理论，在建立火焰传播模型时，它们的控制方程形式都是一样的。苏联科学家泽尔道维奇（1938）及其同事弗兰克-卡门涅茨基（1940）、谢苗诺夫（1951）等人在补充前人研究成果的基础上，提出的层流火焰传播热理论被认为是目前较完善的火焰传播理论。

因为一维层流预混火焰在预混燃料-氧化剂混合物中的传播是最简单的，所以我们用泽尔道维奇理论来研究一维层流预混火焰的基本机理，该理论的假设条件如下：

① 火焰前锋在一绝热管内以速度 v_n 稳定传播（一维）；

② 火焰前锋为平面形状，且与管轴线垂直（即忽略粘性力）；

③ 燃烧过程中，系统压力和物质的量、混合物的比定压热容 c_p 和导热系数 λ 保持不变，且路易斯数 $Le = 1$；

④ 将火焰前锋（厚度为 δ）分为两个区域，即预热区 δ_{PH} 和反应区 δ_R，在预热区内忽略化学反应的影响，在化学反应区忽略混气本身热焓的增加（即认为着火温度与绝热火焰温度近似相等）；

⑤ 火焰传播取决于反应区放热及其向新鲜混气的热传导。

根据泽尔道维奇理论，一维层流预混火焰结构大体如图 4-12 所示。因为火焰前锋的厚度很小，但温度和浓度的变化却很大，所以在火焰前锋中存在很大的浓度梯度及温度梯度，这就引起了火焰中强烈的热传导和物质扩散。由此可见，在火焰中分子的迁移不仅有强迫对流的作用，而且还有扩散的作用。热量的迁移不仅有对流的因素，也有导热的因素。所以，预混可燃混气的燃烧不仅受化学动力控制，还受扩散作用的控制。

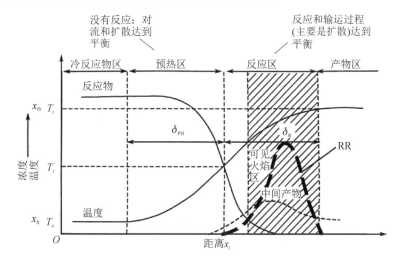

图 4-12 一维层流预混火焰结构

以上分析表明，火焰前锋在预混气中的传播主要是由于反应区放出的热量不断向新鲜混气中传播，且新鲜混气不断向反应区中扩散的结果。

4.5.2 层流预混火焰传播速度

描述一维预混层流火焰的方程组是:压力为常数的条件下的质量守恒方程、能量守恒方程、组分守恒方程以及理想气体状态方程。

质量守恒方程为

$$\rho v = \rho_u v_u = \rho_u S_L \tag{4-22}$$

能量守恒方程为

$$\rho v \left[dh_{sensible}/dx \right] - d\left[\rho D (dh_{sensible}/dx) \right]/dx = RR(-\Delta H_R) \tag{4-23}$$

式中:ρ_u、v_u 分别为未燃混气来流的密度、速度;S_L 为层流火焰的传播速度(下标"L"是层流(Laminar Flow)英文的首字母);ΔH_R 为化学反应热。

只要求解能量方程,加上适当的边界条件,就可以完全决定火焰的结构和速度。

下面求解能量方程,由于 $Le=1$,$\rho D = \lambda/c_p$,对于理想气体,$dh = c_p(T)d(T)$

$$dh/dx = (dh/dT)(dT/dx) = c_p(dT/dx)$$

方程(4-23)可以写成

$$\rho v c_p (dT/dx) - d(\lambda dT/dx)/dx = RR(-\Delta H_R) \tag{4-24}$$

由于 $\rho v =$ 常数,故可以用 $\rho_u v_u = \rho_u S_L$ 代替方程(4-24)中的 ρv,式中 S_L 是我们要求解的层流火焰速度。

方程(4-24)中的边界条件如下:

对于 $x = -\infty$(未燃烧气体),

$$T = T_u, \quad dT/dx = 0$$

对于 $x = +\infty$(平衡时已燃气体),

$$T = T_b, \quad dT/dx = 0$$

为了求解方程(4-24),需要将方程右边的源项表示为温度的函数。假设火焰中发生的化学反应可以用一步、不可逆、总的反应形式表示,即

$$1 \text{ kg 燃料} + f \text{ kg } O_2 \longrightarrow (1+f) \text{kg 产物}$$

其反应速率可表示为

$$RR = A \rho_{fuel}^a \rho_{O_2}^b \exp(-E_a/R_u T) \tag{4-25}$$

式中:a、b 分别是燃料和氧的总的反应级数;E_a 是反应总的活化能。由于源项与温度成指数关系,方程(4-24)是非线性、非齐次常微分方程,如不作进一步简化,就不能得到分析解。为了获得分析解,需要对问题作进一步简化。采用如图4-12所示的火焰结构。

假设火焰由两个区组成:预热区,其中无反应,对流与扩散通量是平衡的;反应区,其中反应通过输运是平衡的。

在预热区,假设 $RR=0$,于是方程(4-24)变成

$$\rho_u v_u c_p (dT/dx) - d(\lambda dT/dx)/dx = 0 \tag{4-26}$$

假设 $c_p =$ 常数 $= \bar{c}_p$,对方程积分得

$$\rho_u v_u \bar{c}_p T - \lambda (dT/dx) = const$$

由气体冷边界条件,$T = T_u$ 以及 $dT/dx = 0$,可估算上式中的常数。

于是,方程(4-26)变为

$$\lambda (dT/dx) = \rho_u v_u \bar{c}_p (T - T_u)$$

$x=x_i$ 处是预热区与反应区之间的边界,因而,

$$\lambda(\mathrm{d}T/\mathrm{d}x)\mid x_i = \rho_u v_u \bar{c}_p (T_i - T_u) \qquad (4-27)$$

方程(4-27)的物理解释是:在预热区来自已燃气体的导热通量对未燃气体混合物"预热",将温度从 T_u 提高到 T_i。

在反应区,我们注意到总的活化能 E_a 数值很大,T_i 略低于 T_b。因此,可以假设方程(4-24)中的 $\mathrm{d}T/\mathrm{d}x$ 项比 $\mathrm{d}(\lambda \mathrm{d}T/\mathrm{d}x)/\mathrm{d}x$ 小得多,即能量的对流通量比扩散通量小。于是,方程(4-24)可以写成

$$-\mathrm{d}(\lambda \mathrm{d}T/\mathrm{d}x)/\mathrm{d}x = \mathrm{RR}(\Delta H_R)$$

将上式改写为

$$-[\mathrm{d}(\lambda \mathrm{d}T/\mathrm{d}x)/\mathrm{d}T](\mathrm{d}T/\mathrm{d}x) = \mathrm{RR}(\Delta H_R)$$

或

$$-(\lambda \mathrm{d}T/\mathrm{d}x)\mathrm{d}(\lambda \mathrm{d}T/\mathrm{d}x) = \mathrm{RR}(\Delta H_R)\lambda \mathrm{d}T$$

将以上方程从 $x=x_i(T=T_i; \mathrm{d}T/\mathrm{d}x = \mathrm{d}T/\mathrm{d}x\mid_{x_i})$ 到 $x=+\infty(T=T_b; \mathrm{d}T/\mathrm{d}x = 0)$ 积分,

$$\lambda(\mathrm{d}T/\mathrm{d}x)\mid_{x_i} = \left(-2\Delta H \int_{T_i}^{T_b} \lambda \cdot \mathrm{RR} \cdot \mathrm{d}T\right)^{1/2} \qquad (4-28)$$

方程(4-28)的物理解释如下:在反应区流出的,经热传导进入预热区的能量扩散通量等于化学反应释放的热量。

令在 $x=x_i$ 处,来自方程(4-27)和方程(4-28)的热通量相等,于是

$$\rho_u v_u \bar{c}_p (T_i - T_u) = \left[-2\Delta H_R \int_{T_i}^{T_b} \lambda \cdot \mathrm{RR} \cdot \mathrm{d}T\right]^{1/2} \qquad (4-29)$$

由式(4-22)可知,当新鲜混气以层流速度 v_u 流入管内时,流动速度与层流火焰传播速度 S_L 相等才能得到驻定的火焰前锋,此时层流火焰传播速度就是新鲜混气的流动速度,即 $v_u = S_L$。

解方程(4-29),可求出层流火焰传播速度 S_L。注意到温度对反应速率的影响比热传导强得多,因此可以把导热系数 λ 从积分中移出,并用其平均值代替。

$$S_L = \left\{ \frac{\lambda}{\rho_u \bar{c}_p} \left[-\frac{2\Delta H_R}{\rho_u \bar{c}_p (T_i - T_u)} \right] \left(\frac{1}{T_i - T_u} \int_{T_i}^{T_b} \mathrm{RR} \cdot \mathrm{d}T \right) \right\}^{1/2}$$

因为 $\lambda/\rho c_p = D_T =$ 热扩散系数,假设 $T < T_i$,$\mathrm{RR} = 0$,注意到对于典型的碳氢燃料的总的活化能数值大于 160 kJ/mol,T_i 略小于 T_b,于是

$$S_L = \left[-\frac{2\Delta H_R}{\rho_u \bar{c}_p (T_i - T_u)} \bar{D}_T \left(\frac{1}{T_i - T_u} \int_{T_i}^{T_b} \mathrm{RR} \cdot \mathrm{d}T \right) \right]^{1/2} \qquad (4-30)$$

式中: $\left(\dfrac{1}{T_i - T_b} \int_{T_i}^{T_b} \mathrm{RR} \cdot \mathrm{d}T \right)$ 可以看成是反应区中平均反应速率 $\overline{\mathrm{RR}}$。

由图 4-13 所示的火焰面前后总的能量平衡关系得

$$\dot{m}_f(-\Delta h_R) = \dot{m} \bar{c}_p (T_b - T_u)$$

$$\rho_u w_{f,u}(-\Delta h_R) = \rho_u \bar{c}_p (T_b - T_u)$$

或

$$-\Delta h_R / \rho_u \bar{c}_p (T_b - T_u) = 1/w_{f,u}\rho_u$$

将以上关系式代入式(4-30)得

$$S_L = \left[2\left(\frac{\overline{D}_T}{w_{f,u}\rho_u} \right) \overline{RR} \right]^{1/2} \qquad (4-31)$$

式中：$\dot{m}_f$、$\dot{m}$、$w_{f,u}$ 分别为燃料流量、可燃混气的总流量以及燃料在可燃混气中所占的质量分数。

图4-13 火焰面前后总的能量平衡关系

从方程(4-31)可见，层流火焰传播速度 S_L 同时受到扩散输运(通过 D_T)和反应动力学(通过 $\overline{RR}$)的影响。现在，应用方程(4-31)可以了解所观察到的预混层流火焰速度与燃烧参数如化学计量比、压力、反应物温度的关系。也就是说，S_L 是可燃混气的一个物理化学常数。

例4.1 利用简化的预混层流火焰理论估算化学恰当比的丙烷-空气混合物的层流火焰速度。在计算过程中利用总体单步化学反应机理估计平均化学反应速率。假设 $T_b = 2\,260\ \text{K}$ 为绝热火焰温度，$T_u = 300\ \text{K}$，温度在火焰内随 x 轴成线性变化。

解：

由简化的预混层流火焰理论可知：

$$S_L = \left[2\left(\frac{\overline{D}_T}{w_{f,u}\rho_u} \right) \overline{RR} \right]^{1/2}$$

从上式可看出，计算层流火焰速度的关键就是计算 $\overline{D}_T$ 和 $\overline{RR}$。在简化理论中，假设化学反应发生在火焰厚度的后半部分($\delta/2 < x < \delta$)，因而选择该反应区的平均温度来计算化学反应速率：

$$\overline{T} = \frac{1}{2}\left[\frac{1}{2}(T_b + T_u) + T_b \right] = 1\,770\ \text{K}$$

假设燃气中没有氧气或者燃料，可得出氧气和燃料的平均质量分数分别为

$$\bar{w}_f = \frac{1}{2}(w_{f,u} + 0) = 0.060\,15/2 = 0.030\,1$$

$$\bar{w}_{O_2} = 0.233\,1(1 - w_{f,u} + 0) = 0.109\,5$$

其中，$0.233\,1$ 为空气中氧气的质量分数，可由化学恰当比的丙烷-空气混合物空燃比 $(A/F)_{st}$ 为 15.625 求解 $w_{f,u}$。

化学反应速率：

$$\overline{RR} = \frac{d[C_3H_8]}{dt} = -k[C_3H_8]^{0.1}[O_2]^{1.65}$$

$$= -k(\overline{T})\rho^{1.75}\left(\frac{\bar{w}_f}{MW_f} \right)^{0.1}\left(\frac{\bar{w}_{O_2}}{MW_{O_2}} \right)^{1.65}$$

其中，

$$k = \left[4.836 \times 10^9 \times \exp\left(\frac{-15\,098}{T} \right) \right]\left[\left(\frac{\text{kmol}}{\text{m}^3} \right)^{-0.75} \cdot \frac{1}{\text{s}} \right]$$

$$= \left[40\ 836 \times 10^9 \times \exp\left(\frac{-15\ 098}{1\ 770}\right) \right] \left[\left(\frac{\text{kmol}}{\text{m}^3}\right)^{-0.75} \cdot \frac{1}{\text{s}} \right] = 9.55 \times 10^5 \left[\left(\frac{\text{kmol}}{\text{m}^3}\right)^{-0.75} \cdot \frac{1}{\text{s}} \right]$$

$$\bar{\rho} = \frac{p}{(R_u/MW)\,\bar{T}} = \frac{101\ 325}{(8\ 315/29) \times 1\ 770}\ \text{kg/m}^3 = 0.199\ 7\ \text{kg/m}^3$$

其中，MW_f 和 MW_{O_2} 分别为 C_3H_8 和 O_2 的摩尔质量，可由附录表 B.1 和表 A.8 查取。

$$\overline{RR} = -9.55 \times 10^5 \times 0.199\ 7^{1.75} \times \left(\frac{0.030\ 1}{44}\right)^{0.1} \times \left(\frac{0.109\ 5}{32}\right)^{1.65}\ \text{kg/(s} \cdot \text{m}^3)$$

$$= 107.3\ \text{kg/(s} \cdot \text{m}^3)$$

式中：$\overline{RR}$ 为平均化学反应速率。

$\bar{D}_T$ 为热扩散系数，可表示为

$$\bar{D}_T = \frac{\lambda(\bar{T})}{\rho_u c_p(\bar{T})}$$

此时，我们把平均温度定义为整个火焰厚度内的平均温度，因为热传导不仅仅发生在反应区，而是在整个火焰区内都存在，因此，

$$\bar{T} = \frac{1}{2}(T_b + T_u) = 1\ 280\ \text{K}$$

$$\bar{D}_T = \frac{0.080\ 9}{1.16 \times 1\ 186}\ \text{m}^2\text{s} = 5.89 \times 10^{-5}\ \text{m}^2/\text{s}$$

将上述 $\bar{D}_T$ 和 $\overline{RR}$ 的值代入层流火焰速度公式得

$$S_L = \left[2\left(\frac{\bar{D}_T}{w_{f,u}\rho_u}\right)\overline{RR} \right]^{1/2} = \left[2\,\frac{5.89 \times 10^{-5}}{\dfrac{1}{15.625 + 1} \times 1.16} \right]^{1/2}\ \text{m/s} = 0.425\ \text{m/s} = 42.5\ \text{cm/s}$$

实验测得的以化学恰当比混合的丙烷-空气混合物的层流火焰速度为 38.9 cm/s，但是由于简化理论中的许多假设与实际情况有差别，所以得到本例中的计算结果也在情理之中，如果采用更严格的理论，就可以得到更精确的结果。在本例中，$\overline{RR}$ 是用估计的平均温度和浓度计算的。实际上，根据简化理论中的假设可知，燃料和空气的浓度与温度成线性关系，因而 $\overline{RR}$ 可通过积分求出，这样得到的结果就会更准确。

4.5.3　影响层流火焰传播速度的因素

为分析影响层流火焰传播速度的因素，对方程（4-31）进行整理。由于一维层流火焰传播模型所有的化学反应都是发生在温度 T_i 和 T_b 之间，对于高的活化能，T_i 非常接近 T_b，那么就可以按绝热火焰温度 T_b 估计平均反应速率，反应物密度取决于压力和温度，热扩散系数取决于压力和温度，即

$$\bar{D}_T \propto T^n/p$$

由动力学理论可知，对于单原子气体，$n \approx 3/2$；对于非凝聚双原子和三原子，$n \approx 1.8$。用平均温度 $T = (T_i + T_b)/2$ 估计热扩散系数 $\bar{D}_T$。因此，假设方程（4-31）可以采用以下函数形式：

$$S_L = \text{const} \cdot p^{(a+b-2)/2} \cdot f(T_u, T_b) \cdot \exp\left(\frac{-E_a}{2R_u T_b}\right) \tag{4-32}$$

式中：$f(T_u, T_b)$ 表示反应物密度和热扩散系数中温度相关项。在式（4-32）中，当 $E_a/2R_u \gg$

T_b 时，火焰速度与温度的关系主要由 $\exp\left(\dfrac{-E_a}{2R_uT_b}\right)$ 项决定。指数函数的性质是它随温度的升高而变大。因此，燃烧参数，如当量比、反应物温度、混合物中氧的摩尔分数、冲淡剂的比热容等的变化对绝热火焰温度有重要影响，所以，对火焰速度有重要影响。压力与火焰速度的关系是压力与反应速率、热扩散系数以及未燃气体的密度的关系的组合。对于大多数碳氢燃料，总的反应级数 $a+b$ 小于 2，它们的火焰速度随压力的增加而减小。

1. 当量比的影响

层流火焰传播速度随燃料/氧化剂当量比的变化而变化，这主要是由于温度随当量比的变化所引起的。

图 4 - 14～图 4 - 16 所示为氢-空气、甲烷-空气和烯烃-空气的层流火焰传播速度随当量比的典型变化关系。所有这些燃料的火焰传播速度的最大值都在富燃料混合物一边。当混合物变得更贫或更富时，火焰传播速度将减小。对于烷烃和氢，最大火焰传播速度在 $\Phi=1.1$ 处；对于乙烯和乙炔，最大火焰传播速度分别在 $\Phi=1.2$ 和 $\Phi=1.4$ 处。烷烃碳氢燃料的最大火焰传播速度近似相同，即 4 cm/s，而乙炔和氢的最大火焰传播速度要大得多，分别为 160 cm/s 和 280 cm/s。乙烯的最大火焰传播速度介于烷烃和乙炔之间。

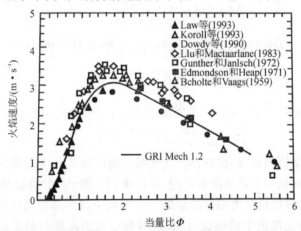

图 4 - 14　氢-空气的层流火焰传播速度随当量比的典型变化关系
（实线是用详细反应机理 GRI Mech 1.2 的计算值）

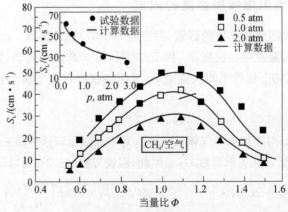

图 4 - 15　甲烷-空气的层流火焰传播速度随当量比的典型变化关系

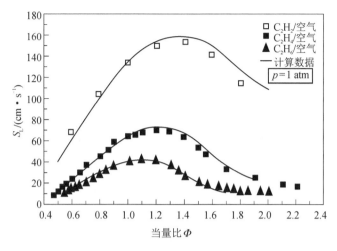

图 4 - 16　烯烃-空气的层流火焰传播速度随当量比的典型变化关系

2. 燃料特性的影响

当扩散系数增大、活化能减小或火焰温度升高时,火焰的传播速度都会增加。例如,氢是热扩散系数最大的气体,热扩散系数要比其他气体大 6 倍左右,所以氢的可燃混气的火焰传播速度就比较大。几种典型燃料的均匀混气的层流火焰传播速度见表 4 - 9。

表 4 - 9　几种典型燃料的均匀混气的层流火焰传播速度($\Phi = 1$, $p = 0.1$ MPa, $T_u = 300$ K)

燃　料	氧化剂	$S_L/(cm \cdot s^{-1})$	燃　料	氧化剂	$S_L/(cm \cdot s^{-1})$
汽油	空气	45	乙烯(C_2H_4)	空气	67
煤油	空气	36	乙炔(C_2H_2)	空气	135
甲烷(CH_4)	空气	37	氢(H_2)	空气	250
乙烷(C_2H_6)	空气	43	氢(H_2)	氧气	1 200

除此之外,燃料分子结构(燃料性质)对火焰传播速度也有十分显著的影响。在烃类物质中,炔的火焰传播速度一般比烯高,而烯的火焰传播速度比烷高,烯烃和炔烃含碳量越高,火焰传播速度越小。另外,燃料相对分子质量越大,其可燃范围就越窄,即能使火焰以正常传播的燃料浓度范围就越窄。图 4 - 17 给出了烷烃、烯烃和炔烃三族燃料的最大火焰传播速度与燃料中碳原子数 n 的关系。

对于饱和碳氢化合物(烷烃类),其最大火焰传播速度几乎与分子中的碳原子数 n 无关;对于非饱和烃类(烯烃和炔烃),碳原子数较小的燃料,其层流火焰传播速度较大。当 n 增大到 4 时,最大层流火焰传播速度将陡降,而后,随着 n 进一步增大而缓慢下降,直到 $n \geqslant 8$ 时,接近于饱和碳氢化合物的

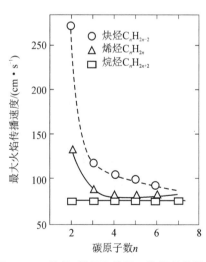

图 4 - 17　烷烃、烯烃和炔烃三族燃料的最大火焰传播速度与燃料中碳原子数 n 的关系

最大层流火焰传播速度。对于大多数碳氢燃料,理论燃烧温度均在 2 000 K 左右,燃烧反应的活化能也均在 167 kJ/mol 左右,燃料中碳原子数对层流火焰传播速度的影响并不是由于火焰温度的差异而引起的,而是由热扩散系数不同所导致的,而热扩散系数又与燃料的相对分子质量有关。

3. 压力的影响

化学反应速率会影响层流火焰传播速度,压力的变化会对化学反应速率产生影响,因此压力对层流火焰传播速度会产生影响。根据火焰传播热理论有 $\overline{RR}=-k'(\rho_u w_{f,u})^n$,$\rho=p/RT$ 以及 $D_T=\lambda/\rho c_p$,把这些代入方程(4-31),则有

$$S_L \propto \left[\frac{\lambda k'(\rho_u w_{f,u})^n}{\rho_u^2 c_p w_{f,u}}\right]^{0.5} \sim p^{\frac{n-2}{2}}$$

式中:n 为复杂反应的反应级数;$w_{f,u}$ 为燃料在可燃混气中的质量百分数。

显然,层流火焰传播速度与压力的关系取决于化学反应级数 n。当级数不同时,层流火焰传播速度受压力的影响也不同。一级反应时,火焰传播速度随压力的增加而下降;二级反应时,火焰传播速度与压力无关。化学恰当比下甲烷-空气和丙烷-空气的层流火焰传播速度随当量比的典型变化分别如图 4-15 和图 4-18 所示。对于大多数碳氢燃料,反应级数在 1.5~2 之间,因此其火焰传播速度与压力成负指数关系,即火焰传播速度随压力的增加而下降。但当压力很低时,由于火焰面变宽,散热损失增加,从而使火焰传播速度下降。这种特殊情况不包括在上面公式分析范围内。而氢与压力的关系更为复杂一些,当可燃混合物处于贫燃状态时,火焰速度随压力的增加而下降;当接近化学当量比时,火焰速度随压力的增加而增加。

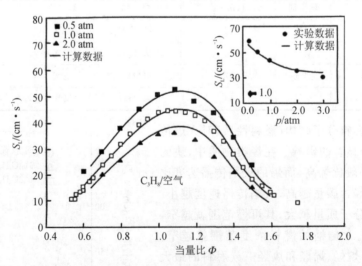

图 4-18　丙烷-空气混合物的层流火焰传播速度随当量比的典型变化关系

4. 反应物温度的影响

几种碳氢燃料的火焰传播速度随反应物温度的典型变化如图 4-19 所示。对所有燃料,正像前面所发展的简单模型所预期的那样,火焰传播速度随温度的增加而增大,这与反应速率取决于火焰温度的理念是一样的。实践证明,当火焰温度超过 2 800 K 时,火焰温度的影响已经不符合热理论了。这是因为火焰温度高,会产生热离解,温度越高热离解越容易进行,所产生的自由基浓度就越大。作为链载体的自由基的扩散,既促进了反应,又促进了火焰传播。在

接近火焰温度时产生的自由基和原子易于扩散,因此,H 原子(也包括 O 和 OH 自由基)能显著地增大燃烧速度。这也进一步解释了为什么在可燃混气中掺入氢有助于火焰传播的原因。

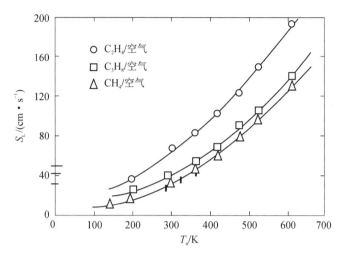

图 4 - 19　层流火焰传播速度随反应物温度的典型变化

反应物初始温度 T_u 对火焰传播速度也有显著影响。随着反应物温度 T_u 的升高,已燃气体温度 T_b 也会升高,从而使反应速率 $\overline{RR}$ 增加。多戈尔(Dugger)等人对 3 种混合物进行了一系列试验,获得了如图 4 - 20 所示的层流火焰传播速度与初始温度的关系。从图中可以看出,火焰传播速度随初始温度的升高而增大。试验结果可以用如下关系式表示:

$$S_L \propto T_u^m$$

其中,m 值为 1.5～2。

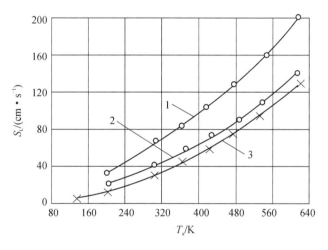

1—C_2H_4/空气;2—C_3H_8/空气;3—CH_4/空气

图 4 - 20　初始温度对层流火焰传播速度的影响

5.混气中掺杂物的影响

如果在可燃混合气中掺入了惰性物质,如 CO_2、N_2、He、Ar 等,也会降低火焰的传播速度。因为掺入可燃混气中的惰性物质一般不参与燃烧,只稀释可燃混气,使单位时间内在同样大小

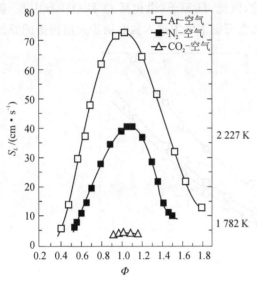

图 4-21 可燃混气中加入惰性组分对甲烷-
空气混合物火焰传播速度的影响

的火焰面上燃烧的可燃混气减少,直接影响燃烧温度,从而影响燃烧速度。另外,惰性物质可以通过影响混合气体的物理性质(热扩散系数)来明显影响火焰传播速度。大量试验证明,惰性物质的加入会使火焰传播速度降低,可燃界限缩小,使最大火焰传播速度值向燃料浓度较小的方向移动。图 4-21 所示为可燃混气中加入惰性组分对甲烷-空气混合物火焰传播速度的影响。当惰性组分不同时,气体的比热容也不一样,因而产生不同的火焰温度 T_b。

若可燃混气中掺杂的不是惰性气体而是另外一种燃料或氧化剂,比如加入氢气或氧气,那么火焰的传播速度不但不会减小反而会增大。图 4-22 所示为甲烷-氧-氮混合物中氧气浓度对火焰传播速度的影响。当氧化剂中氧的摩尔分数增加时,火焰速度增加。随着氧化剂中氧的摩尔分数的增加,反应速率通过氧的密度和反应温度的增加而增加。同样,如果混气中加入氢气,将会由于氢的链式反应促进火焰的传播,从而使火焰传播速度增加。

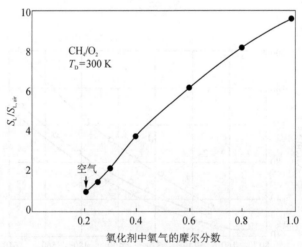

图 4-22 甲烷-氧-氮混合物火焰传播速度

4.5.4 火焰厚度

火焰中温度和浓度梯度取决于火焰厚度,因为这些梯度支持火焰的扩散过程,较大的温度梯度和浓度梯度保证了热量能很快从化学反应区传出,又保证了热量快速扩散并迅速供给预热区的未燃混气,从而使火焰以一定的速度传播。层流预混火焰的厚度一般在十分之几或百分之几毫米。

火焰厚度和火焰传播速度是相互联系的。火焰速度和火焰厚度之间的定性关系可以从 x_i 处的能量平衡求得,如图 4-23 所示。

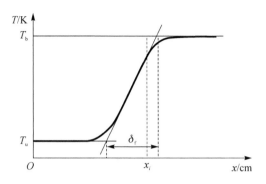

图 4-23　火焰厚度示意图

x_i 处的能量平衡方程为

$$\lambda \left. \frac{\mathrm{d}T}{\mathrm{d}x} \right|_{x_i} = \lambda (T_b - T_u)/\delta_f = \rho_u S_L \bar{c}_p (T_i - T_u)$$

对于大的活化能,$T_i \approx T_b$,于是

$$\delta_f \approx (\lambda/\rho_u \bar{c}_p)(1/S_L) = \overline{D}_T/S_L \tag{4-33}$$

对于给定的燃料、氧化剂、反应物温度和压力,由于热扩散系数 $\overline{D}_T$ 与化学恰当比成弱函数关系,所以简单模型建议火焰厚度与火焰速度成反比。甲烷-空气混合物在大气压下火焰厚度的测量值和计算值的比较如图 4-24 所示,图中测量的火焰厚度与计算结果在混合物化学恰当比处归一(吻合),此曲线支持简单模型的结果。

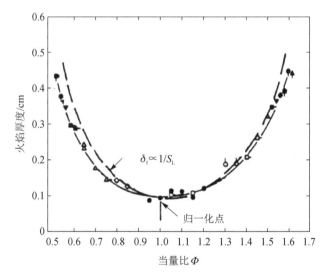

图 4-24　大气压下甲烷-空气混合物的火焰厚度的测量值与公式(4-33)计算值的比较

将简单的双区火焰模型中的预热区厚度和反应区厚度比较是很有意义的。反应区厚度 δ_r 与预热区厚度 δ_{ph} 之比如下:

$$\delta_r/\delta_{ph} \approx (T_b - T_i)/(T_b - T_u) \tag{4-34}$$

对于大的总活化能反应 $\delta_r \ll \delta_{ph}$，表示与预热区相比，反应区很薄，即火焰厚度 $\delta_f \approx \delta_{ph}$。对于薄的反应区，$T_i \approx T_b$，

$$\delta_f \propto p^{-(a+b)/2} \tag{4-35}$$

式中：$a+b$ 为总的反应级数。方程（4-35）表示火焰厚度随压力的减小而增大。对于预混层流火焰结构的大多数实验研究都是在低压（典型的压力低于 0.1 个大气压）下进行的，所以火焰是足够厚的，因而有很好的分辨率。

注意方程（4-35）中的 a、b 是描述给定燃料和工作范围的总化学反应的总的经验动力学参数。因此，预期这些参数将随着燃料类型、当量比及压力而变化。图 4-25 所示为所观察的甲烷-空气混合物的总的反应级数 $n = a+b$ 和总的活化能 E_a 的变化范围的例子。根据这些变化，上述总的动力学方法对理解火焰速度和厚度与燃烧参数的关系是很有用的。

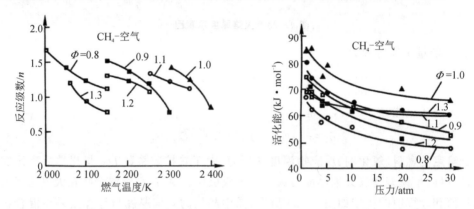

图 4-25 所观察的甲烷-空气混合物的总的反应级数 n 和总的活化能 E_a 的变化范围的示例

例 4.2 在 1 个大气压力下，贫燃丙烷-空气混合物中自由伸展的绝热火焰传播速度为 3 cm/s，火焰厚度为 2 mm。如果压力下降为 0.25 个大气压，求该混合物中自由伸展的绝热火焰传播速度和火焰厚度。

解：

$$S_L \sim p^{(n-2)/2} \sim p^{-0.25} \Rightarrow S_L \mid_{0.25\,atm} = S_L \mid_{1\,atm} \left(\frac{0.25}{1}\right)^{-1/4}$$

$$S_L \mid_{0.25\,atm} = 1.41 S_L \mid_{1\,atm} = 42\ cm/s$$

$$\delta_f \sim \frac{\overline{D}_T}{S_L} \sim \frac{p^{-1}}{p^{n-2/2}} \sim p^{-n/2} \sim p^{-0.75}$$

$$\delta_f \mid_{0.25\,atm} = \delta_f \mid_{1\,atm} \left(\frac{0.25}{1}\right)^{-0.75} = 2.828 \delta_f \mid_{1\,atm}$$

$$\delta_f \mid_{0.25\,atm} = 5.6\ mm$$

4.5.5 层流预混火焰的稳定

1. 低速气流下的火焰稳定条件

这里就管内一维层流预混火焰的稳定条件进行分析。假设可燃混气以速度 v_g 从左向右流过一等截面的管道，那么火焰的传播方向为从右向左，设其大小为 v_L。下面就这两个速度相对大小的 3 种情况对火焰稳定性的影响进行讨论。

① 当 $v_g = v_L$ 时,即可燃混气的流动速度和火焰传播速度相等,火焰前锋移动速度为零,火焰稳定在管内某处,即火焰驻定,如图 4-26(a)所示。这也是低速气流下火焰稳定的必要条件之一。

② 当 $v_g > v_L$ 时,即可燃混气的流动速度大于火焰传播速度,火焰前锋就会一直向燃烧产物方向移动,直至火焰前沿被可燃混气吹走,即出现吹熄或脱火现象,如图 4-26(b)所示。

③ 当可燃混气的流动速度小于火焰传播速度($v_g < v_L$)时,火焰前锋就会一直向可燃混气侧的方向移动,形成所谓的"回火",如图 4-26(c)所示。

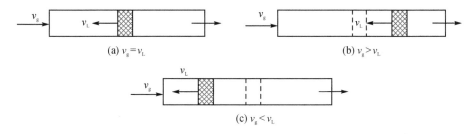

图 4-26　不同气流速度下,管内层流火焰前锋运动情况

因此,为了保证一维火焰的稳定,既不回火,又不吹熄,就必须使可燃混气的流动速度和火焰传播速度的大小相等($v_g = v_L$),方向相反,这就是一维火焰的稳定条件。如果存在某种原因使 v_g 或 v_L 发生变化,如气流速度增加或可燃混气成分发生了变化等,火焰稳定性都将遭到破坏。

实际上,在具体的工程燃烧设备中,一维层流预混火焰几乎是不存在的,因为一般情况下气流速度 v_g 都要远远大于层流火焰传播速度 v_L,所以上述的分析只能为我们提供一个火焰稳定的概念,其实际意义不大。

2. 本生灯灯口层流预混火焰的稳定

下面以本生灯为例来介绍低速气流下火焰稳定的余弦定律。

图 4-27 给出了本生灯灯口处的火焰形状,从图 4-27(a)可以看到,火焰锥的底部和喷嘴出口不重合,存在向外突出的一个弯曲区域,从锥形逐渐扩张变平,这是因为在喷口处,由于火焰向金属壁面的散热或活性分子的销毁,使靠近喷口处有一个无火焰区,称为穿透距离或熄火距离。火焰顶部也不是尖的而是扁平的,这是因为在锥体顶部,由于受四周火焰的加热,温度已经很高,因此顶部燃烧时火焰传播速度会增大,并与当地的混气流速相等,从而使得锥顶变圆。另外,如果出现尖顶,则火焰外表面相交所形成的顶点将具有不同的方向,从火焰连续的角度来说,这是绝对不可能的。如果采用收敛管,则火焰形状将接近正圆锥形(见图 4-27(b)),上述特点仍存在。

若本生灯管内混气流速增大,则火焰锥变长,流速再进一步增大($v_g > v_L$),火焰锥就会吹灭或者脱火;若混气流速减小,则火焰锥会变短,当减到一定值($v_g < v_L$)时,火焰就会自动烧向管内,这叫回火。

混气在本生灯管内流动时,由于附面层的存在,使壁面附近的流速逐渐降低,直到在管壁处流速为零。图 4-28 所示为离本生灯喷口不同距离处射流边界附近的气流流速 v_g 分布和不同截面上相应的火焰传播速度 v_L 分布。管内混气流出时,在管口形成射流。在射流外边界附近由于火焰向周围大气散热及混气与四周空气掺混,使混气浓度变小,因此该处的火焰传

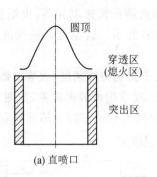
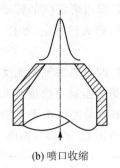

(a) 直喷口　　　　　　　　　(b) 喷口收缩

图 4-27　本生灯灯口处的火焰形状

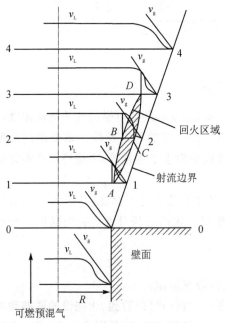

可燃预混气

**图 4-28　不同截面上气流速度与
火焰传播速度的分布**

播速度 v_L 降低。当远离射流边界向射流核心靠近时,这种影响将逐渐减小。此外,火焰稳定在管口时,管壁的散热效应亦会使根部的火焰传播速度降低。当火焰离开管口距离增大时,管壁散热效应将会减小。

与前面讨论层流火焰锋面驻定时一样,在本生灯灯口的射流边界层里,当某点的局部火焰传播速度 $v_{L,i}$ 与当地的混气流速 v_g 的大小相等、方向相反时,本生灯灯口的火焰就是稳定的。在图 4-28 中,在 1、2、3 截面的射流边界层里,都可以找到局部混气流速 $v_{g,i}$ 与当地混气的火焰传播速度 $v_{L,i}$ 相等的点。把 $v_{g,i} = v_{L,i}$ 的各点连接起来,可得到 $ABDCA$ 区。在本生灯灯口有这个区存在就可以使火焰稳定。这个区就叫稳定点火源,这是火焰稳定的一个必要条件。在稳定点火源里,混气的局部流速等于当地的火焰传播速度。

那么,管口火焰根部的稳定点火源是如何建立起来的呢?这就需要通过分析各个位置上预混可燃气气流速度 v_g 和火焰传播速度 v_L 之间的关系来确定其原因了。预混可燃气气流速度 v_g 与火焰传播速度 v_L 在气流流动方向上各个截面的分布规律如图 4-28 所示。下面就 v_g 和 v_L 的关系进行分析。

① 在管口外靠近喷口处,如 0—0 截面或管口内的任一截面上,由于管壁散热以及壁面对活化分子的吸附作用使火焰传播速度 v_L 在壁面处为零,其他区域则变化不大。但是,在整个截面上处处存在 $v_g > v_L$,此时即使预混可燃气着火,也稳定不下来,将随气流向上移动。

② 在管口之外的 1—1 截面上,由于预混可燃气射流与周围空气之间具有动量和质量交换,因此形成一个逐渐扩大的射流边界层,气流速度 v_g 在径向的速度梯度有所减小。同时,因为该截面已经离开喷口,所以管壁散热作用以及管壁对活化分子的吸附作用降低,使射流外缘处的 v_L 有所增大。但是,射流的卷吸作用使部分空气进入预混可燃气中,致使射流边界层内所含空气分数增加,从而导致火焰传播速度 v_L 降低。只要 v_g 不是太大(若太大,则脱火,稳定

不了),总能在喷口外某一截面(如 1—1 截面)找到 A 点,使 $v_g = v_L$(但是在该截面上的其他各点仍有 $v_g > v_L$),火焰根部就可以稳定在此点上不动,这也就是开始着火的位置,形成所谓的"点火环"。

③ 如因扰动使开始着火位置(火焰根部)移到 2—2 截面,管壁冷却作用进一步减弱,而射流卷吸的空气量越来越多,从而使 v_g 和 v_L 沿径向的分布曲线发生如图 4-28 所示的变化,两者相交于 B、C 两点。在 2—2 截面上的 B、C 两点,$v_g = v_L$;B、C 两点之间,$v_g < v_L$;其他各点则仍然是 $v_g > v_L$。

④ 若着火位置移到 3—3 截面,此处壁面散热已不明显影响 v_L,反倒因周围空气对射流边缘可燃气体的稀释作用而使 v_L 减小,出现 v_L 与 v_g 相切于 D 点的情况,即 $v_g = v_L$,火焰稳定的又一极限位置,是个不稳定的着火点。若向上扰动,则 $v_g > v_L$,形成脱火;若向下扰动,则总能回到 A 点。所以,只要扰动能在 $ABDCA$ 内,便总能回复 A 点,A 点为平衡点,形成一圈点火环。

⑤ 在 4—4 截面处,由于卷吸空气量越来越多,致使在该截面各点均出现 $v_g > v_L$。故概括地说,点火环形成的原因是由于射流边界面附近传播速度分布不均匀的缘故。在环形区域 $ABDCA$ 的边界线上,存在 $v_g = v_L$,说明火焰可以在这些点上稳定;在边界线外,$v_g > v_L$ 火焰不能稳定;而在边界线内,如果有某种因素使火焰从 1—1 截面向下游移动,则由于 $v_g < v_L$,火焰将自动退回到 A 点。对于一定的预混可燃气,着火环位置随气流速度的变化而改变,若 v_g 增加,则 $ABDCA$ 区将向下游移动并缩小,直到变化为一点,最后熄灭;若 v_g 减小,则 $ABDCA$ 区扩大,并向管内窜动,即回火。

下面将分析在火焰面某一处稳定的条件关系式。设本生灯锥形火焰预混可燃气气流与焰锋法线方向的角度为 φ,如图 4-29 所示。我们可把气流分解成两个分速度,一个是与焰锋表面垂直的法向速度 $v_{g,n}$,另一个是与锋面平行的切向分速度 $v_{g,t}$。前者产生的牵连效应将使焰锋沿 n—n 方向移动,后者产生的牵连效应将使焰锋沿 a—a 方向顺着焰锋表面移动。当火焰稳定时,这两个分速引起的焰锋牵连运动将得到平衡和补偿,亦即焰锋相对于灯口的位置不变。显然,与法向分速度 $v_{g,n}$ 相平衡的正是当地的火焰传播速度 v_L,它们的大小相等而方向相反,从数值上有

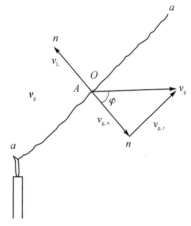

图 4-29　火焰锥与气流速度的关系

$$v_{g,n} = v_g \cos \varphi \tag{4-36}$$

所以有

$$v_L = -v_g \cos \varphi \tag{4-37}$$

也就是说,在火焰稳定时,迎面气流速度在火焰前锋法向上的投影,即法向分速度,在数值上必等于混气的火焰传播速度,这就是余弦定律。余弦定律可以解释在低速混气流动中,火焰可以稳定的原因;也可以解释为何当混气性质及成分一定时,混气流速增大火焰锥伸长,混气流速减少火焰锥缩短。从上面的分析可知,气体的切向分速 $v_{g,n}$ 将使焰锋表面的质点沿 a—a 方向移动。因此,为了保证火焰在某一点(如 A 点)继续存在,必须有另一个相应的质点补充

到 A 点(从 a—a 间)。这个补充的关键就在于火焰锥根部是否稳定,若根部没有强大的点火源存在,则该点被移走的已燃混气就不会被新的已燃混气代替(则火焰会被气流吹走),火焰也就不能稳定存在。

故低速气流下火焰稳定的两个必要条件是:一个是流动条件——余弦定律;另一个是热力条件——火焰锥根部存在稳定、连续、强大的点火源,以便不断地点燃根部的可燃混气。

4.6 层流扩散火焰

在众多的实际系统中,都是将燃料和氧化剂分别输入燃烧室,形成一种扩散火焰(diffusion flame)或者非预混火焰(non-premixed flame),这种火焰与我们前面研究的预混火焰是不同的。在非预混火焰中,动力学的影响程度比预混火焰的要少,而火焰的结构和燃烧速率主要由输运现象决定。与预混火焰相比,非预混火焰没有基本的特性参数,比如说描述火焰传播过程的火焰速度。只要涉及火焰结构,总的燃料/空气比才有实际意义,因为燃烧出现在一个由输运决定的宽广的局部燃料/空气当量比范围内。火焰外形(特别是火焰长度)是与总能量释放率有关的非预混层流火焰的一个重要参数。由于在预混火焰中也存在扩散现象,所以有些学者建议将扩散火焰改称为非预混火焰。根据流态不同,扩散火焰分为层流扩散火焰和湍流扩散火焰。在扩散燃烧中,燃料和氧化剂的混合依靠质量扩散进行,在层流状态下,混合依靠分子扩散进行,层流扩散燃烧的速度取决于气体的扩散速度。层流扩散火焰的一个重要的模型输出量是火焰结构,利用它可以确定火焰长度。本节首先要研究层流扩散火焰的结构,然后建立描述火焰结构的模型,研究一些与扩散火焰稳定性相关的问题。

4.6.1 层流扩散火焰结构

层流扩散燃烧的速度较慢,功率较小,在工程中的应用较少,然而它是扩散燃烧的基本形式,也是认识湍流扩散燃烧的基础。

图 4-30 所示为受限同心环状氧化剂流稳定在圆柱管上的两种不同的层流扩散火焰。气体燃料在半径为 r_j 的圆管内流动,空气在半径为 r_s 的圆管内流动,流动的速度相等。这种燃烧火焰的形状仅与供给的空气量有关。氧化剂流量超过燃料燃烧所需的化学恰当比(即总氧化剂过量),火焰靠近圆柱管的中心线上,这种火焰称作过通风火焰;燃料量超过化学计量值(即燃料过量),火焰向外壁蔓延,这种火焰称作欠通风火焰。

对于扩散燃烧,无论是哪一种火焰,在"快速化学反应"的极限条件下,化学反应时间 τ_{chem} 均远小于流动特征时间 $\tau_{transport}$(或 $\tau_{diffusion}$),即

$$\tau_{chem} \ll \tau_{transport}(\text{或} \ \tau_{diffusion})$$

在这种情况下,火焰结构由反应物的分子扩散决定,火焰可以从分开燃料和氧化剂的表面取一个薄层来模拟。

在这个简单的结构模型中,火焰面位于空间中这样的位置,在该处燃料和氧化剂的质量扩散流率为化学恰当比;因为 $\tau_{chem} \ll \tau_{transport}$(或 $\tau_{diffusion}$),所以燃料和氧化剂浓度在火焰面上为零,火焰锋面示意图如图 4-31 所示。

图 4-32 所示为扩散火焰横向物质浓度分布示意图。可燃气浓度在火焰前锋处最小,火焰中心可燃气的浓度最大,越向火焰锋面靠近,可燃气浓度越小,直到在火焰前锋处可燃气浓

度等于零。氧气浓度的变化与可燃气相同。燃烧产物的浓度在火焰前锋处最大,离火焰越远越小,在火焰外侧趋向于零,在火焰内侧趋向于某一个值。

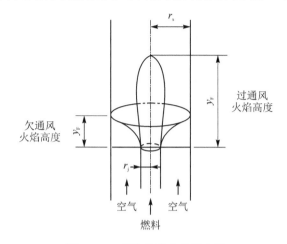

图 4 – 30　层流扩散火焰示意图

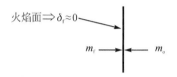

图 4 – 31　火焰锋面示意图

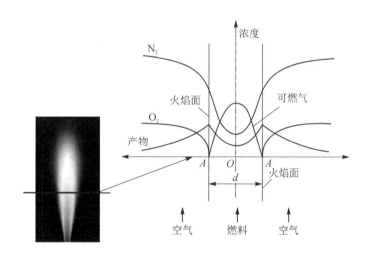

图 4 – 32　扩散火焰横向物质浓度分布示意图

　　以上各种成分的浓度分布显然是扩散造成的。无论是可燃气和空气沿火焰方向同时流动,还是只有可燃气射入无限大静止大气中,浓度分布剖面都是一样的。从火焰外表看,有朝外流的燃烧产物和朝内流的氧气。通常状态下,燃烧产物的总质量大于氧气和氮气的质量之和,于是可以看到宏观气流从火焰锋面朝外移动。在火焰锋面外部由于扩散而产生的氧气流动与宏观流动方向相反。当然,在中心线和火焰锋面之间宏观流动必然是从中心朝外流动。火焰锋面处氧气和可燃气全部消失,表明在火焰锋面处反应速率无限大。

　　理论研究试验表明,扩散火焰的温度以火焰锋面为最高,离开火焰锋面,向内趋于某值,向外趋于环境温度。整个温度分布与图 4 – 32 中的产物浓度分布规律类似。

4.6.2　层流扩散火焰模型

　　考虑图 4 – 30 中的过通风火焰。这种火焰的高度对应于燃料燃烧结束且火焰与喷嘴中心

线相交的点上。这个高度可以根据氧化剂扩散到喷嘴中心线上所需的时间来估计。忽略浮力，

$$y_f \equiv h_L \approx U_f \tau_{层流,扩散}$$

这里，U_f 是燃料初始平均速度。根据气体动力学理论，由于分子扩散，分子的平均自由程的平方可以由下式给出：

$$R_j^2 = 2D\tau_{层流,扩散}$$

其中，D 为分子扩散系数。因此，

$$h_L \approx U_f[R_j^2/(2D)]$$

考虑到燃料的体积流率 $Q_f = U_f(\pi R_j^2)$，有

$$h_L \approx Q_f/(2\pi D) \neq f(R_j) \tag{4-38}$$

也就是说，层流扩散火焰高度 h_L 与燃料流动速度（喷射速度）成比例，但与喷嘴尺寸 R_j 无关。因为 $D \propto p^{-1}$，所以随着压力的增加，扩散系数减小，火焰高度增大。

为了更为精确地确定层流扩散火焰结构（浓度场和温度场）和火焰高度，必须在适当的边界条件下，求解一维层流火焰中的稳态能量、质量和组分输运方程。可以计算出在任意层流反应流（预混或非预混反应物）中氧气和燃料的质量分数场、温度场和火焰高度。精确计算的结果与前面的简单模型一样，求得的 h_L 与 Q_f 和 D 有同样的函数关系；但是，更精确的理论可预测火焰高度还与化学恰当燃料-氧气比有关，这在简单模型中没有。随着氧化剂中氧气质量分数的增大，火焰长度减小；随着化学恰当燃料-氧气比的增加，火焰长度也减小，因此火焰长度与燃料有关。

4.7 湍流预混火焰

4.6 节通过对层流预混火焰传播机理的研究可以看出，层流预混火焰传播速度是可燃混合物物理化学性质的反映。在实际工程中流动几乎都是湍流的，湍流流动过程对所有的输运过程产生影响，进而会影响到燃烧速率。湍流过程是非常复杂的，到目前为止，对湍流流动的认识还处于探索其机理的阶段。

4.7.1 湍流基本概念

为了进一步讨论湍流火焰，我们有必要回顾一下有关湍流的一些基本概念。湍流的特点是局部流动参数（包括速度、密度、温度、成分等）处于脉动状态。在粘性流体中产生的这些脉动是由剪切作用产生的流动不稳定性造成的。在流动雷诺数很低时，由于粘性对脉动的抑制作用，此时是层流流动。判断流动是层流还是湍流的准则数是雷诺数（Re），当雷诺数增大到某一值时，流动就从层流状态向湍流状态过渡。湍流和层流的不同之处在于，湍流中既有无规则的分子运动，也有无规则的气团运动。实验证明，湍流越强火焰传播速度越快。通常采用湍流强度和湍流尺度来表示湍流的强弱。

尽管不是很精确，但我们还是可以将湍流流动简单地描述为随机的脉动，并且当地湍流瞬态运动速度可以表示为

$$v = \bar{v} + v'$$

（其中，$\bar{v}$ 为平均速度，v' 为脉动速度）时，湍流强度 ε 可以定义为流体涡团的脉动速度与主流

速度之比,即

$$\varepsilon = \frac{v'}{v} \qquad\qquad (4-39)$$

在湍流流动中,湍流强度 ε 可以从百分之几(在低的剪切、高的均速流中)变化到大于 100%(在高的剪切、低的均速流中)。

湍流强度在描述湍流流动特性时有用,但是它没有反映湍流流动中参数的脉动尺度。湍流流动通常有一个宽广的脉动频率(或者波长、振幅)范围,包括从高频(小尺度)的能量耗散涡流微团到低频(大尺度)的涡流微团,这些低频微团宏观输运着质量、动量和能量。通常,用单一的尺度是无法全面描述湍流流动的所有特征的,对尺度参数的选择取决于我们感兴趣的那种湍流现象。在湍流燃烧中,影响湍流火焰传播的因素很多,此处选择采用平均涡团的尺度来表示湍流。

湍流尺度 l 被定义为一个涡团在"消失"(或"消散")以致失去其本体之前运动所经过的距离。它和涡团本身尺寸大小有相同的数量级。因此,湍流尺度有时又叫作"混合长度"。混合长度越长,说明气流受到的扰动越大。

湍流尺度和湍流强度都可以用实验的方法测量。作为表示湍流特征的两个基本参数,湍流尺度和湍流强度可以用来描述气体湍流运动中扰动的强度和扰动的波及范围。当气流处于湍流状态时,其输运性能是很强的,即湍流的导热系数、粘性系数和扩散系数比层流状态的相应系数大得多(可能大几百倍)。因为湍流中输运物理量(热量、质量和动量)的运输载体不是单分子,而是涡团。涡团的尺寸要比分子大得多,因此所能运载物理量的数量也大得多。因为湍流的输运能力强,所以湍流火焰传播速度比层流火焰传播速度快得多。

4.7.2　湍流预混火焰的结构特征

湍流预混火焰的结构特征与层流预混火焰的有着十分显著的差别。图 4-33 比较了用直接照相术对稳定在圆管上的层流预混火焰与湍流预混火焰所拍的照片。

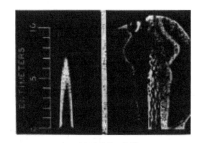

(a) 层流预混火焰　　　　　　　　　　　　(b) 湍流预混火焰

图 4-33　层流预混火焰和湍流预混火焰的照片

肉眼看上去,层流预混火焰的轮廓是清晰的,其纹影图像能描述最大密度梯度的区域。当流体的雷诺数达到并超过临界值时,流动由层流变为湍流。相对于层流预混火焰,湍流预混火焰的长度缩短了,火焰区域扩大了,出现了皱褶,火焰前沿出现了不规则的皱褶。图 4-34 所示为一系列湍流预混火焰边界纹影照片的叠加。观察到的利用钝体或值班火焰稳定的预混火焰具有相似的结构特点。

另一项观察湍流预混火焰结构的技术是用 Rayleigh(瑞利)激光散射的方法瞬态测量在流

动邻近平均火焰位置的特定处的气体密度。图 4-35 显示的是典型的气体密度随时间的变化情况。可以看到,气体的密度值在未燃气体与已燃气体之间快速波动,表明火焰是一个通过测量位置脉动着的薄层。

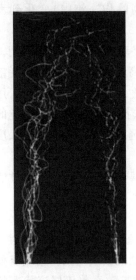

图 4-34　湍流预混火焰边界
纹影照片的叠加

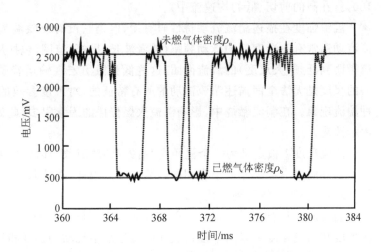

图 4-35　典型的气体密度随时间的变化情况

图 4-35 中的数据表明,湍流预混火焰传播可以描述为在湍流流动中传播的薄的层流预混火焰。湍流流动使火焰发生了扭曲,扭曲的程度取决于当地的湍流程度。这一观察表明,除了火焰厚度 δ_f 以外,还存在另一与湍流速度脉动有关的长度尺度和速度尺度。

湍流预混火焰速度可以用流经火焰的可燃预混气的体积流量 $\dot{Q}$ 与湍流火焰的表观面积 A_f 来表示。例如,可以把反应发光区的内边界定义为湍流火焰表面,即

$$S_T \equiv \dot{Q}/A_f$$

将用这种方式定义的湍流火焰传播速度与层流火焰传播速度进行对比可以看出,当流体的雷诺数超过临界值时,湍流火焰传播速度大于层流火焰传播速度。图 4-36 所示为在圆筒状燃烧器上测得的雷诺数对湍流火焰传播速度的影响。

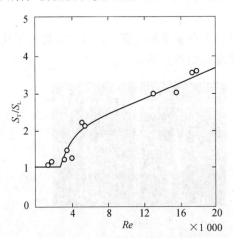

图 4-36　雷诺数对湍流火焰传播速度的影响

4.7.3　湍流火焰传播理论

可燃混气处于湍流状态时,流体内产生大量涡团扰动,使燃料和氧化剂的动量、能量迅速传播扩散,促使火焰传播加速。不同的湍流状态有不同的湍流强度及湍流尺度,对燃烧所起的作用也不同,火焰形状及内部结构也有差别。有关湍流火焰传播理论主要有两种:邓可尔和谢

尔金(Shelinkow)开创的表面皱折燃烧理论及内萨默非尔德、谢井可夫建立的容积燃烧理论。

1. 表面皱折燃烧理论

邓可尔和谢尔金的表面皱折燃烧理论提出湍流火焰是湍流使层流预混火焰面发生了皱折。他们认为,湍流火焰面的基本结构仍是层流型的,由于湍流脉动作用在一定空间内使燃烧面弯曲、皱折,乃至破裂成大小不等的团块,类似于"小岛"状的封闭小块,增大了燃烧面积,从而增大了燃烧速度。所以,湍流火焰传播速度要比层流火焰传播速度快得多。由于这种火焰表面皱折模型简单方便,故已被广泛采用。

邓可尔利用本生灯对丙烷-氧气的预混气燃烧火焰进行了实验测定,给出了不同雷诺数对湍流火焰传播速度的影响,如图 4-36 所示。分析测定结果表明:① 当 $Re < 2\,300$ 时,火焰传播速度的大小与 Re 无关;② 当 $2\,300 \leqslant Re \leqslant 6\,000$ 时,火焰传播速度与 Re 的平方根成正比,气流 Re 在该范围内的燃烧过程称为小尺度(或小规模)湍流火焰。此时湍流尺度 l 小于混合气体的层流火焰锋面厚度 δ_L。对于大尺度湍流火焰,按照湍流强度的不同,又可分为大尺度弱湍流火焰和大尺度强湍流火焰。通常将气体涡团的脉动速度 u' 与层流火焰传播速度 S_L 进行对比,如果湍流的平均脉动速度 u' 比层流火焰传播速度 S_L 大时($u' > S_L$),称为大尺度强湍流火焰;相反,当湍流的平均脉动速度比层流火焰传播速度小时($u' < S_L$),称为大尺度弱湍流火焰,如图 4-37 所示。

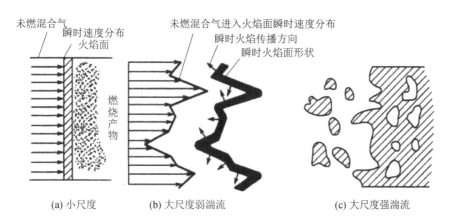

(a) 小尺度　　　　　(b) 大尺度弱湍流　　　　　(c) 大尺度强湍流

图 4-37　表面皱折燃烧理论的简化模型

(1) 小尺度湍流火焰

当气流湍流度较小($2\,300 \leqslant Re \leqslant 6\,000$),即 $l < \delta_L$ 且 $u' < S_L$ 时,湍流强度低,扰动小,速度脉动小,流体内部扰动的涡团尺寸量级小于层流火焰燃烧区厚度,对火焰表面不会引起较大的变形,只是表面不再光滑,而是变成波浪形。此时焰锋表面积略有增加,焰锋厚度 δ_T 略大于层流火焰面厚度 δ_L,其燃烧过程没有发生根本变化。只是由于湍流使火焰中物质的输运特性比在层流时因分子迁移所引起的过程更剧烈,从而使热量和活性粒子的传输加速,使湍流火焰传播速度比层流火焰传播速度快,而在其他方面没有什么影响。

此时,湍流火焰传播速度可按层流火焰传播速度公式来计算,只是把相应的参数改为湍流参数即可。对于层流火焰,有

$$S_L \propto \left(\frac{D_{T,L}}{\tau} \right)^{1/2} \tag{4-40}$$

对于湍流火焰,有

$$S_T \propto \left(\frac{D_{T,t}}{\tau}\right)^{1/2} \tag{4-41}$$

式中:$D_{T,L}$ 和 $D_{T,t}$ 分别为层流分子热扩散系数和湍流热扩散系数,单位为 m^2/s;τ 为化学反应时间,单位为 s。

因为层流分子热扩散系数 $D_{T,L}$ 与分子运动粘性系数 ν 相等(普朗特数为 1),所以有

$$S_T/S_L \approx \left(\frac{D_{T,t}}{D_{T,L}}\right)^{1/2} = \left(\frac{\lambda_T/\rho_0 c_p}{\lambda_L/\rho_0 c_p}\right)^{1/2} \tag{4-42}$$

式中:λ_T 为湍流热传导系数;λ_L 为层流热传导系数。根据相似性原理,层流分子热扩散系数 $D_{T,L} = \lambda_L/\rho_0 c_p$,因而湍流热扩散系数 $D_{T,t} = \lambda_T/\rho_0 c_p$。在湍流中湍流分子热扩散系数 $D_{T,t}$ 取决于湍流尺度和脉动速度的乘积,即

$$D_{T,t} \propto l u'$$

对于管流,湍流尺度 l 与管径 d 成正比,脉动速度 u' 与气流速度 u 成正比,即

$$l \propto d, \quad u' \propto u$$

因此,

$$S_T/S_L \approx \left(\frac{D_{T,t}}{D_{T,L}}\right)^{1/2} \propto \left(\frac{l u'}{\nu}\right)^{1/2} \propto \left(\frac{d u}{\nu}\right)^{1/2} = Re^{1/2} \tag{4-43}$$

即小尺度湍流情况下,湍流火焰传播速度不仅与可燃混气的物理化学性质有关(即与 S_L 成正比),还与流动特性有关(即与 $Re^{1/2}$ 成正比)。

(2)大尺度弱湍流火焰

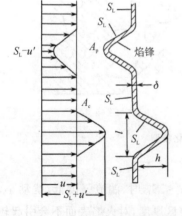

图 4-38 大尺度弱湍流火焰模型

当 $Re > 6\,000$ 时,大尺度湍流对火焰传播速度的影响具有很实际的意义,因为实际燃烧装置中的燃烧过程一般均为大尺度湍流。在大尺度弱湍流时,脉冲气团的尺寸大于层流火焰面厚度($l > \delta_L$),脉冲作用使火焰锋面已受到扭曲(比小尺度扭曲大),但湍流迁移脉动速度较小,尚不能冲破火焰锋面,火焰仍保持一个连续的但已扭曲、皱折的锋面。向前及向后的脉动使火焰锋面凹凸不平,但在凹凸不平的整个火焰锋面上,各处火焰都以 S_L 沿该点火焰锋面法线方向向未燃一侧推进。设薄层焰锋的传播速度仍然是 S_L,那么单位时间内焰锋锋面烧掉的混气量是 S_L 与皱折锋面面积 A_c 的乘积,它应与湍流火焰传播速度 S_T 和湍流焰锋的平均表面积 A_p 的乘积相等(见图 4-38),即

$$A_c S_L = A_p S_T \tag{4-44}$$

或

$$S_T = \frac{A_c S_L}{A_p} \tag{4-45}$$

因为 $A_c > A_p$,所以 $S_T > S_L$。若把湍流涡团设想成凹凸不平的很小的焰峰,则 S_T/S_L 等于这些小的锥体表面积和底面积之比。

为了计算弯曲皱折焰锋的表面积,邓可尔假设湍流火焰表面是由无数锥体组成的,于是可得

$$\frac{S_{\rm T}}{S_{\rm L}} = \frac{锥体表面积}{锥底面积} = \frac{\pi R \sqrt{R^2 + h^2}}{\pi R^2} = \sqrt{1 + (h/R)^2} = \sqrt{1 + (2h/l)^2} \qquad (4-46)$$

式中:h 为锥体高度;R 为湍流尺度的一半,$R = l/2$。如果湍流微团在锥形表面上的燃烧速度仍然是 $S_{\rm L}$,则微团存在的时间 $\tau = l/(2S_{\rm L})$,湍流脉动速度为 u',锥体高度为 $h = u'\tau = u'l/(2S_{\rm L})$,代入式(4-46),得

$$\frac{S_{\rm T}}{S_{\rm L}} = \sqrt{1 + \left(\frac{u'}{S_{\rm L}}\right)^2} \qquad (4-47)$$

从式(4-47)可见,增大湍流脉动速度可提高湍流火焰传播速度。

（3）大尺度强湍流火焰

在大尺度强湍流下($l > \delta_{\rm L}$,$u' > S_{\rm L}$),火焰锋面在强湍流脉动作用下不仅变得更加弯曲和皱折,甚至火焰被撕裂而不再保持连续的火焰面。所形成的燃烧气团有可能跃出火焰锋面而进入未燃新鲜混气中,而脉动的新鲜混气气团也有可能窜入火焰区中燃烧。这样的穿插混合使得所观察到的燃烧区不再是一个薄层火焰,而是相当宽区域的火焰。此时进入燃烧区的新鲜混气团在其表面上进行湍流燃烧的同时,还向气流中扩散并燃烧,直到把气团烧完。所以,火焰的传播是通过这些湍流脉动的火焰气团燃烧实现的。

在大尺度强湍流下,脉动速度远远大于层流传播速度($u' \gg S_{\rm L}$),根据式(4-47)则有

$$S_{\rm T} \propto u' \qquad (4-48)$$

此时湍流火焰传播速度与化学动力学因素无关,只取决于脉动速度的大小。塔兰托夫经实验研究后对湍流火焰传播速度进行了修正,提出

$$S_{\rm T} \approx 4.3 \frac{u'}{\sqrt{\ln\left(1 + \dfrac{u'}{S_{\rm L}}\right)}} \qquad (4-49)$$

根据式(4-49)计算的 $S_{\rm T}$ 值与实验结果比较符合。

2. 容积燃烧理论

在某些湍流强度比较高的情况下,利用滤色摄影法拍摄的火焰照片表明,燃烧反应不是集中在薄的燃烧区内,而是渗透在较深的区域中,湍流火焰的厚度为层流火焰的几十倍,火焰中浓度及温度分布与层流差别很大。基于这种现象,提出了以微扩散为主的容积燃烧理论,该燃烧模型如图 4-39 所示。

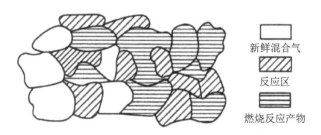

新鲜混合气

反应区

燃烧反应产物

图 4-39　湍流火焰锋面结构的容积模型

容积燃烧理论认为,在湍流强度比较高的情况下,流体被涡团扰动,分割成无数空间流体

微团("小岛")。在大小不等的微团中,湍流火焰侵入未燃混气的部分并不是由简单的层流火焰面构成的,即不存在将未燃可燃物与已燃气体分开的火焰面;在每个微团存在的时间内,其内部温度、浓度是局部平衡的,但不同微团的温度和浓度是不同的。在不同微团内存在快慢不同的燃烧反应,达到着火条件的微团整体燃烧,未达到着火条件的微团在脉动中被加热并达到着火燃烧;火焰不是连续的薄层,但到处都有。各微团间相互渗透混合,不时形成新微团,进行着不同程度的容积化学反应。

谢尔金曾用此燃烧模型估算湍流火焰的传播速度,并同实验结果相比较,结果表明,在湍流火焰传播中,微容积燃烧起着重要作用。

湍流火焰结构十分复杂,上述各种火焰结构模型有助于认识湍流火焰传播机理,但还很不完善,有待进一步验证、研究和发展。

4.7.4　湍流火焰传播速度的影响因素

类似层流火焰传播速度那样,对湍流火焰传播速度做理论解析还有许多困难。实际上,湍流火焰传播速度主要是以计算或测出层流火焰传播速度为基础,通过湍流火焰传播速度与层流火焰传播速度间的关系整理出经验公式来计算。

下面是塔兰托夫对煤油-空气混气的湍流火焰传播速度的经验公式:

$$S_T = S_L + 5.3(u')^{0.6\sim0.7}(S_L)^{0.3\sim0.4} \qquad (4-50)$$

在 $u'/S_L > 1$ 的情况下,上述公式可简化为

$$S_T = 5.3(u')^{0.6\sim0.7}(S_L)^{0.3\sim0.4} \qquad (4-51)$$

但是,这里需要说明的是,由于湍流实验条件的差别,这个经验公式不能像层流火焰传播速度那样通用,它只适用于给定的混气和湍流实验条件。

上面的分析表明,雷诺数、脉动速度、层流火焰传播速度及混气浓度是影响湍流火焰传播速度的主要因素。当然,影响层流火焰传播速度的因素(如压力和温度等)也都会影响湍流火焰的传播速度。

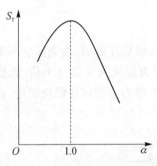

图 4-40　余气系数 α 对湍流火焰传播速度 S_T 的影响

不同可燃混气的湍流火焰传播速度 S_T 是不同的,即使同一种可燃混气,如果它们的组成不同,S_T 也有显著差别。可燃混气的组成对 S_T 的影响如图 4-40 所示。从图中可以看出,与余气系数 α 对层流火焰传播速度 S_L 的影响一样,当 $\alpha \approx 1.0$ 时,湍流火焰传播速度 S_T 最大。根据实验,湍流尺度 l 对湍流火焰传播速度 S_T 的影响不大,在强湍流下,湍流尺度 l 与湍流火焰传播速度 S_T 无关。混气温度增加,会使 S_T 增加,因为它增加了层流火焰传播速度 S_L。混气压力增大,也会使 S_T 增加,主要是因为压力增大使脉动速度 u' 增大了。因此,在高温高压的燃烧室里,湍流燃烧速度 S_T 比低温低压下的大。

4.7.5　火焰自湍化的概念

采用实验测定湍流火焰传播速度时,发现由实验测得的 S_T 值较计算所得的 S_T 值大得多。为了说明实测值与计算值不相符的现象,曾用过不少理论来解释,其中之一就是所谓火焰

的自湍化理论。该理论认为：两者不相符的原因是火焰本身产生了扰动，形成了附加的湍流，影响了燃烧过程，以致提高了 S_T 值。若要使计算值符合实测数据，就应以火焰产生的最大扰动与原来迎面气流中的扰动相加，以此来计算 S_T 值。根据实践，这样所得的结果与实际较符合。

最早提出火焰自湍化理论的是苏联科学家伦道院士（1944），后来又有了卡洛维茨的开口气流火焰自湍化理论和斯库尔洛克的闭口气流中火焰自湍化理论。对这些理论本书不做详尽讨论，仅对火焰自湍化这一现象的物理机理做一简单叙述，以达到明确这一现象的实质所在。

伦道的自湍化理论认为：火焰之所以会自湍，是由于平面层流火焰前锋的不稳定性所致。在研究平面层流火焰前锋对微小扰动影响时发现，如果这微小扰动使火焰前锋发生弯曲（即与平衡的平面位置有一偏离），那么这种弯曲会随着时间的进展而继续发展下去，最后会使焰锋断裂而使运动紊乱起来。

当气体通过未扰动的平直平面火焰前锋时（见图 4-41(a)），因流动无切向速度的变化（切向分速为零），只有法向速度发生改变，所以流线不会发生弯曲。

如果有一偶然的扰动（这种偶然的扰动经常有）使火焰锋面发生弯曲形成了"波浪形"（见图 4-41(b)），则流线通过焰锋表面时，由于流线的折射而发生偏折。当流线通过凸出区域时，流线将散开；而当通过凹陷区域时，流线将聚拢。因为流线的散开，气流速度会降低，压力会升高；流线的聚拢会使气流发生加速，同时压力降低。这种在火焰锋面前所发生的压力场必然会使火焰锋面的凸出部分继续膨胀，凹陷部分继续收缩，如图 4-41(b) 中的虚线所示，最后迫使火焰锋面本身破裂，即使运动紊乱起来。在这样所产生的湍流运动中，新鲜混合气的预热将不再是单纯靠分子导热的方式来完成，而是通过强烈的湍流混合方式来实现。由于火焰锋面被冲破，因而它的宽度也就大大增加了。

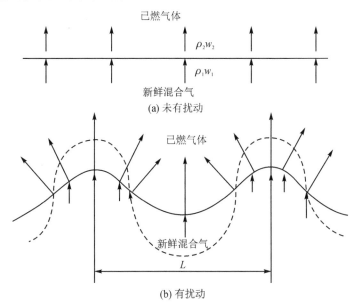

图 4-41　在平面焰锋表面上湍流发展的情况

所以，平面层流火焰焰锋发生自动湍流的本质是：火焰的微小干扰不断增大和切向分裂的出现,引起火焰前锋本身的碎裂。但是,这种层流火焰的不稳定性仅在大空间内,如果在有限的小空间内,它就是稳定的。其所以稳定的原因是,容积和管壁限制了大波长的弯曲;火焰有保持其平面的趋向。在凹陷处,新鲜混合气受到的加热比较厉害,因而火焰传播速度较快,能促使焰锋拉平。这种情况在弯曲半径较小时更为显著。

关于火焰自湍化理论,目前虽研究得还不很完整,但它却有很大的意义,因为许多湍流燃烧中的模糊问题,由于有了自湍化理论,已逐步得到澄清。但为了进一步证实这一理论,还必须进行实验,即直接测出在燃烧前和燃烧时空间内的湍流度。

4.7.6　湍流预混火焰的传播图域

湍流预混火焰的传播可以看作层流预混火焰在湍流中的传播,将湍流随时间变化的速度梯度和曲率引入流动以后,湍流就可以用脉动速度 u' 和长度尺度 l 来描述了。在对层流预混火焰受拉伸作用的讨论中发现,由速度梯度和曲率引起的拉伸作用将影响火焰的传播过程。因此,我们可以预测湍流预混火焰的性质既依赖于层流预混火焰的特性(如 S_L 和 δ_f),也依赖于湍流的特性,如 u' 和 l。

通过实验和计算,不少研究者将层流火焰和湍流特性制成了图域,它表示湍流预混火焰传播的不同区域。尽管在某些细节上有所差异,但是它们有一个共同点,那就是存在有小火焰的湍流特性区和没有小火焰的局部熄火区域。

如图 4 - 42 所示,纵轴是湍流速度脉动与无拉伸层流火焰传播速度的比值,横轴是湍流尺度与层流火焰厚度的比值。

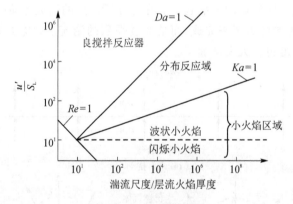

图 4 - 42　预混燃烧图

4.7.7　湍流火焰的稳定

在实际燃烧装置中,可燃混气的平均流速要比火焰传播速度大得多。在燃烧室进口气流速度高达 120 m/s,而烃类燃料在空气中的湍流火焰传播速度也只有几米每秒。因此,如不采取特殊的措施,火焰是无法稳定燃烧的。因为此时气流的 Re 很高,一般不能用本生灯火焰边界层中的流速来分析火焰稳定问题。所以,要实现高速气流中火焰的稳定,就必须在气流中人为地创造条件来建立平衡点,以满足气流法向分速度等于湍流火焰传播速度。

最常用的方法是,在气流中设置稳焰器使气流产生回流区,如燃气轮机燃烧室和工业锅炉中常用旋流器产生回流区使火焰稳定;在喷气发动机加力燃烧室中常用钝体稳焰器产生回流区使火焰稳定;在有些工业炉中采用突扩管道产生回流区使火焰稳定。由于回流区的存在,它不断将高温已燃气体带入流区,形成一个强大的稳定点火源,然后不断点燃新鲜混气,在过渡区内造成低速流动区,满足火焰传播速度与气流流动速度之间相等的要求,从而使火焰保持稳定。高速气流中的火焰稳定是燃烧理论中的一个重要课题,并对燃烧室或燃烧装置的设计和运行具有重要的工程指导意义。

1. 钝体(非流线体)稳定火焰的机理

采用钝体是最常用、最有效的稳定火焰的方法之一。钝体的形状很多,有圆形、平板、半圆锥体、V 形槽等。钝体稳定火焰的原理就是依靠形成稳定的回流区来实现的。下面以 V 形槽为例(见图 4 - 43),了解钝体回流区中气流的结构。

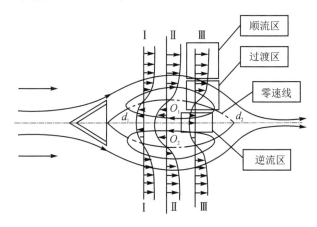

图 4 - 43　钝体火焰稳定器的回流区

(1) 钝体后回流区中气流结构

当高速气流流经 V 形槽时,由于气体粘性力的作用,将钝体后面遮蔽区中的气流带走,形成局部低压区,从而使钝体下游处部分气流在压力差的作用下,以与主气流相反的方向流向钝体后的遮蔽区,以保持流动的连续性。这样就在 V 形槽的尾迹中形成回流区。如果测量出 V 形槽尾迹中各点的时均流速,则可以画出尾迹中的时均流速分布,如图 4 - 43 所示。由于障碍物对称,在其尾迹中形成两个大致对称的椭圆形漩涡,每个漩涡中间有个核心,气流绕它旋转,核心处的速度为零,称为"涡心",在紧靠障碍物的凹区内,气流滞止,称为死心 d_1;在回流区的尾部,由于气流结构造成一个菱形区,它的后驱和中心轴的交点称为后死心 d_2。在 I - I 截面上有两个点轴向分速为零,如果把各截面上轴向速度为零的点连起来,就叫零速线。这条线包围轴向逆流速度部分,称为逆流区,零速线以外称为顺流区。从零速线向外,速度逐渐增大,最大到等于主流速度,即为顺流区和主流区的边界。

回流区的存在,使气体从后面进入回流区,从前面流出回流区。从图 4 - 44 可以看出回流气体好像总在循环,但是,由于回流区边界上(过渡区)速度变化很激烈,回流区内的湍流强度很大,因此,回流气体与外界有强烈的湍流交换。实验结果分析表明,当 V 形槽后的混气被点燃后,因为回流区里充满了高温燃气,且流向是逆向,所以新鲜混气刚进入燃烧室就与回流区内流出的高温燃气接触,被点燃以后,沿环流区外侧流向下游,而高温燃气则从回流区下游进入补充回流区里的热量损失,然后又周而复始,造成了新鲜混气不断地被回流的高温燃气点燃,回流区外侧的火焰则不断地向回流区补充能量,并维持其高温,使燃烧火焰得以稳定进行。

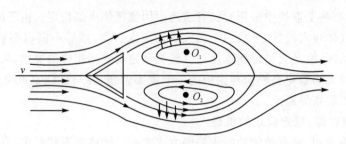

图 4 - 44　钝体火焰稳定器回流区的形成

（2）钝体后回流区火焰稳定原理

可燃混气射流喷入燃烧室后，由于回流区的存在，回流旋涡将炽热的高温烟气带回钝体，使燃烧反应温度显著升高，火焰得以稳定在一个小的区域内，如图 4 - 45 所示。此时的火焰传播速度为 S_T，且有 $v_g \gg S_T > 0$（v_g 为当地气流速度）。在 O—O 截面上，过渡区的轴向速度 v 在 $0 \sim v_g$ 之间。在该速度区中总可以找到一点（如 b 点），即该点气流速度恰好与火焰传播速度相等，即 $v_g = S_T$，而方向相反，这就满足了火焰稳定的基本条件。也可以认为，火焰在此形成了一个固定点火源。

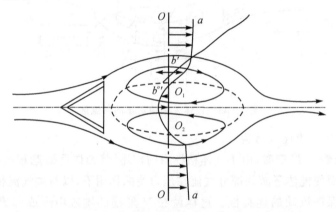

图 4 - 45　钝体火焰稳定器点火源的位置

点火源并不一定仅在 O—O 截面上，也有可能出现在 O—O 截面前面，也可能在其后面，这取决于气流的具体情况，但点火源肯定在顺流区内。实际上，回流区吸入大批高温燃气本身就起到了固定、连续点火源的作用。一般认为，点火过程是回流区外边缘新鲜可燃混气和高温燃气在相接触的交界面上进行的。由于以上分析的是一个剖面，而实际上 V 形钝体是个轴对称的空间结构，因此固定点火源应为一个圆环。

可见，为了在钝体火焰稳定器后维持火焰稳定，除了要在其后形成一个固定点火源外，还要有足够的能量，否则无法点燃新鲜的可燃混气。然而，若流过钝体火焰稳定器的新鲜可燃混气的组成超过了着火极限，那么即使具有很大能量的点火源也无济于事。实验表明，在给定的可燃混气流速、温度和压力下，要在钝体火焰稳定器下游维持一稳定火焰，可燃混气组成就必须处于一定范围；若可燃混气组成一定，那么在给定的温度和压力下，增大气流流速同样会把火焰吹熄。

火焰稳定器的稳定性主要是指具有较高的吹熄速度，且在较宽广的混气浓度范围内实现稳定的燃烧。影响火焰稳定的因素很多，如可燃混气的着火极限与点燃能量，而这些参数又取决于燃气的种类、可燃混气的组成、气流速度、湍流强度以及可燃混气的压力和温度等;而回流区所具有的能量又取决于火焰稳定器的结构形状和尺寸大小,气流速度和旋转与否,以及燃烧室尺寸等。因此,火焰稳定是一个复杂问题,上述各因素中只要有一个发生变化,特别是火焰稳定器的尺寸及形状的变化,就可能引起火焰的脱离或熄灭。

2. V 形槽火焰稳定理论

关于 V 形槽火焰稳定的理论,最主要的有两种:一种是能量理论;另一种是特征时间理论。

能量理论认为:混气受回流区高温燃气的加热,达到着火温度而使火焰保持稳定,如果回流区传给可燃新鲜混气的热量不足以使混气达到着火温度,则火焰熄灭。

特征时间理论认为:火焰稳定性取决于两个特征时间——新鲜混气在回流区外边界停留的时间 τ_s 及点燃新鲜混气所需的准备时间,即感应期 τ_i。研究表明,未燃混气微团与热燃气接触后,吸热升温,这时混气微团内的化学反应虽然已经开始,但并没有显著的化学变化,需要经过一段准备时间,积累足够的热量以后才能着火燃烧,这一段时间就是感应期。所以,如果 $\tau_s \geqslant \tau_i$,则火焰可以稳定;反之,$\tau_s < \tau_i$,则火焰就会熄灭。

由以上两种理论所得的稳定性准则结论基本相同,即适当增加火焰稳定器的尺寸,提高混气温度,使混气成分接近化学恰当比,以及增加混气压力等均能在较高的流速下保持火焰稳定。

3. 高速气流中稳定火焰的方法

上面的分析表明,当混气点燃后,充满高温燃气的回流区就是一个稳定的点火源。故凡是在高速气流中能形成这样回流区的方法,就可以稳定火焰。常用实现火焰稳定的方法有:利用引燃火焰(值班火焰)稳定,利用旋转射流(旋流器)稳定,利用逆向射流、突扩管道以及带孔圆管或同向两股存在大速差的射流等稳定。

(1) 利用引燃火焰稳定

图 4-46 所示为利用引燃火焰稳定主火焰的几种典型方法。从图 4-46 中可以看出,引燃火焰稳定的基本方法是构造一个浓度稍高而速度稍低的区域,方法是在主喷口周围设计一个环缝区域(图中 3 所指区域),使主流道(图中 1 所指区域)上的一部分可燃气进入环缝,并从环缝减速喷出燃烧器,达到在高速区外围增设低速区(环缝)的目的,这样就使环缝处的浓度高而速度低,从而构造出新的点火源。从环缝喷出的引燃火焰,使燃烧器喷口喷出的主气流得到

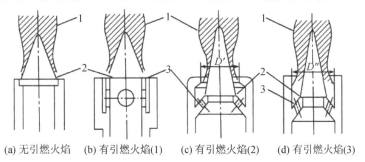

　(a) 无引燃火焰　　(b) 有引燃火焰(1)　　(c) 有引燃火焰(2)　　(d) 有引燃火焰(3)

1—主火焰;2—主焰孔;3—引燃焰孔

图 4-46　利用引燃火焰稳定主火焰的典型方法

不间断的点燃,从而稳定主火焰。该引燃火焰必然是流速较低、燃烧较小的分支火焰,其流速可为主火焰的十分之一,燃烧量可达主火焰的 20% ~30%。可以认为,由于强烈的扩散和混合作用,在由引燃火焰产生的炽热气流与点燃前的可燃混气气流之间,发生强烈的热、质交换,冷的可燃混气温度因此得以升高,反应速率增大,并进一步着火和燃烧。这种引燃火焰与冷的可燃混气之间的作用一直不间断地进行下去,便可有效地保证主气流的燃烧稳定。

(2) 利用旋转射流稳定

燃料气流或空气在离开燃烧器喷口之前开始做旋转运动,那么在气流由喷口喷出后便会边旋转边向前运动,从而形成旋转射流。旋转射流是通过各种形式的旋流器产生的,气流在旋流器的作用下螺旋运动,它一旦离开燃烧器由喷口喷射出去,在离心力的作用下,不仅具有轴向速度,还具有气流扩散的切向速度,如图 4-47 所示。

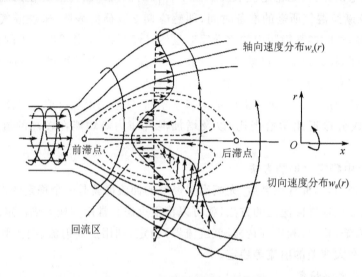

图 4-47 旋转射流流场示意图

旋转射流在锅炉、燃气轮机及其他工业燃烧设备中得到了广泛应用,这不仅是因为它具有较大的喷射扩张角,使得射程较短,可在较窄的炉膛或燃烧室中深度完成燃烧过程,而且在强旋转射流内部形成一个回流区。因此,旋转射流不但可从射流外侧卷吸周围介质,还能从内回流中卷吸高温介质,故它具有较强的抽气能力,可使大量高温燃气回流至火焰根部,保证燃料及时、顺利地着火和稳定燃烧。

(3) 利用逆向射流稳定

逆向射流火焰稳定器如图 4-48 所示。在逆向射流形成的环流区前缘,逆向射流和主流相撞,流速降低,形成前缘滞止区。当混气点燃以后,可以形成稳定的火焰。环流区把高温燃气带到滞止区,从而滞止区就是一个稳定的点火源。在滞止区里包含有射流混气、新鲜空气和高温燃气,因此可以根据不同的主流速度,调整射流混气的浓度和速度,保证创造火焰稳定的条件。如果主气流是混气,逆向射流是新鲜空气,在滞止区里形成稳定点火源。这种稳焰方法可用在航空发动机的加力燃烧室中,也可用在工业锅炉中做起动火炬的稳定器。

(4) 利用突扩管道稳定

突扩管道也可以形成射流和管壁之间的环形回流区,如图 4-49 所示。由于回流区的尺寸较大,突扩管道式燃烧室可实现高强度的预混气无焰燃烧。其缺点是,有产生回火的危险。

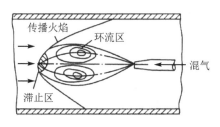

图 4 - 48　逆向射流火焰稳定器

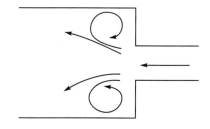

图 4 - 49　突扩管道的流动

4.8　湍流扩散火焰

4.8.1　湍流扩散火焰的特点

当气流的流动速度增加到某一临界值时,会使流动由层流过渡到湍流。扩散火焰由层流状态过渡到湍流状态一般发生在 Re 在 2 000 到 10 000 的范围内。过渡范围这样宽的原因是气体的粘度与温度有很大关系,绝热温度相对较高的火焰可以在相对高的 Re 下进入湍流;相反,绝热温度相对比较低的火焰将会在相对低的 Re 下进入湍流。

从层流向湍流的过渡过程中,火焰高度和火焰状态都会随管口流出速度发生变化。在层流区,火焰面清晰、光滑和稳定,火焰高度几乎同流速(或雷诺数)成正比。在过渡区,火焰末端出现局部湍流,焰面明显起皱,并随着流出速度的增加,火焰端部的湍流区长度增加,或由层流转变为湍流的"转变点"逐渐向管口移动,而火焰的总高度则明显降低。到达湍流区之后,火焰总高度几乎与流出速度无关,而"转变点"与管口间的距离则随着流速的增加而略有缩短。这时几乎整个火焰面严重皱折,火焰亮度明显降低,并出现明显的燃烧噪声。

根据射流形式不同,湍流扩散火焰分为自由射流湍流扩散火焰、同心射流湍流扩散火焰、旋流射流湍流扩散火焰、逆向流射流扩散火焰、受限射流与非受限射流湍流扩散火焰。湍流扩散火焰的稳定性是指火焰既不被吹跑(或叫脱火、吹熄)也不产生回火,而始终"悬挂"在管口的情况。在低的流速下,火焰附着在管口。随着流速的增加,火焰从管口升起。从管口到火焰底部的距离称为火焰升起的距离。当管口流出速度超过某一极限值时,火焰会熄灭。扩散燃烧时,由于燃料在管内不与空气预先混合,因此不可能产生回火,这是扩散燃烧的最大优点。

湍流扩散燃烧是当前工业上广泛采用的燃烧方法之一,并常用一些人工稳焰方法来改善火焰的稳定性。碳氢化合物在高温和缺氧的环境中会分解成小分子化合物,并产生游离的碳粒。如果这些碳粒来不及完全燃烧而被燃烧产物带走,就会造成环境污染,并导致能量损失。扩散燃烧时,火焰的根部及火焰的内侧容易析碳,因此,如何控制碳粒生成及防止冒烟是扩散燃烧中值得注意的问题。实验表明,气态燃料中的一氧化碳分子的热稳定性较好,在 2 500～3 000 ℃的高温下也能保持稳定。而各种碳氢化合物的热稳定性却较差,它们的分解温度较低,如甲烷为 683 ℃,乙烷为 485 ℃,丙烷为 400 ℃,丁烷为 435 ℃。一般而言,碳氢化合物的相对分子质量越大,热稳定性就越差,而且温度越高,分解反应越强烈,如甲烷在 950 ℃时只分解 26%,但在 1150 ℃时将分解 90%。

4.8.2 计算湍流扩散火焰高度的经验公式

相对于层流扩散火焰,湍流扩散火焰要复杂得多,很难用分析的方法求解,主要靠数值方法求解。下面介绍估算火焰长度和半径的经验公式。

对于燃料自由射流所产生的垂直火焰取决于以下 4 个因素:

① 初始射流动量通量与作用在火焰上的力之比,即火焰弗劳德数(Froude number)Fr_f;

② 化学恰当反应时燃料所占可燃混合物的质量分数 $w_{f,s}$;

③ 喷管内流体密度与环境气体密度之比 ρ_e/ρ_∞;

④ 初始射流直径 d_j。

火焰弗劳德数的定义如下:

$$Fr_f = \frac{v_e w_{f,s}^{3/2}}{(\rho_e/\rho_\infty)^{1/4}\left(\dfrac{\Delta T_f}{T_\infty}g d_j\right)^{1/2}} \tag{4-52}$$

式中:ΔT_f 为燃烧特征温度;g 为重力加速度;T_∞ 为环境温度;v_e 为喷口气流速度。

可以将喷管内流体密度与环境气体密度之比 ρ_e/ρ_∞ 与初始射流直径 d_j 综合为一个参数,即动量直径:

$$d_j^* = d_j(\rho_e/\rho_\infty)^{1/2} \tag{4-53}$$

无因次火焰长度的经验公式:

$$L^* = \frac{L_f w_{f,s}}{d_j(\rho_e/\rho_\infty)^{1/2}} \tag{4-54}$$

或

$$L^* = \frac{L_f w_{f,s}}{d_j^*} \tag{4-55}$$

在浮力起主要作用的区中($Fr_f < 5$),无因次火焰长度的经验公式为

$$L^* = \frac{13.5 Fr_f^{2/5}}{(1+0.07 Fr_f^2)^{1/5}} \tag{4-56}$$

在动量起主要作用的区中($Fr_f \geqslant 5$),无因次火焰长度的经验公式为

$$L^* = 23 \tag{4-57}$$

例 4.3 已知:一丙烷射流火焰的出口直径为 6.17 mm,丙烷的质量流量为 3.66×10^{-3} kg/s,射流出口处的丙烷密度为 1.854 kg/m³,环境压力为 1 atm,温度为 300 K。已知丙烷绝热火焰温度为 $T_{ad} = 2\,267$ K。试估算该射流火焰的长度。

解:

下面将用 Delichatsios 关系式来估算该射流火焰的长度,Delichatsios 关系式具体表示如下:

$$L^* = \begin{cases} \dfrac{13.5 Fr_f^{2/5}}{(1+0.07 Fr_f^2)^{1/5}}, & Fr_f < 5 \\[3mm] 23, & Fr_f \geqslant 5 \end{cases}$$

由此可见,要求火焰长度,必须先求出火焰弗劳德数 Fr_f。

Fr_f 的表达式如下:

$$Fr_f = \frac{v_e w_{f,s}^{3/2}}{(\rho_e/\rho_\infty)^{1/4} \left(\dfrac{\Delta T_f}{T_\infty} g d_j\right)^{1/2}}$$

由已知可得

$$\rho_\infty = \rho_{air} = 1.161\ 4\ kg/m^3$$

$$T_f \cong T_{ad} = 2\ 267\ K$$

$$w_{f,s} = \frac{1}{(A/F)_{stoic} + 1} = \frac{1}{15.57 + 1} = 0.060\ 35$$

$$v_e = \frac{\dot{m}}{\rho_e \pi d_j^2/4} = \frac{3.66 \times 10^{-3}}{1.854 \times \pi \times 0.006\ 17^2/4}\ m/s = 66.0\ m/s$$

现在可求出火焰弗劳德数:

$$Fr_f = \frac{66.0 \times 0.060\ 35^{1.5}}{\left(\dfrac{1.854}{1.161\ 4}\right)^{0.25} \left(\dfrac{2\ 267 - 300}{300} \times 9.81 \times 0.006\ 17\right)^{0.5}} = 1.386$$

可见 $Fr_f < 5$,

$$L^* = \frac{13.5 \times 1.386^{0.4}}{(1 + 0.07 \times 1.386^2)^{1.5}} = 15.0$$

这是无量纲火焰长度,需要将它转换成实际火焰长度。无量纲出口直径为

$$d_j^* = d_j \left(\frac{\rho_e}{\rho_\infty}\right)^{0.5} = 0.006\ 17 \times \left(\frac{1.854}{1.161\ 4}\right)^{0.5}\ m = 0.007\ 8\ m$$

因此,实际火焰长度为

$$L_f = \frac{L^* d_j^*}{w_{f,s}} = \frac{15.0 \times 0.007\ 8}{0.060\ 35}\ m = 1.94\ m$$

例 4.4 假设有一甲烷射流火焰,其释热速率和出口直径与例 4.3 中的丙烷射流火焰一样,出口处甲烷密度为 $0.656\ 5\ kg/m^3$,试确定该甲烷射流长度,并与例 4.3 中的计算结果进行比较。

解:

只要求出了甲烷射流的质量流量,就可以用例 4.3 的方法来求该甲烷射流火焰长度。根据两射流火焰的释热量相等可得

$$\dot{m}_{CH_4} LHV_{CH_4} = \dot{m}_{C_3H_8} LHV_{C_3H_8} \text{(使用燃料的低热值)}$$

$$\dot{m}_{CH_4} = \frac{\dot{m}_{C_3H_8} LHV_{C_3H_8}}{LHV_{CH_4}} = 3.66 \times 10^{-3} \times \frac{46\ 357}{50\ 016}\ kg/s = 3.39 \times 10^{-3}\ kg/s$$

仿照例 4.3,先求出下列各量:

$$\rho_\infty = 1.161\ 4\ kg/m^3$$

$$T_f = 2\ 226\ K$$

$$w_{f,s} = 0.052\ 2$$

$$v_e = 172.7\ m/s$$

由 Delichatsios 关系式可得

$$Fr_f = 4.154$$

$$L^* = 20.36$$

$$d_{\text{j}}^* = 0.004\ 6\ \text{m}$$

所以

$$L_{\text{f}} = 1.71\ \text{m}$$

两焰火长度比较

$$\frac{L_{\text{f,CH}_4}}{L_{\text{f,C}_3\text{H}_8}} = \frac{1.71}{1.94} = 0.88$$

可见,甲烷射流火焰比丙烷射流火焰短大约 12%。

我们不禁要问,是什么原因使得甲烷射流火焰的长度比丙烷的小呢?首先,可以看出口动量对甲烷射流火焰长度的影响起主要作用,这使得甲烷射流火焰的无量纲长度比丙烷的长。但是,甲烷出口密度很小,使得动量直径显著变小,这个较小的动量直径是使甲烷火焰长度变小的关键因素(虽然甲烷的化学计量系数比丙烷要小,但是它的影响比动量直径要小得多)。

4.9　液态燃料的蒸发与燃烧

液体燃料通过喷嘴喷入燃烧室后形成油滴,油滴再进行蒸发和燃烧。因此,首先需要掌握单个油滴在高温环境中的蒸发与燃烧规律,然后再进行油雾燃烧的研究。

4.9.1　相对静止环境中油滴的蒸发与燃烧

1. 斯蒂芬流及油滴温度

假定单个油滴在静止高温空气中蒸发,则油滴周围的气体将是由空气和燃油蒸气组成的混合物,其浓度分布是球对称的。图 4-50 所示为油滴浓度的变化趋势,其中 Y_{a} 和 Y_{f} 分别表示空气和燃油蒸气的质量分数,下角标 s 表示油滴表面。可见,燃油蒸气浓度在油滴表面最高。随着半径的增大,浓度逐渐减小,直至无穷远处,$Y_{\text{f}\infty} = 0$;对于空气,浓度的变化正好相反,在无限远处,$Y_{\text{a}\infty} = 1.0$,并逐渐减小到油滴表面的值。显然,在任意半径处,有 $Y_{\text{a}} + Y_{\text{f}} = 1.0$。

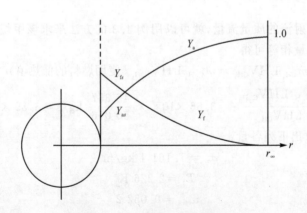

图 4-50　油滴浓度的变化趋势

由于浓度差的存在必然导致质量扩散,根据费克定律,质量扩散速度正比于浓度梯度,故有

$$\dot{m}_f = -\rho D \frac{\mathrm{d}Y_f}{\mathrm{d}r} \tag{4-58}$$

$$\dot{m}_a = -\rho D \frac{\mathrm{d}Y_a}{\mathrm{d}r} \tag{4-59}$$

式中：ρ 和 D 分别为气相总密度和分子扩散系数；$\dot{m}_f$ 和 $\dot{m}_a$ 的单位均为 $\mathrm{kg/(s \cdot cm^2)}$。

可见，浓度梯度的存在使燃油蒸气不断地从油滴表面向外扩散；相反地，空气则从外部环境不断地向油滴表面扩散。在油滴表面，空气分子力图向油滴内部扩散，但空气不溶于燃油，也就是说，空气不可能进入油滴内部。因此，为平衡空气的扩散趋势，必然会产生一个反向的流动。若这个反向流动的速度为 v_s（指向油滴表面），则由质量平衡方程应有

$$\pi d_s^2 \rho v_s Y_{as} - \pi d_s^2 \rho D \left. \frac{\mathrm{d}Y_a}{\mathrm{d}r} \right|_s = 0 \tag{4-60}$$

式（4-60）表明，在油滴表面上向油滴扩散的空气质量正好被向外流动的空气质量所抵消，因此净空气流通量为零。

上述在油滴表面以速度 v_s 所表征的流动称为斯蒂芬（Stefan）流，这是以油滴中心为源的"点泉"流。因此应有

$$\pi d_s^2 \rho v_s Y_{as} = \pi d^2 \rho v Y_a \tag{4-61}$$

或

$$d^2 \rho v Y_a = \mathrm{const}$$

式（4-60）也可以写成对任何半径都适用的形式，即

$$\pi d^2 \rho v Y_a - \pi d^2 \rho D \frac{\mathrm{d}Y_a}{\mathrm{d}r} = 0 \tag{4-62}$$

或

$$\rho v Y_a - \rho D \frac{\mathrm{d}Y_a}{\mathrm{d}r} = 0$$

式（4-62）表明，在蒸发液滴外围的任一对称球面上，由 Stefan 流引起的空气质量迁移正好与 分子扩散引起的空气质量迁移相抵消，因此空气的总质量迁移为 0。

油滴在高温环境中蒸发或燃烧时，通过辐射和对流接收外部热量，温度逐渐上升，如图 4-51 所示。由于燃油本身的热传导系数不是无限大，因此在开始阶段油滴表面的温度总是高于核心温度，随后共同趋向于某一恒值 T_{wb}，这个温度称为蒸发平衡温度或湿球温度。在此温度下，油滴从外部吸收的热量与油滴汽化所消耗的潜热相等，达到了能量平衡。当油滴在高温环境中蒸发或燃烧时，湿球温度接近于燃油的沸点，粗略计算时可取两者相等。

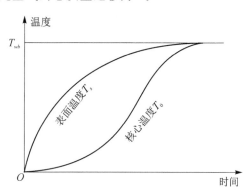

图 4-51　油滴加热过程

此外，油滴内部的温度分布对蒸发过程的影响不大。因此在计算时，常假定油滴内部温度是均匀的。这种情况相当于燃油导热系数为无限大。

2. 油滴的蒸发速率

单位时间内从油滴表面蒸发的液体质量,通过 Stefan 流动和分子扩散两种方式将燃油蒸气迁移到周围环境。若浓度分布为球对称,则有

$$\dot{m}_f = -\pi d_s^2 \rho D \left.\frac{dY_a}{dr}\right|_s + \pi d_s^2 \rho v_s Y_{fs} \qquad (\text{油滴表面})$$

或

$$\dot{m}_f = -\pi d^2 \rho D \frac{dY_f}{dr} + \pi d^2 \rho v Y_f \qquad (\text{任意半径}) \qquad (4-63)$$

将式(4-62)与式(4-63)相加,并考虑到 $\dfrac{dY_a}{dr} = -\dfrac{dY_f}{dr}$,可得

$$\dot{m}_f = \rho v \pi d^2 (Y_a + Y_f) = \rho v \pi d^2 \qquad (4-64)$$

故式(4-63)可改写为

$$\dot{m}_f = -4\pi r^2 \rho D \frac{dY_f}{dr} + \dot{m}_f Y_f$$

或

$$\dot{m}_f \frac{dr}{r^2} = -4\pi \rho D \frac{dY_f}{1-Y_f} \qquad (4-65)$$

对上式进行积分(注意 $\dot{m}_f$ 与 r 无关),并取边界条件为

$$r = r_s, \quad Y_f = Y_{fs}$$
$$r = \infty, \quad Y_f = Y_{f\infty}$$

可得纯蒸发(不燃烧)条件下油滴的蒸发速率为

$$\dot{m}_f = 4\pi r_s \rho D \ln(1+B) \qquad (4-66)$$

式中:$\dot{m}_f$ 的单位为 $\text{kg}/(\text{s} \cdot \text{cm}^2)$;$B$ 为物质交换数,并有

$$B = \frac{Y_{fs} - Y_{f\infty}}{1 - Y_{fs}} \qquad (4-67)$$

计算时通常可假定油滴表面的燃油蒸气压等于饱和蒸气压,因此只要已知油滴表面温度以及燃油的饱和蒸气压与温度的关系,即可求得 Y_{fs},因而可确定物质交换数 B。

也可以采用油滴能量平衡的方法来计算静止环境中油滴的蒸发速率。

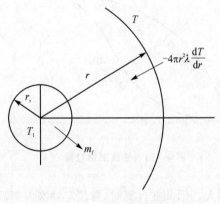

图 4-52　油滴能量平衡简图

在以油滴为中心、半径为 r 的球面上(见图 4-52),假设温度为 T,由外部环境向内侧球体的导热量为 $-4\pi r^2 \lambda \dfrac{dT}{dr}$,该导入热量用于以下 3 个方面:

① 加热油滴,若油滴内部温度均匀,等于 T_1,那么当 $T_1 < T_{wb}$ 时,单位时间内加热所消耗的热量为 $\dfrac{4}{3}\pi r_s^3 \rho_1 C_1 \dfrac{dT_1}{d\tau}$;当 $T_1 = T_{wb}$ 时,油滴温度不变,此项为 0。

② 油滴蒸发消耗的潜热,其值为 $\dot{m}_f \cdot h_{fg}$。

此处，h_{fg} 为汽化潜热，单位为 kJ/kg。

③ 使燃油蒸气从 T_1 升温到 T 所需的热量，其值为 $\dot{m}_f c_p (T - T_1)$，即为蒸发出的燃油蒸气热焓的增加。于是，蒸发油滴的热平衡方程为

$$-4\pi r^2 \lambda \frac{dT}{dr} + \dot{m}_f c_p (T - T_1) + \dot{m}_f h_{fg} + \frac{4}{3}\pi r_s^3 \rho_1 C_1 \frac{dT_1}{d\tau} = 0 \qquad (4-68)$$

在油滴达到蒸发平衡温度（$T_1 = T_{wb} = \text{const}$）后，有

$$\frac{dT_1}{d\tau} = \frac{dT_{wb}}{d\tau} = 0$$

于是式（4-68）可简写为

$$\frac{\dot{m}_f}{4\pi\lambda} \frac{dr}{r^2} = \frac{dT}{c_p (T - T_{wb}) + h_{fg}} \qquad (4-69)$$

对式（4-69）积分，并取边界条件

$$r = r_s, \quad T = T_{wb}$$
$$r = \infty, \quad T = T_\infty$$

可得

$$\dot{m}_f = 4\pi r_s \frac{\lambda}{c_p} \ln\left[1 + \frac{c_p (T_\infty - T_{wb})}{h_{fg}}\right] \qquad (4-70)$$

由此可见，式（4-66）及式（4-70）均可用于计算油滴的纯蒸发速率，但两式的应用条件不同。式（4-70）仅适用于计算油滴已达蒸发平衡温度（$T_1 = T_{wb}$）后的蒸发，而式（4-66）却不受这个条件的限制，是一个普遍适用的计算公式。即使在油滴最不利于蒸发时，如油滴粗大以及挥发性差时，油滴加温过程所占的时间也不超过总蒸发时间的 10%。因此，当缺乏饱和蒸气压力数据时，也可用式（4-66）来近似计算蒸发的全过程。若油滴周围气体混合物的刘易斯数等于 1，则有 $\lambda / c_p = \rho D$，并令

$$B_T = \frac{c_p (T_\infty - T_{wb})}{h_{fg}} \qquad (4-71)$$

则有

$$\dot{m}_f = 4\pi r_s \rho D \ln(1 + B_T) \qquad (4-72)$$

对比式（4-72）和式（4-66）可知，当蒸发平衡（$T_1 = T_{wb}$）且刘易氏数等于 1 时，应有

$$B = B_T$$

或

$$\frac{Y_{fs} - Y_{f\infty}}{1 - Y_{fs}} = \frac{c_p (T_\infty - T_{wb})}{h_{fg}} \qquad (4-73)$$

3. 油滴的燃烧速率

相对静止的油滴燃烧，油滴被一对称的球形火焰面包围，火焰面半径通常比油滴半径大得多（$r_f \gg r_s$）。这种情况下的油滴燃烧属于扩散燃烧，如图 4-53 所示，其中 Y_p 为燃烧产物的质量分数。燃油蒸气从油滴表面向火焰面扩散，而空气则由外界向火焰面扩散。在火焰锋面 $r = r_f$ 处，油

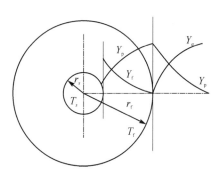

图 4-53　油滴的扩散燃烧模型

气组分的扩散速率之比为化学恰当比($\Phi=1$)。理想情况下,可假设火焰锋面的厚度为无限薄,亦即反应速率无限快,燃烧在瞬间完成。由此分析,可画出油滴扩散燃烧时组分及温度的分布模型(见图 4-53)。根据该模型,可从质量平衡和能量平衡角度推导出油滴的燃烧速率。

(1) 从质量平衡角度入手进行推导

根据上述分析,可取边界条件

$$r=r_s, \quad Y_f=Y_{fs}$$
$$r=r_f, \quad (Y_f)_f=0 \quad (\text{理论上})$$

并对式(4-65)积分,可得油滴的燃烧速率为

$$\dot{m}_f = 4\pi\rho D \frac{1}{\dfrac{1}{r_s}-\dfrac{1}{r_f}} \ln(1+B) \tag{4-74}$$

式中:

$$B = \frac{Y_{fs}}{1-Y_{fs}} \tag{4-75}$$

油滴纯蒸发时,火焰面不存在,相当于 $r_f \to \infty$。又若 $Y_{f\infty}=0$,则式(4-74)和式(4-75)分别变为式(4-66)及式(4-67)。

(2) 从能量平衡角度入手进行推导

油滴燃烧时,可取 $T_w=T_b$(燃油沸点温度)。同理,若取边界条件

$$r=r_s, \quad T=T_b$$
$$r=r_f, \quad T=T_f \quad (\text{火焰温度})$$

并对式(4-69)积分,也可得到油滴燃烧速率的表达式,即

$$\dot{m}_f = \frac{1}{\dfrac{1}{r_s}-\dfrac{1}{r_f}} \frac{4\pi\lambda}{c_p} \ln\left[1+\frac{c_p(T_f-T_b)}{h_{fg}}\right] \tag{4-76}$$

油滴外围球面焰锋的半径 r_f 可采用如下方法推导得出。油滴燃烧所需的氧气(或空气)从远处向球面焰锋扩散,其扩散速率应等于式(4-76)确定的燃油消耗率 $\dot{m}_f$ 乘以氧气(或空气)对燃油的化学恰当配比 β,即

$$4\pi r^2 \rho D \frac{dY}{dr} = \beta \dot{m}_f \tag{4-77}$$

式中:D 和 Y 分别为氧气(或空气)的扩散系数和浓度。

改写式(4-77),从 r_f 积分到无穷远处,并考虑火焰锋面上的氧浓度为0,则可得

$$\int_0^{Y_\infty} 4\pi\rho D \, dY = \int_{r_f}^\infty \beta\dot{m}_f \frac{dr}{r^2}$$

或

$$4\pi\rho D(Y_\infty-0) = -\beta\dot{m}_f\left(\frac{1}{\infty}-\frac{1}{r_f}\right)$$

于是,火焰锋面的半径为

$$r_f = \frac{\beta\dot{m}_f}{4\pi\rho D Y_\infty} \tag{4-78}$$

将 r_f 代入式(4-76),经整理可得

$$\dot{m}_{\mathrm{f}} = 4\pi r_s \left\{ \frac{\lambda}{c_p} \ln \left[1 + \frac{c_p (T_{\mathrm{f}} - T_{\mathrm{b}})}{h_{\mathrm{fg}}} \right] + \frac{\rho DY_\infty}{\beta} \right\} \tag{4-79}$$

4.9.2 强迫对流条件下油滴的蒸发或燃烧速率

实际燃烧过程中,油滴和气流间总是存在相对运动,如图 4-54 所示。这样,前面关于球对称的假设是不适用的,也就是说,在对称球面上,浓度、温度等不再相等,Stefan 流也不再保持球对称,为处理这种复杂得多的问题,工程上常用"折算薄膜"来近似处理。于是油滴的燃烧速率可表示为如下的简单形式:

$$(\dot{m}_{\mathrm{f}})_{Re \neq 0} = \frac{Nu^*}{2} (\dot{m}_{\mathrm{f}})_{Re = 0} \tag{4-80}$$

式中:Nu^* 为强迫对流条件下固体小球表面的努塞尔数;Re 为油滴在气流中相对运动的雷诺数,其定义为

$$Re = \frac{u_{\mathrm{R}} \rho_{\mathrm{g}} d_{\mathrm{s}}}{\mu_{\mathrm{g}}} \tag{4-81}$$

其中:u_{R} 为油气间的相对速度;d_{s} 为油滴直径;ρ_{g} 和 μ_{g} 分别为气体的密度和粘性系数。

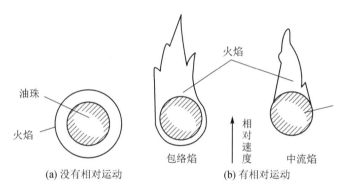

(a) 没有相对运动　　　　　(b) 有相对运动

图 4-54　单个油滴的燃烧

式(4-80)中,$Re = 0$ 及 $Re \neq 0$ 分别表示相对静止条件和强迫对流条件,它表明强迫对流条件下的油滴纯蒸发(或燃烧)速率等于相对静止条件下的相应速率乘以系数 $Nu^*/2$。而相对静止条件下纯蒸发或燃烧速率可分别按式(4-66)、式(4-70)、式(4-74)和式(4-76)求得。

式(4-80)中的 Nu^* 可按下列经验公式求得,

$$Nu^* = 2 + 0.60 Re^{0.5} Pr^{0.33} > 2 \tag{4-82}$$

式中:Pr 为气态混合物的普朗特数。

4.9.3 直径平方定律及油滴寿命

利用前面导出的油滴纯蒸发或燃烧速率表达式,可以进一步求出给定直径的油滴在一定条件下的生存期或寿命。在燃烧室设计中,这是一个非常重要的参数。当油滴纯蒸发或燃烧时,直径不断减小,其减小速率与前述的蒸发或燃烧速率 $\dot{m}_{\mathrm{f}}$ 有关。设任一瞬间的油滴直径为 d,经过 $\Delta\tau$ 时间后,直径减小 Δd,则 $\dot{m}_{\mathrm{f}}$ 可表示为

$$\dot{m}_f = -\pi d^2 \rho_1 \frac{\Delta d}{2} \frac{1}{\Delta \tau}$$

以相对静止条件下的纯蒸发为例,将式(4-67)代入上式得

$$\frac{\Delta d}{\Delta \tau} = \frac{-4\rho D}{d\rho_1} \ln(1+B) \qquad (4-83)$$

可见,油滴直径越小,直径缩小率越大,也就是说,大油滴在蒸发(或燃烧)后期直径缩小得更快。若油滴的初始直径为 d_0,对式(4-83)积分可得

$$d^2 = d_0^2 - \left[\frac{8\rho D}{\rho_1} \ln(1+B)\right]\tau$$

或

$$d^2 = d_0^2 - K\tau \qquad (4-84)$$

其中,系数 $K = \dfrac{8\rho D}{\rho_1} \ln(1+B)$,称为蒸发常数。这就是广为应用的油滴蒸发的直径平方定律。

根据式(4-84),蒸发终了,油滴直径为 0,则油滴寿命 $\tau = \dfrac{d_0^2}{K}$,可见:

① 油滴寿命与初始直径的平方成正比。

② 油滴寿命与蒸发常数 K 成反比。

③ 由前述知识可知,强迫对流的蒸发常数为 $\dfrac{8\rho D}{\rho_1} \dfrac{Nu^*}{2} \ln(1+B)$,显然强迫对流条件下 $Nu^* > 2$,因此,强迫对流条件下的 K 值增大,油滴寿命缩短。

同理可得,燃烧时的直径平方定律,$d^2 = d_0^2 - K_f\tau$,其中 K_f 为燃烧常数,一般来说 $K_f > K$。

4.9.4 油雾燃烧

上面的所有分析都是针对单个孤立油滴的。在实际的喷油中,我们知道油滴密度非常高,即在燃烧室形成了油雾。油雾需要完成蒸发、混合及燃烧过程。这是一个十分复杂的过程,它不同于单个油滴在静止空气或气流中的蒸发与燃烧,因为此时油滴之间要发生相互作用,但这种相互作用又不能简单地理解为很多单滴燃烧的简单叠加。于是,孤立油滴假设便不成立,就必须考虑油滴间的相互作用。

影响油雾燃烧过程的因素很多,如油雾本身和来流空气的特性、油雾/空气之间的混合情况、油滴直径的分布规律、燃烧室内燃烧状况等。但总的来说,这种相互影响可以从两个主要方面进行简要分析:一方面,油滴蒸发或燃烧时蒸发、消耗或新生成的组分会对邻近油滴附近的物质浓度分布产生影响;另一方面,油滴蒸发或燃烧时所吸收或释放的热量对其邻近油滴周围的温度分布会产生影响,这两个方面因素最终影响油滴的蒸发和燃烧速率。

此外,如果油雾高度密集,则油滴之间的统计平均距离将变得很短(即相互靠得很近)。当油滴之间的距离小于单个油滴所形成的火焰锋面的半径时,油滴就不可能再保持自己单独的球形火焰锋面,而只能在滴与滴之间的可燃混气中进行气相燃烧,即所谓的滴间燃烧。相反,如果滴间平均距离很大,则燃烧时各油滴均可保持各自独立的球状火焰锋面,如同单滴燃烧一样,故称为滴状燃烧。一般雾化燃料的燃烧多数属于这种情况。

实验研究表明,在油雾燃烧时,油滴燃烧时间仍遵循前述的直径平方定律,不过此时燃烧

常数 K_f 比孤立单滴燃烧时略有增大。

　　油雾的燃烧速度一般总比均匀混气燃烧时要小,这是因为油雾中燃烧反应开始前需经过传热蒸发、扩散和混合等过程,这一过程在整个燃烧过程中所占时间较长,以致所需总反应时间较长。

　　根据对层流和湍流液雾燃烧基本现象的研究,可以将液雾燃烧模式分为如图 4 - 55 所示的 4 种模式:预蒸发型气体燃烧、滴群扩散燃烧、复合燃烧、部分预蒸发型气体燃烧加液滴蒸发。第一种情况相当于进口气温高,或雾化细或喷嘴与火焰稳定区间距离长,液滴到达火焰区前方全部蒸发完毕,燃烧完全在无蒸发的气相区中发生,蒸发对火焰长度的影响不大。另一个极端是第二种情况,相当于进口温度低或雾化粗(或蒸发性能差),形成所谓"接力棒式"火焰传播。这时反应动力学因素影响不大。第三种情况和第四种情况介于第一、第二种情况之间,如较常见的液雾中较小的液滴在火焰区前方蒸发完,形成预混型气体火焰,较粗的液滴到达火焰区时尚未蒸发完毕,这时可能产生滴群扩散火焰,也可能由于滴径已缩得过小或滴数过密而只有蒸发。第三及第四种情况下,蒸发因素、反应动力学因素、湍流因素都将对燃烧发生作用。不仅各种燃烧装置由于其工作条件不同而使液雾火焰有不同的特点,而且同一燃烧装置由于处于不同工况或是使用不同的燃料,也会使液雾火焰性质改变。

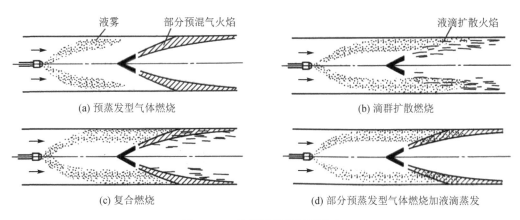

图 4 - 55　液雾燃烧的不同模式

　　但值得注意的是,油雾燃烧有一个显著的特点,或者说突出的优点,就是其着火极限和稳定工作范围比均匀预混可燃气要宽得多,这对燃烧室的工作性能来说具有很实际的意义。这是因为,油雾燃烧主要取决于油滴周围的油气比,即局部的混气浓度。因此,从燃烧室的整体来说,即使其内部总的油气比已超出了均匀混合的可燃极限范围,但是由于混合的不均匀性,局部区域仍可能存在适合于油滴燃烧的油/气比。因此,油雾燃烧的稳定工作范围显著扩大了。

习　　题

1. 什么是燃油的闪点、燃点和着火点?

2. 什么是燃料的热值?它可分为哪两类?燃气轮机中一般采用哪类热值,为什么?

3. 均匀可燃混气的自燃是怎样发生的?自燃与点燃在概念上有何不同,又有何关联?应如何防止发生自燃现象？

4. 什么是火焰传播现象？它的本质是什么？火焰传播速度的物理概念是什么？它与哪些因素有关？应怎样利用这些因素来强化燃烧过程？

5. 湍流预混火焰有哪 3 种传播模式？

6. 与层流预混火焰相比，湍流预混火焰有什么特点？

7. 湍流预混火焰的传播理论都有哪些，其基本内容是什么？

8. 低速气流下火焰稳定的条件是什么？

9. 建立回流区有哪些方法？

10. 火焰高度与射流速度有什么关系？

11. 在 2 个大气压力下，贫燃丙烷-空气混合物中自由伸展的绝热火焰传播速度为 30 cm/s，火焰厚度为 2 mm。如果压力下降为 0.25 个大气压，求该混合物中自由伸展的绝热火焰传播速度和火焰厚度。

12. 一个一维气流形成一个稳定的预混火焰，未燃气体流动的垂直速度 v_u 随水平距离 x 成线性变化，如图 4-56 所示。试求火焰的形状和从垂直方向火焰局部角度的分布。假设火焰传播速度与位置无关，并等于 0.4 m/s，这可以看成是化学当量比下甲烷-空气火焰的名义速度。

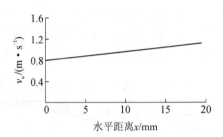

图 4-56 习题 12 用图

13. 一维的绝热层流平面火焰在烧嘴上稳定燃烧，燃料为丙烷，混合比例为化学当量。求常压下的已燃气体速率。已知未燃气体温度为 300 K。

14. 一台电火花点火内燃机，火花放电后产生火焰，刚刚开始传播，求此时层流小火焰的火焰传播速度。其已知条件如下：

燃料：汽油，$\Phi=1.0$，$p=13.4$ atm，$T=560$ K。

15. 其他条件不变，将 Φ 改为 0.8，重复计算习题 14，比较两题的计算结果，讨论结果的实际意义。

16. 计算表 4-10 所列情况下丙烷层流火焰传播速率，并根据计算结果讨论 T_u、p 和 Φ 对 S_L 的影响。

表 4-10 习题 16 用表

参 数	1	2	3	4
p/atm	1	1	1	10
T_u/K	350	700	350	350
Φ	0.9	0.9	1.2	0.9

17. 一便携式炉子的圆筒中充满了丙烷气体，约 0.464 kg 的燃料泄漏到一个 3.66 m×4.27 m×2.44 m 的房间中，房间的温度和压力分别为 20 ℃和 1 atm。很长一段时间后，燃料气与空气充分混合了。请问房间中的混合物是否可燃？

18. 一个圆形燃烧器和一个方形燃烧器，层流扩散燃烧，平均速率相等，且火焰长度相等。求圆形烧嘴直径 D 和方形烧嘴边长 b 的比值。燃料为甲烷。

19. 一个槽型喷口燃烧器，长宽比 $h/b=10$，槽型喷口的宽度 $b=2$ mm。喷口具有入口均流装置，可以使出口流速均匀。燃料为甲烷，燃烧器的放热功率为 500 W。求层流扩散火焰长度。

20. 预测量湍流火焰传播速率。空气–燃气混合物从边长为 40 mm 的正方形管道中流出，火焰驻定在上、下壁面间。火焰在石英玻璃壁面组成的侧面的出口处，其上、下壁面暴露在实验室中。反应物的平均速率为 68 m/s，根据满曝光照片估计的楔形火焰的内角为 13.5°。试计算在此条件下的湍流燃烧速率。未燃混合气温度：$T=293$ K，$p=1$ atm，MW$=29$ kg/kmol。

21. 针对一台实验用电火花点火发动机，用激光多普勒测速仪测量其平均和脉动速度。在下列条件下计算湍流火焰速度：$u'=3$ m/s，$p=5$ atm，$T_u=500$ ℃，$\Phi=1.0$（丙烷–空气）。残余已燃气体与新鲜空气混合的质量分数为 0.09。

22. 一个湍流火焰通过一直径为 2 mm 的管子形成的值班火焰稳定，其管径为 25 mm，并与值班火焰为同心管。火焰的形状为圆锥形。假设火焰一直到达外管壁面，且未燃混合物速度为常数。管内的流量为 0.03 kg/s。未燃混合物温度为 310 K，压力 1 atm，摩尔质量为 29.6 kg/kmol。试估计火焰区的长度，设湍流燃烧速率为 5 m/s。

23. 丙烷–空气射流火焰，喷嘴出口速率为 200 m/s。试确定火焰不会被吹熄的最小喷嘴直径。

24. 试从质量守恒的角度推导高温环境中相对静止油珠的蒸发速率。

25. 试从能量平衡的角度推导高温环境中相对静止油珠的蒸发速率。

26. 考虑一个直径为 500 μm 的正己烷（C_6H_{14}）液滴在静止的热氮气中蒸发，氮气的压力为 1 atm，温度为 850 K。求液滴的寿命。假设液滴的温度处于其沸点。

27. 计算正己烷液滴在静止空气（800 K，1 atm）中蒸发时的寿命，液滴直径分别为 1 000、100、10 μm，同时计算平均蒸发速率 m_0/t_d，其中 m_0 为初始液滴质量。假设液体密度为 664 kg/m^3。

28. 试确定环境温度对液滴寿命的影响。用习题 27 中确定的正己烷液滴，$D_0=100$ μm，$T=800$ K 为基本工况。温度取 600、800、1 000 K。为了区分出温度本身的影响和温度变化引起的物性变化的影响，首先计算假设其物性与基本工况（$D_0=100$ μm，$T=800$ K）下的物性相同时的液滴寿命，然后考虑改变温度条件带来的物性变化，再进行计算。

29. 一个直径为 1 mm 的正己烷液滴，在常压空气中燃烧，试估计其质量燃烧速率。假设没有热量传导到液滴内部，且液滴温度等于液体的沸点，环境温度为 298 K。

30. 设有一个燃料液滴从燃气轮机的一次燃烧区飞出。如果燃气和液滴都以 50 m/s 的速率在燃烧器中流动。试估计要将该液滴燃尽所需要的燃烧器长度，并讨论计算结果的含义。为了简化物性计算，假设燃烧产物的物性与空气一致。对于燃料液滴用正己烷的物性。假设液滴密度为 664 kg/m^3，同时假设 $T_a=T_{boil}$，$p=10$ atm，$T_\infty=T=1$ 400 K，液滴直径 $D=200$ μm。

第5章 燃气轮机燃烧室

5.1 概　述

燃气轮机中,燃烧室位于压气机和涡轮之间,工质依次从这3个部件中流过,也就是说,燃烧室和其他两个部件在空气动力方面有较紧密的联系。而在机械方面,燃烧室和其他两个部件之间没有功的传递,除了结构完整性方面必须有所考虑之外,燃烧室是相对比较独立的。在燃烧室中供入的燃料,与来自压气机的高压空气相混合,形成可燃混气并进行充分有效的燃烧。经过燃烧过程,燃料中的化学能释放出来并转变为热能,使得燃气温度大大提高。这些高温、高压燃气流经涡轮,在涡轮中膨胀,推动涡轮做功,涡轮所产生的功一部分用来带动压气机,剩余部分作为输出功。

由此可以看到燃烧室在燃气轮机中的两项最基本的功能:

① 从设计的角度讲,涡轮前温度越高,整个燃气轮机的效率和比功就越高。在其他限制条件(例如涡轮机叶片材料允许的工作温度等)的范围内,燃烧室必须保证提供工质所需要的高温,而同时维持工质的压力不降低。

② 从应用的角度看,一台运行中的燃气轮机要适应外部负荷需求的变化,最基本的调节手段就是改变燃烧室的燃料供应量。因此,燃烧室又是燃气轮机的主要调节部件,必须在负荷变动时(不论是主动还是被动)既保证自身又保证整个机组顺利而高效地运转。

燃气轮机燃烧室在设计和制造中的各种问题都是围绕这两个基本功能产生的。

5.2　燃烧室的结构组成

5.2.1　燃烧室构成原理

对于燃气轮机燃烧室,我们可以非常容易地设计出一种最简单的燃烧室结构形式——连接着压气机和涡轮的等截面直管燃烧室(见图5-1(a)),燃料从直管燃烧室的中心向下游方向喷入,燃烧室内燃气的速度与压气机出口速度相等,为$150\sim200$ m/s。显然,这种设计方案是不切实际的,燃气在如此高速的气流中燃烧将产生很大的压力损失(热损失)。加热条件下,气流的压力损失可由下式计算得出:

$$\Delta p = \frac{1}{2}\rho v^2 (T_4/T_3 - 1)$$

当气流速度$v=150$ m/s时,压力损失可以达到进气总压的25%,这么大的压力损失是不能接受的。

为了将压力损失降低到可以接受的水平,可以在燃烧室进口安装一个扩张段(见图5-1(b)),使主燃区的气流速度降低,使得压力损失达到可以被接受的水平。假设气流速度可以减小到原来速度的1/5,基本压力损失将减少到原始损失的$(1/5)^2=1/25$,约为1%,这是可以接受的。

然而,即使添加了一个扩张段,主燃区的气流速度相对于稳定燃烧来说仍然过高,高于大部分燃料火焰传播速度的量级,因而火焰在此情况下难以稳定。为了稳定火焰,最自然的想法就是在燃料喷嘴后面加块挡板来产生回流,形成低速回流区来起到驻留火焰的作用(见图 5-1(c))。

通过分析发现,图 5-1(c)所示的方案仍然不适合作为实用的燃气轮机燃烧室。对于燃气轮机燃烧室,为了满足对其中气流加温的需求,必须在总空燃比 60 左右下工作,但是烃类燃料和空气混合物可燃空燃比范围在 8～30 之间,因而只能允许一部分空气到达喷嘴附近的主燃区,使得那里的空燃比接近最佳,最佳空燃比通常取 15 左右,此时可以达到化学恰当空燃比(化学恰当空燃比是指 1 kg 燃料恰好完全燃烧生成二氧化碳和水所需要的空气量,15 这个值适合绝大多数的燃气轮机燃料)。于是产生了图 5-1(d)所示的结构,即采用了空气分流的燃烧室,其中最显著的特征就是增加了一个连接到挡板的火焰筒,上面开有确定尺寸的通气孔来满足气流分配需求。小部分空气进入主燃区用于组织燃烧,大部分空气进入稀释区来降低从主燃区出来的高温燃气,使之适合涡轮的需求。稀释区一般没有燃烧,这个过程是纯粹的高低温气体进行湍流混合的物理过程。

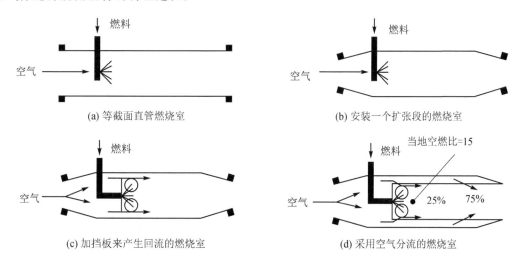

图 5-1 燃气轮机燃烧室的发展示意图

燃烧室的结构类型虽多种多样,但通过上面的分析可知,所有的燃烧室都具有一些共性部件以满足燃烧室内燃烧的组织,具体包括扩压器、壳体、火焰筒、燃料喷嘴、过渡段、点火器等基本构件。图 5-2 所示为环管型燃烧室简图(一个火焰筒的剖面图)。

燃烧室由外壳 7 和火焰筒 3 等零件组成。由压气机送来的高压空气流进入遮热筒(也称为"前导流套")4 与火焰筒 3 之间的环腔时,将分流成为几部分,其中一部分称为"一次空气",它分别流经旋流器、端部配气盖板、过渡锥顶上的鱼鳞孔,以及开在火焰筒前段的一次射流孔,进到燃烧区中。一次空气在燃烧区内与由燃料喷嘴 9 喷射出来的燃料进行混合和燃烧,变成 1 800～2 000 ℃ 的高温燃气。"一次空气"就是为了保证燃料完全燃烧所必须供应到燃烧区中去的那部分燃烧用的空气。另一部分空气称为"冷却空气",它穿过开启在火焰筒壁上的许多排冷却空气射流孔分散进入火焰筒中,并力求沿着火焰筒内壁流动。这股空气能在火焰筒壁

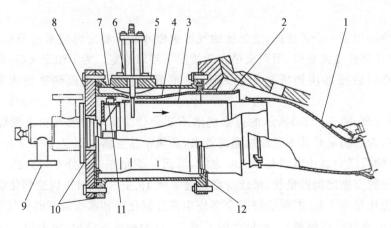

1—燃气过渡段;2—后导流套;3—火焰筒;4—前导流套;5—安装座;6—点火器;
7—外壳;8—盖板;9—燃料喷嘴;10、12—垫片;11—火焰筒定位块

图 5-2 环管型燃烧室简图

面附近形成一个温度较低的空气冷却膜,它具有冷却高温管壁,使其免遭火焰烧坏的作用。此外,还剩余下来的另一部分空气则称为"二次空气"或"混合空气",它是由开在火焰筒后段的混合射流孔射到由燃烧区流来的 1 800~2 000 ℃高温燃气中去的,它对高温燃气掺冷,使其温度比较均匀地降到透平进口的平均温度值。

在下面的章节中将分别介绍组成燃烧室的各个部件。

5.2.2 扩压器

在轴流压气机中,静压的升高与气流轴向速度紧密相关,为了在最小的级数下达到设计压比,就需要较高的轴向速度。在许多燃气轮机中,压气机出口速度能达到 170 m/s 以上,在如此高速的气流中燃烧燃料显然是不切实际的,而且高速引起的压力损失也会很大。当压气机出口马赫数在 0.25~0.35 时,动压头将会占到进口总压的 4%~8%,扩压器的作用就是将高速气流的动压头尽可能大地恢复成静压,然后进入火焰筒,否则,燃烧过程中引起的过大压力损失最终将导致发动机燃料消耗的显著增大。

从设计者的角度来看,理想的扩压器应该能够在尽可能短的距离内以最小的总压损失实现所需的速度降低,并能够在其出口形成均匀稳定的流动。扩压器的具体性能要求如下:

① 压力损失低,一般而言,扩压器的损失要小于压气机出口总压的 2%;

② 长度短,扩压器的长度应尽量短,以减小发动机的长度和质量;

③ 出口气流在轴向和径向都均匀;

④ 在所有工况下运行稳定;

⑤ 对压气机出口流场变化不敏感。

最简单的设计思路当然是采用最简单的直壁扩压器来实现减速增压,这一转换过程的效率是至关重要的,因为该过程中的任何损失都将导致扩压器中总压的减小。实践表明,这种扩压器是不切实际的。在小扩张角的长扩压器中,壁面摩擦导致总压损失高,而且因为长度太长,也会带来结构质量的显著增大,因此扩压需要在尽可能短的距离内完成。然而,增加扩张角度,扩压器长度和壁面摩擦损失都会减小,但是边界层分离将会引起较大的失速损失,如

图 5-3 所示。理论上,直壁扩压器存在一个最佳扩张角,使得压力损失最小,通常这个角度介于 6°~12°之间。

为了适应燃烧室技术的发展,各种不同结构及形式的扩压器先后被设计出来。截至目前,存在两种不同的扩压器设计理念,一种是流线型扩压器,另一种是突扩型扩压器,如图 5-4 所示。流线型扩压器的设计思路是采用流线型扩张壁面平稳扩压压气机出口气流,在任何工作条件下都不出现流动分离,设计中硬性限制了整个扩压器的面积比以及扩压器壁面的形面。流线型扩压器在压力损失方面具有极大的优势,总压损失比突扩扩压器降低了 30%~50%,然而,这个显著的优点几乎被以下缺点所抵消:

① 长度太长;

② 性能及流动稳定性对入口速度分布过于敏感;

③ 性能非常容易受到热扭曲及制造公差的影响。

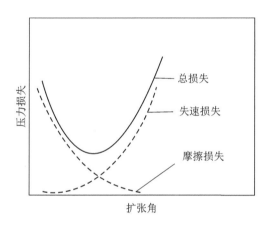

图 5-3 扩张角对压力损失的影响

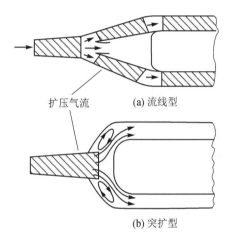

图 5-4 两种基本类型的环形扩压器

在突扩型扩压器设计中,如图 5-5 所示,离开压气机的气流首先进入一个简短的前置扩压器中,在前置扩压器中,大部分动压头得到恢复,以减少进入其下游突扩型扩压器中的压力损失。通常地,在前置扩压器中气流速度可以降低 60% 左右。前置扩压器需要进行仔细设计以避免出现流动分离,因此一般要遵循前述二维直壁扩压器设计中的准则,其扩张角度通常介于 6°~12°之间,如果压气机出口马赫数很高,则前置扩压器的面积比也要很高。在前置扩压器的下游是突扩型扩压器,该部分扩压器的设计完全抛弃了常规的扩压器设计准则。进入突扩型扩压器后流通面积发生了突然扩张,气流被火焰筒帽罩分成 3 份,外部两侧的气流分别进入内、外环腔通道,中心气流则流入燃烧室头部区域。由于面积的突然扩张,突扩型扩压器相对于流线型扩压器来讲具有更高的压力损失,通常高达 50% 左右。突扩型扩压器的另一个优势是更易产生稳定流动,而且对制造公差、热膨胀及入口速度分布的变化不敏感。

流线型和突扩型扩压器已广泛应用于燃气轮机燃烧室。然而,流线型扩压器的缺点已严重限制了其在现代燃气轮机上的应用。与之相比,突扩型扩压器通常是现代环型燃烧室设计的首选,因为它们更能适应不同入口的速度条件和硬件尺寸。

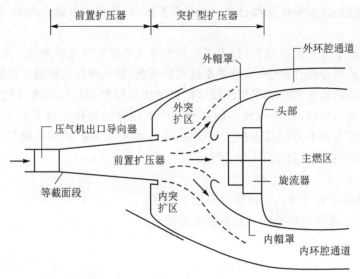

图 5 - 5　现代燃烧室的环形突扩型扩压器

5.2.3　火焰筒

火焰筒是燃烧室的主要构件,是组织燃烧的场所。它由火焰筒筒体、配气机构、联焰管等组成。

1. 火焰筒筒体

火焰筒的结构应保证合理进气,与燃料均匀混合,形成回流区,便于点火、稳定燃烧和掺混降温。火焰筒的头部装有各种形式的进气口、旋流器等构件。为了保证头部工作的可靠性,头部应具有合理的几何形状和适宜的冷却结构措施。筒体上设置一股和二股气流开孔,如图 5 - 6 所示。这些开孔的大小、形状、数量和分布取决于燃烧的组织和涡轮前燃气温度的要求。为改善受热不均匀的情况,在筒壁上孔稀少而孔径大的部位或在大孔之间可开若干小孔。

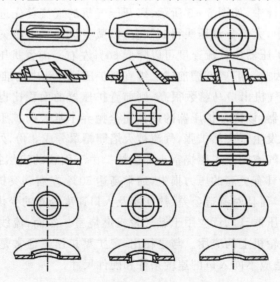

图 5 - 6　火焰筒上的气流开孔形式

按不同的分类方式,有不同类型的火焰筒。按制造方法,可分为机械加工和焊接两种类型;按冷却散热方式,可分为散热片式和气膜式;按结构形式,可分为单管式、环形和环管形等。散热片式的火焰筒是在铸造或锻造毛坯外表面上机械加工出纵向的散热片,实践表明,这种类型的散热方式效果非常有限,而且重量大、费工、费料,因而已经被淘汰。气膜式火焰筒,是由若干段钣金原材焊接而成。这种火焰筒在工作时,有一股气流沿火焰筒内表面流动形成气膜,因而得名。由于气膜兼有隔热和散热的双重作用,所以降低筒体温度的效果好,为目前火焰筒的主要加工形式。

2. 配气机构

配气机构主要包括旋流器和空气射流孔,其作用是用来配合燃料供应机构形成燃烧得以发生和连续进行的基本环境,其作用大致有以下三点:

① 保证燃料从离开喷嘴开始就能获得燃烧过程发生所必需的空气量。

② 根据燃料在空间蒸发的程度,适时并适量地补给新鲜空气,以保证燃烧过程合理地延续与发展。

③ 在燃烧区形成一个合适的流场,为稳定火焰、强化燃烧过程提供条件。

目前,燃烧室中常用的一次空气配气机构按燃烧空气在整个一次区内分配原则的不同,大体上可分为两大类:贫油配气和富油配气。

贫油配气方法:这是一种一次空气全部由火焰筒头部的旋流器供入燃烧区的方案。这时,按满负荷工况下,一次过量空气系数 $\alpha_1 = 1.1 \sim 1.3$ 的关系来设计一次空气通流面积。这种燃烧室的负荷范围变化不可能很大。在低负荷工况下,由于过量空气系数增大,燃烧效率有显著恶化的趋势。但这种燃烧方式与预混合燃烧技术相结合,可以有效地降低主燃区的燃烧温度,这对于降低氮氧化物的生成是很有利的,是目前低排放燃气轮机燃烧室采用的主要燃烧技术。

富油配气方法:这时一次空气分别由旋流器和火焰筒前段上的一次空气射流孔分阶段地供入燃烧区,传统燃烧室大多采用这种配气方法。在这种配气方案中,旋流器通流面积的设计原则是,在满负荷工况下流经旋流器的一次过量空气系数 $\alpha_{1t} = 0.25 \sim 0.35$。由于"一次空气自调节特性"的作用,这种燃烧室的负荷变化范围可以做得比较宽,在低负荷工况下,燃烧效率和燃烧稳定性都比较好。但采用这种燃烧技术时,基本上采用扩散燃烧,燃料和空气在化学恰当比附近进行反应,会导致较高的火焰温度,对于控制氮氧化物的生成是不利的。

无论是哪种配气方式,对于地面用的燃气轮机燃烧室来说,其出口气流的流速可以选为 $40 \sim 60 \ \mathrm{m/s}$,这需要靠控制旋流器前后的压差来实现,而这又与燃烧室火焰筒内外的总体压差水平有关。旋流器是燃烧室中重要的配气机构,从结构形式上可以分为包角旋流器、锥形旋流器、平面旋流器、轴向旋流器、径向旋流器和组合式旋流器。

图 5-7 所示为包角旋流器,其中 D 和 d 分别为旋流器的外轮毂和内轮毂直径,β 为叶片出口几何角,d_0 为包角直径。图 5-8 所示为锥形旋流器,图中表示了这两种旋流器结构的主要几何参数。在早期的贫油配气中多采用这两种形式的旋流器,一次空气全部经由旋流器流入燃烧区,而流量主要是通过控制旋流器叶片出口通道截面积的大小来保证。

对于包角旋流器,通过控制出口流速的大小和选取不同的导流挡板 3 向中心集中的程度(即包角程度 d_0 的大小)可得到不同大小的回流区。对于锥形旋流器,除了可以控制出口流速的大小外,在其中心所设置的火焰稳定罩外间隙 δ 的大小、旋流器束腰环直径 d_5 的大小都将影响气流的空间流场。

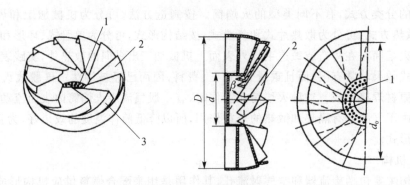

1—吹气筛板;2—旋流叶片;3—导流挡板

图 5-7 包角旋流器

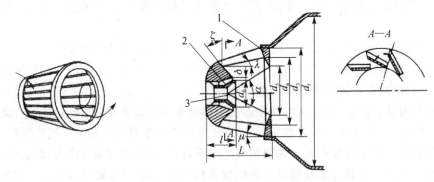

1—束腰环;2—火焰稳定罩;3—喷嘴出口断面的安装位置

α—燃油雾化锥角;d_5—束腰环直径;d_4—稳定罩直径;d_3—燃烧室头部直径;

d_f—火焰筒直径;L—旋流器长度;l—火焰稳定罩长度;ζ—进口束腰环径向夹角;

λ—旋流器内侧与轴线夹角;μ—旋流器外侧与轴线夹角

图 5-8 锥形旋流器

图 5-9 所示为燃气轮机燃烧室上采用的一种平面旋流器,此平面旋流器的叶片是直接在喷嘴的外壳上精铸制成的。其叶片出口安装角 $\alpha_s=30°$,一次射流孔按两排顺列布置在火焰筒的燃烧区段上,每排 8 个孔。值得注意的是,在旋流器与火焰筒一次射流孔之间,还有一部分一次空气是经过过渡锥顶上的小孔供入的。流经过渡锥顶的空气量由端部配气盖板和锥顶上的开孔数和孔径来控制。由旋流器与锥顶部分进入的气量约占总空气量的 20%,而火焰筒上两排射流空气量约占 17%,这是一种有一次空气量自调特性的典型结构,满负荷工况下燃烧区温度为 1 800~2 000 ℃。

按空气的进口流向,又可以将旋流器划分为径向旋流器(见图 5-10)和轴向旋流器,按叶片形式又有直叶片(见图 5-11)与扭曲叶片之分。

通过旋流器的空气流量同样是靠调整旋流器出口通道的截面积来实现的,影响空气量的因素有叶片出口安装角 α、叶片数 n、旋流器轮毂比 d_{s1}/d_{s2} 以及旋流器出口气流速度等。

径向旋流器比较适合与逆流型燃烧室相配,制作工艺也十分简单。有试验表明,旋流叶片的安装方向对于燃烧火焰的长短有着很大的影响。当一次空气经旋流叶片的作用在火焰筒内产生的旋转方向与由压气机传输来的在火焰筒外侧二次空气流道中的逆流空气旋转方向相反

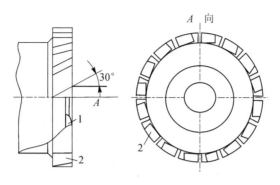

1—喷嘴头部；2—旋流叶片

图 5-9　在喷嘴头部精铸成的平面旋流器

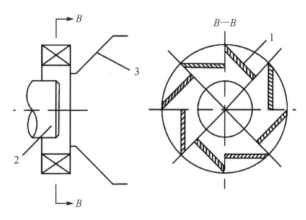

1—旋流器；2—喷嘴；3—火焰筒过渡锥顶

图 5-10　径向旋流器

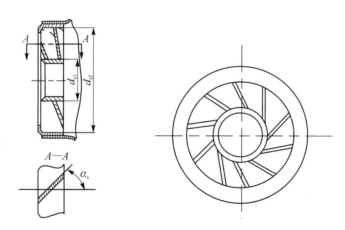

图 5-11　直叶片轴向旋流器

时，燃烧火焰最短；反之，火焰会增长 $60\%\sim80\%$。

在轴流的平面旋流器中，直叶片式比扭曲叶片式制作方便。用扭曲叶片的好处是，在同样阻力的条件下，流场的湍流强度将相对增高。

有的燃烧室的一次配气机构中完全不用旋流器,而是通过过渡锥顶上的鱼鳞孔(用冲压在壁面上形成凹坑,凹坑一侧开口进气)供入一次空气,鱼鳞孔在侧面开口就可以引导进气沿周向流入,从而形成贴壁的旋流,同样可以造成火焰稳定所需要的中心回流区。

在火焰筒上的一次空气射流孔,可以设置两排或多排。试验表明:第一排一次空气射流孔离旋流器出口的距离不能太近,否则,回流区的尺寸将减小很多,对燃烧效率和燃烧稳定性都会产生不利影响。一般这个距离可取为火焰筒直径的 0.45～0.5 倍。而第二排一次空气射流孔离旋流器出口的距离则取为火焰筒直径的 0.75～1.0 倍。相邻两排射流孔的布局可以"顺列"也可以"错列",射流速度一般取为 40～90 m/s,孔数经常为 4～8 个不等。由于一次射流能够达到的深度比较有限,因而一般来说,这种配气方案只适于在直径不是很大的燃烧室中使用。

3. 联焰管

在分管和环管型燃烧室中应装有联焰管,用来传递燃烧区之间的火焰,并均衡各火焰筒间的压力,环型燃烧室则没有这一装置。

分管燃烧室的联焰管伸出燃烧室外套,因此,有必要解决好联焰管同外套的密封和联焰管本身的冷却问题。环管燃烧室的联焰管包围在两股气流中,因此结构较简单。联焰管的轴向位置应该在回流区直径最大处,因为这里容易点火。联焰管的直径应足够大,以保证传焰的可靠性,但也不能过分地大,因为贯穿在两股气流中的大尺寸联焰管会在其下游产生强烈的漩涡,影响火焰筒壁面的冷却。

5.2.4　燃烧室环腔

燃烧室环腔是指火焰筒壁面与燃烧室机匣之间形成的环形气流通道,它是气流进入火焰筒前的分布腔。环腔内的流动状况对于火焰筒内的气流流形具有实质性的影响,如果气流在环腔中分布合理,压力损失小,就可以为火焰筒内燃烧、掺混、壁面冷却创造良好的条件。图 5-12 所示为采用扩散燃烧的传统燃烧室内空气流动及流量分配示意图,现代燃烧室为降低污染物排放会调节燃烧室内的空气流量分配方式。

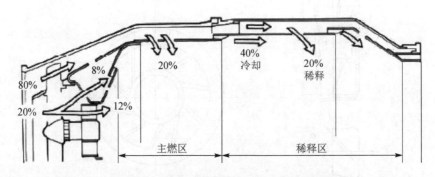

图 5-12　采用扩散燃烧的传统燃烧室内空气流动及流量分配示意图

一般希望设计时有较低的环腔气流速度。虽然气流速度高更有利于改善火焰筒壁的冷却效果,但低的气流速度优点更多一些:可以使火焰筒上同一排孔的进气量相同,孔的流量系数较高,空气掺入火焰筒的深度较深,压力损失较小。

环腔中的气流流动主要有两个位置要特别注意:一是在上游火焰筒头部附近,当气流由扩压器进入环腔时有时具有很厚的附面层,有时也会出现流动分离,这不但会影响向火焰筒内部供气,也会对下游环腔的气流分布产生影响;二是在后面掺混孔附近,如果气流被没有限制地放入稀释孔下游的环腔空间,该位置环腔中的流动就会变得紊乱,在环腔内产生间歇的、随机的从掺混孔下游向前的回流现象,这将导致火焰筒上的某些孔吸入来自各个方向的气流,从而产生一种不仅扭曲,而且随时间不规则变化的内部流动。改善这种不利流动的方法,就是在紧靠掺混孔的下游放置挡板,可以有效防止形成大的、随机的回流流动。

此外,当掺混孔的间距大于环腔的高度时,进入掺混孔的流动可以产生旋涡流,这样会改变掺混空气射流的混合和掺透特性。要想解决这个问题,一方面控制环腔面积与掺混面积之比不要太小;另一方面采取在掺混孔纵向位置的中间放置隔板来消除这种现象。因此,在环腔掺混孔位置采取挡板和隔板的措施,对改善环腔后面的气流流动非常有效。

5.2.5　燃气混合机构

一般来说,燃烧室升温 $\Delta t = t_3^* - t_2^*$ 越高,即燃烧室出口温度 t_3^* 与进口温度 t_2^* 的差值越大,能够用来掺混的二次空气比例就越低,与从燃烧区(一次区)流来的高温燃气均匀地混合以在燃烧室出口达到均匀的温度场就越难,因而对混合机构的要求也就越高。混合机构的任务在于使较低温度 t_2^* 的二次空气能与由燃烧区流来的高温燃气混合均匀,达到透平前温度场的指标要求。目前,燃烧室中常用的燃气混合机构有以下几种:

(1) 径向喷管型混合机构

它由一定数量,插入到燃烧室中心部位附近的椭圆形或圆形喷管组成,二次掺混空气由此导入高温燃气中进行掺冷混合(见图 5 - 13)。这种机构的优点是:流阻损失小,而导入深度大,混合效果比较好,适用于较大直径的火焰筒。喷管数目一般为 6~12 只。但是,迎着高温燃气方向的那侧喷管容易烧坏,因此有把迎着燃气的高温侧喷管截短的方案(如图 5 - 13 中的局部视图所示)。这种混合机构常在直径较大的燃烧室中采用。每个喷管的插入深度为火焰筒半径的 25%~40%,二次空气射流速度一般取 50 m/s 左右。

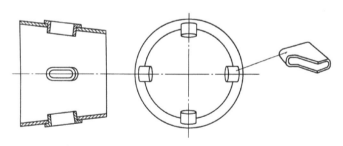

图 5 - 13　径向喷管型混合机构

(2) 射流孔式混合机构

射流孔式混合机构的示意图如图 5 - 14 所示。在这种混合机构中,二次掺混空气是通过分布在火焰筒尾部的一排或多排的射流孔射到高温燃气中去的。显然,增加掺混空气的射流深度是提高混合质量的关键,采用长边与燃气流动方向平行的长圆形射流孔,或者是射流孔彼此顺列布置,都能达到增加射流深度的目的。

一般采用 1~2 排射流孔,孔型为圆孔或椭圆孔(长短轴之比为 3~5,长轴平行于火焰筒

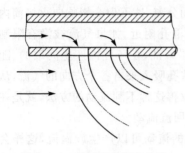

图 5-14 射流孔式混合机构

轴线,以增加射流深度)。在采用双排孔时,主要采用顺列布置,很少采用交叉布置,因为顺列布置有利于增加穿透深度。为了有效降低火焰筒中心部位的燃气温度,要求二次空气射流深度大于火焰筒半径。由于掺混区主流燃气速度较高,故需要增加射流动量才能达到穿透深度的要求。为此,一般都采用少量大孔作掺混孔。用射流孔作掺混装置,由于结构较简单,故常采用,但其流动损失较大,并且射流深度有限,一般认为仅适用于直径小于 300 mm 的火焰筒。

5.2.6 火焰筒壁的冷却机构

燃烧室中火焰筒的工作条件是极为恶劣的。在高温高压的燃烧火焰和热燃气的作用下,火焰筒承受着高强度的热负荷和热冲击负荷(指温度急剧变化——例如负荷突然改变时在燃烧室结构中产生的高应力或交变应力),有时还有一定程度的机械振动负荷。

火焰筒常会发生裂纹、翘曲和变形等损坏现象,甚至还会出现脱焊、掉块、磨损和烧穿等故障。为了解决这些问题以确保安全和延长燃烧室的工作寿命,就必须合理地组织火焰筒壁的冷却过程。壁面冷却的任务在于:合理地组织冷却气流,使受热零件获得有效的冷却,以保证火焰筒壁温能比较均匀地保持在金属材料的强度所能允许的范围之内。

从原则上讲,在燃烧室中热传递的 3 种方式,即传导、对流和辐射,都是存在的。但从总体上分析,金属导热的影响可以忽略。火焰筒夹在热的火焰区和相对较冷的二次气流之间,作为两区之间换热的中介,它的温度取决于各种形式的换热量的平衡以及两侧热阻的相对大小。

1. 气膜冷却

气膜冷却是火焰筒上最主要的冷却方式之一,它比较适用于直径小于 300 mm 的火焰筒。当火焰筒的内侧有冷却气膜流层时,冷却气膜起到隔离高温燃气与火焰筒内壁的作用,高温燃气就不再以对流的方式把热量传给壁面,而且冷却气膜温度比壁温要低,所以冷却气膜反而要以对流换热的方式从火焰筒的内壁吸收热量。而从热阻的角度来看,冷却气膜显著增加了内侧热阻,结果是火焰筒壁温明显下降。所以,采用气膜冷却措施是加强冷却效果的有效措施。

常用的气膜冷却结构有以下几种:

(1)斑孔型气膜冷却方案

图 5-15 中给出了气膜冷却方案的一般形式。它的优点是结构简单、工艺性好、开孔面积容易保证;缺点是开孔过多时易削弱材料强度,而开孔过少时火焰筒圆周方向的冷却不易均匀。为此,进一步发展了所谓二次膨胀式的气膜冷却结构,如图 5-16 所示。在这种方案中,由斑孔流来的多股射流,经

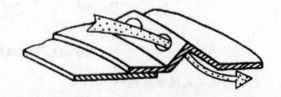

图 5-15 斑孔型气膜冷却方案

圆环缝的节流能够变成一个环形的气膜薄层,由此可以消除开孔过少时火焰筒圆周方向的冷却不均匀的缺点。

对斑孔型气膜冷却方案有以下数据可供设计参考(见图 5-17):环形间隙高度 h 为 2.5~

3 mm，且比值 h/D_f 为 0.015～0.020；进气孔直径 d_h 为 4～7 mm；孔间距离 $t \geqslant 2d_h$；冷却气流导流部分长度 $e=(4～5)d_h$；每段气膜长度 $l=(15～20)h$，一般不超过 70 mm；凸筋型线上角度 β 为 60°～75°，θ 为 6°～15°。

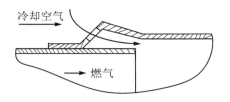

图 5 - 16　二次膨胀式的气膜冷却结构

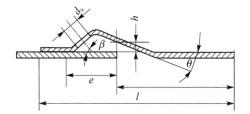

图 5 - 17　斑孔型气膜冷却几何尺寸关系

（2）波纹型冷却环套方案

图 5 - 18 所示为波纹型冷却环套的结构示意图。波纹型冷却环套被点焊在前后两段火焰筒的内、外壁面之间。冷却空气经波纹型环套与相邻火焰筒段之间的间隙流向后面一段火焰筒的内壁，沿管壁流动并形成气膜。

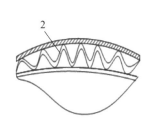 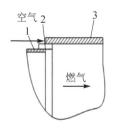 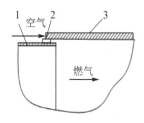

1—火焰筒前段；2—波纹型冷却环套；3—火焰筒后段

图 5 - 18　波纹型冷却环套的结构示意图

这种结构的优点是：① 可以全部利用冷却空气的动压头，因而气膜流量大，有效长度长（一般在 80～160 mm 之间），冷却效果好；② 允许火焰筒自由膨胀；③ 由于火焰筒之间并不采取搭接焊，因而不大会产生容易引起裂纹的应力集中现象。其主要缺点是：① 波纹型环套不易做得均匀和准确，焊接时又会引起变形，致使波纹形通道的面积不易保证；② 气膜通道间隙的稍微不均匀就会引起火焰筒内、外压差的显著变化，从而改变冷却空气流量，致使冷却效果发生变化，将直接影响出口温度场及壁温分布特性的变化；③ 制造工艺比较复杂，要求较严，点焊工作量很大。

以上两种方案，由于所能维持的气膜长度有限，火焰筒必须由很多节套管组成。分管型火焰筒组件包括冷却结构，多由板件冲压成型后焊接而成；而很多环型燃烧室火焰筒是在锻造毛坯上机加工出筒壁和复杂的冷却结构的，这是为了保证结构的精确性，同时也降低了产生大的局部热应力的危险性。

（3）鱼鳞孔式冷却方案

图 5 - 19 所示为鱼鳞孔式冷却方案的示意图，冷却气流由鱼鳞孔流入火焰筒（如同小百叶窗），气流紧贴内壁流动形成冷却气膜。这种大量的呈圆形或凸肩形的鱼鳞孔以错列布置为宜，以便使所有壁面都能均匀地受到气膜的保护。这种方案的优点是结构简单，重量轻。但是

不易加工,孔槽的高度不易精确地控制,在孔槽两边的尖角处,容易由于应力集中而发生应力疲劳,因此近来这种结构已少有应用。

2. 复合冷却

为了达到最佳冷却状态,进一步强化换热,复合冷却的概念被提出,即将不同冷却方式组合起来,如冲击/发散冷却,冲击/对流/气膜冷却,冲击/气膜冷却等,相比而言,复合冷却方式的设计及作用机理更为复杂。

(1)冲击/发散冷却

早期的双层多孔壁式方案也属于冲击/发散冷却,其结构如图 5-20 所示。火焰筒由保持一定径向间隙的两层多孔圆筒构成。内、外层圆筒上的孔彼此错开,孔径通常为 5 mm 左右,内、外层孔数之比为 3~7。外层孔起控制气膜空气进气量的作用。当空气由内层大量小孔流出时,可在火焰筒内壁形成一层密布的空气冷却保护膜。本方案结构较简单,常用于大直径的圆筒型燃烧室。但由于它只利用静压差进气,并且冷却空气不是贴附于火焰筒壁而有离开火焰筒的径向分速,故冷却保护效果较差。

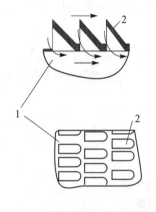

1—火焰筒壁;2—鱼鳞孔

图 5-19 鱼鳞孔式冷却方案的示意图

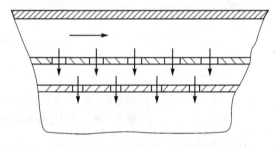

图 5-20 双层多孔壁式气膜冷却结构

现代燃气轮机燃烧室的冲击/发散冷却一般也采用双层壁结构,外侧为冲击壁,其上布置有许多垂直的冲击小孔,内侧为多斜孔壁,其上布置有许多倾斜的小孔。冷却气从冲击壁上的冲击孔喷射进入层间通道,形成冲击冷却后,射流向四周贴壁流动,进入多斜孔,再从多斜孔流出并在燃气侧壁面形成均匀气膜,如图 5-21 所示。

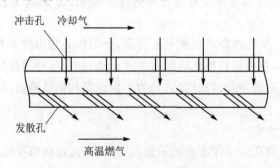

图 5-21 燃烧室冲击/发散冷却方式

该冷却方式的优点在于：冲击壁承受机械载荷，多斜孔壁承受热载荷，承热和承力分开，提高火焰筒的寿命，充分利用冲击冷却换热系数高的特点加强换热。影响冲击/发散冷却性能的主要参数有冲击孔雷诺数、倾斜小孔雷诺数、吹风比以及冷却结构的几何参数。

已有的研究结果表明，冲击/发散双层火焰筒方案冷却效果相当良好，获得了越来越广泛的应用。

（2）冲击/对流/气膜冷却

在冲击/对流/气膜冷却中，按照对流形式可以分为顺流和逆流两种情况。在冲击/对流/气膜冷却中，传热主要有三个过程：一是冷却气流通过冲击孔与冷却壁面的冲击对流换热；二是冷却气流在冲击壁和气膜壁之间对流换热；三是冷却气流由气膜槽缝流出在壁面形成冷却气膜从而对壁面进行保护。研究发现，采用冲击＋逆向对流＋气膜冷却方式能有效降低壁温，最高降温可达 100 K。

图 5-22 所示为冲击/对流/气膜冷却方式，冲击孔开在火焰筒内层的高温部位以进行冲击冷却，然后逆流回流到气膜的进口处，最后由气膜孔喷出，在火焰筒内壁形成气膜。此结构火焰筒的外层壁很薄，不会产生很大的附加应力。

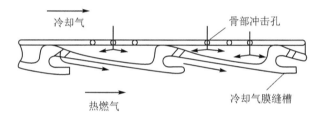

图 5-22　冲击/对流/气膜冷却方式

3. 层板冷却

层板冷却是一种既增强了换热，又不依赖于耐高温材料发展的冷却方式，也被称为"类发汗冷却"方式，其结构形式如图 5-23 所示。

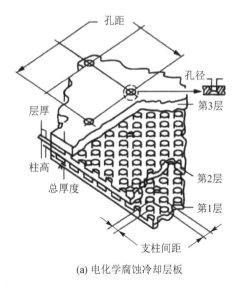

(a) 电化学腐蚀冷却层板

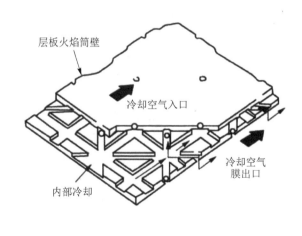

(b) 罗-罗公司的电化学腐蚀冷却层板

图 5-23　层板冷却方式

层板冷却装置可以使用电化学腐蚀金属板扩散焊接而成,层间通道中有许多扰流柱,如图 5-23(a)所示,这些扰流柱可加强换热。通过选择适当结构参数,如冷气孔的间距、直径、层板厚度等,能够优化其流动阻力和换热特性。图 5-23(b)所示为罗-罗公司采用电化学加工金属板焊接而成的层板,它直接在每层层板上加工出内部流动通道,冷却空气从进气孔进入后冲击层板,然后沿着通道流向出气孔;它也可以通过改变结构参数来优化冷却性能。

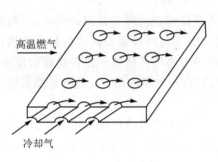

高温燃气

冷却气

图 5-24 发散冷却

4. 发散冷却

发散冷却是层板冷却的近似形式,它采用在火焰筒上打出大量离散的小孔,在燃气侧冷却气射流形成气膜冷却的形式,因此这种冷却形式也称为多斜孔冷却,或全覆盖气膜冷却。其结构如图 5-24 所示。

发散冷却主要是通过冷气与冷气侧壁面和冷却孔内的对流传热来带走壁面的热负荷,并且在燃气侧形成气膜,保护燃气侧壁面。它与发汗冷却和层板冷却相比,由于开孔直径相对较大,不易被外来物堵塞,也不存在强度和材料问题,因此目前被广泛应用在燃烧室火焰筒上作为冷却方式。

5. 大型燃烧室的冷却保护

大型燃烧室由于火焰筒直径大,所以辐射有效长度增大,又由于燃用重油,所以火焰亮度因子增大。这些都使辐射换热大为增加。这种情况下,因火焰筒壁温度很高,故不宜采用薄壁金属制作火焰筒,也不宜仅采用气膜冷却,因为这时辐射换热占了换热量的主要部分,气膜冷却保护作用相对减弱。因此,在大型工业燃气轮机中需采用一些特殊的冷却保护措施,例如使用陶瓷瓦块、耐火砖作为燃烧室的衬里,采用散热翅片与气膜冷却相结合的方案等。

5.2.7 过渡段

不论是圆筒型、分管型燃烧室,还是环管型燃烧室,都存在一个使火焰筒出口圆形截面过渡为透平导叶前的扇形截面的问题。一方面截面形状要改变,另一方面截面积要有一定收敛(缩小)以达到透平进口截面要求的轴向流速,此任务是由过渡段(又称燃气收集器)完成的。过渡段将来自火焰筒的高温高压燃气导向涡轮的一级导叶,其工作温度仅次于火焰筒,工作条件也是相当恶劣的。

过渡段造型一般都比较复杂,如图 5-25 所示。在设计上要保证:① 截面由圆形变到扇形;② 型线尽可能平滑过渡,流阻损失要小;③ 截面积收敛速度要恰当,收敛速度大时过渡段长度可缩短,且出口流场均匀性改善,但由于型面变化过于剧烈,在热冲击下易发生较大内应力。在运行中,过渡段往往是燃烧室结构中一个寿命较低的薄弱环节,原因是形状复杂,厚度变化大,难以保证刚度和热强度,易产生应力集中。有时可以在型面变化剧烈部位的局部开些冷却小孔,既可使壁面获得冷却保护,又能部分消除应力集中。也有在过渡段外表面安装冲击套管的,以增强冷却效果,降低过渡段的壁温。

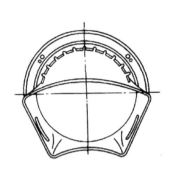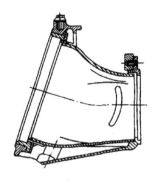

图 5 - 25　过渡段结构图

5.2.8　点火机构

燃烧室的点火,是燃气轮机起动过程中的一个重要问题。燃气轮机首先要利用外部驱动达到一定转速,从而使压气机能够向燃烧室供应空气;然后开动燃油泵喷入燃料,与空气混合形成可燃混合物。但这时不会自动着火,必须先利用由点火机构供给的外界能源将燃烧室中一部分可燃混合物加热到着火温度而起燃,再依靠这个局部的初始火源点燃整个燃烧室。当主燃烧火焰能够维持连续而稳定的燃烧后,点火宣告成功,点火机构就可以停止工作了。

根据燃气轮机所使用燃料的工作环境的不同,可以采用不同的点火方式。图 5 - 26 所示为火花塞组件。当机组起动点火时,借助于高压放电的电火花将火焰筒里的燃料与空气的混合物点燃,从而完成点火任务。在点火时,火花塞深入到火焰筒的中心线附近,燃烧室燃烧时,此处的温度是极高的,很容易将火花塞的前端烧坏,所以完成点火任务后,火花塞迅速向上退出火焰筒,以免被烧坏。

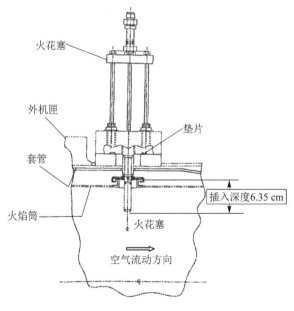

图 5 - 26　火花塞组件

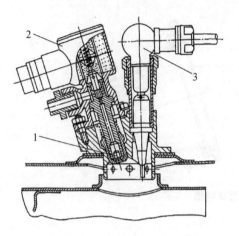

1—起动喷嘴；2—电磁阀；3—电火花塞

图 5-27　火炬式点火器装置的示意图

图 5-27 给出了一种燃气轮机燃烧室中采用的火炬式点火装置的示意图。它是由起动喷嘴 1、电磁阀 2 和电火花塞 3 三个主要部件组成的。在起动点火过程中，电源接通后，火花塞就放电起弧，同时电磁阀打开，使点火燃料（燃油或燃气）由起动喷嘴喷向一个处于燃烧室二次流道部位的由点火器套筒形成的小的燃烧空间。燃烧室二次流道中的空气可以通过点火器套筒壁上的开孔进入，与点火燃料形成可燃混合物。这部分可燃混合物数量少，空间范围小，借助于火花塞放电产生的能量就可以进入着火状态，从而形成一股点火火炬。当燃烧室的主燃料喷出与一次空气形成可燃混合物后，就可以依靠点火火炬的能量而点燃。

电站燃气轮机燃用重油时，传统的电火花点火方法已无法满足机组的起动要求。因此，烧重油的燃气轮机电厂都配备一套轻油供油系统用于机组在起动/停机过程中分别进行轻油/重油/轻油的切换。由于调峰机组起动频繁、轻油耗量大导致成本增加。另外，电火花点火器对污垢比较敏感，从而影响机组的点火可靠性。等离子点火系统克服了上述弊端。通过等离子体在喷嘴出口处受到机械压缩、热压缩及电磁压缩作用，容易形成稳定的点火核心，具有点火能量大、火核集中、火焰穿透力强等优点，能提高点火的可靠性，同时等离子体能降低化学反应的活化能，可以拓宽燃气轮机点火的浓度极限。当采用等离子点火系统时，由于压缩效应形成的高温点火核心——等离子电弧对燃烧具有强化作用，因此可以迅速而可靠地点燃主燃料，实现机组在各种油品条件下的成功起动。等离子系统具有放电能量高、耐垢性好、促进燃烧过程的特点。

在分管型或环管型燃烧室中，通常只需要在 2～3 个燃烧室上装有这种点火装置。如图 5-28 所示，机组上共有 10 个分管型燃烧室，其中只在 1 号和 10 号两个燃烧室上装有点火机构。而所有相邻的燃烧室之间都装设联焰管，使每个燃烧室的燃烧空间彼此串通起来。当某几个燃烧室在点火装置的引燃下形成主燃烧火焰后，那里的压力会在瞬间升高，高温燃气连同火焰就会通过联焰管进入相邻的未着火的燃烧室，将那里的可燃混合物也点燃，从而达到所有燃烧室都成功点火的目的。设计时，为了提高联焰的可靠性，可适当放大联焰管的直径。

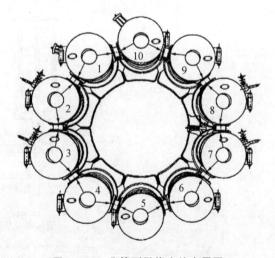

图 5-28　分管型燃烧室的布置图

5.2.9 燃料喷嘴

燃料喷嘴的作用是将燃料喷入燃烧室,实现燃料与空气的混合和燃烧。根据所使用燃料的不同,燃料喷嘴分为气体燃料喷嘴和液体燃油喷嘴。

1. 气体燃料喷嘴

典型燃气轮机采用的气体燃料喷嘴结构包括以下几种:

(1) 多孔式喷嘴

这是多数燃气轮机上采用的最简单结构形式,也称为胡椒瓶式。图 5 - 29 和图 5 - 30 分别给出了 AN20、WJ6G 所用的多孔式喷嘴的头部结构。

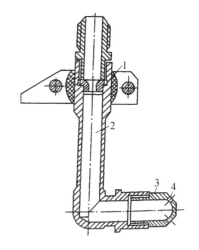 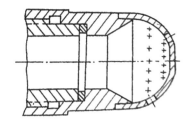

1—喷嘴;2—燃气管;3—喷头;4—喷口

图 5 - 29 AN20 所用的多孔式喷嘴的头部结构   图 5 - 30 WJ6G 所用的多孔式喷嘴的头部结构

在 WZ5G 燃用合成气时采用了 4 种喷嘴头部开孔方式(见图 5 - 31),通过燃烧试验发现:4 种喷嘴的燃烧效率特性基本一致;燃烧室性能均满足要求;唯一的差别是燃烧室出口温度场不均匀系数,其中 A 组不均匀系数小于 0.18,而 B 组的不均匀系数小于 0.4,C、D 不均匀系数大于 0.2。由此可见,采用多孔喷射有利于均匀混合。

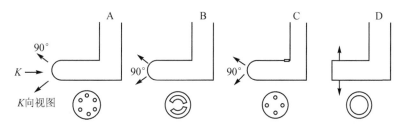

图 5 - 31 4 种形式的喷嘴

(2) 多用途缝隙式喷嘴

图 5 - 32 所示为多用途缝隙式喷嘴,只要对它的燃料气和空气流道做些调整就可适应不同热值的气体燃料。当燃用热值很高的燃料气(如丙烷)时,采用图 5 - 32(a)所示的结构,允许让更多空气进入头部与燃料气混合燃烧;当燃用热值稍低于丙烷的燃料气(如天然气)时,可

采用图 5-32(b)所示的结构;若燃用焦炉煤气或矿井气等低热值燃料气时,燃料气量较大,允许一部分燃料从侧面小孔溢出,与空气混合,经旋流进入头部(见图 5-32(c))。

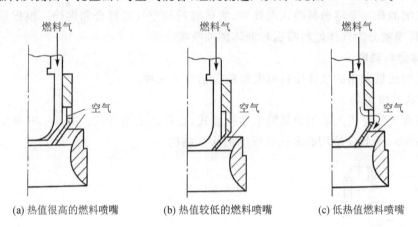

(a) 热值很高的燃料喷嘴　　　(b) 热值较低的燃料喷嘴　　　(c) 低热值燃料喷嘴

图 5-32　多用途缝隙式喷嘴结构示意图

（3）复合型燃料喷嘴

为满足降低燃烧室污染物排放等燃烧性能的要求,增加燃料与空气的混合均匀性,同时保持燃烧的稳定性,现代先进的低排放燃烧室多采用将燃料喷嘴、旋流器和预混装置组合在一起的复合型燃料喷嘴。图 5-33 所示为美国 GE 公司 F 级燃气轮机上所采用的单个气体燃料喷嘴的结构图。燃料喷嘴的正中心是冷却空气通道,此冷却空气来自压气机排气的抽气,一方面对通道进行冷却,以防止烧坏或火焰逆流;另一方面也可以在扩散燃烧时有助于与气体燃料的良好混合,以提高燃烧效率。另外,在中心冷却气孔外有环形的扩散燃料气通道、预混燃料气通道和来自压气机排气的通道,以适应不同的燃烧模式。通常,一个燃烧室上要有多个单个气体燃料喷嘴所组成的燃料喷嘴组件。

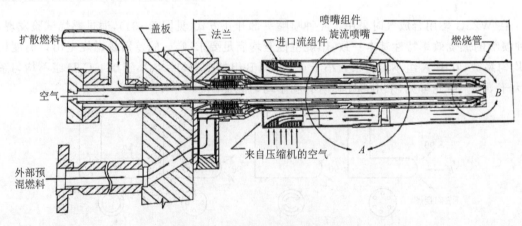

图 5-33　单个气体燃料喷嘴的结构图

综合以上几种气体燃料喷嘴,在进行气体燃料喷嘴设计时一般要考虑以下要求:

① 以 CH_4 为主的中、低热值气体燃料的喷射速度 u_f 在 150~180 m/s 范围内;对于含 H_2 多的燃料气,u_f 可高达 250~270 m/s。u_f 过高,可能会引起燃烧室内压力脉动,必须予以注意。

② 燃料气喷射角比燃油的稍小,可防止头部区偏富和壁温过高。

③ 在全负荷状态下,燃气喷嘴出口处压降 $\Delta p_f < 10\%$,可避免燃烧脉动和保证较好的出口温度场。

④ 在保证气孔不被脏物堵塞的条件下,尽可能增多喷射孔,以利于燃料气与空气的均匀混合。

⑤ 喷嘴支管通道面积必须大于喷射孔总面积,一般为 2 倍以上。

⑥ 在燃用低热值煤气时,还会遇到点火起动问题。一般采用双燃料喷嘴来解决。点火时用安排在燃料喷嘴中心的、供给燃油或高热值燃料的喷嘴工作。点火成功后由燃料气旋流器供入中低热值燃料气工作。对于含 H_2 量高的中热值燃料,可采用同一种气体燃料直接点火。

2. 液体燃料喷嘴

燃气轮机燃烧室中使用的液体燃料包括柴油、原油和渣油的混合油以及渣油。表 5-1 列出了有关液体燃料的物理性质。

表 5-1　液体燃料的物理性质

液体燃料	相对密度	$10^6 \cdot$ 粘度 (20 ℃)/($m^2 \cdot s^{-1}$)	$10^3 \cdot$ 表面张力 (20 ℃)/($N \cdot m^{-1}$)	灰分/ ($mg \cdot kg^{-1}$)	微量金属		微量成分硫/%
					钒/ ($mg \cdot kg^{-1}$)	钙/ ($mg \cdot kg^{-1}$)	
汽油	0.72	0.62	21	—	—	—	—
煤油	0.78	1.6	23.9	1~5	0~0.1	0~1	0.01~0.1
柴油	0.87	4.9	29	2~50	0~0.1	0~2	0.1~0.8
混合油	0.82~0.92	100	30	25~200	0.1~80	0~10	0.2~3
渣油	0.92~1.05	1 000~1 800	—	100~1 000	5~400	0~50	0.5~4

由表 5-1 可知,低质或劣质燃油粘度很大,它影响了燃料的雾化特性。试验表明,燃油粘度增大,喷雾锥角变小,雾滴直径变大。油雾集中在燃烧室缺氧的回流区中,恶化了燃烧性能,将发生严重的排气冒烟现象。液体燃料喷嘴的作用就是把燃油雾化,加速燃油与空气的混合,以利于燃烧和火焰稳定,提高燃烧效率。当燃烧室用重油、渣油作燃料时,在喷嘴前还要对燃料加温,以降低其粘度,同时还经常采用带热水保温套的喷嘴。燃气轮机上常用的喷嘴有压力旋流雾化喷嘴、回油喷嘴和空气雾化喷嘴等。

(1)**压力旋流雾化喷嘴**

当使用粘度较低的液体燃料时,可以使用压力旋流雾化喷嘴。压力旋流雾化喷嘴作为一种基元雾化喷嘴,是使用最多的一种雾化喷嘴,同时它也经常作为组合式雾化喷嘴的初级雾化喷嘴。压力旋流雾化喷嘴的工作原理是利用液体在旋流室内旋转运动时的离心力,使燃料从喷口喷出时呈环状液膜,故其也被称为离心喷嘴。

一个典型的压力旋流雾化喷嘴由三个主要部分组成,即切向进口、涡流室和出流口,如图 5-34 所示。压力旋流雾化喷嘴的工作原理是通过将注入压力转换成动能,从而产生相对于周围气体较高的液体相对速度,最终被剪切破碎成小液滴。具体过程为:液体通过切向进口注入安装在出流口上游的涡流室,在离心力的作用下,旋转液体流动获得高角动量,并在涡流室内产生涡旋流,然后流体经出流口喷出,以锥形液膜的形式扩散,从而使薄层液膜与周围气体之间形成较高的滑移速度,引起液膜表面的扰动,这种扰动不稳定性导致液体薄片断裂成液丝并脱落,然后以空锥喷雾的形式扩散,该过程常被称为一次雾化。然后液膜、液丝和由初次破裂形成的相对较大的液滴,由于碰撞和气动力的作用进一步破碎,在燃烧室下游产生较小的燃料液滴,这个过程通常被称为二次破碎,它受到初级破碎的强烈影响。喷雾质量由喷雾锥角、液膜厚度、液滴尺寸和质量流量分布等多个参数决定。

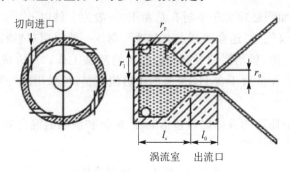

r_p—切向进口半径;r_0—燃料喷口半径;r_1—涡流室半径;l_s—旋流室长度;l_0—出流口长度

图 5-34　典型的压力旋流雾化喷嘴结构

为了达到好的雾化效果,这就要求进入涡流室的燃油压力要高。油压越高,旋转速度就越快,雾化就越好。

另外,离心喷嘴的供油量与油压的平方根成正比,这样单路离心喷嘴的供油量的变化范围就很小,很难满足燃气轮机对油量变化的要求,为此,一般采用双路离心喷嘴。双路离心喷嘴又可分为双路、双室、双喷口喷嘴,双路单室、单喷口喷嘴,以及双路、双室、单喷口喷嘴等。"双路"是指有两条供油路,即主油路和副油路,当供油量较少时,仅副油路供油,而供油量较多时,主、副油路同时供油;"双室"就是有两个涡流室;"双喷口"就是指喷嘴有并列的两个喷口,其中一个要比另一个小很多,小喷口用于低流量,当压力增大、流量增加到一定值时,大喷口开始工作。

图 5-35 所示为双路、双室、双喷口离心喷嘴示意图。主、副油路之间靠分油活门隔开。当油压低时,燃油只进入副油路;而当油压高到一定程度时,分油活门被油压推开,主、副油路同时供油。由于每条油路都有自己的涡流室和喷口,所以,主、副油路互不干扰。

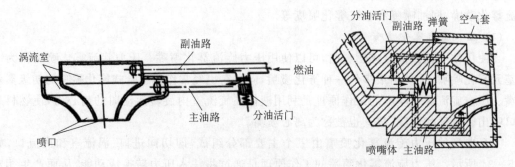

图 5-35　双路、双室、双喷口离心喷嘴示意图

(2)回油喷嘴

压力旋流雾化喷嘴虽然具有很多优点,如在一定压力下可得到足够好的雾化质量,消耗能

量少,运行经济性较高,系统结构简单,噪声小,操作检修较方便等,但是这类喷嘴也有技术上和使用上的局限性,例如:

① 油品质量要求较高。由压力旋流雾化喷嘴的雾化原理可知,其涡流室、分配管和喷管的孔径都很小,容不得燃油中的杂质,对于易于析碳的重油而言,是不能采用此类雾化方式的。

② 燃烧器的调节比是燃烧器的一项重要性能指标。当流量降低时,压力必然降低,而且压力按平方关系降低。例如,如果流量减少 $\frac{1}{2}$,压力将降低 4 倍。因为这个关系,一个简单的压力旋流雾化喷嘴的调节比是受限制的,仅仅只能达到 2∶1。对于要达到更大的调节比,就不得不使用多个喷嘴来实现。对于要实现全自动控制的燃烧装置,尤其是模拟量控制的燃烧装置是无法实现的,主要原因就是在低负荷时,由于油压下降而导致雾化工况恶化,导致负荷的调节范围受到限制。

因为压力旋流雾化喷嘴的喷油量是与压力的平方成正比,故实际上负荷的调节都是靠改变压力来实现,因而就受到油压不能过低的限制。当油压低于最低允许值,例如雾化重质燃油时,其值为 $1\sim1.5$ MPa,雾化质量就很差。为了保证雾化质量,油压就不能低于最低允许值。但此时若要使喷油量提高 10 倍,那就要求雾化器前的最大喷油压力高达 $10\sim15$ MPa。显然,实际上这是无法达到的。压力旋流雾化喷嘴的调节比最大只能达到 2。对现有一些燃烧设备,如燃气轮机燃烧室等来说,这种简单的机械雾化器就不能满足要求,它们的负荷变动范围往往超过 10 倍以上。为了解决这一问题,就需要采用可调机械压力雾化器。

可调机械压力雾化喷嘴的结构形式很多,现多数采用带中间回油的机械压力雾化喷嘴。

带中间回油的离心式雾化喷嘴实际上就是在简单雾化喷嘴的涡流室的顶端(在喷孔对面的端壁上)再开一个孔,如图 5-36 所示。因此,它的工作原理与结构基本上与简单式雾化喷嘴相同,可以看作是两个简单机械雾化喷嘴背靠背地叠在一起,而共用一个涡流室和切向槽,燃油分别由喷孔和回油孔流出。这时进入雾化器的油量 Q_0 分成两股:一股从喷孔喷出(Q_1);另一股从回油孔返回至油箱(Q_2),即 $Q_0=Q_1+Q_2$。调节回油阀的大小通过控制回油量就可达到调节喷油量的目的。例如,当回油阀全关时,此时回油量 $Q_2=0$,喷油量 Q_1 就等于进入雾化喷嘴的全部燃油量而达到最大值,即 $Q_0=Q_1$。这时回油式雾化喷嘴就成为一个简单离心式雾化喷嘴。反之,若将回油阀全开,则此时喷油量就达到最小值。这种回油式雾化喷嘴通过改变回油量可使调节比范围扩大,最大调节比可达到 40 倍(即 $G_{max}/G_{min}=40$)。

(3) 空气雾化喷嘴

空气雾化喷嘴是应用空气流的动能通过气流与液体的相互作用使液滴或液膜撕裂和雾化。要实现良好的雾化需要耗用一定的空气流量,这部分空气将雾化的燃料带入燃烧区,并与后来进入的空气进一步混合和燃烧。在燃气轮机中可以通过火焰筒内外压差来产生气化用的空气,也可以外接高压空气。空气雾化喷嘴具有良好的雾化品质,出口温度分布稳定,污染排放物和积碳均少,辐射低,要求燃油泵的压力较低,但点火和熄火性能较差。空气雾化喷嘴主要有如下所述的两种形式。

1) 预膜式空气雾化喷嘴

除压力旋流雾化喷嘴之外,目前大多数正在使用的燃气轮机上应用最多的一类雾化喷嘴为预膜式空气雾化喷嘴。图 5-37 所示为典型的同轴预膜式空气雾化喷嘴结构示意图,包括

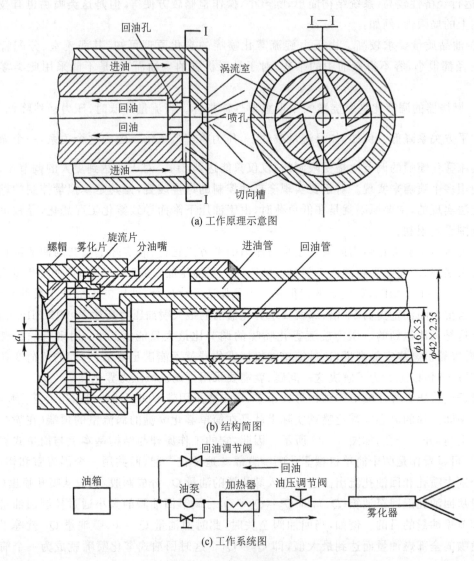

(a) 工作原理示意图

(b) 结构简图

(c) 工作系统图

图 5-36　回油喷嘴原理图

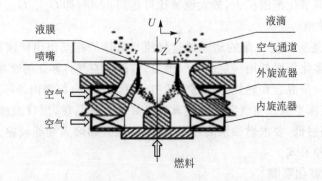

图 5-37　典型的同轴预膜式空气雾化喷嘴结构示意图

一个初级喷注雾化喷嘴、两级旋流器、文氏管和套筒。由于此类雾化喷嘴是将直射、离心、预膜或者横向剪切射流等基元雾化喷嘴与单级或多级旋流器组合在一起形成的雾化喷嘴,同时这类雾化喷嘴通常作为主燃级或预燃级单级的雾化喷嘴,因此该类雾化喷嘴也可称为单级组合式雾化喷嘴。

该类雾化喷嘴在燃油雾化过程中首先由初级喷嘴产生初级雾化液滴,喷射到预膜板的表面形成一层燃料膜,当液膜到达唇口边缘时,在多级旋流气体的作用下发生一次雾化,多级旋流器结构产生的多个同向或反向旋流促进液滴的细化和快速混合。该类雾化喷嘴具有良好的雾化特性、较低的液体压力要求和显著降低烟尘生成和废气排放的潜力。同时在这种雾化喷嘴中,燃料供给被夹在多个旋转的气流之间,利用稳定高强度雾化过程产生的旋流,在燃烧室内创建一个内部回流区,使得火焰在此区域形成稳定的驻点。基于涡流稳定燃烧的同轴预膜式空气雾化喷嘴由于其工作环境条件范围广而得到了广泛应用,对其燃烧性能的研究也逐渐引起了学者的广泛关注和重视。旋流燃烧室的流场、喷雾特性和燃烧性能一直是国内外学者研究的热点。

雾化特性试验研究表明:

① 空气速度增加,索特尔平均直径(SMD)减小;当空气速度为 50 m/s,气/油比为 1~5.4 时,SMD<20 μm。

② 内、外旋流方向相反时的 SMD 要比同向时稍小。

③ 内通道空气流量占内外总气量的 30% ~ 35%时燃油雾化质量最好。

④ 增大燃油旋流有利于改善低工况下的燃油雾化质量。

空气雾化喷嘴的优点是:油气混合均匀,避免了主燃区的局部富油区,减少了冒烟和积碳。火焰呈蓝色,辐射热量少,使火焰筒壁温较低;空气雾化喷嘴不要求很高的供油压力,而且在较宽的工作范围内喷雾锥角大致保持不变,所以容易使燃烧室出口温度场分布比较均匀、稳定。空气雾化喷嘴的缺点是:由于油气充分预混,贫油熄火极限大大降低,使燃烧室稳定工作范围变窄;在起动时,气流速度较低,压力较小,雾化不良。

2) 组合式空气雾化喷嘴

不论压力旋流雾化喷嘴还是预膜式空气雾化喷嘴,均作为单级雾化喷嘴用于燃气轮机燃烧室。但随着燃烧室向低污染方向发展,对燃烧室进行分区分级成了必然趋势,最具代表性的有双环预混旋流(Twin Annular Premixing Swirler,TAPS)燃烧室,其结构示意图如图 5-38 所示。这类燃烧室目前已经在航空发动机上得到应用,该技术也将会移植到地面燃气轮机上。TAPS 燃烧室中雾化装置设计的关键在于:与值班级一体化设计的燃油喷嘴可以实现两级供油——预燃级和主燃级供油。预燃级在发动机工作的全周期提供燃油实现燃烧,值班火焰通过两级嵌套旋流器和压力雾化的燃油喷嘴的匹配获得,在低工况下值班火焰将为燃烧室获得良好的点火特性,在中间状态下则降低燃油流量进行燃烧,为主燃级提供稳定点火源。而主燃级燃油则由多个独立的射流喷嘴提供,在中间工况以上与来自主燃级旋流器的空气进行均匀混合,从而实现燃油的预混燃烧,这时值班级火焰将被主燃级火焰包裹,整个火焰筒处于贫油燃烧状态,从而获得较低的 NO_x 排放。

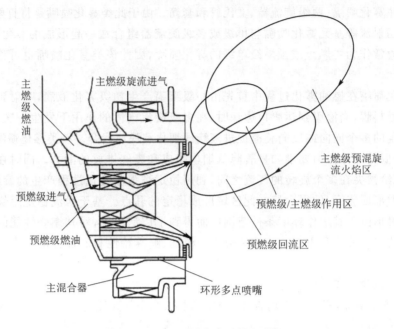

主
燃
级
燃
油

主燃级旋流进气

主燃级预混旋
流火焰区

预燃级进气

预燃级/主燃级作用区

预燃级燃油

预燃级回流区

主混合器

环形多点喷嘴

图 5-38　TAPS 燃烧室结构示意图

5.3　燃烧室的工作特点、工作要求和性能指标

5.3.1　燃烧室的工作特点

燃烧室是一个能量转化装置,具体说是将燃料的化学能转化为工质的热力学能。这一转化过程是通过喷入燃烧室的燃料与由压气机来的空气发生化学反应来实现的。

从结构上看,燃烧室似乎非常简单,没有特别值得研究的问题。实际上不然,一方面实际的燃烧规律非常复杂,并未被人们完全掌握;另一方面,要设计一个工作可靠、经济、使用维修方便的燃烧室是很不容易的。这是因为燃气轮机燃烧室的工作条件比一般燃烧设备更苛刻。概括地说,这种燃烧室的工作过程有以下一些特点:

① 高温。这与其他燃烧设备是一致的。

② 高气流速度。燃烧是在一个连续的高速气流中进行的。燃烧室入口处的气流速度最高可达到 120~170 m/s,燃烧区内高温燃气的平均速度也达到 20~25 m/s。在这样高速流动的气流中,燃烧火焰不易稳定,容易被吹灭。同时,由于燃料在燃烧区中的逗留时间较短,容易出现燃烧不完全的现象,因而必须采取特殊措施,以确保燃烧过程既能稳定又能完全地进行。

③ 高燃烧热强度。燃气轮机的特点之一是体积小,燃气轮机燃烧室在单位空间中单位时间内燃烧的燃料量和释放的热量要比锅炉等燃烧设备多数十倍,因而必须采取强化燃烧的措施来提高燃烧速度、缩短火焰,又要加强掺混以保证出口温度场均匀,还要加强冷却以确保燃烧室具有较长的工作寿命。这些都是比较尖锐的问题。

④ 高过量空气系数。过量空气系数也叫余气系数,这个概念表示空气与燃料的混合比例

关系。锅炉等燃烧设备,为使化学反应完全、迅速,常使供应的助燃空气量与燃料量的比例接近化学恰当比且稍高一些。但是,燃气轮机燃烧室中产生的燃气就是直接供给透平的工质,其空气与燃料的比例关系取决于透平的工况,是不能随意取定的。一般总过量空气系数 α 都在3 以上,随着透平工作温度的不断提高,α 有所降低,目前先进燃气轮机燃烧室的 α 已经在 2.2～2.5 之间,但从燃烧的角度来看仍然较高。因此,总体上燃烧室中的燃烧过程是处在贫油燃烧的范围。假如使燃料和流经燃烧室的全部空气直接混合燃烧,那么可能达到的燃烧区的平均温度就应该等于透平入口所需的温度,显然是比较低的,这种情况不能保证充分而稳定的燃烧。因此,在设计中必须针对 α 过大的特点采取一些特殊措施,以便更有效地组织燃烧过程。

⑤ 运行参数变化剧烈。燃烧室的空气来自上游的压气机,而排出的燃气就是进入透平的工质,因而其各种参数均要随全机组的工况而定,变化范围相当宽。例如:发电用的恒转速机组,其 α 可能在 4～15 的范围内变化。所以,在设计时要确保在任何运行条件,即各种工况下,燃烧过程都能稳定而比较经济地进行,各项性能指标都比较稳定而不会下降太多。

⑥ 需要燃用多种燃料。许多应用场合要求在同一燃烧室中,兼有燃烧轻质和重质燃油的能力,有时希望能兼烧燃油及天然气。这是目前燃气轮机的发展方向之一。要设法在燃烧室结构变动不大且燃烧性能稳定可靠的前提下,能燃烧不同的燃料。

⑦ 在具有腐蚀性的环境下工作。海上平台用燃气轮机及船舶燃气轮机工作时,空气中含有大量的盐分。尽管经过燃气轮机动力装置中进气滤清装置的处理,已使进入燃烧室的空气含盐量大幅度降低,但因空气流量大,仍会带进一部分盐分,再加上燃油中因污染也含有盐分。特别是在进气滤清装置工作不正常或燃油系统遭大量海水污染的情况下,就会在燃烧室表面发生严重的腐蚀,危及燃气轮机的可靠工作。

5.3.2 燃烧室的工作要求和性能指标

1. 燃烧稳定性

所谓燃烧稳定性好,就是要求燃烧室在可能遇到的各种工况条件下,都能维持正常的燃烧,既不会熄火,也不会发生强烈的火焰脉动现象。

燃气轮机的工况可能要经常变动。例如:发电用燃气轮机的输出功率要能够根据电负载的变化(单机情况)或根据电网要求(联网情况)而在大范围内变化。这些工作条件的变化,都会使燃烧室中的燃料量和空气量的配合比例关系发生变化,可燃混合物中的燃料浓度有时稀(贫油),有时浓(富油)。例如单轴燃气轮机发电机组,其压气机的转速是恒定不变的,因而进入燃烧室的空气流量变化不大。但是,燃料量却会随着外界负荷而发生很大的变化,因此,燃烧室内燃料与空气的混合比例就不断发生很大的变化。如果燃烧室能够在很宽的燃料与空气混合比的变化范围内维持正常燃烧不熄火,而且不发生强烈的火焰脉动现象,就表示燃烧稳定性好;反之,就是燃烧稳定性差。

试验表明,在燃烧室中可能有两种熄火情况:一种是在燃料与空气的混合比浓到一定程度时发生的,称为富油熄火,此时燃料与空气混合比所相当的过量空气系数 $\alpha_{\min}$ 称为富油熄火极限;另一种是在燃料与空气混合比变稀到一定程度时发生的,称为贫油熄火,此时燃料与空气混合比所相当的过量空气系数 $\alpha_{\max}$ 称为贫油熄火极限(见图 5-39)。富油熄火极限与贫油熄火极限之间所包含的过量空气系数 α 的区就称为燃烧室的燃烧稳定区。在气流速度(图上用燃烧室入口侧流速 w_2 代表)相同的条件下,$\alpha_{\min}$ 越小而 $\alpha_{\max}$ 越大,一个燃烧室的燃烧稳定性

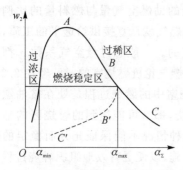

图 5-39 燃烧室的熄火极限曲线

就越好。不过,由于透平前燃气温度 t_3^* 受到叶片材料耐热性能的限制而不能过高,通常在燃气轮机燃烧室中是不大可能发生富油熄火现象的,而只会出现贫油熄火现象,因而就可以用贫油熄火极限 α_{max} 来描写燃烧室的燃烧稳定性。燃烧室的贫油熄火极限 α_{max} 至少要大于25 才能适应一般燃气轮机组工作的需要。

2. 燃烧完全性

所谓燃烧完全性好,就是要求进入燃烧室的燃料能绝大部分烧尽,而且不发生严重的积碳和冒烟现象。事实上,进入燃烧室的燃料并不能全部燃烧和释放热量。有时燃料还没来得及燃烧,就跟着高速气流排出燃烧室了;有时燃料会粘在火焰筒壁上被烘烤而形成积碳;有时则因为空气供应不足,或是燃烧温度过低而发生析碳现象,甚至还会有某些可燃的中间产物如 CO、H_2 和碳粒等物质未能完全燃烧而被带出燃烧室。在高温下,还会发生逆向化学反应,即燃烧产物的分解。因此,在燃烧室中燃料的不完全燃烧现象是不可避免的,只能设法使它尽量减少。

此外,在燃烧过程中由于燃烧室是高温部件,总要对外界散失一部分热量,这当然也是一种损失。因此,燃料所包含的化学能中只有一部分能够在燃烧室内转化为工质的热能。这部分有效利用的能量与燃料所具有能量的比值就称为燃烧效率 η_B,用来评估燃烧的完全性,是一种经济性指标。燃烧效率有三类定义方法:焓增燃烧效率、温升燃烧效率及燃气分析法燃烧效率。

(1)焓增燃烧效率

燃烧室进出口工质的热焓增量与燃油理论放热量之比为

$$\eta_B = \frac{(\dot{m}_a + \dot{m}_f)\bar{c}_{p3}\bar{T}_3^* - \dot{m}_a\bar{c}_{p2}\bar{T}_2^* - \dot{m}_f\bar{c}_{pf}T_f}{\dot{m}_f H_{u,LHV}}$$

式中:$\dot{m}_a$ 为燃烧室进口空气质量流量,单位为 kg/s;$\dot{m}_f$ 为燃烧室进口燃料质量流量;$\bar{c}_{p2}$ 为燃烧室进口空气平均比定压热容,单位为 kJ/(kg·K);$\bar{c}_{p3}$ 为燃烧室出口燃气平均比定压热容,单位为 kJ/(kg·K);$\bar{T}_2^*$ 为燃烧室进口空气平均总温,单位为 K;$\bar{T}_3^*$ 为燃烧室出口燃气平均总温,单位为 K;$\bar{c}_{pf}$ 为燃烧室进口燃料平均比定压热容,单位为 kJ/(kg·K);T_f 为燃烧室进口燃料平均温度,单位为 K;$H_{u,LHV}$ 为燃料低热值,单位为 kJ/kg。

(2)温升燃烧效率

燃烧室进出口工质的实际温升与理论计算温升之比为

$$\eta_B = \frac{\bar{T}_{3pr}^* - \bar{T}_2^*}{\bar{T}_{3th}^* - \bar{T}_2^*}$$

式中:$\bar{T}_{3pr}^*$ 为燃烧室出口燃气实际平均总温,单位为 K;$\bar{T}_{3th}^*$ 为燃烧室出口燃气理论平均总温,单位为 K。

(3)燃气分析法燃烧效率

通过燃气分析法测出燃烧室出口燃烧产物中的 CO、UHC 等组分的含量,从而确定燃烧效率:

$$\eta_{B} = 1 - \frac{EI_{CO} LHV_{CO} + EI_{CH_4} LHV_{CH_4}}{1\,000 H_{u,LHV}}$$

式中：EI 为污染排放物指数，用每千克燃料燃烧后所排放的污染物质量来表示，单位为 g/kg。

燃烧效率定义的前两类方法都是建立在燃料理论发热量和理论温升的基础上。但是，由于燃料是一种非常复杂的化合物，虽然有国家标准的限制，但燃料指标还是在一个范围内变化。因此，前两种定义方法如果能够将所使用的燃料的热值和温升比较准确地确定，就会达到一定的精度，否则会带来误差。另外，燃烧室出口温度很高，前两种方法都需要测量出口温度来确定燃烧室的效率，虽然采用了遮热罩等技术措施，但是高温测量本身的误差还是会很大。而最后一种方法是测量燃烧后气体的成分，据此来分析燃烧效率，它只与使用的仪器测量误差紧密相关，与使用的燃料基本无关，是最为准确的一种方法，也是目前世界上都采用的测量效率的方法。

燃烧效率特性一般是指燃烧效率随燃烧室总空燃比、进口气流速度、温度和压力等变化的规律。它一般是通过实验测得的，即在进口参数一定的情况下，通过改变供油量来获得不同的空燃比，并测得相应的燃烧效率值，把这些燃烧效率数据点连接起来，即可得到典型的燃烧效率曲线。

目前，一般机组中燃烧室的燃烧效率都能达到 95%～98%，航空发动机的燃烧效率更高。在低负荷工况下，由于燃料雾化质量和燃烧区温度水平都会下降，燃烧效率一般也会有所下降。

3. 流阻损失

当气流通过一个通道时，由于摩擦等各种气体动力学因素的影响，它的总压总是会下降，燃烧室也不能例外。前面已经说过，在燃烧室中由于发生放热的化学反应，工质温度升高而密度下降，也会伴随有总压的下降或损失，也表现为一种阻力，可称之为"热阻"。一般情况下，假若在机组的流道中，工质的总压降低 1%，就会使机组的热效率下降 2% 以上，比燃烧效率的相对影响还要强烈。所以，有必要用一种表示流阻损失的参数从气流流动的角度来反映燃烧室的设计质量，而在设计燃烧室时，应该在确保燃烧过程良好的前提下，尽量减小燃烧室的流阻损失，以便提高整台机组的热经济性。

燃气轮机燃烧室中流阻损失的大小主要与燃烧室的结构形式和工质的加热程度有关，而加热程度可以用燃烧室出口与进口总温之比 T_3^*/T_2^* 来表示。

通常，表示燃烧室流阻损失的参数有流阻损失系数和总压保持系数。

流阻损失系数定义如下：

$$\xi = \frac{p_2^* - p_3^*}{\rho_2 v_2^2/2} \tag{5-1}$$

式中：p_2^* 为燃烧室入口处空气的总压，单位为 Pa；p_3^* 为燃烧室出口处燃气的总压，单位为 Pa；v_2 为燃烧室入口处空气的平均相对流速，单位为 m/s；ρ_2 为燃烧室入口处空气的质量密度，单位为 kg/m³。

总压保持系数定义如下：

$$\varphi_B = \frac{p_3^*}{p_2^*} \tag{5-2}$$

这个参数便于在机组的热力分析中应用。目前，在设计工况下燃烧室的 φ_B 在 0.95～

0.97 之间。这两种流阻损失参数可以通过流动参数而互相换算。

4．出口温度场

在许多燃气轮机中,燃烧室的出口是与透平的入口很靠近的,而燃料在燃烧室中总是先与一次空气混合并燃烧成 1 800～2 000 ℃ 的高温燃气,然后再被二次空气掺冷和混合,使温度降低到透平前燃气温度设计值 T_3^*。如果高温燃气未能被二次空气均匀地掺冷和混合,在燃烧室出口处燃气的温度就会很不均匀,即有些地方温度高,有些地方温度低。这样就有可能使透平叶片受热不均,甚至有被烧坏的危险。燃烧室出口温度分布不仅关系到涡轮的工作环境,而且直接影响第一级涡轮导向叶片和工作叶片的寿命及其可靠性,是燃烧室的重要性能指标之一。图 5 - 40 给出了某种分管型燃烧室一个火焰筒出口温度场的试验结果,列出了火焰筒出口的温度及不同径向高度 r 处的温度平均值。从这一试验结果可以算出整个出口截面上的平均温度为 $T_3^*=899$ ℃,但最高温度和最低温度之间相差超过了 100 ℃。

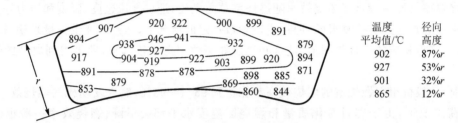

图 5 - 40　分管型燃烧室出口温度场示例

通常,对燃烧室出口火焰及温度分布有如下要求:

① 火焰除点火过程的短暂时间外,不得伸出燃烧室;

② 燃烧室出口界面燃气温度尽可能均匀,整个出口环腔内最高温度与平均温度之差不能超过 100～120 ℃;

③ 沿涡轮叶片的叶高方向的温度分布应遵循中间高两端低的原则,最高温度值安排在距离叶根 2/3 叶高处;

④ 在装有许多个燃烧室的机组中,还应力争每个燃烧室出口温度场的平均值相互之间的偏差不超过 15～20 ℃。

出口温度沿径向的分布采用中间高两端低的原则,是发挥透平叶片材料的潜力所要求的。因为透平叶片尖部(外径处)受气流加热最严重,容易使局部金属温度高;而叶片根部(内径处)则应力最大,希望金属温度低些以保证更好的强度。这样叶片中径处气流温度相对高一些正好满足叶片等强度的要求。

目前,常用的燃烧室温度分布指标有以下两种:

(1) 出口温度分布系数

出口温度分布系数(pattern factor)定义为:燃烧室出口温度最大值与平均值的差值与燃烧室温升之比。国内以及欧洲称之为出口温度分布系数(Overall Temperature Distribution Factor,OTDF):

$$OTDF = \frac{T_{3,max}^* - T_3^*}{T_3^* - T_2^*} \qquad (5-3)$$

式中:$T_{3,max}^*$ 为燃烧室出口截面最高总温;T_3^* 为燃烧室出口截面平均总温;T_2^* 为燃烧室进口截面平均总温。OTDF 数值常在 $0.25 \sim 0.35$ 范围内,其越低越好,工业燃机以天然气工作时可以低于 0.2。实际上,这个数值背后的含义是燃烧室出口的热斑温度,高压涡轮导叶的放热设计决定了热点系数的最大允许值。

（2）出口径向温度分布系数

出口径向温度分布系数是指燃烧室出口截面同一半径上各点总温,按周向取算术平均值后求得的最高平均径向总温与出口平均总温之差与燃烧室温升的比值。中国和欧洲称之为径向温度分布系数（Radial Temperature Distribution Factor,RTDF）,美国称之为形状系数（Profile Factor）,定义如下：

$$\text{RTDF} = \frac{T_{3r,\max}^* - T_3^*}{T_3^* - T_2^*} \qquad (5-4)$$

式中：$T_{3r,\max}^*$ 是燃烧室出口截面最高平均径向总温。目前,对于常规燃烧室,径向温度分布系数值不超过 0.15。高压涡轮动叶是运动部件,因此感受到的燃烧室出口温度是周向平均值,高压涡轮动叶的承温上限决定了这个数值。

5. 燃烧热强度与尺寸的紧凑性

为了保证整台机组的紧凑性,在设计中,应该使燃烧室的整体尺寸尽可能减小,即力争在容积很小的燃烧室中完成非常强烈的燃烧过程。这一特性用燃烧热强度来表示。

燃烧热强度定义为：在单位时间内,在单位体积的燃烧空间中,或者在单位气流流通截面积上,完成燃烧而释放出来的热量。以单位体积计算的燃烧热强度称为"容积热强度"Q_V（单位为 W/m^3 或 $\text{J/(m}^3 \cdot \text{s)}$）,以单位截面积计算的燃烧热强度称为"面积热强度"Q_A（单位为 W/m^2 或 $\text{J/(m}^2 \cdot \text{s)}$）,即

$$Q_V = \frac{q_f H_u \eta_B}{V_B} \qquad (5-5)$$

$$Q_A = \frac{q_f H_u \eta_B}{A_B} \qquad (5-6)$$

式中：q_f 为单位间供给燃烧室的燃料质量,单位为 kg/s；V_B 为火焰筒的体积,单位为 m^3；A_B 为火焰筒的最大截面积,单位为 m^2。

显然,燃烧热强度越高,意味着为了燃烧同样数量的燃料,所需设计的燃烧室容积或其截面积就越小,即燃烧室的尺寸、重量都比较小。

试验表明,同一结构的燃烧室,它的 Q_V、Q_A 大体上与工作压力成正比,因而不能确切地反映燃烧室结构的紧凑程度。因为,如果有一个结构尺寸较大而工作压力较高的燃烧室,其 Q_V、Q_A 值有可能比一个结构紧凑但工作压力较低的燃烧室还高。因此,采用考虑了工作压力 p_2^* 影响的所谓"比容积热强度"$\dot{Q}_V$（单位为 $\text{W/(m} \cdot \text{N)}$ 或 $\text{J/(m} \cdot \text{s} \cdot \text{N)}$）及"比面积热强度" $\dot{Q}_A$（单位为 W/N 或 $\text{J/(s} \cdot \text{N)}$）来衡量燃烧室结构紧凑性的指标更为合适。它们的定义如下：

$$\dot{Q}_V = \frac{Q_V}{p_2^*} \qquad (5-7)$$

$$\dot{Q}_A = \frac{Q_A}{p_2^*} \qquad (5-8)$$

目前,航空燃气轮机燃烧室的比容积热强度最高,可以达到 $\dot{Q}_V = 350 \sim 480$ W/(m·N);而地面用燃气轮机的紧凑性要求不那么突出,可允许燃烧室做得大一些,因而 $\dot{Q}_V = 60 \sim 120$ W/(m·N)。

6. 火焰筒壁面温度

火焰筒壁面温度的高低及其均匀程度对燃烧室的工作寿命有决定性影响。一般规定,火焰筒的壁面温度不应超过金属材料长期工作所能承受的温度水平。对于工作寿命要求较长的燃烧室来说,希望能把火焰筒的最高壁面温度控制在 650~700 ℃之间,但在工作寿命较短的燃烧室中,其最高壁面温度则有可能超过 800~850 ℃,甚至局部有可能达到 900 ℃左右。

火焰筒壁面上温度分布的均匀程度也是一个很重要的安全性指标,因为局部温度梯度是导致热应力的原因。特别是在受冷、热气流冲击和接缝、边缘等传热条件不均匀的部位,容易发生金属温度的差异,必须在调试时严密注意和控制。显然,减少金属壁面温度的差异对于防止火焰筒发生翘曲变形或开裂是有好处的。不过,对此指标尚无明确的数量规定。

7. 起动点火性能

燃烧室应能保证在机组起动时,在规定的进口空气参数 p_2^*、T_2^* 和流量 q 条件下,借助点火系统快速且可靠地点燃由燃料喷嘴喷射出来的燃料,并在点火系统关闭后自动维持连续的燃烧过程,而且在机组起动后的升速和加负荷过程中,不发生熄火、超温和火焰过长等现象。凡是能在较低的 T_2^*、较高的 q 条件下顺利点火的燃烧室,其起动点火性能都较好。当然,燃烧室的点火性能与所采用点火系统的形式和点火能量密度也有关系。

装有多个火焰筒的分管型或环管型燃烧室中,各火焰筒之间装有联焰管,而只有少数火焰筒上装有点火器。这几个火焰筒着火后,通过联焰管的传焰作用,使其他火焰筒依次点燃,通常要求整台机组点火成功的传焰时间不超过 10~15 s。

8. 污染物排放

燃气轮机的燃料基本上是含有一定杂质的碳氢化合物,检测表明,燃气轮机燃烧室的主要排放污染物是:CO、氮氧化物 NO_x、未燃尽或热分解的碳氢化合物 C_xH_y、硫氧化物 SO_x 和烟尘颗粒。

在国际上,工业燃气轮机气态污染物(包括船用燃气轮机)的成分通常换算到干基燃气的 15% 含氧量条件下,以利于不同燃气轮机燃烧污染物成分的比较,更重要的是表达了在更低的燃烧当量比条件下,希望产生更少的氮氧化物。干基 15% 氧浓度的气态污染物排放的计算公式如下:

$$(\text{Emission})_{\text{dry},15\% \text{oxygen}} = \frac{(20.9 - 15)(\text{Emission})_{\text{dry,meas}}}{(20.9 - O_{2,\text{dry,meas}})} \tag{5-9}$$

其中,干基 15% 氧浓度的气态污染排放物的单位是 10^{-6}(dry),而氧浓度是实测的百分数。例如,对于两台不同的燃气轮机,燃烧室出口燃气测量的 NO_x 排放如果都是 50×10^{-6},其中一台发动机的燃烧室当量比是 0.3,而另一台的是 0.5,则换算到干基 15% 氧浓度下,前者是 47×10^{-6},后者是 28×10^{-6},显然后者的排放要低很多。

对于工业燃气轮机和船用燃气轮机,由于各国各地的法律法规不同,现在没有一个统一的标准,都是根据各国和各个地方对环境保护的要求而制定的。目前,对于燃气轮机生产商,使用天然气为燃料的燃气轮机,现在在市场销售的,能接受的标准是:从 100% 功率到 50% 功率,

NO_x 排放为 25×10^{-6}，CO 排放为 50×10^{-6}。使用 2 号柴油的燃气轮机能够接受的标准是：从 100％功率到 50％功率，NO_x 排放为 65×10^{-6}，CO 排放为 100×10^{-6}。从世界范围看，美国南加州和日本，要求立法将 NO_x 排放控制在 9×10^{-6}，欧洲的排放标准大体上与美国环保局的规定类似。

9. 工况变化适应性

在燃气轮机的实际运行中，像压气机和透平的情况一样，燃烧室也往往会在偏离设计工况的条件下工作。这时，流经燃烧室的空气流量、温度、压力、速度以及燃料消耗量都会发生变化，相应地，燃烧室的工作性能，例如燃烧效率 η_B、总压保持系数 φ_B、壁面温度、出口温度场等都会发生相当程度的变化。一方面，希望燃烧室在宽广的负荷变化范围内都具有良好的性能；另一方面，为了配合整台燃气轮机变工况特性的计算，需要知道当机组负荷变化时，燃烧室的这些特性在数量上是如何变化的。通常用过量空气系数来表示燃烧室的负荷，随着负荷的升高，α 值将下降。

目前为止还难以用理论计算的方法确定燃烧室的特性参数随工况变化的定量关系，现有关于燃烧室变工况特性的认识都是通过实验得到的。以下是一般的变化趋势：

① 燃烧效率 η_B 是随 α 的减少而逐渐升高的。一般来说，满负荷时 $\eta_B=95\%\sim98\%$，而在空负荷时 η_B 可维持 $90\%\sim92\%$ 的水平。

② 总压保持系数 φ_B 是随着负荷的变化而变化的，这是因为高负荷条件下燃烧释热量增大而流阻损失增加，φ_B 也会相应地改变。

③ 壁温和出口温度场不均匀度都是在满负荷时较高，空负荷时由于燃烧区中整体燃烧温度低，这两项指标相应地都会明显下降，即性能改善。

④ 燃烧火焰长度自然是满负荷长，空负荷相应缩短。

⑤ 贫油熄火极限是燃烧室的变工况性能中必须充分重视的另一个指标。

10. 寿命管理和使用维护性

燃烧室是燃气轮机中的易损件，其大修寿命要比其他部件更短。这就提出了两方面的问题：一是在寿命周期内能保证安全可靠的运行；二是在大修或临时检修中要便于操作，即具有良好的使用维护性。

燃烧室的使用寿命在很大程度上取决于火焰筒等热部件的工作状态以及冷却结构和冷却效果。燃烧室中高温部件的过热、变形开裂和烧毁，是导致燃烧室翻修和报废的主要原因。燃烧室的整个使用寿命因燃气轮机组类型和使用特点的不同而有很大的差异，而燃烧热强度的高低是决定使用寿命的主要因素。重型机组的燃烧室由于燃烧热强度低，燃烧室的检修期为 $8\,000\sim24\,000$ h，燃烧室的更换期达到 $24\,000\sim70\,000$ h。舰船燃气轮机的翻修寿命要求在 $8\,000\sim10\,000$ h 以上。

在燃烧室设计中，为满足长寿命的要求，通常可采用以下措施：

① 降低燃烧室的容热强度。地面燃气轮机燃烧室的尺寸较大，一般其比容积热强度 $\dot{Q}_V=60\sim120$ W/(m·N)，远低于航空燃气轮机的容热强度，主要原因是地面燃机燃用低质或劣质燃料，它与空气混合的燃烧反应速率较慢。所以，必须增大燃烧室尺寸。

② 对燃烧区分配的空气量较多，使主燃区形成贫燃料燃烧，以降低火焰温度，降低火焰筒壁面温度。

③ 对火焰筒壁面采用特殊的冷却结构,如挂片气膜冷却或双层壁多孔气膜。

④ 火焰筒、过渡段等采用先进的耐热材料,在高温段采用耐热、耐腐蚀涂层。

采用长寿命理念设计的燃机燃烧室如图 5-41 和图 5-42 所示。其中,图 5-41 所示为 BBC 公司 6 000 kW 的发电站燃机燃烧室。它使用渣油原油和天然气作燃料;火焰筒用挂片气膜冷却,它很容易更换。燃烧室寿命达几万小时。图 5-42 所示为 GE 公司的 MS7F 级 B 型燃机燃烧室。火焰筒用 C 级热防护涂层,用双层壁多孔气膜冷却。它的燃烧室检修间隔期是 24 000 h。

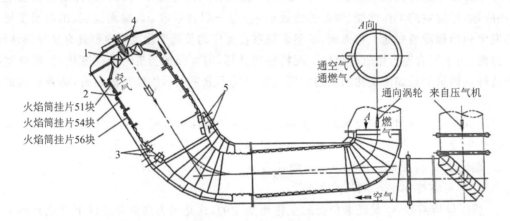

1—包角旋流器;2—挂片式冷却机构;3—混合喷管(两排各 8 个);4—喷嘴;5—挡板装置

图 5-41　BBC 公司 6 000 kW 的发电站燃机燃烧室

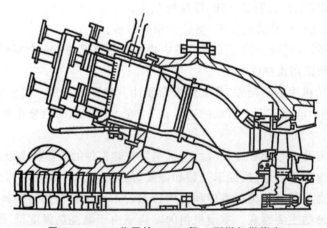

图 5-42　GE 公司的 MS7F 级 B 型燃机燃烧室

检修和更换方便是燃烧室使用维护性的重要要求,最好能够在不对机组进行大分解的条件下对燃烧室进行维护,这在燃烧室的结构设计上已做了多方面的考虑。

设计一个燃烧室,要同时满足上述各项要求并不容易。如果仔细考虑一下就会发现上述这些要求之间往往是有矛盾的,例如,为了追求紧凑性,可以把燃烧室尺寸设计得很小,结果是火焰筒内流速增高,燃烧不易稳定,流阻损失加大,大量燃料来不及燃烧完全就被排出燃烧室,导致燃烧效率低和污染物排放严重。所以,只能根据使用条件进行具体分析,综合考虑上述诸方面要求,确定出合理的方案。一般来说,在确保安全要求包括熄火特性、出口温度场指标、壁温指标及点火特性的前提下恰当处理好经济性、燃烧效率及流阻与紧凑性的关系。对固定式、运输式及航空式等不同的机组来说,侧重点显然是不同的。固定式的发电或机械驱动机组经济性是主要矛盾,燃烧室尺寸可以设计得大些;而运输式的发电或机械驱动机组,特别是航空用机组,紧凑性是主要矛盾。也就是说,首先要满足高燃烧热强度的要求,只能在此前提下力争提高燃烧效率及降低流阻损失的指标。

5.4　典型燃烧室中燃烧过程的组织

要实现燃烧室内燃烧性能良好,中心问题是要保证在燃烧区具有合适的燃料与空气混合物的浓度和流动速度,并使燃烧温度足够高。

对于燃气轮机燃烧室来说,为了保证燃烧区具有合适的燃料与空气混合物的浓度、速度和燃烧温度,从燃烧室中空气流的组织及燃料流的组织两方面着手,通过组织气流场与燃料浓度场相配合来获得合适的可燃混合物分布情况,以达到燃烧迅速和稳定的目的。

5.4.1　燃烧室中空气流的组织

在燃烧室本体方面主要是从气流流动结构上采取措施,通常从以下两方面着手:

1. 空气分流

前面已经说明,燃气轮机整体工作的要求决定了燃烧室的总过量空气系数 α 是相当高的,否则就不能保证良好的燃烧条件。因此采取了空气分流措施,以保证燃烧区有适当的燃料和空气配比,提高燃烧区的温度,使燃烧状况得以明显改善。

在实施该措施的过程中,可以利用火焰筒结构,把由压气机送来的空气分流成为一次空气、冷却空气和掺混空气几个部分,分流的基本措施就是控制火焰筒不同区段开孔的面积,从而控制不同部位进气的比例。图 5-43 所示为传统燃烧室空气流量的分配方式。从火焰筒头部燃料喷嘴周围进入火焰筒的就是一次空气。如前所述,一次空气在燃烧区中直接与燃料相互混合并参与化学反应过程。我们可以通过燃烧室的具体结构合理地控制进入燃烧区的一次空气量,使它接近于理论燃烧所需的空气量,就能确保燃烧区的温度足够高;例如在满工况下使一次空气的过量空气系数 $\alpha=1$,燃烧区温度就可达 1 800～2 000 ℃,这样就可以大大提高燃烧速度,尽管燃料在燃烧区内的逗留时间只能有百分之几秒,也能获得比较完全的燃烧。

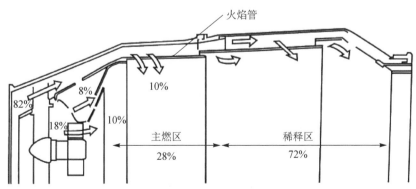

图 5-43　传统燃烧室空气流量的分配方式

在气流分流的办法中,除了控制 α 值外,还存在一个用什么方式把一次空气供应到火焰筒前端燃烧区中的问题。它对于燃烧室的变工况性能非常有影响,特别是对于负荷变化范围很广的燃烧室,则更为重要。

目前在一次空气的供应方式方面有两大类方案可行,即

① 将一次空气全部通过装在火焰筒头部的旋流器供入燃烧区。

② 将一次空气分别由旋流器和开在火焰筒前段的几排一次射流孔依次供入燃烧区。

经验表明,后一种供气方式可以保证燃烧室具有比前一种供气方式更为宽广的负荷变化范围,也就是说,即使在机组负荷相当低,燃烧室的总过量空气系数很大时,燃烧性能仍有可能是良好的,这是因为在后一种供气方式中,燃烧室具有所谓的"一次空气自调特性"。

试验表明,在负荷降低时,燃料供应量减少,火焰长度一般相应缩短。在后一种供应方式中,由于火焰已缩短,那些位于火焰长度之外的射流孔供入的空气,就不会直接射到燃烧火焰中,既不参加燃烧也不会导致火焰区变冷。这时真正参与燃烧的,实际上只是那些由旋流器以及位于火焰长度范围之内的那几排射流孔供入的部分空气。这就保证了在相同的低工况下,火焰温度要比一次空气全部由旋流器供入的第一种方式高很多,因而即使在很低的负荷下,燃烧情况仍能良好,这就扩大了燃烧室的负荷变化范围。相反,在高负荷下火焰将伸长,后几排射流孔供入的空气能直接射到火焰中,及时向火焰补充燃烧所需的氧气,防止发生由于缺氧而起的燃烧不完全以至火焰过长等现象。这种能够随着火焰长度而自动调节直接参与燃烧反应的一次空气量的特性,就叫作"一次空气自调特性"。

实践表明,具有一次空气自调特性的供气方式对于扩大燃烧室负荷变化范围的效果是明显的,但会引起较高的污染物排放,尤其是 NO_x 的排放。

2. 火焰稳定机构

燃气轮机燃烧室为了提高燃烧热强度,通常在火焰筒内有很高的气流速度,这时为了使火焰能够在宽阔的负荷范围内保持稳定就需要采取一定的措施,即装设火焰稳定机构。通常在燃烧室中采用的旋流器就是一种典型的火焰稳定机构。

图 5-44 给出了一种平面旋流器的结构图。可以看到,旋流叶片相对于火焰筒轴有一定的偏角,目的是迫使气流获得一定的切向(周向)分速度。

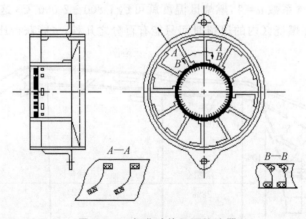

图 5-44 扭曲叶片平面旋流器

图 5-45 给出了装有这种平面旋流器的燃烧室火焰筒中气流运动的示意图。可以看出,

通过旋流器流到火焰筒前部去的一次空气,由于旋流器叶片的导流作用,将会发生旋转运动,当它流入燃烧区时,在离心力的作用下,有很大一部分气流会被甩到火焰筒壁附近,在那形成一股作强烈螺旋运动的环状空气层。由这股旋转气流流层组成的环形空间 a 通常称为"一次空气的主流区"。

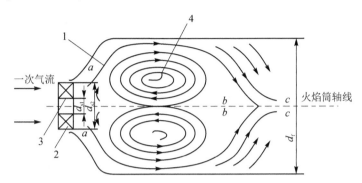

1—主流区;2—旋流器;3—旋流器内环;4—环状回流区;d_{s1}—旋流器内轮毂直径;

d_{s2}—旋流器外轮毂直径;d_f—火焰筒直径

图 5 - 45　在装有单个平面旋流器的燃烧室火焰筒中气流运动的示意图

由于火焰筒在旋流器之后有很大的扩张,这股附壁高速旋转的一次气流层 a 会对火焰筒中心部位发生抽吸作用,同时旋流器内环 3 中装有燃料喷嘴,阻挡了一次空气的流入,在其背后也会形成一个低压的背压区。这两种作用就会在火焰筒的中心区形成一个相当大的环状回流区 4,这层环流既绕自身轴线旋转,又绕火焰筒轴线旋转。由于在环状回流区中以及在环状回流区与主流区之间的气流中存在相当大的速度梯度,所以促使这两个区域中的物质发生强烈的湍流交换。环状回流区中的主要成分是燃烧产物,燃料则喷射在两个区域的大致交界处。

一次空气主流区的气流继续向火焰筒圆柱段前进时将逐渐向轴线收缩,最后在火焰筒的轴线处重新合并而形成一股向前(透平方向)运动的,同时又绕火焰筒轴线旋转的气流 c。这股气流由于已经过剧烈的摩擦和湍流交换,其旋转趋势已变弱,轴向速度也降低且逐渐趋于均匀分布,所以气流的静压将逐渐恢复。

大多数燃烧室火焰筒中的气流特性大体上就是这样。我们可以进一步分析这种流动特性对于燃烧过程的作用。

在图 5 - 46 中画出了与图 5 - 45 中的气流结构相对应的轴向速度分布。可以看到,在火焰筒的轴线附近,有一部分气流的轴向流动方向是与主流区 a 中气流的流动方向相反的,即在火焰筒轴线的附近形成一股朝着旋流器方向流动的回流区 1。

这股反向流动的高温燃气能够不断地把热量和活化分子传送给刚由燃料喷嘴和旋流器供来的燃料与空气的混合物,使燃料加热和蒸发,随后燃烧起来。所以这股反向流动的高温燃气,实际上就是燃烧空间中的一个可靠而稳定的点火源,它能保证燃烧室只需一次点火成功后就可以连续地燃烧下去。当反向流动的气流逐渐远离火焰筒的轴线而向顺向流动的气流过渡时,在回流区之外必然会出现一个轴向速度相当低的顺向流动的区域。这个局部的低速流动区能够为火焰的稳定提供条件。此外,火焰筒中环流气流 b(见图 5 - 45)的存在,还能增强气流的湍流扰动,为改善燃料与空气的混合创造条件;而且回流延长了反应物在火焰筒内的逗留时间,也为燃料的完全燃烧提供了良好的基础。

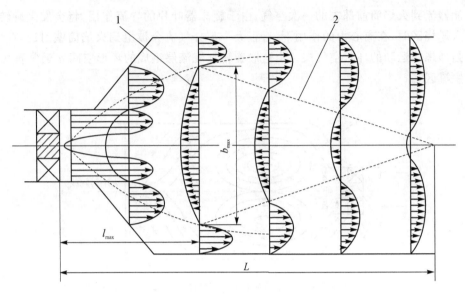

1—回流区;2—回流区边界

图 5-46　火焰筒内气流的轴向速度场

　　总之,在火焰筒前段的燃烧区中气流速度场的分布情况,对于燃烧室的燃烧效率、火焰长度及燃烧稳定等性能都有决定性影响,上述这种气流速度的不均匀分布情况是燃料在高速气流中实现稳定和完全燃烧的重要条件。

5.4.2　燃烧室中燃料流的组织

　　在组织上述气流流动场的基础上,还必须精心组织燃料的分布,目的是在燃烧空间中获得一种最有利的燃料浓度场,就是要使燃料与空气的配合合理,混合迅速,形成适宜于高速且稳定燃烧的混合物。

　　燃用液体燃料时,燃料的供给从两个方面采取措施来保证需要的特性,即使液体燃料雾化成很细的颗粒和使燃料颗粒在燃烧空间中有合理的分布。

　　把液体燃料雾化成为很细的颗粒的目的是加速液滴蒸发成为蒸气的过程。液体燃料总是先蒸发后燃烧,其燃烧的速度主要取决于气化的速度,单位体积的液体表面积越大,气化得就越快,利用适当的喷嘴使燃料雾化,就是一个达到该目的的有效方法。喷嘴试验表明,$1\ cm^3$的液体燃料经离心式喷嘴雾化后可获得约 1 000 万颗尺寸在 $10\sim200\ \mu m$ 范围内的液滴。液滴的尺寸不宜过大或过小,当尺寸过大时,燃烧完全所需的时间较长,在高速气流中很容易来不及烧完就被气流带出了燃烧区,致使燃烧效率下降;但当尺寸过小时,它的穿透能力很小,液滴就不能有效地分布到燃烧空间的各个部位上去,致使局部区域的燃料浓度场过浓或过稀,容易发生熄火现象。在近代燃气轮机燃烧室中,液滴的平均直径控制在 $100\ \mu m$ 以下比较适宜。

　　除了必须使液体燃料雾化之外,还必须把液滴合理地分布到燃烧空间中去。

　　图 5-47 给出了一种燃烧空间中燃料浓度场分布特性的示意图。当使用离心式喷嘴时,燃料滴群在离心力的作用下,首先会在喷嘴附近形成一股中空的锥形燃料流。此后,由于气流旋转的影响,燃料流的中空锥面还会逐渐扩大。这样在燃烧空间中自然形成的燃料浓度的分

布很不均匀,其中大部分燃料质点将沿中空锥面形成的曲面运动,形成一个所谓的燃料炬。在燃料炬的轴面上,燃料的浓度 C 最大,而过量空气系数 α 最小。但在燃料炬轴面的两侧,燃料的浓度将迅速下降。

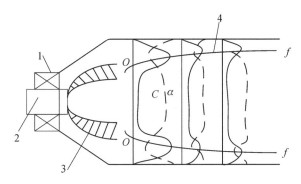

1—旋流器;2—喷嘴;3—中空的锥形燃料流;4—燃料炬

图 5 - 47　燃烧空间中燃料浓度场分布特性的示意图

燃料浓度场的这种自然分布与前节讨论的气流分布特性正好是相适应的。因为在旋流器的作用下,新鲜空气大都分布在火焰筒的外侧,中心部位则是一些缺氧的燃烧产物。而离心喷嘴所造成的中空锥形燃料流,正好能把大部分燃料集中地分配到位于火焰筒外侧的新鲜空气中去,这将有利于空气和燃料相互混合。这种分布很不均匀的浓度场对于提高燃烧稳定性也是有好处的,因为即使在负荷范围变化很大的情况下,由于燃料浓度场分布不均匀,在燃烧空间中总是可以存在一些燃料与空气的混合比处于可燃范围之内的局部区域。依靠这些存在的局部可燃区域,在低负荷工况下火焰也就有可能得以维持和发展。

气体燃料没有雾化问题,但其喷射角度和浓度场组织原则应与上述相仿,其喷嘴的安排大体上应与液体燃料喷嘴的喷射特性一致。

5.4.3　燃烧室中的燃烧过程

在分析了火焰筒内气流的流动结构和燃料的浓度场后,下面来讨论燃烧区中燃烧过程的组织。根据燃烧理论可以推断:燃烧火焰必然发生在燃料浓度处于可燃范围,同时气流速度又较低的区域内。

当空气从火焰筒头部进入,燃油从喷嘴喷入后,空气与油雾迅速掺混,由安装在火焰筒头部的点火器对其点燃。火焰形成以后,按照稳定条件,火焰前锋的位置一般只能处在图 5 - 48 所示的回流区边界与油雾锥之间的空间范围内,即回流区顺流部分的某个区域。因为回流区内缺乏氧气,不可能发生燃烧现象;而回流区边界上气流的轴向速度等于零,它不可能满足火焰稳定所要求的条件。

当混气基本燃烧完毕时,有一部分燃气进入回流区,另一部分则继续向下游流动,从燃烧室出口排出。进入回流区的高温燃气逆流到喷嘴附近,把刚刚喷入的油滴加热蒸发,形成燃油蒸气。燃油蒸气被带入顺流区中,与从旋流器进入的空气迅速掺混,进行扩散和湍流交换,经过短暂的着火感应期后着火、燃烧,并向周围的混气传播,不断地向外扩展,形成如图 5 - 48 中所示的火焰锋。作为点火源的混气团本身,则由于燃烧和向下游移动,而把它的位置和作用让位于一个来自上游的新混气团。这一过程周而复始,连续发生,在火焰筒头部保持着稳定燃

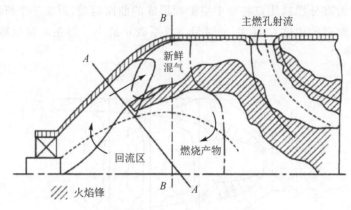

图 5 - 48　火焰筒头部燃烧过程示意图

烧。已经着火的高温混气,有一部分在到达主燃孔射流处还没烧完,就和射流孔进入的新鲜空气混合,继续燃烧,使燃烧区扩大。到达回流区尾部的燃烧着的混气,进入回流区时已基本烧完。这样,进入回流区中的高温燃烧产物在喷嘴附近被主流带走,在尾部得到补充,回流区内的能量和质量就可以维持平衡。

综上所述,可把火焰筒头部的工作情况描述如下:新鲜空气经旋流器不断进入,燃油不断喷入,依靠回流区供给热量,形成可燃混气并着火燃烧。然后,小部分燃烧产物进入回流区,补充回流区消耗掉的气体质量和能量;大部分燃烧产物则流到火焰筒后段,并与两股空气掺混后流向涡轮。这一过程连续不断,就可以使火焰在火焰筒头部保持稳定,从而组织可靠的燃烧过程。

供入火焰筒的燃油不可能在头部完全烧尽。这是因为:① 虽然火焰筒头部燃气温度很高,而且湍流强度也很大,但仍来不及使较大的油滴完成蒸发、充分掺混与燃烧等;② 靠近壁面附近,气流速度很高,混气停留时间很短,所以很难在头部全部烧完;③ 由于考虑要有较宽的火焰稳定范围,所以火焰筒头部主燃孔之前设计得偏富油,使头部混气的平均浓度为 $\alpha =$ 0.8~1.0。这往往使头部的燃油不能全部蒸发燃烧。此外,在火焰筒头部,燃气温度可达 1 800 ℃以上,在这样的高温下,燃烧产物容易发生热离解。热离解是一种吸热反应,它会使燃烧效率下降。所以,从使燃油补充燃烧及消除热离解损失的角度来看,都要求在火焰筒设置补燃区。在补燃区上开有适当的进气孔,补充供气。新鲜空气供入后,既可以补充燃烧,又可以降低火焰筒内气体的温度,使离解物化合并把热量重新释放出来。在工作压力不高的发动机上,火焰筒补燃区的作用尤其重要,它对提高燃烧效率起着相当重要的作用。实验研究表明:在低压燃烧室中,主燃区达到的燃烧完全系数约为 50%,而由于补燃区补燃,可提高到 80%左右。在掺混段仍有相当数量的燃油在继续燃烧,从而使燃烧完全系数可提高到 95%以上。在高压燃烧室中,火焰筒头部的燃烧条件很有利,燃烧完全系数可高达 90% 以上。再经过补燃等办法,燃烧完全度几乎可达到 100%。高的燃烧室压力有利于加速化学反应速度,使燃烧更加完全。现代燃气轮机向着高温升、高压比方向发展,有的燃烧室压力达到 40 个大气压以上,温度也很高。由于燃烧过程在主燃区几乎全部完成,因此补燃区很短或者取消了。

燃油经过补燃以后,大部分已燃烧完毕。火焰筒掺混段的基本任务是将环形气流通道内的两股空气引进火焰筒,并与高温燃烧产物掺混降温,以获得需要的燃烧室出口温度分布。需要说明的是,前面所介绍的空气组织、燃料组织及在燃烧室内的燃烧过程都是传统的基于扩散燃烧的,在现代燃气轮机的发展中,为降低污染物的排放,目前多采用贫燃料的预混燃烧技术,即在燃烧前将燃料与空气均匀混合,以降低反应温度,这些内容将在后面详细介绍。对传统扩散燃烧室内燃烧方式的掌握是进行先进低排放燃烧室研制的基础。

5.5　燃烧室的基本结构形式

从总体上看,燃气轮机燃烧室结构形式大致可以分成以下 4 种类型,即圆筒型、分管型、环型和环管型。

1. 圆筒型燃烧室

圆筒型燃烧室在固定式大型工业燃气轮机中广泛应用。其优点是,结构简单,全部空气流过一个或二个独立于压气机-涡轮轴系之外的燃烧室,这种结构比较适应固定式机组。燃烧室通过内外套管分别与涡轮进气涡壳和压气机出气涡壳相连接,装拆维修方便。由于固定式机组的尺寸和重量限制不严,燃烧室结构又独立,所以可以将燃烧室做得大些,即采用比较低的燃烧热强度。燃烧室中整体流速降低,从而可以在较小的流阻损失下取得燃烧效率高、燃烧稳定性好的效果。其缺点是,单个燃烧室尺寸巨大,难以做全尺寸燃烧室的全参数试验,设计调整比较困难。圆筒型燃烧室的结构示意图可参考图 5 - 49。这类燃烧室的设计可以采用直流式也可以采用回流式。在回流型燃烧室设计中,空气进入燃烧室与外壳之间的环形空间,在进入燃烧室时,燃烧室产生的热燃气进入透平。回流型燃烧室的长度要较直流式的短。

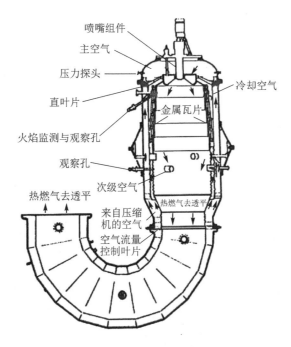

图 5 - 49　圆筒型燃烧室的结构示意图

2. 分管型燃烧室

分管型燃烧室是应用最多的结构。图 5 - 50 所示为我国自主研发的 AGT - 110 重型燃机上应用的分管型燃烧室。分管型燃烧室呈环形,均匀地布置在压气机-涡轮连接轴周围,使整个机组具有良好的整体性。地面燃气轮机目前多采用逆流式分管型燃烧室结构,即各燃烧室仅以外壳的出口端连接在涡轮机匣周围端面上,大部分悬挂在外面,虽然整个机组外廓尺寸较大,但便于拆装维修和升级改型,单个分管型燃烧室尺寸小、便于做全尺寸试验,调整方便,燃烧过程较易组织。其缺点是空间利用程度差,流阻损失较大,需要全联焰点火,制造工艺要求也较高。

图 5-50 我国自主研发的 AGT-110 重型燃机上应用的分管型燃烧室

图 5-51 所示为 PG9351FA 燃气轮机采用的干式低排放 DLN-2$^+$ 分管型燃烧室,为环绕压气机排气缸周向均匀布置的 18 个逆流分管型燃烧室。按照气流流动的方向看,燃烧室的编号为逆时针方向排列。在燃烧室 2 和 3 上装有利用高压放电的电火花点火的火花塞,每两个相邻的燃烧室之间用联焰管相连,只要有一个燃烧室被点燃,就可以借助联焰管使其他的燃烧室都被点燃。

图 5-51 DLN-2$^+$ 分管型燃烧室

3. 环型燃烧室

环型燃烧室只有一个火焰筒,由压气机-涡轮轴外围的环形空间构成,仅头部仍需沿圆周配置若干个燃料喷嘴以保证燃料能够沿圆周分布,一种直流环型燃烧室如图 5-52 所示。环型燃烧室的优点是:体积小,重量轻,流阻损失小,联焰方便,排气冒烟少,结构上特别适宜与轴流式压气机相配,是一种在航空燃气轮机上应用较多的结构形式。其缺点是:由于燃烧空间完全联通,各燃料喷嘴形成的燃料炬与气流的配合不容易组织,燃烧性能难以控制,出口温度场不易保持均匀稳定。全尺寸试验也需要很大功率的气源,而分扇形段(沿圆周截取包含一两个燃料喷嘴的一段加侧壁构成)试验不完全能反映整个燃烧室的情况。随着温度的增加及低热值气体燃料的使用,环型燃烧室逐渐受到人们的关注,因为与其他设计相比其表面积小得多,所以需要的冷却空气的量也少得多。随着低热值气体燃料的使用,冷却空气的量成为一个需要考虑的因素,因为大部分空气都在主燃区用尽,只留下少量的空气用于冷却。

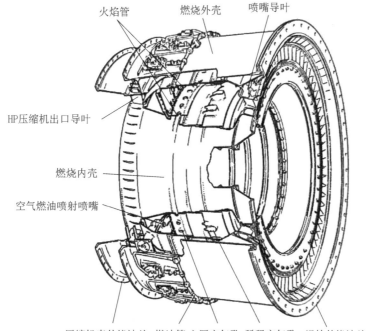

图 5-52　直流环型燃烧室

4. 环管型燃烧室

环管型燃烧室是介于环型燃烧室和分管型燃烧室之间的结构形式(见图 5-53),燃烧室外套是环形连通的而火焰筒是分开的单管。环管型燃烧室是由若干个单独的管型火焰筒沿周向均匀装在一个共同的空气机匣里,管型火焰筒之间用联焰管连接,在每个火焰筒前安装有旋流器、燃料喷嘴,通常只在两个火焰筒上装有点火装置。

环管型燃烧室兼有多个单管燃烧室易于翻修和试验以及环型燃烧室紧凑的优点;比类似的分管型燃烧室尺寸要小,重量要轻;外壳体可以传递扭矩,从而改善发动机整体刚性,有利减轻发动机的结构重量。其缺点是:气动损失相当高,从一个火焰筒到另一个火焰筒点火困难。环管型燃烧室多用于轴流式压气机的发动机上。

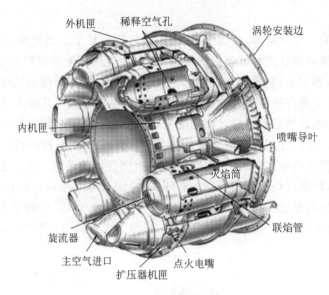

图 5 - 53　环管型燃烧室

按照气流的流动方向,燃烧室又可分为直流式、折流式和回流式(也称作逆流式)3 种。对于小型燃气轮机,为了充分利用空间尺寸,缩短转子支点的距离,常采用折流式环型燃烧室。图 5 - 54 所示为一种折流式环型燃烧室,一般与离心式压气机相配合。离心式压气机出来的空气分 3 路折流进入火焰筒:第 1 路约占总气量的 12.5%,由前进气盘壁上的孔和缝隙流入;第 2 路约占总气量的 12.5%,经涡轮空心导向叶片,由内、后进气盘上的孔流入;其余经火焰筒外壁的稀释空气流入。燃烧室内、外壁后端,沿圆周分别用螺钉和螺栓固定在一级涡轮导向器的内、外环上。环绕在涡轮轴上的挡气环套内有前、后两组密封槽,在两组槽间引入第 2 路气体以保证涡轮轴的冷却。

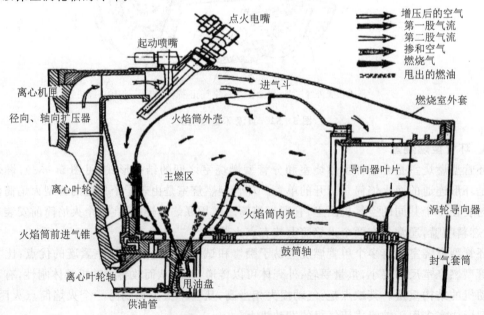

图 5 - 54　折流式环型燃烧室

　　回流式环型燃烧室的火焰筒由内、外壁和环形圆顶组成。这种燃烧室也用在带有离心式压气机的燃气轮机中。从压气机出来的气体,在组织燃烧和与燃气掺和的过程中要经过两次折转再流入涡轮部件。燃烧室的燃油是由在环形圆顶部的喷嘴提供的。图 5-55 所示为一种回流式环型燃烧室。火焰筒出口是开口的,头部是圆顶形的。在环形圆顶的前端面上焊有 6 个沿圆周均布的径向凸耳,用径向销将火焰筒头部径向固定在低压涡轮支座上。燃油喷嘴通过浮动衬套内的浮动垫圈插入火焰筒圆顶。浮动衬套可以补偿火焰筒在发动机工作时的轴向伸缩。

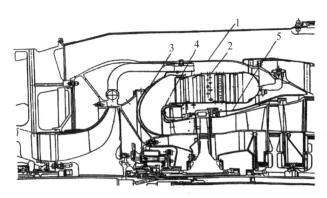

1—外机匣;2—火焰筒;3—过渡段外壁;4—过渡段内壁;5—内机匣
图 5-55　回流式环型燃烧室

5. 主要燃气轮机厂商燃烧室技术的特点

　　燃气轮机设备在某种程度上代表着一个国家的工业水平。目前世界上的重型燃气轮机独立制造商,或者说掌握地面大型燃气轮机核心技术的制造商有 4 家:通用电气公司、西门子公司、阿尔斯通公司和三菱公司,他们所采用的燃烧室技术的特点如表 5-2 所列。

表 5-2　不同制造商所采用的燃烧室技术的特点

制造商	通用电气公司	西门子公司	阿尔斯通公司	三菱公司
技术流派	通用电气	西门子 西屋	ABB	通用电气 西屋
燃烧室类型	分管型	圆筒型 环型 分管型	圆筒型 环型	分管型 环管型
低 NO_x 燃烧技术	DLN	DLN	EV	变几何燃烧室

　　通用电气公司传统上采用逆流式环管型结构的燃烧室,这种结构便于更换,其逆流布置能缩短整台机组的轴向长度。近年来,通用电气公司坚持采用分管型燃烧室结构,并不断发展新型的低污染燃烧室。西门子公司早期的燃烧室为圆筒形结构,西屋公司燃气轮机部门并入后,继承了分管型燃烧室的技术,并于 20 世纪后期,成功研出环型燃烧室,并发展成为自己的特色。阿尔斯通公司燃烧室的特色是在圆筒型燃烧室中并联地配置 EV 燃烧器。三菱公司也采用逆流式的环管型燃烧室,与通用电气公司的区别在于,燃烧室内装有约 20 个预混式燃烧器;三菱公司逆流式环管型燃烧室的结构特点是在火焰筒混合段上装有旁路阀门,可在部分负荷

条件下打开,以调节进入燃烧室头部的燃烧空气量,从而保证低负荷工况下的火焰稳定性。

5.6 燃料特性对燃烧室性能的影响

5.6.1 燃气轮机的燃料适应性

为了合理利用地球上各种气态、液态燃料,节约能源,燃气轮机需要扩大燃料使用范围,具有良好的燃料适应性。提高燃烧室的多燃料适应性,主要包括使用柴油、重油、天然气、中低热值气体燃料等。根据燃气轮机的不同用途、不同燃料种类和用户需求,通过对燃烧室的改进和重新设计,能够实现一机多用和系列化发展,合理使用各类能源,改善经济性和市场竞争力。目前,国内外在燃气轮机上使用的燃料如表 5-3 所列。

表 5-3 国内外燃气轮机燃烧室上使用的燃料

类 别	燃料名称	工业型燃气轮机
液体燃料	柴油	广泛应用(约占燃机总量的 30%)
	原油	如 GE 的 MS5001P,Frame5
	重油	如 WH 的 V-501B;KWU 的 V94.3;GE 的 PG5361、MS9001E、LM2500;RR 的 RB211 改型等;我国的 WJ6G
气体燃料	天然气	广泛应用(约占燃机总量的 40%以上)
	液化石油气	如 GE 的 MS3002
	炼厂气	GE 的 PG6531B、LM2500PE;三菱公司的 MW251、RR 的 Avon 和 RB211 改型;国内的 WS9G
	矿井气	如 Solar 的"人马座";挪威的 KG2/LG3;GE 的 MS5001;国内的 WJ6G、WZ5G
	生物气	巴西、芬兰等国的公司计划用于 LM2500,Solar 用于"人马座"
	焦炉煤气	GE 的 MS5001;国内的 WJ6G 和 QD128
	发生炉煤气	GE 的 MS5001/MS6001;国内的 WJ6G
	高炉煤气	BBC 的燃机试用;三菱公司在 MW701D 上应用(掺焦炉煤气)
固体燃料	煤粉	俄罗斯进行大量研究;Allison 在 AGT-5 上试用;国内在 WP5G 上试用
	煤水浆	GM 在 501-KB5 上试用;GE 计划用于 MS7001F,在 LM500 上试用,并计划用于 LM2500;WH、Solar 进行过大量研究;国内在 WP5G 上试用

5.6.2 燃油特性对燃烧室中雾化性能的影响

燃用液体燃料的燃气轮机燃烧室,由于燃油特性的变化,对喷嘴雾化和燃烧性能均会产生一定的影响。

燃油通过喷嘴破碎为细小颗粒的过程称为燃油的雾化过程。雾化过程是一个复杂的物理过程。它开始以薄膜或流股流出喷嘴,在空气流作用下产生弯曲波动,形成液膜,靠表面张力作用分裂成颗粒,再继续破碎,有些还在相互碰撞中聚合。无论对于哪种喷嘴,影响雾化质量的燃油的物理性质主要是运动粘度及表面张力,尤以粘性的影响最大。

对 6 类燃油喷嘴采用 11 种燃油(从汽油到重油)进行了试验测试,得出了油滴索特尔平均直径(SMD)与燃油性质的关系式。下面列出几种常用喷嘴的计算公式。

压力雾化喷嘴:

$$\frac{SMD_1}{SMD_2} = \left(\frac{\sigma_1}{\sigma_2}\right)^{0.5}\left(\frac{\mu_1}{\mu_2}\right)^{0.215}\left(\frac{\rho_{a1}}{\rho_{a2}}\right)^{0.715} \tag{5-10}$$

空气雾化喷嘴:

$$\frac{SMD_1}{SMD_2} = \left(\frac{\sigma_1}{\sigma_2}\right)^{0.6}\left(\frac{\mu_1}{\mu_2}\right)^{0.2}\left(\frac{\rho_{a1}}{\rho_{a2}}\right)^{0.2} \tag{5-11}$$

式中:σ、μ 分别为燃油的表面张力、运动粘度;ρ_a 为空气密度。

由测试结果不难看出,燃油的表面张力、运动粘度是影响雾化特性的主要参数,这两个参数与燃油的种类有关,也与燃油喷射时的温度有关。假定同一种煤油,燃油温度由 20 ℃下降到－50 ℃,空气温度由 300 ℃降至－50 ℃,按照式(5-10)和式(5-11)估算油滴的 SMD。对于压力雾化喷嘴,油滴直径增大 3 倍左右;对于空气雾化喷嘴,油滴直径增大约 2 倍。由此可见,温度下降造成燃油粘性和表面张力增大,对燃油雾化质量的影响是非常大的。劣质燃油的运动粘度大,表面张力更大,如果不加温,燃油的雾化质量差,致使燃烧室点火、燃烧困难。

5.6.3　燃油特性对燃烧室中燃烧性能的影响

燃料特性对燃烧室性能的影响越来越突出,不同的燃料会在点火性能、燃烧效率、燃烧稳定性、积碳和冒烟以及火焰筒壁面温度和寿命等方面对燃烧室产生影响。

1. 对点火性能的影响

燃气轮机的起动属于燃料和空气的非均相的湍流混合物的点火。理论分析和试验验证表明,压力、温度和点火源能量的增加会使点火性能得到改善,而气流速度的增加则使点火性能变坏。在喷雾系统中,燃料挥发性或蒸发速率对点火的影响也是很显著的。这些因素都影响点火源附近的混合气浓度。另外,点火电嘴的设计、位置等对点火性能也有重要影响。

起动点火都是依靠外界热源将部分可燃混合气加热到自燃着火温度,由此火源把燃烧扩展到整个燃烧室的混合气中,然后依靠已燃混合气保持继续稳定燃烧。在点火过程中存在外界热源对混合气的加热,同时也存在混合气向外界的散热。只有前者大于后者时,点火才能成功。

最小点火能量的计算公式为

$$E_{min} = c_{pa}\rho_a \Delta T (\pi/6) d_q^3 \tag{5-12}$$

式中,d_q 为淬冷距离,即能够保持混合气自燃着火的容积的临界尺寸。根据蒸发及化学的影响,有

$$d_q = \left[\frac{\rho_f D_s^2}{\rho_a \Phi \ln(1+B_{st})} + \left(\frac{10\alpha}{S_L}\right)^2\right]^{0.5} \tag{5-13}$$

在接近化学恰当比条件下,化学反应对最小点火能量的影响很小,可以只考虑燃油挥发性。式(5-13)中右端中括号内的第二项可以忽略不计。该特点可以从图 5-56 所示的曲线得到证实。从该图还可以看出,如果不在化学恰当比条件下点火,则要考虑第二项的影响,最小点火能量 E_{min} 要增加。因为一般烃类燃烧的层流火焰最大传播速度发生在当量比 $\Phi = 1.04$ 左右。而在油气比小于该值时,火焰传播速度变小。要点燃混合气时必须增加热量。

式(5-13)中质量转换数 B_{st} 由表5-4查取。

表5-4 相关燃料性质

燃 料	$\rho_f/(kg \cdot m^{-3})$	B_{st}
汽油(JP-4)	692	6.10
煤油(Jet A)	775	3.75
柴油(DF2)	900	2.80
轻质燃油	930	2.50
重质燃油	970	1.50

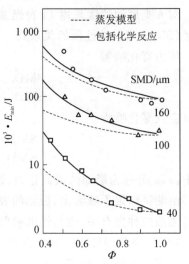

图5-56 最小点火能量与当量比 Φ 的关系

由式(5-13)求出 d_q 后，代入式(5-12)，即可计算 E_{min}。对于燃气轮机燃烧室的设计者来说，可以利用上述关系式定量分析使用不同的燃料，才能达到预期的效果。若要保持原有的点火性能，则必须保证 d_q 不变，即

$$\frac{SMD_1}{SMD_2} = \left\{ \frac{[\ln(1+B_{st})/\rho_f]_1}{[\ln(1+B_{st})/\rho_f]_2} \right\}^{0.5} \quad (5-14)$$

例如，将柴油 $\rho_f = 0.9 \text{ g/cm}^3$，$B_{st} = 2.8$，煤油 $\rho_f = 0.775 \text{g/cm}^3$，$B_{st} = 3.75$ 代入式(5-14)，可得：$(SMD)_{柴油}/(SMD)_{煤油} = 0.86$。为了在使用柴油时保持原有的点火性能，柴油的喷雾液滴的 SMD 必须减小14%。

2. 对燃烧效率的影响

根据燃烧理论分析，影响燃烧效率的主要因素包括蒸发速率、掺混速率、化学反应速率和燃烧室的空气载荷，可用下式表达：

$$\eta_b = \left[f\left(\frac{空气载荷}{蒸发速率}, \frac{空气载荷}{掺混速率}, \frac{空气载荷}{反应速率} \right) \right]^{-1} \quad (5-15)$$

对于给定的几何形状和燃料-空气比，燃烧效率取决于停留时间对蒸发时间、掺混时间和化学反应时间之和的比值。

对于不同的燃烧工况，上述三个因素对燃烧效率的影响程度不一样。在低工作压力下，化学反应时间比蒸发、混合时间长，燃烧性能主要取决于化学因素；当压力增高时，反应时间减少，而湍流混合或燃料蒸发变成控制因素。

上述三个因素与燃料物理、化学性能密切相关，因此，除了燃烧室的空气载荷(包含燃烧室内压力、温度、质量流量及容积或截面尺寸等)以外，燃料的特性对燃烧效率会产生影响。

美国陆军燃油和滑油研究实验室曾对19种燃油在 T63 发动机燃烧室上进行试验。通过多次试验后得到如图5-57所示的燃烧效率与功率的关系曲线。由图可见，尽管19种燃油的特性差别很大，但是到了全功率状态以后，燃烧效率均接近100%。只有在低功率条件和慢车状态下，燃烧效率才产生较大的差别。这意味着要重视改善代用燃油或掺混燃油的低功率条件下的燃烧效率。

3. 对燃烧稳定性的影响

燃气轮机燃烧室中空气速度通常超过该处混合气的火焰速度大约一个数量级。因此，为了避免火焰熄灭，必须建立一个稳住火焰的局部低速区。这通常由在主燃区中建立一个回流

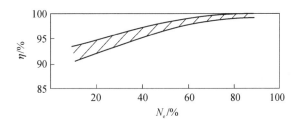

图 5 - 57　燃烧效率与相对功率的关系曲线

区来实现。

当给定了燃油与空气预混气流的来流条件时,就存在一个确定的速度——熄火速度,超过这一速度,火焰便不能稳定。熄火速度是下列变量的函数:空气-燃油比;火焰稳定机构的形状及尺寸;温度和压力;燃油的性质。前面三个变量的影响在一般燃烧专业著作中已经论述。关于燃油性质的影响,有的研究人员提出了贫油熄火的油气当量比 Φ,它是熄火时的油气比与化学恰当比的比值,它基于以下认识:如果燃烧室的压力、温度、速度和燃油规格一定,就总是存在一个临界油珠的索特尔平均直径。若喷雾液滴的索特尔平均直径小于这个临界值,则雾化质量就不会影响贫油熄灭极限;若液滴的索特尔平均直径很大,那么喷入回流区的油液不能完全蒸发,为了维持燃烧就得多喷入燃油。使用重柴油、柴油和异辛烷三种不同燃油进行的试验结果如图 5 - 58 所示。当 SMD≤50 μm 时,三种燃油的 Φ 差别不大;当 SMD＞50 μm 时,差别增大。也就是说,为了使火焰稳定,挥发性差的重柴油必须喷出更多的燃油。在液滴的索特尔平均直径很大的情况下,这个问题尤为突出。

采用多种燃油在 T63 发动机燃烧室上进行的熄火极限试验结果如图 5 - 59 所示。它的横坐标为负荷参数 N_e,不同的百分比表示相应的负荷。由图可见,燃油对熄火特性的影响在大功率状态下不明显,此时是由混合速率起控制作用;而在小功率状态下,燃油的蒸发性能对火焰稳定性起支配作用。

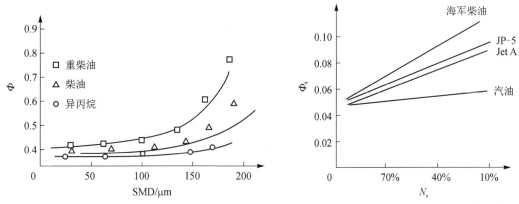

图 5 - 58　液滴的索特尔平均直径与贫油熄火当量比的关系　　图 5 - 59　燃油对贫油熄火极限的影响

4. 对积碳和冒烟的影响

积碳和冒烟与燃烧室设计参数有关,它包括喷嘴的喷雾锥角、雾化质量以及火焰筒的气流组织等;也与燃烧室内的工作参数(如油气比、压力、温度等)有关。燃料的类型也对其有重要影响,积碳和冒烟的倾向随燃油性质(芳香族烃的含量、密度、碳氢比)的增加而增加。燃料中芳香烃含量增加,则氢含量减少,即碳氢比增大。

国外对燃油类型及其特性对燃烧室的积碳和冒烟的影响进行过大量试验研究,并提出了不同的关系式。

美国 NACA 给出的生碳倾向随着碳氢比的增加而增加,用 K 表示,即

$$K = 1.26(t + 406)\frac{H/C - 0.207}{H/C - 0.259} \tag{5-16}$$

式中:t 为纯化合物的沸点,单位为℃。

K 的增加意味着燃料生碳倾向的增加。

有文献给出的在不同燃烧室试验中获得的氢含量对碳形成的影响结果如图 5-60 所示,纵坐标为相对生碳比 C^*:

$$C^* = \frac{\text{任一燃油生碳量}}{\text{含 } H_2 \text{ 为 } 12.5\% \text{ 的燃油生碳量}}$$

并且引入碳分排放指数 EI_c 的经验公式:

$$EI_c = 1.08 \times 10^{29}\left(\frac{p_3}{O/C}\right)^{2.7}\left(\frac{H}{C}\right)^{-5.45} T_3^{-8.16} \tag{5-17}$$

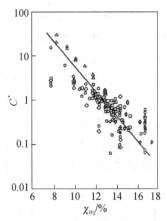

图 5-60 不同燃烧室中氢含量对积碳的影响

利用式(5-17)可以初步估算不同燃料及工况的生碳的多少。很明显,H/C 增大,EI_c 下降。

5. 对火焰筒壁面温度和寿命的影响

当燃油在燃烧室中燃烧时会形成一些碳粒,碳粒对火焰的辐射性质有重要影响。发射出来的某些辐射能(大约 1%)属于可见光谱。这种"带碳的火焰"或称"发光火焰"的发射率比不发光火焰要大得多,因此壁面温度高是一个大问题。

对于燃油性质对壁面温度的影响,国外在航空发动机燃烧室上已进行过大量研究工作。早在 20 世纪 60 年代,在 J57、J79 等发动机燃烧室上就进行过试验,并且发现燃料种类对发光火焰发射率 ε_{ft} 的影响可用下式修正给出:

$$\varepsilon_{ft} = 1 - \exp\left[-3.9 \times 10^3 \Lambda p_3\left(\frac{I_b}{Z_x}\right)^{0.5} T_{ft}^{-1.5}\right] \tag{5-18}$$

$$\Lambda = 7.53(C/H - 5.5)^{0.84} \tag{5-19}$$

或者

$$\Lambda = \exp\left(\frac{C/H - 4.4}{2.3}\right) \tag{5-20}$$

式中:C/H 为碳氢比(按质量);p_3 为压力,单位为 MPa;I_b 为光束平均行程;Z_x 为空气-燃料比(按质量);Λ 为波长,单位为 μm。

图 5-61 给出了美国在 7 种发动机燃烧室上获得的火焰筒温度参数与燃料氢含量的试验结果。图中纵坐标是 $(T_L - T_{L0})/(T_{L0} - T_2)$,其中,$T_L$ 是火焰筒温度,T_{L0} 是燃料中含氢量为 14.5% 时的火焰筒温度,T_2 是燃烧室进口温度。该图中数据是航空发动机在巡航状态,采用压力雾化喷嘴及富油燃烧区时获得的。如果采用空气雾化喷嘴和贫油燃烧区,则火焰筒壁

面温度对燃料中含氢量不太敏感。

燃料中氢含量少,会使火焰筒壁面温度变高。火焰筒的寿命主要由它所受到的机械应力和热应力来决定。高的壁面温度会引起:

① 火焰筒的皱褶,它会破坏冷却装置,使过热加剧,并使出口温度分布变坏;

② 火焰筒的氧化,它会降低机械强度;

③ 裂纹,特别是应力集中的地方,在极端情况下,可能发生掉块而损坏涡轮。

由此可见,燃料中的氢含量减少,会降低燃烧室低循环疲劳寿命。图 5-62 给出了 TE30 发动机燃烧室低循环疲劳寿命和氢含量的关系。由图可见,氢含量减小 1%,燃烧室(主要是火焰筒)寿命将降低 10%。寿命的降低意味着维修费用的增加。

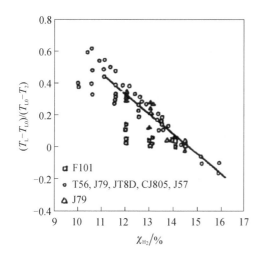

图 5-61　氢含量对火焰筒温度
参数的影响

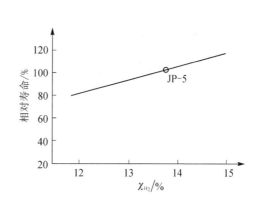

图 5-62　TE30 发动机燃烧室低循环
疲劳寿命和氢含量的关系

5.6.4　气体燃料特性对燃烧室中燃烧性能的影响

习惯上,按照气体燃料的热值将燃料分成三个等级:高热值燃气热值大于 15 070 kJ/(N·m³);中热值气体燃料的热值在 15 070～6 280 kJ/(N·m³)范围内;低热值气体燃料的热值小于 6 280 kJ/(N·m³)。

气体燃料是多种简单气体混合而成的,而各种组分的燃烧性能存在较大差异。

对于低热值气体燃料,如高炉煤气及空气炉煤气,惰性气体含量多,而可燃成分主要是 CO,还有少量 H_2。CO 的着火下限高,火焰传播速度小,以它为主要成分的气体燃料的热值很低,理论燃烧温度也低。另外,由于热值低,需要的燃料量多、火焰筒内流速高,因此燃烧室中燃烧低热值气体燃料时重点是解决燃烧稳定性问题。

对于中、高热值燃料,如焦炉煤气、矿井瓦斯、天然气、液化石油气等,主要组分是 H_2、CH_4 或烃类。它们的热值高,火焰传播速度快、点火温度低,因此点火容易,燃烧稳定性好,容积热负荷大,燃烧器体积小。当燃烧室改烧这些燃料气时,燃料气供给、燃烧组织、火焰筒壁面温度等技术问题仍需研究解决。

5.7 燃烧室中燃烧热声不稳定

燃烧除了会发光发热之外,还会发出声音。早在 1777 年,Byron Higgins 就发现了"会唱歌的火焰"。他在实验室中把一个层流非预混氢气火焰放入垂直的粗管中,如果火焰被放置在管中的某些恰当的位置,就会发出某些特定频率的"歌声"。随后,人们对燃烧中的热声开展了研究,并用于发动机燃烧室内燃烧不稳定的诊断。

声波在空气中传播时会产生压力的波动,在一定条件下,声波所引起的压力波动导致明显的声波能量与热能的转换,这就是热声效应。简单地说,热声效应就是热与声之间相互转换的现象。按能量转换方向的不同,热声效应可以分为两类:一类是用声产生热,即声驱动的热量传输;另一类是由热产生声,即热驱动的声振荡,即广泛存在于工程燃烧装置中的热声振荡,而这种振荡会引起燃烧的不稳定,故有必要对其进行深入了解。

5.7.1 燃烧不稳定产生的机理

1. 热致发声

工程燃烧装置的燃烧室内产生的声音可分为两类:一类是由燃烧过程和湍流相互作用产生的直接噪声;另一类是由燃烧过程和声学相互作用,由不稳定的燃烧放热和压力脉动相互耦合产生的间接噪声,而直接噪声往往是产生间接噪声的重要诱因。

直接噪声往往拥有比较宽的频域范围,它是由燃烧过程中自激发的湍流脉动引起的放热率脉动,进而产生的密度脉动所造成的。直接噪声不仅存在于燃烧室的燃烧过程中,也存在于各类开放空间的火焰中。例如,燃气轮机燃烧室内的直接燃烧噪声可以分为两个过程,首先是由自发的湍流放热率脉动造成的直接燃烧噪声的产生;其次是产生的直接燃烧噪声在燃烧室腔体内的传播。

间接噪声则包括一个压力脉动对燃烧的化学反应过程反作用的声学反馈过程,又可称为热声振荡或自激振荡。对于间接噪声的研究最早可以追溯到 1777 年,Byron Higgins 发现的"唱歌的火焰"。此后,德国物理学家 Sondhauss 进行了深入的试验研究,他认为供气管对火焰歌唱起了决定性作用,再结合其他研究成果,他提出:管不是唯一可以激发起热声的燃烧器。1850 年,他设计了一端封闭并在封闭端加热以发声的 Soundhauss 管。随后发现的 Taconis 现象,即把室温玻璃管接到低温系统时发声,其原理与 Soundhauss 管是相同的。1859 年,荷兰物理学教授 Rijke 用加热的金属丝网代替火焰发展了 Higgins 管,Rijke 管发声宏大,伴音丰富,人们称之为"啸声管"。Rijike 管以及一端封闭的 Rijike 管由于结构简单、热声现象明显、影响参数较少而一直用于热声的研究。

由上可见,在间接噪声的研究过程中,火焰往往被放置在一个声学共鸣腔中,以此来强化自激振荡现象。当火焰通过放热补充给共鸣腔的能量多于共鸣腔耗散的能量时,腔体中的声能就会随时间增长,最终形成稳定的自激振荡。从频域的角度看,自激振荡燃烧并不像直接噪声那样包括比较宽的频谱范围,而往往只是集中于一个或多个自激振荡频率上,而且自激振荡频率往往与燃烧室的声学特性密切相关。由自激振荡引起的压力脉动可以到一个相当大的幅度,严重时会对燃烧室本身造成损害。燃烧产生的直接噪声与间接噪声在原理上的不同也可以通过图 5-63 来表示。可以看到,对于间接噪声的产生,存在一个声场对火焰的反馈作用。

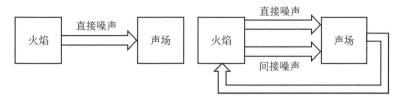

图 5 - 63　燃烧产生的直接噪声和间接噪声

因此,开展对燃烧过程中直接噪声和间接噪声产生机理及其相互关系的研究,是发展高效、稳定、安静的先进燃烧技术的基础,具有重要的工程意义。尤其是在燃气轮机中,其燃烧室中火焰放热脉动与燃烧室固有声学脉动之间的耦合会引起燃烧的不稳定,当燃烧热释放脉动与燃烧室声场的相位一致时,燃烧室内的压力振荡将被不断加强,最后形成持续的大振幅压力振荡。

2. 热声振荡

1878 年,英国物理学家 Rayleigh 首先对热声振荡现象给出了定性的解释,对热声振动的介质,若在其最稠密时向其提供热量,而在其最稀疏时从其中吸取热量,热声振动就会得到加强(热能转变为声能);反之,若在其最稠密时从其中吸取热量,而在其稀疏时向其提供热量,热声振动就会衰减,声能转变为热能。这就是所谓的 Rayleigh 准则。到目前为止,Rayleigh 准则一直被人们认为是理解热声振荡如何在管中维持的一个合理解释。根据 Rayleigh 准则,热致发声的条件可以表述为

$$\int_0^T p'(t)Q'(t)\mathrm{d}t > 0 \tag{5-21}$$

式中:T 为波动周期;$p'(t)$ 为压力波动;$Q'(t)$ 为热释放波动;t 为时间。

因为 $p'(t)$ 和 $Q'(t)$ 的周期相同,所以二者仅仅是在每个模态上的振幅不同的同一本征函数系。将 $p'(t)$ 和 $Q'(t)$ 的任一模态 $\mathrm{e}^{\int ex}$ 代入式(5 - 21)计算,都能够得到典型的结果。假设在角频率 ω 的模态下热释放波动滞后于压力波动的时间延迟为 τ,即 $p'(t)=p\sin \omega t$,$Q'(t)=Q\sin \omega(t-\tau)$,这里 p 和 Q 分别为波动周期内压力和热释放的最大值,在一个周期 $T=2\pi/\omega$ 内进行积分:

$$\int_t^{t+\frac{2\pi}{\omega}} p'(t)Q'(t)\mathrm{d}t = pQ\int_t^{t+\frac{2\pi}{\omega}} \left[\sin \omega t \cdot \sin \omega(t-\tau)\right]\mathrm{d}t = pQ\,\frac{\pi}{\omega}\cos \omega\tau \tag{5-22}$$

若式(5 - 22)中 $\cos \omega\tau$ 为正值,则认为满足热致发声条件,那么时间延迟的取值范围为

$$0 < \tau < \frac{\pi}{2\omega},\ \frac{3\pi}{2\omega} < \tau\ \frac{5\pi}{2\omega},\ \frac{7\pi}{2\omega} < \tau\ \frac{9\pi}{2\omega},\cdots \tag{5-23}$$

虽然 Rayleigh 假设能够解释热致发声的热力学过程,但是该假设并没有对周期性热声不稳定的产生给出准确的判断依据。封闭系统或有界系统中发生的热声耦合振荡不仅与热致发声的过程有关,还会受到系统边界的影响。因此,在基于一些假定条件的基础上,通过理论推导的方法用数学关系式对上述表述进行完善。推导时首先假设燃烧室的体积为 V、边界表面积为 S,然后假定燃烧室内的反应物和生成物均为理想气体,其在燃烧反应前后相对分子质量保持不变,同时忽略了气体粘性耗散和热传导效应,认为燃烧室内的扰动为线性小振幅波动。因此,燃烧室内的瞬态热声方程可以表述为

$$\frac{\partial}{\partial t}\iiint_V \left(\frac{1}{2}\bar{\rho}\mu^2 + \frac{1}{2}\frac{\rho'^2}{\bar{\rho c}^2}\right)\mathrm{d}V = \iiint_V \frac{\gamma-1}{\bar{\rho c}^2}p'Q'\mathrm{d}V - \iint_S (p'u)\cdot n\mathrm{d}S \qquad (5-24)$$

式(5-24)左边为燃烧室内声能的变化率;右边第一项为热能转化为声能的量,第二项为声能穿过边界 S 的损失量。将式(5-24)的两边在一个振荡周期上进行积分,左边则为经过一个周期后燃烧室内声能的变化量,右边则为积分周期内热能转化为声能的量和声能的损失量。若维持燃烧室内的热声耦合振荡不衰减,则必须使声能的变化量大于或等于零,即

$$\int_t \left(\iiint_V \frac{\gamma-1}{\bar{\rho c}^2}p'Q'\mathrm{d}V\right)\mathrm{d}t \geqslant \int_t \left[\iint_S (p'u)\cdot n\mathrm{d}S\right]\mathrm{d}t \qquad (5-25)$$

对燃烧室内部热能向声能的转化进行数学描述,将燃烧室内部的各种声能损失(声能耗散和穿过边界层的声能辐射)进行求和,表示成 $\sum L_i(x,t)$,则

$$\int_t \left(\iiint_V p'Q'\mathrm{d}V\right)\mathrm{d}t \geqslant \int_t \left[\iiint_V \sum L_i(x,t)\mathrm{d}V\right]\mathrm{d}t \qquad (5-26)$$

式(5-26)和式(5-21)都描述了声学系统发生热声耦合振荡的条件,称为 Rayleigh 准则。

在常规的稳态燃烧中,燃烧过程在宏观上是稳定的。在燃烧过程中,燃烧室内的压力、温度、流速和热释放率等参数在宏观上是不随时间变化的。但是,在实际情况中,燃烧过程并不总是在稳定状态下进行的,由于系统的不稳定性,会产生或多或少的变动。这种不均匀燃烧过程的出现通常称为燃烧的不稳定性。燃烧不稳定性在许多工程领域内都有所表现,例如在航空、航天的推进燃烧系统,电站锅炉、燃气轮机等系统中。当不稳定燃烧出现在航空、航天的推进燃烧系统及燃气轮机燃烧系统中时,经常造成不寻常的极高燃烧速率和传热速率,从而导致燃烧室损坏,以及经常带来剧烈的振动,以致损坏燃烧装置的机械结构。例如,多年的研究表明,液体火箭发动机、燃气轮机的不稳定燃烧是由燃烧室内的燃烧放热过程与流动过程的耦合引发的,是一种与燃烧室内声学过程密切相关的现象,即在某些条件下,燃烧室内某些振型的扰动波强度会得到增强并不断放大,从而导致燃烧过程的振荡,引起灾难性的后果。

3. 热声振荡引起的燃烧不稳定

燃气轮机燃烧室中主要有预混燃烧和非预混燃烧,尤其是近年来对燃气轮机降低污染物排放要求的提高,预混燃烧方式在燃气轮机上普遍采用。预混燃烧和非预混燃烧都可能出现燃烧不稳定。燃烧不稳定的发生与热声耦合振荡有密切关系,是燃烧室中压力脉动和放热率脉动耦合的结果,这包括了两个主要过程,即燃烧过程及声学的响应和反馈过程。其中,不稳定的燃烧过程伴随着放热率的脉动,而与之相关的声学响应则表征为燃烧室内压力场的脉动以及噪声的产生。在对热声耦合振荡引发燃烧不稳定的研究过程中,可根据系统部件、热声耦合、频率和激励模态对其进行不同的分类。

(1) 按照热声耦合振荡所涉及的系统部件划分

按照热声耦合振荡所涉及的系统部件可将其划分为三类:系统不稳定、燃烧室腔体不稳定和固有燃烧不稳定。

系统不稳定是指燃烧室内的燃烧不稳定受到其他系统部件如燃料容器、供气管路和排气部件等的影响并与这些部件产生相互作用。

燃烧室腔体不稳定通常是指仅在燃烧室内存在的燃烧不稳定,与其他系统部件无关,引起这种燃烧不稳定现象的原因可能有声波波动、冲击波和流动不稳定。

固有燃烧不稳定是由燃烧本身特性所引起的,当不存在任何外部扰动的影响时仍会由燃

烧过程中的化学动力学不稳定、热扩散或流动力学的不稳定而产生。在燃气轮机预混燃烧室中遇到的大多都是燃烧室腔体不稳定。

（2）按照热声耦合振荡的频率高低划分

按照热声耦合振荡的频率高低可划分为间歇性振荡，一般频率范围在 $10\sim400$ Hz 之间；蜂鸣型振荡，一般频率范围在 $400\sim1\,000$ Hz 之间；尖喊型振荡，频率一般大于 $1\,000$ Hz。

还有一种分类方式为：将低于 50 Hz 的振荡称为低频振荡，一般与吹熄现象的出现有关。$50\sim250$ Hz 称为中频振荡，此时的振荡机理一般与压力脉动和燃气当量比脉动耦合相关；高于 250 Hz 称为高频振荡，主要是由压力脉动与火焰形状变化相互作用引起的。而 $10\sim50$ Hz 的低频振荡可被认为"不稳定"，低频振荡经常发生在接近于吹熄时的燃料非常贫的条件下，听起来像通过车站的货运列车声，振荡的幅值经常随着火焰温度的提高而降低；$50\sim250$ Hz 的中频振荡被称为"hottones"，振荡的幅值经常随着火焰温度的升高而增大；频率大于 250 Hz 的高频振荡被称为"尖声不稳定"，具有很强的破坏性，会导致设备硬件在短短几分钟内损坏。以上三种类型的不稳定经常出现代工业燃气轮机中。

（3）按照热声耦合的激励模态划分

实际燃烧系统中的燃烧不稳定一般与整个系统相关，根据燃烧系统中各类扰动之间的关系，可以将燃烧不稳定划分为受迫燃烧不稳定（受迫振荡）和自激燃烧不稳定（自激振荡）。受迫振荡是指来自燃烧系统外部的有限幅度的扰动进入燃烧室内，引起可燃气或当量比的波动，从而引起燃烧热释放的脉动，进而导致燃烧室内压力的大幅度振荡。燃烧室内的压力振荡会随着外部扰动的减弱而减弱。自激振荡则是指燃烧系统内能够自我维持的大幅度压力振荡状态，自激振荡通常是由燃烧室内某些固有的小扰动诱发的可燃气或当量比波动，导致热释放与压力脉动之间的相互耦合。无论是受迫振荡还是自激振荡，只有当燃烧系统满足准则时，才能使燃烧室内的压力振荡幅值随着时间的增加而增加。

5.7.2　燃烧热声不稳定控制技术

热声不稳定对燃气轮机的运行会造成严重破坏，例如，导致燃气轮机工作点偏离设计值，出现局部或事故熄火，污染物排放增加等；长期在热声不稳定条件下运行的燃气轮机，容易产生疲劳损伤，减小设备的使用寿命。因此，热声不稳定的控制技术是开发低 NO_x 燃气轮机的关键技术。总的来说，热声不稳定的控制技术包括两种途径：一种是被动控制技术，另一种是主动控制技术。

1. 燃烧热声不稳定的被动控制技术

燃烧热声不稳定的被动控制技术是指通过重新设计燃烧室的结构和配气方式以降低燃烧过程对声扰动的敏感性，或通过增加消声部件来吸收声能，避免声波的增长。根据 Rayleigh 准则，压力 p 和放热量 Q 的乘积对时间积分的正负对于诱发热声振荡起了很重要的作用。而这个积分的正负取决于 ϕ/T 的值，这里，ϕ 是 p 和 Q 之间的相位差，T 是振荡周期。当 ϕ/T 的值在一定范围内时，振荡就不会发生。T 是由燃烧室的几何结构特性决定的，所以可以通过改变燃烧系统的几何结构来改变 ϕ/T 的值。被动控制就是基于这个原理发展起来的，通过改变燃烧室的几何结构将 ϕ/T 的值控制在一定范围内，达到消除振荡的目的。

实际应用中，燃烧器结构的重新设计能够改变涡系脱落频率和拟序涡系对火焰面的影响。重新设计配气方式能够有效改变空气和燃料的供给方式以及火焰稳燃体的形状，从而有效避免燃烧热释放脉动与声扰动的同相耦合，通过增加消声部件的方法来吸收声能，即利用 1/4 波长管、共振管、穿孔板等部件构成系统的声壑，这样可以避免声波的增长。燃烧热声不稳定的被动控制一般是对应于某一特定的燃烧器，被动控制可以从设计上根本解决燃烧热声不稳定现象对工作设备的影响。但是，被动控制技术存在两个缺点：

①有效范围小，被动控制只能对特定的设备运行状态起作用，而且往往在低频区域失去效果，而低频振荡的破坏力却往往最为严重，可能会对设备造成严重的损害；

②被动控制技术只能针对某一类型的具体的燃烧器进行开发，对不同类型的燃烧器必须重新进行开发，这就造成了被动控制技术开发周期长、开发费用昂贵等一系列问题。

2. 燃烧热声不稳定的主动控制技术

燃烧热声不稳定的主动控制技术是指通过执行器控制燃烧系统的某些参数，从而破坏热释放脉动与声学扰动的耦合。由于燃烧热声不稳定的主动控制技术结合了先进的控制理论，工作灵活、适用广泛、控制效果好；另外，由于燃烧热声不稳定的主动控制涉及燃烧学、流体力学、声学、控制学等多个学科，交叉性强，从而使热声不稳定的主动控制理论复杂，尚有许多值得研究的地方。

燃烧热声不稳定的主动控制可分为四类：开环固定参数主动控制、闭环固定参数主动控制、开环自适应参数主动控制和闭环自适应参数主动控制。近年来，国内外逐渐开展了燃烧热声不稳定主动控制的研究，但这个方向的研究目前还处在起步阶段，一方面是基于闭环的自适应参数主动控制，主要需要结合先进的控制理论和控制方法；另一方面是一些新颖的开环主动控制方法，这方面的研究一般注重试验系统的重新设计和试验参数的选择。

实际应用中，利用喷注二次燃料/二次空气，或者利用其他措施来进行流场调整，从而抑制热释放的波动。打破放热和声压之间耦合的方法称为主动控制方法。

主动控制的实施需要快速、可靠的传感器和控制器，常用的传感器是压力变送器和麦克风。不稳定燃烧过程的一个重要特征是压力振动，传感器的快速和准确是至关重要的。控制器的作用是通过施加声压、速度、燃料、空气等扰动信号来影响预混可燃气的力或速度场，最常用的控制器是扬声器和高频电磁阀。目前，主动控制技术已经成为热声耦合研究的重点。

习　题

1. 燃烧室的作用是什么？主要由哪些构件组成？

2. 燃烧室在燃气轮机中的两项最基本的功能是什么？

3. 燃烧室出口燃气温度沿径向怎样分布合理？画图并说明理由。

4. 说明容积热强度 Q_V 和面积热强度 Q_A 所表达的概念，为什么说它们不能确切地反映燃烧室结构的紧凑程度？

5. 为什么混气成分超出一定界限火焰就不传播？为什么联焰管直径过小就不容易联焰？

6. 均匀预混可燃混气的火焰稳定条件是什么？对燃烧室设计有何作用？

7. 与离心式喷嘴相比，空气雾化喷嘴在工作原理上有什么不同？它有什么突出的优点和缺点？发展前景如何？

8. 影响空气雾化喷嘴雾化性能的主要因素有哪些？设计时应注意哪些问题？

9. 为了保证燃料燃烧得稳定和完全，根据燃烧理论，燃烧室中的空气流应该怎样组织才好?

10. 按功能来分,进入火焰筒的空气可分为哪几部分? 试说明火焰筒上各种功用不同的孔的特点。

11. 在火焰筒的主燃区中,气流的流动结构特点如何? 它们对于稳定和强化燃烧过程有什么影响? 从燃烧室设计的角度来看,应从哪些方面采取措施才能体现这些特点和要求?

12. 燃烧区中的燃料浓度场对于燃烧过程有什么影响? 燃料浓度场应怎样组织才好?

13. 燃气轮机燃烧室中的燃烧火焰是怎样发生和发展的?

14. 燃气混合过程应如何组织?

15. 火焰筒壁面的冷却气流是如何组织的? 目前常见的有哪几种冷却结构?

16. 燃烧室一般分为几个区? 说明各区的功用及气流流动特点。

17. 为了减少污染,在燃烧室设计方面主要考虑什么措施?

18. 为什么要研究燃烧室的工作特性?

19. 什么是燃烧室的燃烧效率特性?

20. 什么是燃烧室的火焰稳定特性?

21. 燃烧室的基本结构有哪些? 不同的结构形式各有什么特点?

22. 燃烧室使用不同的液体燃料时,会对哪些燃烧特性产生影响?

23. 简述燃烧装置中热声振荡现象和产生的原因,及其对燃烧过程的影响。

24. 如何进行燃烧热声不稳定的控制?

第6章 燃气轮机燃烧室污染物及控制机理

针对地面用燃气轮机,全球多个国家以及国际间组织都颁布了污染物排放规定和标准,也提出了明确的减排目标。目前,地面燃气轮机污染物排放水平正朝着超低排放发展。在我国地面燃气轮机的主要应用领域为火电行业,舰船虽有少量应用但还没有相关的法规来规定污染物排放标准。

在火电行业,氮氧化物(NO_x)排放量随着行业的发展呈现不断增长的趋势,与世界发达国家相比,我国火电行业单位发电量的氮氧化物排放水平依然很高,若不强化控制力度,将无法达到减排目标。对于工业燃气轮机和船用燃气轮机,由于各国各地的法律法规不同,现在没有一个统一的标准,都是根据各国和各个地方对环境保护的要求而制定的。

为控制燃煤电厂的污染物排放,1991 年国家环保部颁布了《燃煤电厂大气污染物排放标准》(GB 13223—1991),之后又于 1996 年和 2003 年进行了两次修订,其中未涉及燃气轮机污染物排放的要求。随着热力电厂中燃气轮机的大量使用,在 2011 年颁发的《火电厂大气污染物排放标准》(GB 13223—2011)中按照不同的燃料类别,进一步细化了燃气轮机组氮氧化物的排放标准。标准中规定以油为燃料的燃气轮机组氮氧化物(以 NO_2 计)控制在 120 mg/m³以下,以气体为燃料的燃气轮机组氮氧化物(以 NO_2 计)当以天然气为燃料时控制在 50 mg/m³以下,以其他气体燃料为燃料的机组控制在 120 mg/m³以下。此规定中,未考虑燃气轮机与燃气锅炉燃烧的特点,所制定的排放指标略高。除此以外,还有一些地方标准也提出了对燃气轮机大气污染物排放的控制标准,如北京市地方标准的《固定式燃气轮机大气污染物排放标准》(DB 11/847—2011)中规定火电厂用固定式燃气轮机的氮氧化物最高允许排放浓度为30 mg/m³,上海的标准为 50 mg/m³,广东的标准为 80 mg/m³。可见,北京的排放标准是最高的,目前我国大力推广的 F 级燃气轮机,其氮氧化物的排放值为 51 mg/m³,仍然无法满足北京市较高的氮氧化物排放控制要求。因此,北京市新建的 F 级燃气轮机发电机组大多数要安装脱硝装置,这就增加了额外的成本。

6.1 污染物的组成及危害

燃烧虽然能把燃料的化学能转变为热能,为人类造福,但同时会向大气排放污染物,对人体健康和环境带来严重影响。由燃烧产生的污染物主要有碳氧化物(CO、CO_2)、NO_x(NO_2、NO)、含硫化合物(SO_2)、未燃碳氢化合物(UHC)以及飞灰、烟尘等。根据我国对烟尘、硫化物、NO_x 和碳氧化物四种污染物来源的统计:燃烧产生的空气污染物约占全部污染物的70%,工业生产所产生的约占 20%,机动车产生的约占 10%。由此可见,燃烧是产生污染的主要来源。在我国燃料消费的构成中,煤约占 71%,液体燃料(汽油、煤油、柴油、重油)约占17%,气体燃料(天然气、煤制气、液化石油气等)约占 12%。

空气污染对人体健康的影响主要通过三种途径:呼吸道吸入、消化道吞入和皮肤接触。其中第一条途径的影响最大,也最危险,它能引起各种呼吸道疾病。CO 与血红蛋白结合引起人体组织缺氧,造成中毒。UHC 不仅有毒,而且与 NO_x 结合后还会形成光化学烟雾。颗粒物会引起排气可视性问题且对大气造成污染,其从排放量考虑是无毒的,但是最近研究表明,哮喘和其他呼吸系统疾病与大气污染中的微小颗粒有关。此外,一些冒烟污染物中含有重金属(如钡),这样就将另外的排气污染物添加到排放气体中了。NO_x 中 NO 是主要成分,不仅能够导致地表的光化学烟雾,而且还会对植物造成危害,使得酸雨的问题加剧。另外,吸入高浓度的 NO_x 能造成人和动物中枢神经障碍。研究表明,NO_x 排放能够通过如下反应破坏平流层的臭氧层:

$$NO + O_3 = NO_2 + O_2$$
$$NO_2 + O = NO + O_2$$

臭氧层的破坏导致太阳光中紫外线的照射大大加强,从而增加了人们患皮肤癌的可能性。

空气污染对气候的影响主要是 CO_2 引起的。大量 CO_2 排入大气中会产生所谓的"温室效应",造成全球或局部地区的空气温度、湿度、雨量等发生变化。空气污染对植物的生长亦有严重影响。我国为积极应对气候变化、走绿色低碳发展道路,提出了"双碳"目标,即在 2030 年前实现碳达峰、2060 年前实现碳中和。双碳目标表现为二氧化碳排放(广义的碳排放包括所有温室气体)水平由快到慢不断攀升、在年增长率为零的拐点处波动后持续下降,直到排放源和吸收汇相抵。

表 6-1 列出了燃烧的主要污染物及所产生的危害。

表 6-1　燃烧的主要污染物及所产生的危害

污染物	危　害
一氧化碳(CO)	有毒
未燃碳氢化合物(UHC)	有毒
颗粒物(C)	可见
氮氧化物(NO_x)	有毒,光化学烟雾的来源,在平流层中消耗臭氧
硫氧化物(SO_x)	有毒,有腐蚀性

由于燃烧对环境污染影响严重,近年来,各国针对燃烧污染物生成机理及污染物排放方面开展了大量研究并取得了丰硕的成果,众多低排放燃烧技术在燃气轮机等燃烧设备上得到了广泛应用。

6.2　排放的量化描述

6.2.1　排放因子

组分 i 的排放因子是组分 i 的质量与燃烧过程中所消耗燃料质量的比,即

$$EI_i = \frac{m_{i,\text{emitted}}}{m_{F,\text{burned}}} \tag{6-1}$$

原则上讲,排放因子是一个无量纲量,类似于雷诺数或者其他无量纲数,但需要注意的是,为了避免出现非常小的数值,也经常用如 g/kg、g/lb(1 lb = 0.453 592 37 kg)等这样的单位。排放因子在实践中特别有用,因为它明确表征了每单位质量的燃料所产生污染物的量,从而不

会受产物稀释或者燃烧效率的影响。因此,排放因子可以用来衡量特定燃烧过程产生特定污染物的效率,其与实际应用设备无关。

对于碳氢化合物在空气中的燃烧,排放因子可以由指定测量的组分浓度(摩尔分数)和所有含碳组分的浓度来决定。假设燃料中所有的碳都在 CO_2 和 CO 中,则排放因子可以表示为

$$EI_i = \left(\frac{\chi_i}{\chi_{CO} + \chi_{CO_2}}\right)\left(\frac{x MW_i}{MW_F}\right) \tag{6-2}$$

式中:χ 为摩尔分数;x 为燃料中碳元素的物质的量,即 $C_x H_y$ 中的 x;MW_i 和 MW_F 是组分 i 和燃料的摩尔质量。形式上看,式(6-2)右边第一个括号表示燃料中每摩尔碳对应的 i 组分物质的量,第二个括号表示燃料中碳物质的量的转换以及它们各自相对于质量单位的转换。从式(6-2)中可以明显看出,排放因子的测量与任何空气稀释效果无关,由于所有测量的浓度都以比例的形式出现,所以稀释的影响可以消除。

例 6.1 对一台电火花点火发动机进行测功试验,并对排放物进行了测量,数据如下:CO_2 为 12.47%,CO 为 0.12%,O_2 为 2.3%,$C_6 H_{14}$(等价物)为 367×10^{-6},NO 为 76×10^{-6},所有量都是干燥基下的体积比(摩尔分数)。燃料采用异辛烷。试用当量正己烷来确定未燃碳氢化合物的排放因子。

解:事实上,并非所有的燃料都会变为 CO 和 CO_2,但如果忽略了这一点,认为所有燃料燃烧后都转化为 CO 和 CO_2,就可以直接运用式(6-2)了。正己烷和异辛烷的摩尔质量分别为 86.2 kg/kmol 和 114.2 kg/kmol,故有

$$EI_{C_6 H_{14}} = \left(\frac{\chi_{C_6 H_{14}}}{\chi_{CO} + \chi_{CO_2}}\right)\left(\frac{x MW_{C_6 H_{14}}}{MW_{C_8 H_{18}}}\right) = \frac{367 \times 10^{-6}}{0.0012 + 0.1247} \times \frac{8 \times 86.2}{114.2}$$

$$= 0.0176(kg/kg) \text{ 或者 } 17.6(g/kg)$$

若在式(6-2)第一个括号的分母中加入未燃烧的正己烷,即在 $\chi_{CO} + \chi_{CO_2}$ 中加入 $\chi_{C_6 H_{14}}$,则重新计算得

$$EI_{C_6 H_{14}} = \frac{367 \times 10^{-6}}{6 \times 367 \times 10^{-6} + 0.0012 + 0.1247} \times \frac{8 \times 86.2}{114.2} = 17.3(g/kg)$$

第二个值低于第一个计算值 1.7%,可以说,燃料中的未燃碳氢化合物对污染指标的计算结果影响不大。

6.2.2 折算浓度

在许多文献及实际应用中,通常将排放浓度折算为燃烧产物中特定氧量下的值。目的在于排除各种稀释情况的影响,从而对污染物排放能够客观地比较,其仍可使用类似摩尔分数的变量形式。由于折算浓度很有可能分别用湿基和干基来表示,所以在讨论折算浓度之前,先来定义燃烧产物流中任意组分的"湿"和"干"浓度(摩尔分数)。假定化学当量燃烧或贫燃料燃烧,即只有少量的 CO、H_2 和污染物生成,1 mol 燃料在空气(总体积中,含 21% 的 O_2 和 79% 的 N_2)中燃烧的化学平衡式为

$$C_x H_y + a O_2 + 3.76a N_2 \longrightarrow x CO_2 + (y/2) H_2O + b O_2 + 3.76a N_2 + 痕量组分$$

$$\tag{6-3}$$

在许多应用中,水分将首先从被分析的燃气中去除,得到所谓的干基浓度,但有时加热后的样品水分依然会留在其中。假设所有的水分都已经被去除,则有

$$\chi_{i,\text{干}} = \frac{N_i}{N_{\text{mix,干}}} = \frac{N_i}{x + b + 3.76a} \tag{6-4a}$$

而相应的湿基摩尔分数为

$$\chi_{i,\text{湿}} = \frac{N_i}{N_{\text{mix,湿}}} = \frac{N_i}{x + y/2 + b + 3.76a} \tag{6-4b}$$

根据式(6-4)和氧原子的平衡,可以得到湿基混合物与干基混合物总的摩尔比为

$$\frac{N_{\text{mix,湿}}}{N_{\text{mix,干}}} = 1 + \frac{y}{2(4.76a - y/4)} \tag{6-5}$$

其中,氧气系数 a 由测量的氧气摩尔分数确定,即

$$a = \frac{x + (1 + \chi_{O_2,\text{湿}})y/4}{1 - 4.76\chi_{O_2,\text{湿}}} \tag{6-6a}$$

或者

$$a = \frac{x + (1 - \chi_{O_2,\text{干}})y/4}{1 - 4.76\chi_{O_2,\text{干}}} \tag{6-6b}$$

用式(6-5)可以将干、湿浓度公式联系起来,即

$$\chi_{i,\text{干}} = \chi_{i,\text{湿}} \frac{N_{\text{mix,湿}}}{N_{\text{mix,干}}} \tag{6-7}$$

需要重申的是,上述关系都是在假定化学当量燃烧或贫燃料燃烧下得到的。对于富燃料燃烧,由于需要考虑 CO 和 H_2,使得情况变得较为复杂。

下面讨论折算浓度,"原始"测得的摩尔分数(湿基或干基)可以用折算到特定氧气摩尔分数下该污染物的摩尔分数(湿基或干基)来表示。比如:"折算到 3%O_2 下 20×10^{-6} NO)"。为了将测量浓度从一个氧气量折算或转化到另一个氧气量下的浓度,可以简单地采用以下公式来计算:

$$\chi_i(\text{折算到氧气水平 2}) = \chi_i(\text{折算到氧气水平 1}) \times \frac{N_{\text{mix},O_2\text{水平1}}}{N_{\text{mix},O_2\text{水平2}}} \tag{6-8}$$

对于湿基浓度有

$$N_{\text{mix,湿}} = 4.76\left[\frac{x + (1 + \chi_{O_2,\text{湿}})y/4}{1 - 4.76\chi_{O_2,\text{湿}}}\right] + \frac{y}{4} \tag{6-9a}$$

对于干基浓度有

$$N_{\text{mix,干}} = 4.76\left[\frac{x + (1 - \chi_{O_2,\text{干}})y/4}{1 - 4.76\chi_{O_2,\text{干}}}\right] - \frac{y}{4} \tag{6-9b}$$

例 6.2　运用例 6.1 给出的数据,将给定的 NO 浓度转换为湿基浓度(摩尔分数)。

解:由式(6-7)完成干基浓度到湿基浓度的转换。首先用式(6-5)和式(6-6b)计算干、湿基总摩尔比,即

$$a = \frac{x + (1 - \chi_{O_2,\text{干}})y/4}{1 - 4.76\chi_{O_2,\text{干}}} = \frac{8 + (1 - 0.023) \times 18/4}{1 - 4.76 \times 0.023} = 13.92$$

$$\frac{N_{\text{mix,湿}}}{N_{\text{mix,干}}} = 1 + \frac{y}{2(4.76a - y/4)} = 1 + \frac{18}{2 \times (4.76 \times 13.92 - 18/4)} = 1.146$$

NO 的湿基浓度为

$$\chi_{NO,湿} = \chi_{NO,干} \frac{N_{mix,干}}{N_{mix,湿}} = 76 \times 10^{-6} \times \frac{1}{1.146} = 66.3 \times 10^{-6}$$

可以看出,NO 的湿基浓度比干基浓度要低 12.7%。

注:从湿基与干基总摩尔浓度比的计算可以看出,产物流中原先含有 12.7% 的水分。据推断,几乎所有的水分都在气体样品被分析前去除了。

例 6.3 在例 6.1 中,76×10^{-6}(干燥基)的 NO(摩尔分数)是在含氧 2.3% 的烟气中测得的。试问含氧 5% 的烟气中 NO 浓度(摩尔分数)是多少?

解:把 NO 的浓度从 2.3% 的氧量水平折算到 5% 的氧量水平,首先分别计算两种情况下总的物质的量(见式(6-9b))为

$$N_{mix@O_2} = 4.76 \times \left[\frac{x + (1 - \chi_{O_2}) y/4}{1 - 4.76 \chi_{O_2}} \right] - y/4$$

$$N_{mix@2.3\%O_2} = 4.76 \times \left[\frac{8 + (1 - 0.023) \times 18/4}{1 - 4.76 \times 0.023} \right] - 18/4 = 61.76$$

$$N_{mix@5\%O_2} = 4.76 \times \left[\frac{8 + (1 - 0.05) \times 18/4}{1 - 4.76 \times 0.05} \right] - 18/4 = 72.18$$

折算浓度(见式(6-8))为

$$\chi_{NO@5\%O_2} = \chi_{NO@2.3\%O_2} \times \frac{N_{mix@2.3\%O_2}}{N_{mix@5\%O_2}} = 76 \times 10^{-6} \times \frac{61.76}{72.18} = 65 \times 10^{-6}$$

注:折算到 5% 氧量水平的烟气下,所得到的 NO 浓度降低了 15%。当采用浓度描述排放情况并对其进行比较时,必须考虑稀释带来的影响。

6.3 污染物的形成机理

6.3.1 氮氧化物

氮的氧化物主要包括 NO 和 NO_2,我们把它们总称为氮氧化物(NO_x)。它是大气对流层出现光化学烟雾和臭氧的主要根源,它还参与了从大气平流层消除臭氧的链锁反应,其严重后果就是使到达地面的紫外线辐射增强。因此,NO_x 生成最小化已经成为燃烧领域的一个重要课题。通过深入研究 NO_x 生成的化学动力学机理以及化学动力学和流体力学的相互作用,人们在减少 NO_x 生成方面取得了进展。所建立的 NO_x 生成模型为寻找减少 NO_x 的新方法指明了方向。

现在已经确定生成 NO_x 有 4 种途径:

① 高温途径:是空气中的氮分子在高温下氧化生成 NO_x,通常发生在已燃区,称为热力型 NO_x(thermal NO_x)。

② 瞬发途径:当碳氢燃料过多时,在火焰面或火焰面附近生成 NO_x,称为瞬发型 NO_x(prompt NO_x)。

③ N_2O 途径:是燃气轮机中贫油预混燃烧状态下生成 NO_x 的主要途径。

④ 燃料中氮的转化途径:在高温下将燃料中的氮释放出来,释放出的氮和氧化合生成 NO_x,称为燃料型 NO_x。

下面将分别介绍各种类型 NO_x 的生成机理。

1. 热力型 NO_x

在燃烧装置中,常常发现燃烧放热反应与 NO_x 生成反应不是同步的现象。NO_x 生成反应明显滞后于燃烧放热反应。因此,可以认为 NO_x 生成主要在焰后区。苏联科学家泽尔道维奇(Zeldovich)提出了所谓"热反应 NO_x 生成机理",他认为高温热分解所产生的氧原子引发了 NO_x 的生成的链锁反应。其基元反应式如下:

$$O + N_2 \xrightarrow{k_1'} NO + N, \quad k_1' = 1.8 \times 10^{14} \times \exp(-318/R_u T) \quad (6-10)$$

$$N + O_2 \xrightarrow{k_2'} NO + O, \quad k_2' = 9.0 \times 10^9 \times \exp(-27/R_u T) \quad (6-11)$$

$$N + OH \xrightarrow{k_3'} NO + H, \quad k_3' = 2.8 \times 10^{13} \quad (6-12)$$

其中,k_1'、k_2' 和 k_3' 的单位均为 $cm^3/(mol \cdot s)$。

反应式(6-10)具有很高的活化能,只有在高温下才能得到快速充分的反应。反应式(6-11)的活化能比反应式(6-10)的活化能低得多,其氮原子主要靠前一反应供给。因此,反应式(6-10)控制这一链锁反应。反应式(6-12)表明 OH 对氮原子的氧化也起了一定作用。以上 3 个反应式综合在一起,称为"扩展的热反应 NO_x 生成机理"。

NO_x 生成在化学恰当比的贫油一侧达到最大值,这是燃料和 N_2 为得到充足的 O_2 发生反应而竞争的结果。虽然在化学恰当比的富油一侧燃烧温度会略高,但是在这种状态下,O_2 更容易被燃料所消耗。从图 6-1 中可以看出,热力型 NO_x 与火焰温度成指数关系。图中表明,随着温度的下降,NO_x 生成量迅速降低,尤其是常规燃烧室停留时间为 5 ms 左右的时候。

如图 6-2 所示,气体燃料和液体燃料的 NO_x 排放量与火焰温度成指数关系。这主要是基于斯奈德(Snyder)等人的试验数据(未在图中示出)。在图 6-2 中,随着火焰温度的升高,液体燃料和气体燃料产生的 NO_x 排放量的差别逐渐减小,在达到最高温度时,两种燃烧产生的 NO_x 排放量几乎没有差别。主要原因是,当液体燃料燃烧时,虽然整个燃烧区的平均当量

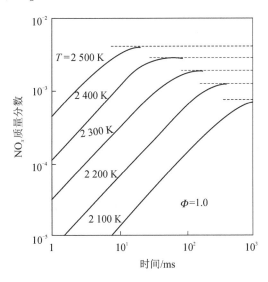

图 6-1 NO_x 排放量与时间和温度的函数关系($P=1$ MPa)

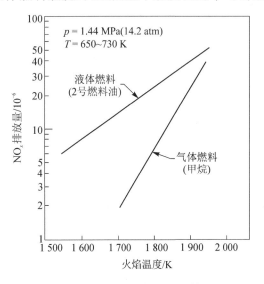

图 6-2 气体燃料和液体燃料的 NO_x 排放量与火焰温度的关系

比可能明显小于化学恰当比,但是在接近燃油液滴附近总会向化学恰当比下的燃烧温度趋近,因此也会在液滴附近产生高的 NO_x 排放量。随着当量比的提高,火焰温度接近化学恰当比下的值,燃油液滴附近的区域对整个燃烧过程的影响减小,在当量比与气体燃料当量比相同时,液体燃料的 NO_x 排放量也开始接近于气体燃料产生的 NO_x 值。

燃烧室的进口空气温度和燃料在燃烧室内的停留时间是影响 NO_x 生成的两个主要因素。

(1) 进口空气温度的影响

由于 NO_x 排放依赖于火焰温度,因此进口空气温度的升高将导致 NO_x 排放的大幅增加,这一特性可以在林克和勒菲沃的试验结果中得到证实(见图 6-3)。图中数据是在 SMD 为 110 μm 时得到的,但是当 SMD 减小到 30 μm 时也得到了类似的规律。

(2) 燃料在燃烧室内停留时间的影响

燃料在燃烧室内的停留时间也影响 NO_x 排放,如图 6-4 所示。其结果来自安德森用预混预蒸发燃烧室采用预混的气态丙烷为燃料进行的试验。从图 6-4 中可以看出,停留时间增长, NO_x 排放增加,但是非常贫油($\Phi \approx 0.4$)的情况除外,因为此时 NO_x 的形成速率很低,对时间不敏感。伦纳德(Leonard)和斯蒂格梅尔(Stegmaier),里兹克和蒙贾(Mongia)也分别研究得到了 NO_x 生成对贫油预混燃烧的停留时间不敏感的结论。这些发现对于贫油预混燃烧室的设计有重要的启示作用。

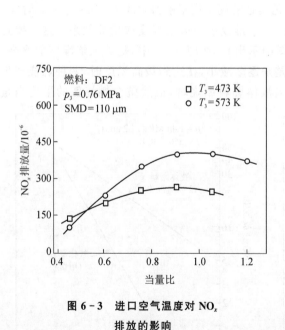

图 6-3 进口空气温度对 NO_x
排放的影响

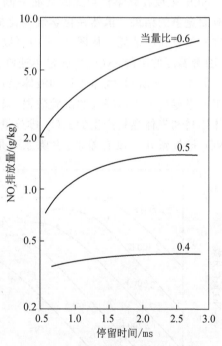

图 6-4 燃料在燃烧室内的停留时间
对 NO_x 排放的影响

关于热力型 NO_x 的要点总结如下:

① 热力型 NO_x 的生成受火焰温度的影响很大;

② 在温度低于 1 850 K 时 NO_x 生成很少;

③ 对于典型的传统燃气轮机燃烧室(高温状态仅有几毫秒), NO_x 生成量随时间呈线性

上升趋势,但是没有达到平衡值;

④ 对于贫油预混燃烧室($\Phi < 0.5$),NO_x 生成与停留时间的关系不大。

2. 瞬发型 NO_x

瞬发型 NO_x 一般发生在燃烧火焰中。它的生成机理如下:燃料中的 CH 或 C 与空气中的 N 反应生成氢氰酸(HCN)、N、CN,进一步反应生成 NO_x。在火焰锋面上快速生成 NO_x 的机理比热力型 NO_x 生成机理复杂得多,这是因为 NO_x 来自 CH 基,而 CH 基是复杂反应过程中一个不太重要的瞬态成分,它只是形成于火焰锋面的一个中间产物,如下所示:

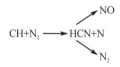

N_2 反应 $CH + N_2 \longrightarrow HCN + N$ 的活化能只有大约 75 kJ/mol(活化温度 $T_a \approx 9\,000$ K),与热力型 NO_x 相比,后者的活化能是 318 kJ/mol($T_a \approx 38\,200$ K)。因此,相对于热力型 NO_x,瞬发型 NO_x 快速生成机理在火焰温度较低、混合物较浓的情况下成立。

由于瞬发型 NO_x 对贫油预混燃烧的 NO_x 排放起重要作用,因此压力的影响也是很重要的。但是,关于这方面研究的试验数据是非常有限的。范尼莫尔(Fennimore)首先采用乙烯和空气的火焰在压力为 $1 \sim 3$ atm 下研究了瞬发型 NO_x 的生成,其结论是:瞬发型 $NO_x \propto p^{0.5}$。后来,赫伯林(Heberling)在更宽的压力范围($0.1 \sim 1.8$ MPa)下进行了研究,发现瞬发型 NO_x 的生成与压力无关。奥特玛克(Altermark)和诺博(Knauber)的研究也得出了在当量比为 0.6 以下时瞬发型 NO_x 的生成与压力无关的结论。

3. N_2O 途径

在氧原子(O)与氮气(N_2)反应中,随着第三种分子 M 的出现,反应产物出现了 N_2O,如下:

$$N_2 + O + M \longrightarrow N_2O + M$$

随后 N_2O 与 O 反应生成 NO,即

$$N_2O + O \longrightarrow NO + NO, \quad E_a = 97 \text{ kJ/mol}$$

由于这个反应对总的 NO_x 生成微不足道,所以经常被忽视。然而贫油条件会抑制 CH 的生成,进而减少瞬发型 NO_x 的生成。另外,低温条件也抑制了热力型 NO_x。余下的就是通过 N_2O 生成 NO,因为典型的三体反应活化能较低,在高的压力下就会促进 NO 的生成。同时低温对该反应的抑制并不像对热力型 NO_x 反应那么严重。所有上述条件决定了在燃气轮机贫油预混燃烧情况下,N_2O 途径是生成 NO_x 的主要来源。

4. 燃料中氮的转化途径

燃料中氮的转化有时也称为固化在燃料中氮的转化(Fuel Bound Nitrogen,FBN),这种 NO_x 的生成主要出现在煤的燃烧过程中,因为即使是"清洁煤"也含有大约 1% 的氮。对于燃气轮机常使用的柴油、天然气等燃料,由于所含有的氮极少,因此在燃气轮机中由燃料中的氮转化生成的 NO_x 极少,这主要与所使用的燃料有关。混合物中氮的蒸发发生在煤的汽化过程中,且在汽化阶段产生了 NO_x。实验表明,燃料中氮的氧化特征时间与燃烧放热反应的特征时间处于同一量级,因此难以用使反应系统激冷或稀释的方法降低 NO_x 的生成量。此外,燃

料中的氮在火焰锋面处很快转化为 CN,然后又瞬变为氨类物质 NH。接着,NH 参与下列两个反应:

$$NH + O \longrightarrow NO + H$$

$$NH + NO \longrightarrow N_2 + OH$$

上述两个反应在中等温度下即可发生,而且,即使 NH 浓度较低,也可以认为反应是不可逆的。

燃料氮生成 NO 的这一特点使得在温度和氧原子浓度这两个因素中温度变得不重要了,而氧原子浓度成为关键。因此当混合物较稀时,尽管燃烧温度降低,但氧原子浓度仍然较高,从而使 NO 生成量较大。

燃料中含氮量并不能全部转变为 NO_x。在一般燃烧装置中,液体燃料的转变率为 32%～40%,固体燃料的转变率为 20%～32%。为了降低燃料氮生成 NO_x,可以采取以下措施:

① 降低燃料中的含氮量;

② 采用偏富燃料燃烧(当量比大于 1)。

6.3.2 一氧化碳

在燃烧区富油的情况下,由于缺少足够的氧将一氧化碳(CO)氧化为二氧化碳(CO_2),因此会生成大量的 CO。但是,如果燃烧区混合恰好在化学恰当比或偏贫油,那么由于 CO_2 的分解作用也会产生大量的 CO。实际上,CO 排放比通过平衡关系式计算预测的值要大很多,并且在低功率下差别最大,因为低功率下的燃烧速率和最高温度相对较低。这与平衡原理的预测相矛盾,CO 排放主要是燃料不完全燃烧产生的,产生原因如下:

① 由于油气比太小和/或停留时间不够长,主燃区的燃烧速率不够;

② 燃料与空气混合不够,导致一些区域过贫,不能很好地组织燃烧,而另一些区域则过富,从而产生大量的 CO;

③ 燃烧区火焰边缘的燃气被卷入火焰筒壁面冷却气流中会导致淬熄,尤其是在主燃区内。

原则上讲,通过空气分级可以使燃烧的气体温度逐渐降低,进而使主燃区燃烧生成的 CO 降低。但是,CO 一旦形成就很难被氧化,在许多实际的系统中 CO 氧化达到完全燃烧取决于速度。在高温条件下,主要消除 CO 的反应式为

$$CO + OH = CO_2 + H$$

在很宽的温度范围内,上述反应很快。在低温下,下面的反应对于消除 CO 也同等重要,即

$$CO + H_2O = CO_2 + H_2$$

一般认为,燃料分子经高温燃烧生成 CO 主要经历如下步骤:

$$RH \longrightarrow R \longrightarrow RO_2 \longrightarrow RCHO \longrightarrow RCO \longrightarrow CO$$

其中,R 代表碳氢根。CO 在火焰中的初始浓度可以接近平衡浓度,其值取决于局部温度、压力和燃料空气当量比。火焰所生成的 CO 在以后的氧化过程中由于受化学动力学因素的控制,其浓度会偏离平衡值,因此,即使是贫燃料混合物,仍有一定浓度的 CO 排出。

CO 在火焰中及火焰后的主要氧化反应为

$$CO + OH \underset{k_b'}{\overset{k_f'}{\rightleftharpoons}} CO_2 + H$$

上述反应的正向和逆向反应速率均较大,因而一般情况下能达到瞬时平衡。CO 的氧化率公式可以用经验公式表示为

$$-\frac{dc_{CO}}{dt} = k_0'[CO]^{1/2}[H_2O]^{1/2}\exp(-E_a/R_uT) \tag{6-13}$$

式中:$k_0' = 1.3 \times 10^{14}\ cm^3/(mol \cdot s)$,$E_a/R_u = 15\ 100$。

CO 的产生与燃烧不完全有直接关系,例如在燃气轮机燃烧室中可燃混合物进入靠近壁面冷却层,或燃烧尚未完成,过早进入掺混降温空气中,使化学反应淬熄,均会产生 CO。一般大量出现 CO 是在发动机慢车状态。发动机起动加热、急加速、急减速时 CO 排放比较严重。因此,CO 排放的控制主要放在提高慢车状态下的燃烧效率。研究表明,CO 的生成受以下几个方面因素的影响。

（1）当量比的影响

林克和勒菲沃采用轻质柴油进行了试验,并得出一些结果,如图 6-5 所示。由图可知,在 3 种不同进口空气压力下,CO 排放随当量比的变化曲线。这 3 条曲线的特征一致。可以看出,随着当量比的提高,CO 的排放减少,当当量比为 0.8 左右时达到最低值,随后,CO 的排放随着当量比的提高而呈现上升趋势。这些趋势在其他类型的燃烧系统中也是很典型的。在低当量比下,由于燃烧温度低,CO 的氧化反应慢,导致 CO 生成多。随着当量比的提高,火焰温度上升,促进了 CO 的氧化反应,因此 CO 排放降低。但是,当火焰温度大于 1 800 K 时,CO_2 在高温下的分解作用所产生的 CO 将起到主要作用。因此,只有在当量比为 0.8 左右的一个狭窄的范围内,CO 排放水平才相对较低。

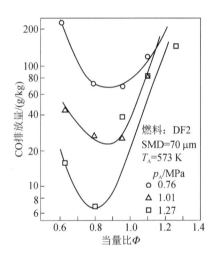

图 6-5　燃烧室压力和当量比
对 CO 排放的影响

（2）压力的影响

图 6-5 表明,燃烧室压力的提高有利于降低 CO 排放。在工业燃气轮机燃烧室高压试验中,燃烧室工作压力分别为 9 bar(1 bar $= 1 \times 10^5$ Pa)和 14 bar,在低当量比工况下,压力增加 50%将使 CO 排放降低 1/2;在大当量比工况下,压力提高相同的比例,由于 CO_2 的分解受到抑制,基本不会产生 CO。

（3）环境空气温度的影响

在 7 MW 的以天然气为燃料的工业燃气轮机上研究的环境空气温度对 CO 排放影响的结果表明,空气温度对 CO 排放影响较大。空气温度为 287 K 时的 CO 排放是温度为 298 K 时 CO 排放的 3~4 倍。根据数据总结出 CO 排放量随环境空气温度变化的关系式,该关系式适用于温度大于 303 K 的情况,即

$$CO_T/CO_{288} = 1 - 0.063\ 4(T - 288\ K)$$

式中:CO_T 表示环境温度为 T 时 CO 排放量(折算成 15%O_2 浓度,体积分数用 $\times 10^{-6}$ 表示);

CO_{288} 表示环境温度为 288 K 时 CO 排放量(折算成 15% O_2 浓度,体积分数用"$\times 10^{-6}$"表示)。

式(6-13)应该注意使用,因为它更适用于特定的发动机。尽管如此,它还是表明了 CO 排放与环境空气温度之间的密切关系,同时有助于对在一段时间的重复性试验获得的 CO 测量值进行分析时,偶尔遇到的一些异常现象进行解释。

(4)壁面冷却空气的影响

在主燃区火焰筒壁面冷却空气量也是影响 CO 排放的重要因素。在主燃区形成的 CO 能够移至火焰筒壁面并被壁面冷却空气带走。这部分空气温度太低以至于所有的化学反应都被冻结了。因此,来自主燃区的气膜冷却空气中含有大量的 CO。除非这些 CO 有足够的时间进入热的核心区完全反应,否则就会出现在排气中。

(5)燃油雾化的影响

燃油平均颗粒度对 CO 排放的影响主要是从燃料蒸发需要的体积方面考虑的。在低功率下,这些排放浓度达到最高,整个燃烧区的体积有很大一部分被燃油蒸发所占据,因此,用于化学反应的空间非常小。

6.3.3　未燃碳氢化合物

未燃碳氢化合物(UHC)是指排气中包含的碳氢燃料中未完全燃烧的部分。一般用百万分之一碳原子浓度表示。它们一般与雾化质量差、燃烧速率不足、气膜冷却空气的淬熄作用以及这些综合作用有关。UHC 形成的反应动力学比 CO 形成更复杂,但是可以发现那些影响 CO 排放的因素同样会对 UHC 的排放产生影响,并且它们的影响趋势是相同的。一般情况下,没完全燃烧的碳氢化合物是局部火焰熄火的缘故。影响熄火的原因有两种:一种是由火焰拉伸引起的,另一种是在壁面或缝隙处的熄火。

(1)火焰拉伸引起的熄火

火焰拉伸引起熄火的现象,只是依赖于气体的混合过程。强湍流引起的火焰锋面的过度拉伸将引起火焰的局部熄火。如果混合物不能被重新点燃,滞留在反应区的燃料就不会燃烧。对于贫油和富油混合物火焰拉伸引起的熄火变得很重要,因为温度较低使反应时间变得比混合时间长得多。

(2)在壁面和缝隙处的熄火

火焰在壁面和缝隙处熄火是由火焰与反应系统壁面间的相互作用引起的,在这些位置处火焰放出的热量小于壁面散出的热量会导致反应区冷却,同时表面反应还会引起反应介质的减少,这两方面的共同作用是熄火的真正原因。可燃混合气的温度下降到混气自燃温度以下,火焰就会熄灭,在火焰前薄薄的边界层内的可燃混合气变成未燃碳氢化合物而留下来。当缝隙小到一定程度时,火焰不能在其中传播。当碳氢燃料进入其中时,就会停留在里面。对于一般汽油机,若缝隙容积占整个容积的 2%,则将有 10% 的初始混合物存留在缝隙中,如果这部分混合气不能被氧化,那么未燃碳氢燃料的排放浓度是很高的。可燃混合物在空间分布不均匀,造成局部过浓或过稀,也会引起熄火。

6.3.4　碳　烟

碳烟粒子是气相燃烧过程所产生的。在燃料富裕的小区域,通常能形成大量的可见烟雾,其经历成核、表面增长和凝聚、集聚和氧化等一系列阶段,所生成的碳烟粒子若不能在燃烧过程中完全氧化,就会被排放到大气中去。

碳烟粒子通常呈黑色,主要由 C 元素组成,其表面往往凝聚或吸附有未燃烃。这些未燃烃大多数可用有机溶剂萃取出来,故称为可溶有机成分,剩下的叫作干碳烟。与一般微粒物质相同,碳烟粒子的动力学特性、光学特性以及对人类健康的危害性都与微粒直径有关。从表 6-2 可以看出,直径小于 0.1 μm 的微粒对健康影响最大;直径介于 0.1~1 μm 之间的微粒对能见度影响最大;直径大于 1 μm 的微粒,在大气中主要作沉降运动,故容易被雨雪冲掉,对人类的危害相对较小。

表 6-2　微粒在动力学、光学、生物学方面的特性

微粒直径/μm	动力学特性	光学特性	生物学特性
小于 0.1	随机运动,可互相集聚	对能见度无影响	可吸附在肺细胞上,某些可为血液吸收
0.1~1	随机运动和沉降运动,可互相集聚	对能见度有显著影响	可吸入肺叶
大于 1	沉降运动,难集聚	对能见度影响小	一般不能吸入呼吸道

燃料生成碳烟,一般认为有两种形态:

① 气相析出型碳烟:气相析出型碳烟是已蒸发的燃料气体在空气不足的状态下温度升高发生气相分解而形成的碳烟。不论是气体燃料、液体燃料还是固体燃料,在燃烧时都会产生这种碳烟。

② 残碳型碳烟:残碳型碳烟是燃烧液体燃料时,由于燃烧室内高温或油滴周围火焰的传热,在低于蒸发温度下分解形成的碳烟。

气相析出型碳烟颗粒非常细小,其直径为 0.02~0.05 μm。残碳型碳烟的颗粒直径较大,一般为 10~300 μm。根据测量,残碳型碳烟的空隙率很大,可达到 98%。在燃烧重油时产生的碳烟的比表面积可达 110~175 m^2/g。

碳烟的化学组成主要是碳,但也含有少量的氢(0.5%~2.0%),并且根据燃料性质,还含有一些硫和灰分。

在传统燃烧室中,碳烟通常在燃油喷嘴喷雾附近的区域形成。在这些区域,旋流形成的回流区将高温的燃气带回到喷嘴附近,在这个高温缺氧的环境内,形成了烟口袋。在这些富油区域,可能产生大量的碳烟。

在主燃区产生的大多数碳烟经过下游的高温区通过发生化学反应而消除。因此,从碳烟的角度将燃烧室分为两个独立的区域——控制碳烟形成速率的主燃区和控制碳烟消耗速率的中间区(对于现代高温发动机,也指掺混区)。实际上,在排气中得到的碳烟浓度是这两个区域内碳烟形成和碳烟消耗的差值。

通过对排气中的碳烟进行分析可以看出,它主要由碳(96%)、氢、氧以及其他元素的混合物组成。碳烟并不是燃烧反应的平衡产物,除非混合物浓度远大于燃气轮机主燃区的浓度。因此,不可能通过动力学或热力学的数据预测出碳烟形成的速率和最后的浓度。实际上,碳烟形成的速率更多地受到雾化和混合等物理过程的影响,其次受到化学动力学因素的影响。

在大多数非预混系统中,碳烟氧化发生在它与含有氧气的空气混合之后。在富油条件下,碳氢化合物的燃烧可以用如下反应来描述:

$$C_n H_m + \kappa O_2 \longrightarrow 2\kappa CO + m/2 H_2 + (n - 2\kappa)C(s)$$

这里的 C(s) 表示固态的碳。如果碳烟形成是由热力学来控制的，那么当 $n > 2\kappa$ 或碳氧元素物质的量比 $n_C/n_O > 1$ 时就会出现固态的碳。实际上，由于化学动力学因素的作用，可燃混合物在燃烧过程中生成碳烟的 n_C/n_O 常小于1。这是因为火焰中氧化性自由基 OH 通过下述反应很快被消耗：

$$H_2 + OH \longrightarrow H_2O + H$$
$$CO + OH \longrightarrow CO_2 + H$$

这说明氧很快被包含在稳定产物 H_2O 和 CO_2 之中，因此，燃料燃烧时，在较低的 n_C/n_O 下就会产生碳烟。例如，在预混火焰中，一般 $n_C/n_O > 0.5$ 左右就会生成碳烟。在扩散火焰中，燃料空气比在空间分布是不均匀的，总存在 n_C/n_O 值大于成烟界限的区域。因此，一般认为在扩散火焰中碳烟生成是不可避免的。

表面增长是已形成的碳烟核心经过与气相分子的表面反应使粒子质量增加的过程。参与表面反应的气相物质主要是乙炔及其聚合物。在表面增长过程中，碳粒子表面的活性随时间的增长而下降。碳粒子刚成核时，其氢碳元素物质的量比约为 0.4，而到长大成基本碳烟粒子时，氢碳元素物质的量比降至 0.1 左右。凝聚也是碳烟粒子长大的一种方式。所谓凝聚，是指两个小的球状颗粒在碰撞后融合成一个大的球状颗粒的过程。

在碳烟生成的同时，始终发生着碳烟粒子的氧化过程。碳烟的生成速率是很快的。形成微粒的特征时间是 10^{-4} s。因此，只要局部燃料空气当量比足够高，碳烟的形成是瞬时的。碳烟形成以后，它的氧化或燃尽速率比它的生成速率要慢得多。它的反应速率常数可以用下面的经验公式表示：

$$k' = 8.1 \times 10^4 \times \exp\left(-\frac{37\ 000}{R_u T}\right)$$

反应速率常数是很大的。由上式可知，当温度在 900～1 000 ℃ 以上时，燃烧速率将急剧增大。不论是气相析出型碳烟，还是残碳型碳烟，主要是在高温、空气不足时形成，或者即使空气供给充足，但局部混合不好时，也会生成碳烟。影响碳烟生成的因素包括如下几个方面：

(1) 压力的影响

碳烟和冒烟问题在高压下通常是最严重的。这有几方面原因，一些是化学方面的影响，另一些是物理方面的影响，例如影响喷雾特性，从而在火焰中碳烟形成的区域影响混合物浓度分布。对于煤油和空气的预混火焰，在压力低于 0.6 MPa、当量比小于 1.3 的情况下没有碳烟的形成。

压力升高带来的一个问题是拓宽了燃料可燃性边界，因此在较低压力下，产生的碳烟因为太富而不能燃烧。升高的压力也能加速化学反应速率，因此燃烧起步较早且较大比例的燃料在富油区燃烧。对压力雾化喷嘴，高压下燃油喷雾穿透力降低是碳烟产生的一个重要原因。在低压下，燃料分布在整个燃烧区，但是在高压下却集中在燃油喷嘴下游的碳烟形成区域。压力升高带来的另一个问题是使喷雾锥角变小了。在这种情况下，碳烟的形成部分原因是燃油平均颗粒度增大，但更主要的是在碳烟形成区域内混合物浓度的增大。总之，对于压力雾化喷嘴，碳烟排放随着压力的增大而显著增加。

对于空气雾化喷嘴，压力对喷雾特性影响较小。在现代空气雾化喷嘴上开展的试验研究表明，在油气比一定的情况下，相应地，发动机处于慢车以上状态、喷雾锥角和雾化体积不受压力的影响。试验也表明,压力的变化对喷雾的平均颗粒度影响较小。因此,与压力雾化喷嘴相反,燃气轮机空气雾化喷嘴的喷雾特性不受周围环境压力的影响。这就是装有空气雾化喷嘴的燃烧室随着燃烧压力的增大,其碳烟的形成变化却很小的主要原因。

（2）燃料种类的影响

燃料特性从两方面影响碳烟的产生:一方面是促进燃料局部富油区域的形成,另一方面是对碳的生成施加可变阻力。前者受物理特性如粘性、挥发性等控制,这些特性影响平均颗粒度、穿透深度和燃料蒸发率,但后者与燃料分子结构相关。碳烟随着石油基碳氢燃料中芳香烃含量的增加而增多,这主要是因为环状聚酯纤维碳氢化合物会形成用于碳烟颗粒生长的核。

（3）燃料雾化的影响

雾化质量对碳烟生成的重要性体现在:当燃油喷雾接近火焰前锋时,火焰中释放的热量开始用来蒸发燃油。喷雾中最小的液滴有时间在到达火焰前锋之前蒸发完全,并且使燃油蒸气随后与燃烧空气混合以以预混火焰的方式进行燃烧。但是,喷雾中最大的液滴没有足够的时间蒸发,并且不能在进入火焰之前与空气混合完全。结果,它们以富油扩散火焰的方式进行燃烧。显然,任何平均颗粒度的增大都将使喷雾中大液滴的比例增加。这相应地增加了扩散燃烧的燃料比例,缩减了预混燃烧的燃料比例。

总之,排气冒烟随着平均颗粒度的增大而增加,但是,如果改善了雾化,则会导致喷雾穿透深度的下降,正如压力雾化喷嘴的情况。由于燃料浓度的提高,实际上碳烟产生量可能是增加的。事实上,在装有双油路喷嘴的高压比发动机上,喷雾穿透深度的下降是碳烟产生的主要原因之一。

6.4　污染物的控制机理

6.4.1　一氧化碳和未燃碳氢化合物

在排气中存在一氧化碳（CO）和未燃碳氢化合物（UHC）是不完全燃烧的标志,因此,所有降低 CO 和 UHC 排放量的方法都要基于一个原理,即提高燃烧效率。其中最有效的办法就是重新进行流量分配,将主燃区当量比调整到最佳值 0.8 左右。较高的当量比（大于 1.05）会提高燃烧反应速率,但是因为缺少 O_2 不能将 CO 和 UHC 氧化为 CO_2 和 H_2O,使得 CO 和 UHC 的排放量并不能降低。另外,主燃区燃料与空气的均匀混合也可以降低 CO 和 UHC 的排放。即使将主燃区的当量比控制在最优值,如果燃料与空气掺混质量较差,也会导致局部区域过贫而燃烧速率不够或者过富,从而没有足够的 O_2 将 CO 氧化为 CO_2。降低 CO 和 UHC 排放可以采用以下方法:

① 重新进行流量分配,将主燃区当量比调整到最佳值 0.8 左右;

② 增大主燃区的容积和/或延长停留时间;

③ 减少火焰筒壁面的冷却空气,尤其是主燃区的;

④ 提高燃油的雾化质量。

图 6-6 表明 CO 排放随着燃油雾化质量的提高而降低,而图 6-7 也表明 UHC 排放随着燃油平均颗粒度的减小而降低。只有在低当量比下,燃烧速率才主要受到化学反应速率的影响,而不受蒸发速率的影响。因此,UHC 排放受燃油液滴尺寸的影响很小。

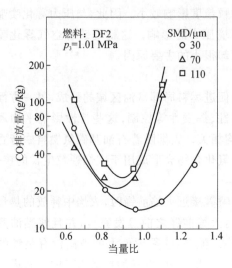

图 6 - 6 燃油雾化质量对 CO 排放的影响

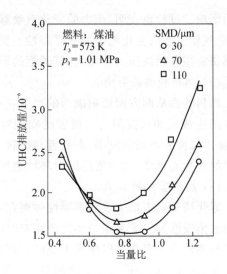

图 6 - 7 燃油平均颗粒度对 UHC 排放的影响

6.4.2 氮氧化物

为降低氮氧化物（NO_x）排放，最主要的目标就是降低燃烧反应温度；然后是消除整个反应区的热点，因为如果反应区内存在 NO_x 生成速率很快的局部高温区，那么达到较低的燃烧温度也是没有用的；最后要确保能够形成 NO_x 的时间最短。

在常规燃烧室中，实际降低 NO_x 的方法包括：

① 通过增加主燃区的空气量来降低火焰温度；

② 提高燃油的雾化质量；

③ 通过提高火焰筒的压降来加强混合；

④ 消除燃烧区的热点；

⑤ 缩短燃烧室的停留时间。

但是，降低火焰温度和缩短停留时间会导致 CO 和 UHC 排放量增加。实际上，为降低 NO_x 排放量而改变燃烧室工况或燃烧室的结构都会导致 CO 和 UHC 排放量的增加，反之亦然。

应用上述有关 NO_x 生成机理分析，可以提出减少 NO_x 生成的措施。有两类措施：一类是针对新的燃烧设备；另一类是针对已有设备。前者主要通过改变燃烧设备的几何条件，以改善燃烧条件来满足减少 NO_x 的要求；后者通过不改变或少许改变现有燃烧设备几何条件来实现。下面介绍一些常用的方法：

（1）分级燃烧方法

在第一阶段，为了得到最少的 $NO_x + HCN + NH_3$ 的混合物，选定富燃料条件（$\Phi = 1.4$），然后选用富氧条件，以便使整个燃烧过程避开化学恰当比状态。在第一阶段 N_2 没有转化成 NO，这是因为热辐射和热传导的作用使得燃烧温度稳定下降。如果在第二阶段加入更多的空气，NO 的含量将进一步减少。在第三阶段加入燃料补燃能进一步减少 NO 的生成，这是通过反应：$NO + CH_i \longrightarrow$ 产物来实现的。

（2）降低峰值温度方法

由于热力型 NO_x 反应机理需要很高的活化能，因此任何降低峰值温度的措施都能减少 NO_x 的生成。在非预混射流火焰中，由于火焰热量的辐射作用降低了温度峰值，对减少 NO_x 生成量也起到了非常明显的作用。另外，喷入像氮气和水这样的"惰性"稀释剂对降低温度峰值也能起到很好的作用。湿空气燃气轮机循环，就是一种以高湿度空气和燃气为混合工质的燃气轮机循环。湿空气由蒸发饱和器供给。高湿度空气进入燃烧室参与燃烧而形成湿燃气，再进入涡轮机做功，湿空气的加入既可以提高涡轮的输出功，又可以有效降低 NO_x 的生成量。日本最先进的 J 级重型燃气轮机，为降低 NO_x 的生成量，曾使用尾气循环，将含有惰性气体的尾气循环回燃烧室。

（3）减少高温驻留时间

当然，在任何燃烧系统中，高温驻留的时间越长就越接近 NO_x 系统的平衡。理想的最佳时间就是所有的燃料以及像 CO 这样的中间产物都被氧化，且 NO_x 的形成通过快速冷却迅速终止。

（4）采用贫燃料燃烧

最重要的是通过燃料与空气充分混合并形成均匀的混合物来减少 NO_x 的生成。这是一项很重要的措施，但在实际实施中却遇到两个障碍：第一个，当系统中的贫油程度增加时火焰温度下降，于是 NO_x 的生成量降低。但与此同时，CO 转化成 CO_2 的量也降低，CO 的生成量大大提高，达到不可接受的程度。第二个，在燃气轮机中贫燃料燃烧会在燃烧室中出现大的压力脉动。对于有 15 个大气压的燃气轮机燃烧室，发现只要出现 ± 2 bar 的压力波动就会破坏燃气轮机。当燃烧室中出现压力波动时，化学反应速率降低，会很敏感地改变火焰温度和燃烧室内化学成分的浓度。燃烧室中的压力波动，特别是频繁的压力波动是由燃烧室的声学模式来决定的，这将引起反应速率下降，同时使热量释放速度按相同频率进行调整，这意味着提高了压力波的强度。燃烧室的压力波能够影响燃料和空气的输入，这将进一步提高压力波的强度。

（5）催化燃烧

贫油燃烧所带来的障碍随着催化燃烧室的应用而得到好转。燃料和 CO 的表面氧化是通过一系列低活化能的反应实现的。因此，相对于分级燃烧第二阶段的反应，氧化反应能在更低 Φ 值（更低温度）下剧烈地反应；而且表面反应不会生成 NO_x，使 NO_x 排放量不到 1×10^{-6}。至于声学动力学，大面积的催化剂作用抑制了压力的波动并减少了表面化学反应与压力波动的联系。

然而采用催化剂也有一些障碍。有效反应面通常是由铂或钯等贵重金属制成的，这些贵重金属在 1 500 K 温度以上就会氧化和蒸发。如果持续工作在 1 300 K 温度以上，这些金属氧化剂就会快速流失。

燃气轮机的工作温度较高，尤其是近年来为提高效率，在不断提高燃烧室出口温度。目前所采用的措施是大约一半的燃料在有催化剂的那部分燃烧室里燃烧，剩余的燃料在类似于气态自燃的阶段燃烧。由于在高温下点火极限的放宽，相当于自燃的燃料能在极贫情形下燃烧，所以它能生成气态的 NO_x，同时需要充足的温度和时间来使 CO 氧化成 CO_2。

燃气轮机燃烧室需要 20 μs 左右的驻留时间。次级燃料的喷入方式有几种，其中一种方式是：让次级燃料经过催化剂再与主燃料产生的燃烧产物接触并进行自燃，这是因为催化剂只在燃烧室大约一半的空间起作用。

在另外一些装置中,采取次级燃料与空气预先混合后再在催化剂之后喷入燃烧室。不管采用何种方式喷入,次级燃料都必须与初级催化燃烧产物混合后自燃。

(6) 快速燃烧

如果燃烧条件的改变并不十分有效或者实行起来根本不太可能,那么采取快速燃烧过程来减少 NO_x 的排放就非常必要了。最有效的处理 NO_x 的方法就是用于处理汽车排放的催化转化法,催化剂一般采用贵重金属化合物来使 CO 氧化成 CO_2,同时使 NO_x 还原成 N_2。这项发明成功的关键在于将催化转化器作为一个传感器来检测尾气中的 O_2。当检测到 O_2 时,电子反馈系统直接控制发动机使其逐渐增加燃料的流速;当检测不到 O_2 时,就逐渐降低燃料的流速。这样一来,发动机基本上就工作在化学恰当比($\Phi = \alpha = 1$)的情形下,同样地,催化剂工作在低 O_2 和低燃料的环境中。然而,对于锅炉的排放(小于 3% O_2)、柴油发动机的排放(小于 10% O_2)及燃气轮机的排放(小于 15% O_2)等,在富氧环境中催化转化传感器的灵敏度不高。

6.4.3　碳　烟

碳烟的防治主要有以下两个措施:

① 对于预混火焰,控制燃料空气比不要大于成烟界限。在生成碳烟的情况下,应提高火焰温度,从而提高碳烟的氧化反应速率,减少碳烟生成量。

② 对于扩散火焰,碳烟生成主要发生在富燃料区,因此要合理控制燃料空气比的分布和火焰温度,降低碳烟生成率。

6.4.4　污染物综合控制

由上面介绍的 4 种燃气轮机排放污染物的生成机理和影响因素可以看出,随着燃气轮机功率的变化,CO 和 UHC 具有相似的变化趋势,而 NO_x 和冒烟的变化趋势相似,但与前两者相反。因此,对于传统的、目前普遍应用的燃气轮机燃烧室来讲,同时降低这 4 种污染排放物是不可能的。如图 6-8 所示,CO 和 UHC 主要生成于低功率状态,此时的主燃区温度较低;而碳烟和 NO_x 主要生成于大功率状态,对应图 6-9 中的主燃区的高温区。对于常规燃烧室,

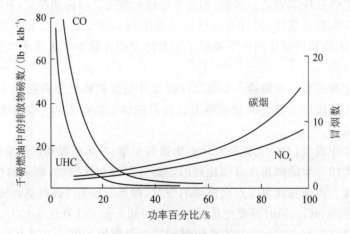

图 6-8　污染物生成量随功率的变化趋势

只能采取折中的办法,即不论燃气轮机的工作状态如何,控制燃气轮机主燃区的温度在图 6 - 9 所示的虚线窗口内,那么 4 种污染物的生成量就会保持在一个较低水平。因此,低污染燃烧的关键就是通过燃烧室结构的改进和供油供气方式的改变,将燃烧室主燃区的温度控制在图 6 - 9 所示的温度范围,以降低 4 种污染排放物的生成量。

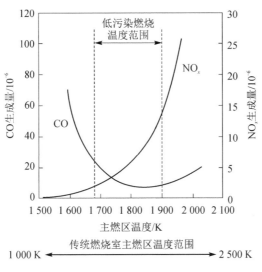

图 6 - 9　CO 和 NO_x 的生成量与主燃区温度的关系

6.4.5　二氧化碳

二氧化碳(CO_2)是温室气体的主要组成部分,是造成全球变暖的主要原因。这是由于 CO_2 能够在对流层吸收波长在 $4.26 \sim 14.99\ \mu m$ 之间的红外线,吸收的红外线所携带的能量使气温上升,从而产生了温室效应。国际上对气候变化的关注导致了联合国气候变化框架公约(United Nations Framework Convention on Climate Change,UNFCCC)的问世,并于 2005 年实施了《京都议定书》,对各国承担温室气体特别是 CO_2 减排的义务进行了明确规定。CO_2 的大量排放是现代人类的生产、生活造成的,归根到底是大量使用各种化石能源(煤炭、石油、天然气)造成的。在燃烧前或燃烧后捕集储存 CO_2、使用不含有碳元素的燃料是减少 CO_2 排放的关键所在。

1. CO_2 的捕集储存技术

CO_2 的捕集储存技术包括燃烧前捕集和燃烧后捕集。燃烧前捕集,是指含有碳元素的燃料在燃烧前经过处理将碳元素脱出并固化的技术,先将化石燃料通过气化反应生成合成气(主要成分为 H_2 和 CO),然后再进一步通过变换反应,将 CO 和 H_2O 转换成 H_2 和 CO_2,变换后的混合气体中的 CO_2 含量可达 $30\% \sim 40\%$,再通过物理吸收工艺将 CO_2 分离出来。该法关键是确定优良的吸收剂。所选用的吸收剂必须对 CO_2 的溶解度大、选择性好、沸点高、无腐蚀性、无毒性、性能稳定。目前,已商业化的物理吸收工艺主要有低温甲醇法(Rec-tisol)、聚乙二醇二甲醚法(Selexol)、N -甲基吡咯烷酮法(Purisol)以及碳酸丙烯酯法等。

燃烧后捕集,即在燃烧排放的烟气中捕集 CO_2,该处理技术相对较成熟。主要方法为吸收法,包括物理吸收法、化学吸收法和混合溶剂吸收法。物理吸收法可归纳为膜分离法、低温蒸馏分离法和吸收分离法等。化学吸收法是指 CO_2 与吸收剂进行化学反应形成一种弱联结的化合物。典型的吸收剂有单乙醇胺（MEA）、N-甲基二乙醇胺（MDEA）等。

膜分离法是一种有前途的燃烧后 CO_2 捕集应用技术。膜可以从烟气中分离出 CO_2，是因为气体组分通过膜的传输速度与它的渗透率成正比。例如，CO_2 拥有比烟气中其他组分更高的渗透率，CO_2 就可以优先通过膜。

低温蒸馏法的原理是先将混合气体低温冷凝液化，再根据不同气体的蒸发温度依次蒸馏分离。该方法的优点是，可以分离出高浓度的 CO_2，对于处理 CO_2 浓度高的烟气，经济性比较好；其缺点是，CO_2 的临界状态温度是 30.98 ℃，压力为 7.375 MPa，要达到液化临界条件需要加压，能耗比较高。

吸附分离法是将具有较大表面积和孔状结构的传统材料，如活性炭、硅胶、沸石以及新型多孔材料用于吸附过程，从气体混合物中分离出 CO_2。这些材料通常在固定床或流动床吸附反应器中使用。对 CO_2 的吸附容量和选择性主要取决于孔的结构、表面积、压力和温度。通常情况下，当 CO_2 分压力较低时，多孔吸附质的孔结构成为影响 CO_2 捕集能力的主导因素，而在较高压力下，表面积和孔的比体积则更为重要。

醇胺法是化学吸收法的一种，以气体净化的化学溶剂胺吸收法工艺为基础，选用合适的化学溶剂，对烟道排气管的末端冷却后的混合废气进行吸收处理，胺与二氧化碳发生化学反应，形成一种含 CO_2 的介稳物，然后对溶剂加热，将 CO_2 从溶剂中分离出来，从而达到捕集 CO_2 的目的。溶剂可实现循环再利用。

2. 使用不含有碳元素的燃料

氢气作为燃料具有燃烧产物不污染环境、原料丰富的优点。所以，氢气被称作绿色能源，近年来各国在使用氢气作为燃料的燃气轮机上开展了大量的研究工作，可以在燃料中掺入氢气形成掺氢燃料，也可以使用纯氢气作为燃料。掺氢燃料在燃气轮机燃烧室上已得到了部分应用，使用百分之百纯氢气作为燃料的燃气轮机也已经成功运行。

从 20 世纪 80 至 90 年代开始，多个国家和国际机构制定了氢燃气轮机和氢能相关研究计划。2005 年，美国能源部同时起动为期 6 年的"先进 IGCC/H_2 燃气轮机"项目和"先进燃氢透平的发展"项目，研究了富氢燃料/氢燃料的燃烧。日本将高效富氢燃料 IGCC 系统的研究作为未来基于氢的清洁能源系统的一部分列入其为期 28 年的"新日光计划"中。日本三菱日立自 1970 年开始研发含氢燃料的燃气轮机，截至 2018 年含氢燃料的燃气轮机业绩已达 29 台，运行小时数超过 $3.57×10^6$ h，2018 年三菱日立在 700 MW 输出功率的 J 系列重型燃气轮机上使用含氢 30% 的混合燃料测试成功，测试结果证实该公司最新研发的新型预混燃烧器可实现 30% 氢气和天然气混合气体的稳定燃烧，二氧化碳排放可降低 10%，NO_x 排放在可接受范围内。2021 年 9 月，日本东京电力公司宣布在日本新能源产业技术综合开发机构资助下，实施大规模液化天然气电厂掺混 30% 氢燃料的燃烧示范项目。这是日本首次在大型商用 LNG 电厂中使用大量氢气作为燃料。该计划通过逐步提高燃料中氢和氨的含量来减少碳排放，开发在发电过程中无 CO_2 排放的"零排放火电"。GE 公司的 HA 级燃气轮机能够燃烧 50% 氢含量的混合燃料，为美国 Long Ridge 电厂供货的 7HA.02 燃气轮机在 2021 年开始运营时使用含氢混合燃料，并期望在 10 年内通过技术升级最终过渡到 100% 绿色氢燃料运行。

清洁能源氢燃料替代天然气用于燃气轮机发电以减少大量的碳排放，是未来的一个趋势，氢燃料燃机燃烧时不会产生任何碳排放，将是火力发电技术的重要发展方向。但目前氢气作为燃料仍然存在制取成本高、不容易储存等缺点,因而这种绿色能源并没有被普遍使用。

与氢气相似,氨是一种合成产品,可以从化石燃料、生物质或其他可再生资源中获得。氨可被认为是最有前途的氢替代燃料,氨有望在低压和高温下以液体形式储存,也就解决了相对于氢气来说储存的难题。氨这种无碳燃料可以在燃气轮机中燃烧,只产生氮气和水蒸气。然而,由于氨这类燃料的燃烧速度极低,导致其预混火焰稳定性极差;而且由于燃料氮的存在,以氨为燃料的贫预混燃烧会产生非常高的 NO_x 排放。

习　　题

1. 对一台电火花点火发动机的排放物进行了测量,其中在含氧量 2.3% 的烟气中测得的 NO 的浓度为 76×10^{-6}(干燥基),试问含氧量 5% 的烟气中 NO 的浓度是多少。

2. 常压、化学恰当比条件下丙烷-空气混合物燃烧,考虑气体产物中氮氧化物形成。假设是绝热条件,采用 Zeldovich 热力型机理,试比较没有稀释和加入空气体积 25% 的氮气稀释的两种条件下,NO 的初始生成速率。反应物和氮气稀释剂的初始温度都为 298 K。

3. 讨论下列物质对环境和人类的影响:一氧化碳、未燃烃、三氧化硫、一氧化氮和颗粒物。

4. 一股燃烧产物中含氧气 5%,测得一氧化氮的湿基含量为 375×10^{-6}。问:当经折算到氧气含量为 3% 时,一氧化氮的含量是降低、升高还是不变? 若改为干基物质测量,则一氧化氮的含量如何变化?

5. 一个乙烷燃烧器,废气摩尔组分的测量结果为:$x_{CO_2} = 0.110$,$x_{O_2} = 0.005$,$x_{H_2O} = 0.160$,$x_{NO} = 185 \times 10^{-6}$,计算一氧化氮的排放因子。假设一氧化碳和未燃烃浓度可以忽略,探讨湿基和干基浓度对计算结果有无影响。

6. 一台电厂固定式天然气燃气轮机,一氧化氮的废弃排放量为 20×10^{-6},氧气的体积比为 13%,且没有后续处理。求氧气浓度为 3% 时,一氧化氮的折算浓度是多少?

7. 一套采用异辛烷为燃料的燃烧系统,采集到的气体经过冷凝槽除去水分,确保被分析的样品为干气体。气体分析仪分析的结果为体积比(摩尔分数):CO_2,8.44%;O_2,8.79%;NO_x,76×10^{-6};CO,44×10^{-6};未燃烃,15×10^{-6}。

(1) 求含氧量 15% 的干基条件下,NO_x、CO 和未燃烃的浓度各是多少(摩尔分数)?

(2) 求含氧量 3% 的干基条件下,NO_x、CO 和未燃烃的浓度各是多少(摩尔分数)?

8. 解释热力型 NO_x、瞬发型 NO_x 和燃料型 NO_x 形成机理的区别。

第7章 燃气轮机燃烧室低污染燃烧技术

7.1 燃气轮机污染物控制原理及方法

7.1.1 污染物控制原理

为保证燃烧的稳定性,传统燃烧室采用扩散燃烧的方式,其中在主燃区为化学恰当反应或富燃料燃烧模式。燃烧组织沿着一条温度逐渐升高再下降的路线运行,途经高 NO_x 生成区域,导致热力型 NO_x 在燃烧区的生成量极大,而在出口前 NO_x 的消减反应却很慢。这是常规燃烧室在燃烧组织方式上的特点,导致这种燃烧方式的 NO_x 排放不能满足低排放要求。在燃气轮机燃烧室中,热力型 NO_x 是 NO_x 排放的主要来源,因此温度仍然是决定 NO_x 排放的首要因素。在理想的平衡系统中,化学恰当比附近燃烧的温度最高,因此此处的 NO_x 生成量也最大。图 7-1 所示为燃烧室的主要污染物与温度和当量比的关系。当量比和温度是影响污染物排放的主要因素,这是开展低排放燃烧室研发的最基本的理论依据。

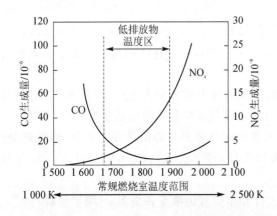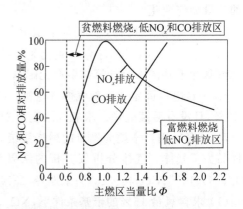

图 7-1 燃烧室的主要污染物与温度和当量比的关系

基于污染物生成与温度关系的基本原理,开发了多种控制污染物生成的技术,主要方法有 3 种(见图 7-2):

① 向燃烧室燃烧区中喷入水或蒸汽(或者在空气侧加湿),借以降低扩散燃烧火焰的温度,以抑制 NO_x 的产生,即湿化燃烧技术;

② 控制燃烧室内燃料与空气的混合,使燃烧发生在富燃料或贫燃料区,通过降低火焰温度来控制污染物的产生,即干式低排放燃烧技术;

③ 利用催化剂降低反应活化能,使燃烧反应在较低的温度条件下就可以发生,从而减少高温所导致的 NO_x 的生成,即催化燃烧技术。

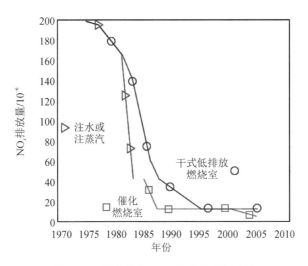

图 7 - 2　燃气轮机 NO_x 排放的控制方法

7.1.2　湿化燃烧技术

向燃烧室中注入水或蒸汽是一种控制 NO_x 排放的成熟技术,这种方法从 20 世纪 70 年代就开始应用了。湿化燃烧技术的作用机理是:通过向燃烧室内喷入适量的水降低燃烧温度、稀释燃烧反应过程中氧气浓度和氮气浓度以及抑制燃烧反应过程中的氧原子等来降低 NO_x 的生成。水的加入方式可通过燃料加湿或空气加湿等方法来实现,可用于扩散燃烧和预混燃烧。在扩散燃烧中,富氢气体燃料、中低热值气体燃料以及液体燃料都可以采用湿化燃烧技术。

湿空气透平(Humid Air Turbine,HAT)循环、整体煤气化湿空气透平(Integrated Gasification Humid Air Turbine,IGHAT)循环,和注蒸汽燃气轮机(Steam Injection Gas Turbine,SIGT)循环等先进燃气轮机循环中也常用到湿化燃烧技术。

美国 GE 公司从 1973 年开始将注水和注蒸汽技术用于控制燃机 NO_x 的排放。早期采用扩散燃烧方式的燃烧室几乎都采用这种方式控制 NO_x 的排放。在常规燃烧室内,随着燃料喷入后的湍流扩散,形成局部富燃料区域,产生高温燃烧火焰。向该高温燃烧火焰区域注入水或蒸汽后,通过水或蒸汽吸收热量来降低燃烧火焰温度,从而减少热力型 NO_x 的形成。水和燃料比例对于控制 NO_x 的排放有直接影响,通常根据透平入口温度和环境温度来进行控制。随着注入的水或蒸汽的增加,不完全燃烧产物 CO 和未燃尽碳氢化合物(UHC)逐渐增多。根据燃机电厂的运行经验,水/燃料比上升到 0.6~0.8 以前,对 CO 和 UHC 的生成量几乎没有影响;当水/燃料比超过 0.8 后,CO 和 UHC 的生成量成指数级增加。

图 7 - 3 所示为 MS7001E 燃机 NO_x 排放与注水量的关系,NO_x 排放值是水与燃料比例的函数。其他燃机注水降 NO_x 排放的效果与其相似。

通过注入蒸汽来降低 NO_x 排放量本质上与注水是相同的。然而,蒸汽降低 NO_x 的效果没有那样显著。水的高潜热在降低火焰温度上扮演了强吸热物质,一般来讲,达到相同的降 NO_x 排放量水平,需要的蒸汽量大致是水的 1.6 倍。用天然气和液体燃料作燃料时,采用湿低排放燃烧方法所达到的实际最低 NO_x 排放水平通常是 25×10^{-6} 和 42×10^{-6}。

使用湿化燃烧也会存在一些问题。由于燃机是开式循环,为降低 NO_x 而注入的水或蒸汽

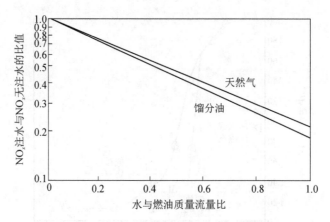

图 7－3　MS7001E 燃机 NOₓ 排放与注水量的关系

是无法回收的,这会增加电厂运行时的水耗,加重水处理系统的负担。9E 燃机在基本负荷时消耗 25～27 t/h 天然气,水/燃料比取 1∶1,则机组基本负荷运行 1 h 将消耗大约 25 t 除盐水。

更为重要的是,注入水或蒸汽后炽热燃气的热物理特性会发生变化,注水后高温燃气的热传导系数和比定压热容都会升高、运动粘度基本不变,从而导致燃气热交换系数升高,热通道部件金属温度升高,使用寿命缩短。为了使注水的效率最大,将燃料喷嘴同向燃烧室头部注水的通道进行一体化设计,这样水可以有效地与进来的空气混合并到达燃烧区最热点。

7.1.3　干式低排放燃烧技术

所谓"干式",是相对于"湿式"降低污染排放措施而言的,通过控制燃烧室内燃烧区的余气系数来控制燃烧温度,实现低排放。由图 7－1 所示的污染物排放与当量比的关系可知,富燃和贫燃都可以实现低排放,因此干式低排放燃烧技术又分为富燃料燃烧和贫燃料燃烧。

1. 富燃料燃烧

富燃料燃烧和贫燃料燃烧状态都可以抑制 NOₓ 的生成,如果能在常规富燃料燃烧的基础上,使富燃料燃烧快速转换成贫燃料燃烧,在空间和时间两方面都极大地压缩化学恰当比燃烧的存在,就能降低 NOₓ 的排放。这种思想就是富油燃烧-淬熄-贫油燃烧(Rich-Burn/Quick-Quench/Lean-Burn,RQL)。

RQL 燃烧技术是一种基于分级思想的低污染燃烧技术,图 7－4 所示为 RQL 低污染燃烧室内当量比分布的示意图。其基本方法是先建立一个富油燃烧区,保持头部下游以空间均匀的当量比 1.4～2.0 富燃料燃烧,在缺氧、富燃料低温环境中以形成"活性基团池"为目的,然后将大量的空气与该燃烧区产物迅速混合淬熄,将当量比降到 0.6～0.7 的贫燃料状态燃烧,氧化掉碳氢基团和烟粒,有效回避恰当比高温燃烧,抑制 NOₓ 的生成,当燃烧反应完成后排出燃烧室进入涡轮。

2. 贫燃料燃烧

根据图 7－1 所示的 CO 和 NOₓ 产生的机理可知:在常规燃烧室的主燃区燃烧温度为 1 000～2 500 K,而在 1 670～1 900 K 范围内产生的 CO 及 NOₓ 都很少。因此,如果能控制主燃区温度处于低排放的温度区,则可以兼顾 CO 和 NOₓ 的排放量,使之都处于低值范围。主燃区的温度主要取决于该区的燃料空气比,因此能在不同工作状态下人为地控制进入主燃

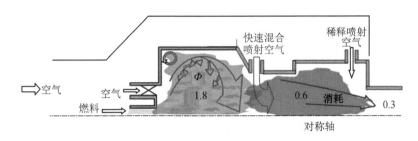

图 7 - 4　RQL 低污染燃烧室内当量比分布示意图

区的燃料或空气量就可以控制火焰温度。采用分级燃烧技术,控制不同工作状态下,燃烧室内主燃区的当量比在 0.6～0.8 的区域是采用贫燃料燃烧控制污染物排放量的核心思想。

贫燃料燃烧系统工作在主燃区需要有过量的空气供入,以便显著降低局部火焰温度并减少 NO_x 的生成量,混合均匀的燃料/空气混合物是实现较低火焰温度的关键因素。贫燃预混预蒸发(Lean Premixed Prevaporized,LPP)燃烧室和贫燃预混部分预蒸发(Lean Premixed,LP)燃烧室是目前已经得到商业应用的低排放燃烧概念之一。在 LPP 概念中,燃油首先向上游喷入位于燃油喷射装置中的预混预蒸发管中,从而形成完全混合的油气混合物。然后燃油蒸汽和空气进入燃烧区,在贫油状态以较低的火焰温度进行燃烧。LPP 燃烧室的主要特点是燃烧之前实现燃油的完全蒸发以及燃油与空气的完全混合。通过避免液滴燃烧,以及在主燃区进行贫油燃烧,NO_x 排放量急剧降低。通过控制燃料与空气的混合程度来控制燃烧温度,具有优异的低排放性能。但贫燃预混燃烧室极易出现燃烧不稳定现象,甚至可能出现回火现象。

采用贫燃料燃烧技术时,关键技术之一就是要保证均匀的当量比分布,这样才有可能实现低 NO_x 排放。为了保证燃烧室良好的点火、贫油熄火性能,对于贫燃料燃烧室还需要一个能保证燃烧稳定性的装置,即采用分级燃烧的方法,在降低污染物排放的同时还能保证燃烧的稳定性。分级的形式有很多,包括轴向分级、径向分级、中心分级等,其目的都是将不同作用的燃烧区域分开,在不同工况下发挥各自作用并保证工作性能。图 7 - 5 所示为两种贫燃预混燃烧分级方案的原理图。

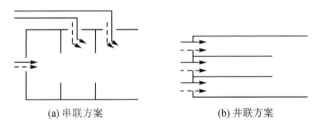

（a）串联方案　　　　　　　　　　（b）并联方案

图 7 - 5　贫燃预混燃烧分级方案的原理图

7.1.4　催化燃烧技术

催化燃烧是指在催化剂的作用下,燃料和空气在固体催化剂表面进行非均相的完全氧化反应。这个过程中没有火焰产生,与常规火焰燃烧相比,其温度也要低得多。其原因是催化燃烧的工作温度比较低,因此它产生的氮氧化物相比常规燃烧要少很多。在热力电站中,尤其是在燃气轮机燃烧室中,催化燃烧逐渐得到应用。

图7-6所示为一种蜂窝状整体式催化燃烧室的内部结构原理图,其中催化剂附着在支撑体上,催化反应在催化剂表面发生。

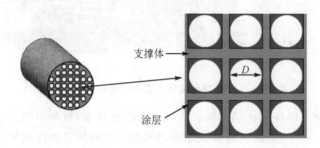

支撑体

涂层

D

图7-6　蜂窝状整体式催化燃烧室的内部结构原理图

在燃料和空气混合物的催化燃烧中,燃料在催化剂表面通过异相机理进行反应,催化剂可使燃料与空气的混合物在燃料超贫乏的状态下在1 773 K以下绝热燃烧温度时稳定燃烧,因此,产生的NO_x将会减少。

与明火燃烧相比,催化燃烧具有如下优点:燃料/空气比可调节范围大,燃烧稳定,噪声低,燃烧效率和能量利用率高。催化燃烧的反应机理与明火燃烧相比发生了变化,在催化燃烧反应过程中的自由基不是在气相中引发,而是在催化剂表面引发,不会生成电子激发态的产物,无可见光放出,从而避免了这一部分能量损失,提高了能量利用效率。此外,催化燃烧的一个明显的优势是可以通过催化剂来降低反应的活化能,使燃烧反应在最高燃烧温度为1 473～1 573 K的低温下进行,这样可以降低燃烧过程中由于高温所导致的污染物排放,UHC、CO和NO_x等污染物可实现超低排放甚至零排放。

催化燃烧的实质是,空气中的氧气被催化剂中的活性组分活化,降低了活化能,当活性氧与反应物分子接触发生能量传递时,反应物分子随之被活化,从而加快了氧化反应的速率。催化燃烧一般需要经过以下步骤:

① 反应物分子由气相扩散到催化剂表面;

② 反应物分子从催化剂外表面通过微孔向催化剂内表面扩散;

③ 反应物分子被催化剂表面化学吸附;

④ 被活化的吸附物与另一种活化的吸附物或物理吸附物或直接来自气相之间的反应物在催化剂表面进行化学反应;

⑤ 反应产物从催化剂表面上脱附;

⑥ 燃烧产物从催化剂表面向空间扩散。

上述①、②、⑤和⑥四个步骤为传质过程,当然也是传热过程。③和④两个步骤为表面反应过程。总反应速率取决于最慢步骤的速率,该步骤称为速率控制步骤。对于给定的反应方式和催化剂,速率控制步骤随反应温度、流速、气体组成及催化剂的几何物态变化而不同。研究表明,多数工业气相反应总速率都受催化剂内扩散或催化剂与流体之间的传热速率所控制。研究表明,多数工业气相反应总速率都受催化剂内扩散或催化剂与流体之间的传热速率所控制,但在低温起始反应时,催化剂起到了关键作用。催化剂的作用是降低反应活化能,因此催化研究者较关注③和④两个步骤的表面反应。对化学动力学的研究表明,多数有机物完全氧化的活化能在 80~200 kJ/mol 之间,而在催化剂作用下可降低到 20~80 kJ/mol;另外,催化剂表面的吸附作用使反应物分子富集于催化剂表面,提高了反应速率,加速了反应的进程。

催化燃烧在降低污染物排放方面具有明显的优势,但也存在高温导致的催化剂失活问题。当催化剂表面开始反应时,催化表面的温度因为表面反应的放热而升高,达到燃料和空气混合物燃烧的绝热火焰温度。图 7-7 给出了传统催化燃烧室中涂层和孔道内燃气的温度变化情况。在绝热火焰温度下,催化剂上的氧化反应非常迅速,由于热催化剂涂层的传热作用,孔道内气体的温度沿着反应器不断上升,并接近催化剂的表面温度。当催化剂表面温度等于绝热火焰温度时,燃烧反应中的全部转化反应将会独立进行,通过限制转化(例如使用较短的反应器或一个大的整体单元)并不能降低催化剂表面的温度,因此,除非采用其他限制催化剂表面温度的方法,否则催化材料就必须在燃烧反应期间承受高温,这种高温会给催化剂带来严重问题。

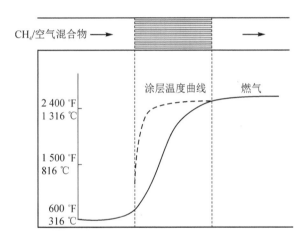

图 7-7　传统催化燃烧室中涂层和孔道内燃气温度变化示意图

由上述可知,催化燃烧对催化剂的基本要求是:既能抑制烧结、保持活性物质具有较大的比表面积及良好的热稳定性,又要具有一定的活性,可起到催化剂活性组分的作用。这两个要求在某种程度上是互相矛盾的,很难同时满足。另外,还需有高的力学性能以及对燃料中所含的毒素有高的耐腐蚀性,工业催化剂还应具有合理成本和稳定的原料供应。燃气轮机燃烧室需要在高温(1 000~1 500 ℃)下进行催化燃烧,此时对催化剂的要求更高。通常高温催化燃烧用催化剂一般由活性组分和载体(基质材料及涂层)组成,应满足以下基本要求:① 要有较高的催化活性,即对燃料与空气混合物要有尽量低的起燃温度;② 在高速工作条件下其催化活性仍足够高,以保证完全燃烧;③ 燃烧产物通过催化床时,压力损失要尽量小,以保持高的燃烧效率;④ 在燃烧温度>1 100 ℃下长期使用,催化剂热稳定性能良好;⑤ 要有较好的抗热冲击和耐压、耐磨损等力学性能。然而,如何解决好低起燃温度和高热稳定性这一对矛盾,还有许多科学和技术问题需要解决,涉及耐高温支撑载体、涂层和活性组分的结构和性能,涉及催化剂的设计、制备等。目前,国内外主要研究的催化剂基本上有两大类:一类为贵金属催化剂;另一类为非金属催化剂,主要集中在过渡金属氧化物催化剂和复氧化物催化剂(钙钛矿型复氧化物和尖晶石型复氧化物)。

7.2　湿化燃烧技术燃烧室

7.2.1　湿化燃烧技术燃烧室的特点

在燃气轮机循环中通过利用水或蒸汽来加湿工质的技术,一方面可以降低 NO_x 的形成,提高燃气轮机的环保性能;另一方面,在压气机耗功不变的前提下增加了涡轮工质流量,进而提高了循环的效率和比功。

在采用湿化燃烧技术时,水或蒸汽的注入方式存在多种选择,如图 7-8 所示。按照其各自的特点可以分为如下几类:

① 利用雾化水滴完全蒸发吸收热量来冷却加湿压气机前部、中部以及后部的空气,具体包括进口空气冷却、湿压缩、喷雾冷却和注水回热循环等几种形式。在环境温度较高时,采用进口空气冷却,利用湿化方法冷却压气机进口空气;湿压缩是在压气机级间喷水来冷却压缩空气;喷雾冷却是在高低压压气机之间喷入雾化水(水雾流);注水回热循环是在压气机后喷入水来冷却压缩空气、增加工质流量。部分技术已经在商业化的燃气轮机系统中得到应用。

② 第二类是注蒸汽(SIGT)循环。利用燃气轮机排气中的废热产生蒸汽,回注到燃烧室中。

③ 第三类是湿空气涡轮循环。水在湿化塔中部分蒸发、加湿压缩空气。

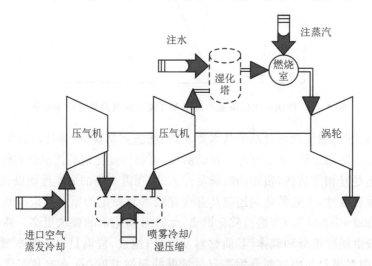

图 7-8　湿化燃烧技术中水或蒸汽的注入

基于湿化燃烧技术的湿空气涡轮循环一经提出就受到了业界的普遍重视,被誉为"21 世纪的新型动力循环"。可以以油、天然气以及煤或生物质汽化后的产物为燃料,如整体气化湿空气涡轮(IGHAT)循环就是洁净煤燃烧技术与先进涡轮技术相结合的产物,有望成为下一代能源供应系统的有力竞争者。在美国、日本、瑞典和英国都进行了广泛的研究。日本日立公司开展了先进湿空气透平系统的研究工作,集成了进口空气喷雾冷却系统和空气湿化器系统,建造了设计功率为 150 kW 的微型燃气轮机原型试验台。测试结果表明,在 50% 负荷下运行时,装置的 NO_x 排放量为 7.6×10^{-6}。在 2006 年和 2012 年分别建成的 3 MW 级和 40 MW 级的湿空气透平(HAT)循环燃气轮机试验机组中,通过在燃烧室中加入水蒸气来实现燃烧室的低排放。所使用的 H-50 型燃气轮机机组与燃烧室所用的集束喷嘴燃烧器(cluster nozzle burners)如图 7-9 所示。通过机组的现场试验测试表明,该燃烧器可在高湿度环境下稳定燃烧,NO_x 排放小于 10×10^{-6}。

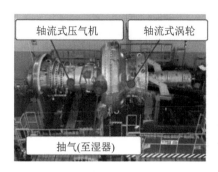

图 7-9　H-50 型燃气轮机与集束喷嘴燃烧器

美国联合科技研究中心(United Technologies Research Center,UTRC)和美国能源署联邦能源科技中心开展了湿空气预混火焰研究。其目的是研究用于湿空气透平循环燃气轮机燃烧室的设计标准,观察湿度对燃气轮机系统稳定性及出功的影响,研究湿化燃烧对污染物排放及火焰稳定性的影响等。研究结果表明,当燃烧火焰温度不变时,随着湿度的增大,NO_x 排放减小,火焰稳定极限对应的当量比会随着湿度的增大而随之增大,湿化燃烧对降低液体燃料燃烧的 NO_x 排放更有效。

我国在燃用半水煤气的 WZ5 发动机地面试车中回注水蒸气量约 10%,可降低 30%~70%的 NO_x 排放。国外在 LM2500、LM5000、FT80、GT11N 等燃机上均已采用喷水措施,其目的不仅为降低 NO_x 排放,还可以增加功率。

实际上,向燃烧室注水/蒸汽量是有限制的,否则会产生严重问题。设计者为确保硬件的使用寿命必须考虑这一点,并且试验也已经证实。湿化燃烧技术存在如下几个方面的问题:

(1)燃烧室内的动态压力脉动增加

动态压力可以用燃烧室内的压力波动定义。压力波动是由扩散火焰固有的放热率不均匀,或者放热率、湍流及声模间的耦合引起的。后者的一个例子是管道声模引起的燃烧噪声的选择性放大。频率范围从接近零赫兹到几百赫兹。图 7-10 给出了 MS7001E 燃气轮机燃烧室注水和注蒸汽后动态压力脉动的增大情况。从图中可以看出,注水比注蒸汽更能激发燃烧室内的压力脉动。加载过程在燃烧室的压力脉动中起到强迫振动的作用,因此必须将压力脉动值降到最小以延长硬件寿命。通过对燃烧室的设计进行修改,如增加多喷嘴燃料系统,能够显著降低燃烧室内的动态压力脉动值。

(2)CO 的排放增加

随着燃烧室内注水/蒸汽量的增多,会达到一个"曲线拐点",从该点开始,CO 的排放随着注水/蒸汽量的增加而急剧增加。一旦达到拐点,对于所有给定的燃机进口温度,进一步增加水或蒸汽,CO 排放都会迅速增加。一般来讲,燃气轮机进口温度越高,可用注水量的范围就越宽。图 7-11 所示为 MS7001B 燃气轮机使用天然气时 CO 排放与注水量的关系。图 7-12 所示为注水对 MS7001EA 燃机 CO 排放的影响。UHC 排放与注水/蒸汽量的关系与 CO 类

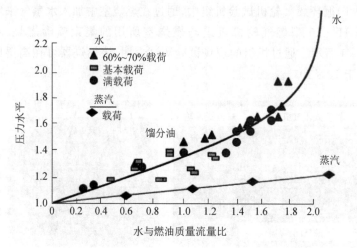

图 7-10　MS7001E 燃气轮机燃烧室注水和注蒸汽后动态压力脉动的增大情况

似。图 7-13 所示为 MS7001EA 燃气轮机在注蒸汽运行时，UHC 排放与涡轮 1 级导向器后温度之间的关系。

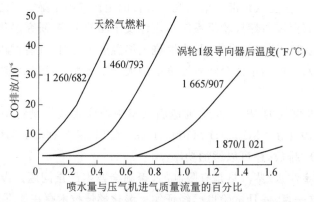

图 7-11　MS7001B 燃气轮机使用天然气时 CO 排放与注水量的关系

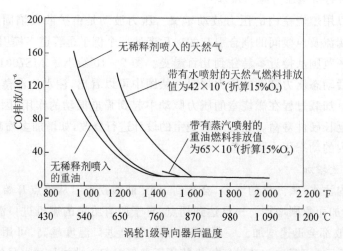

图 7-12　注水对 MS7001EA 燃气轮机 CO 排放的影响

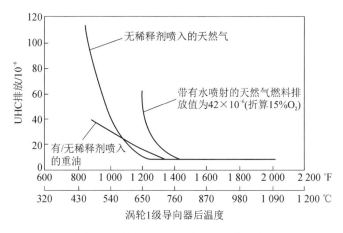

图 7 - 13　MS7001EA 燃气轮机注蒸汽时 UHC 排放与涡轮 1 级导向器后温度之间的关系

（3）燃烧稳定性变差

增加注水/蒸汽量会降低燃烧稳定性。随着注水/蒸汽量的增加，最后会达到火焰吹熄点。吹熄点是注水/蒸汽降低 NO_x 方法的绝对限制，可能会产生振荡燃烧。

燃气轮机燃烧室采用的湿化燃烧技术具有降低 NO_x 排放和增加输出功率的优点，但同时也会导致燃烧效率低、CO 排放增加以及机组成本和复杂性增加。在降低污染物排放方面，测试结果表明，要想将 NO_x 排放降低到 25×10^{-6} 以下，CO 的排放必然是超标的。单从降低污染物排放的角度考虑，该技术的优势不明显。

但是，由于先进湿空气涡轮循环本身具有高效率、高比功、低花费和低污染的特点，以致越来越多的国家开始重视、投入大量的资金和科研人员，希望早日取得成果。例如，GE 公司已经将高低压压气机之间加湿的水雾中间冷却技术作为 LM6000 等燃气轮机的一个标配，用于增加燃气轮机功率、降低油耗以及减少排放；罗-罗公司和 Alstom 公司都明确将燃气轮机压气机内部湿压缩技术作为目前以及未来的重点发展技术之一，也都是看好其增加燃气轮机输出比功和"绿色"的效果；美国 NASA 也在研究在航空发动机风扇之后的低压压气机和高压压气机加湿，用于在机场起飞时增加发动机推力和降低机场附近的 NO_x 排放。随着湿空气涡轮循环系统性能和关键部件研究的不断完善，湿空气涡轮循环投入商业运行已经不再遥远。

7.2.2　注水/蒸汽在传统燃料燃烧室中的应用

对于使用天然气、柴油等传统燃料的燃气轮机燃烧室，在保持燃烧室结构基本不变的情况下，通过重新设计注水/蒸汽燃料喷嘴和供水/蒸汽系统，向燃烧室内注水/蒸汽是实现降低 NO_x 排放的有效方法。

为了实现向燃烧室注水或蒸汽，需要设置注水系统。注水系统由水泵、过滤器、水流量计、水停止阀和流量控制阀组成。注水设备通常采用橇体的形式，并安装在燃机上的台架上。注水设备供应的水通过管道输送到燃机，然后通过总管分配到每个燃料喷嘴，并通过燃料喷嘴通道注入燃烧室。注水燃料喷嘴组件示意图如图 7 - 14 所示，在这个燃料喷嘴上，有 8 个或 12 个水雾化喷嘴，喷射雾锥朝向燃料喷嘴头部的旋流器。尽管这一设计对降低 NO_x 排放十分有效，但是水射流有撞击喷嘴头部旋流器和火焰筒的整流罩的趋势。由此产生的热应力会导致裂缝，将燃烧室检修周期限制在 8 000 h 甚至更短。为了消除这个裂缝，最终设计的注水燃料喷嘴是一种后膛式燃料喷嘴,如图 7-15 所示。在这个设计中,水从中心燃料喷嘴通道注入,直接注入燃烧室火焰区。由于水的喷射雾锥没有撞击喷嘴旋流器或者燃烧室头部组件,因此后膛式燃料喷嘴设计可以较低的维护成本和较长的燃烧室检修周期。

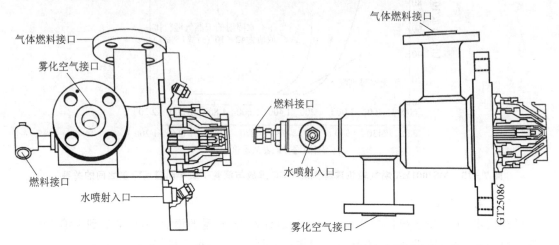

图 7-14　注水燃料喷嘴组件示意图　　　　　图 7-15　后膛式燃料喷嘴组件示意图

燃气轮机注蒸汽系统由蒸汽流量计、蒸汽控制阀、蒸汽停止阀和蒸汽放气阀组成。供应蒸汽的设备可以灵活地安装在燃气轮机附近。蒸汽进入燃气轮机上的蒸汽总管,再用柔性导管连接蒸汽总管和每个燃烧室。蒸汽通过在燃烧室安装边上加工的通道供入燃烧室。一种典型的带有蒸汽喷射的燃烧室安装边结构如图 7-16 所示。

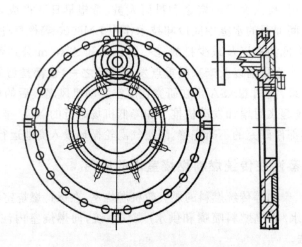

图 7-16　燃烧室安装边结构(蒸汽注射)

当向燃气轮机中注水/蒸汽时,必须对水质进行关注,因为可能存在热燃气通道腐蚀以及对喷射控制设备的影响等潜在问题。所注的水或蒸汽必须是洁净的,并且没有杂质和固体物质。对水与蒸汽的质量要求一般如表 7-1 所列。进入燃气轮机的杂质是环境空气、燃料以及所注水或蒸汽中杂质的总和。总杂质的要求可能比水或蒸汽质量的要求低一些。值得注意的是,总杂质的要求是相对于进口燃料流量的。

表 7 - 1　对水或蒸汽的质量要求

水/蒸汽质量	
全部溶解的固体杂质	最大 5.0×10^{-6}
全部可探测金属(钠+钾+钒+铅)	最大 0.5×10^{-6}
pH	$6.5 \sim 7.5$
备注:一般可通过软化水达到质量要求	
燃油、蒸汽、水、空气质量限制	
杂质	最大当量浓度/10^{-6}
钠+钾	1.0
铅	1.0
钒	0.5
钙	2.0

　　GE 公司的 LM1600、LM2500、LM6000 等燃气轮机均能实现双燃料工作并满足低排放要求,根据用户需要可配备单环形常规燃烧室和干低排放燃烧室(Dry Low NO_x,DLN)两种类型的燃烧室,如图 7 - 17 所示。

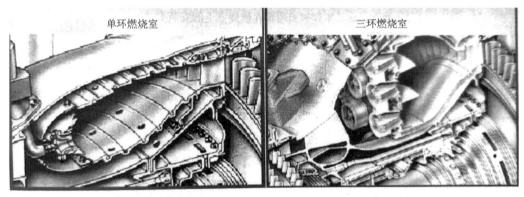

(a) 单环形常规燃烧室　　　　　　　　　　(b) 干低排放燃烧室

图 7 - 17　单环形常规燃烧室和干低排放燃烧室

　　单环形常规燃烧室通过更换天然气、天然气/喷水、天然气/喷水蒸气、柴油/(喷或不喷水)、双燃料/喷水共 5 种类型的燃料喷嘴实现燃用天然气、液体燃料、双燃料和喷水/蒸汽降低 NO_x 排放的目的。几种类型的燃料喷嘴在燃烧室上的安装形式如图 7 - 18 所示。

　　GE 公司航改型燃气轮机上的双燃料喷嘴由双油路离心液体喷嘴和天然气喷嘴组成,能够实现气/液两种燃料的单独点火、切换和全负荷工作。燃用天然气时,由双油路离心液体喷嘴的主油路喷水。燃用液体燃料时,水和柴油在燃料总管前掺混均匀,经主油路供入燃烧室,降低燃烧区火焰温度,抑制 NO_x 的生成。燃用天然气时,喷水比(水与燃料质量比)在 $0.61 \sim 0.73$ 范围内时能够实现 NO_x 排放小于 42×10^{-6}(折算 $15\% \ O_2$),增加注水比能够实现 NO_x 排放小于 25×10^{-6}(折算 $15\% \ O_2$),但燃气轮机的维护工作量将大幅增加。燃用液体燃料时,

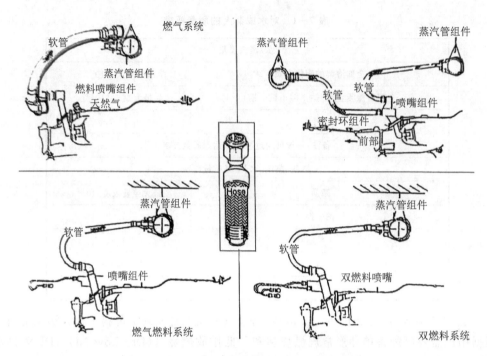

图 7 - 18   不同燃料喷嘴在燃烧室上的安装形式

通过喷水能够使 NO_x 排放小于 42×10^{-6}（折算 15% O_2），此时喷水比为 0.99。LM6000 燃气轮机带注水模块的双燃料系统如图 7 - 19 所示。

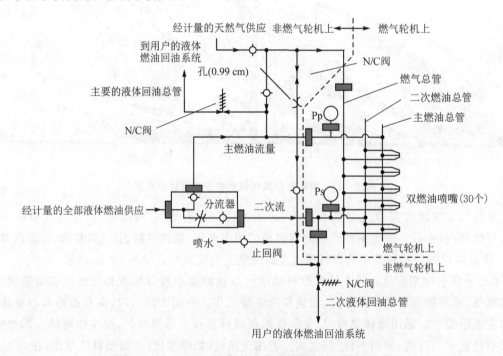

图 7 - 19   LM6000 燃气轮机带注水模块的双燃料系统

7.3　干式低排放燃烧技术燃烧室

7.3.1　RQL 燃烧室

RQL 燃烧技术是一种分级燃烧技术,即空气轴向分级。燃烧室工作时将所有燃料注入第一级,将空气分为两部分,分别注入第一级和第二级燃烧。燃烧区域由三个部分组成:前端的当量比高的富燃区、中间过渡的快速淬熄区以及末端的当量比较低的贫燃区。在富燃区内缺氧,温度低,抑制热力型 NO_x 的产生,同时会生成大量的高能氢和碳氢等富燃条件,保证了在低负荷条件或变负荷工况时燃烧的稳定性。在快速淬熄区内空气射流会使从富油区留出的燃烧产物快速冷却,由于快速冷却作用,燃烧速率降低,燃烧温度也会降低,抑制了 NO_x 的生成。剩余燃料在末端通过贫燃燃烧完成整个燃烧过程。其工作原理如图 7-20 所示。技术难点在于混合物在淬熄区间快速有效的过渡,且同时需要抑制淬熄区热斑的生成等。由于头部空气量的增加,会产生 CO 排放增加、壁面冷却空气量急剧下降等问题。而且由于富燃区的存在,RQL 燃烧室具有优良的低负荷稳定性。

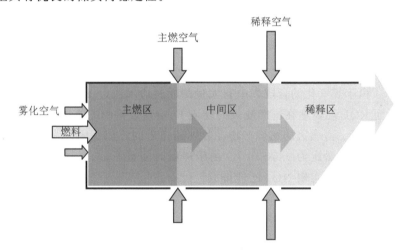

图 7-20　RQL 燃烧室工作原理图

RQL 燃烧室具有以下优点:
① 良好的燃烧稳定性,没有回火和自燃现象;
② NO_x 污染物排放低;
③ 较宽的贫油熄火边界;
④ 对燃料成分变化具有很强的适应性,可燃用中低热值燃料及氢气、合成气等易回火燃料。

RQL 燃烧室概念最早由美国艾利逊公司提出,并在工业燃气轮机上进行了试验测试。结果表明,当富燃区当量比为 1.3～1.4,贫燃区当量比为 0.5～0.6 时,中热值气体燃料的 NO_x 排放为 $70 \times 10^{-6} \sim 80 \times 10^{-6}$,使用低热值燃料时为 $10 \times 10^{-6} \sim 15 \times 10^{-6}$。20 世纪 90 年代中期,GE 公司在早期 RQL 燃烧室开发研究的基础上,进一步开发应用于 IGCC 上的 RQL 燃烧室,目标是在 IGCC 发电用燃气轮机上采用 RQL 燃烧室,可燃用热值约为 4 000 kJ/kg 的燃料气。

SNECMA 公司与 VOLVO 公司曾联合设计了 5 个 RQL 燃烧室方案,图 7-21 所示为其中的两种典型结构,该燃烧室的燃烧效率可达到 99% 以上,NO_x 排放最低可达到 19×10^{-6}。

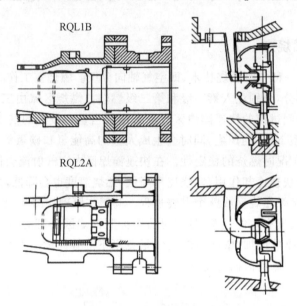

图 7-21　两种 RQL 燃烧室

GE 公司将用于 IGCC 中的重型燃气轮机开发的 RQL 燃烧室命名为 RQL2,结构示意图如图 7-22 所示。由于煤气化的合成气中有大量的燃料边界氮(NH_3),采用常规燃烧室会产生大量的 NO_x,而 RQL 燃烧室在富燃缺氧的环境下,会使燃料中的氮还原生成 N_2,进一步降低燃料型 NO_x 生成量。富燃区的燃烧产物在收缩通道后的淬熄区内与大量空气快速混合淬熄,使其混合后的燃空当量比为 0.5~0.7。由于停留时间极短,未燃尽的燃料和氧气进入贫燃区后得以完全燃烧,从而实现 NO_x 的低排放。

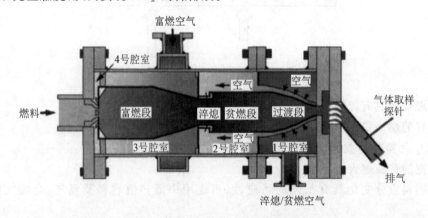

图 7-22　GE 公司的 RQL2 燃烧室

保证空气和富燃区产物在淬熄区快速均匀混合是 RQL 实现低 NO_x 排放的关键。因为富燃区产物从当量比 2.0 降至 0.5 左右,这个过程无法跳过,必须经过当量比为 1.0 的阶段。但燃烧温度和 NO_x 在化学恰当比附近时都很高,这势必要求淬熄区内的混合物在当量比为 1 附近的停留时间尽可能短,而且混合要非常均匀。对 RQL2 燃烧室的试验测试结果如

图 7-23 所示,采用 RQL2 燃烧室,在使用相同的合成气作为燃料时,NO_x 排放降低了近 2/3,同时燃料边界氮(NH_3)转化为 NO_x 的量仅为 5%。

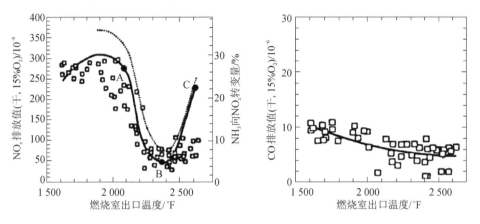

图 7-23　空气流量比为 40/60 时 NO_x 和 CO 排放

西门子公司推出的 SGT-750 型燃气轮机的燃烧室为富燃值班级贫燃主燃级(Rich Piot Lean,RPL)型,其值班级燃烧器在设计时也采用了 RQL 燃烧技术。SGT-750 型燃气轮机燃烧室被称为第四代干式低污染燃烧室,其特点是具有较高的燃料适应性,在不同燃料下都可以实现低污染燃烧。燃烧室所使用的值班级燃烧器的结构如图 7-24 所示,在发动机处于全负荷状态和变负荷状态时,值班级燃烧器可以进入 RQL 燃烧模式,在保证高燃烧稳定性的同时保持较低的 NO_x 排放。由机组试验可知,该燃烧室的 NO_x 排放小于 $15×10^{-6}$,具有较好的污染物低排放特性,同时该燃烧室的燃料适应性也很好,可实现低热值、富氢燃料的稳定以及低污染燃烧等要求。

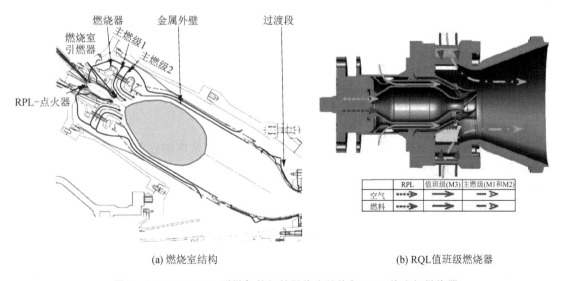

(a) 燃烧室结构　　　　　　　　　　　(b) RQL 值班级燃烧器

图 7-24　SGT-750 型燃气轮机的燃烧室结构与 RQL 值班级燃烧器

近年来,氨气作为一种碳中性燃料引起了广泛兴趣。由于富燃能够有效抑制燃料氮向 NO_x 的转化,降低氨燃烧 50% 的 NO_x 排放,所以 RQL 在重型燃气轮机上的应用受到广泛重视。

7.3.2 贫燃预混燃烧室

贫燃预混燃烧是目前干式低排放燃烧技术燃烧室所采用的主要方式,其核心思想就是让燃料与空气在反应前进行均匀混合。燃烧室的排放特性与燃烧室的温度、压力、火焰停留时间以及混合均匀性之间存在一定的关系。图 7-25 所示为工作压力 $1.0\sim3.0$ MPa、进气温度为 $300\sim800$ K 以及火焰停留时间为 $2\sim100$ ms 条件下,采用各种火焰稳定器稳定预混火焰的情况下获得的经换算的 NO_x 与火焰温度的函数关系。良好的预混气燃烧时产生的 NO_x 仅与火焰温度有关系,一般火焰温度控制在 $1\,900$ K 以下;而与燃烧室进口温度、工作压力以及火焰停留时间没有关系。因此,贫燃预混燃烧室所具有的技术特点都是基于以上试验研究获得的理念开展的。

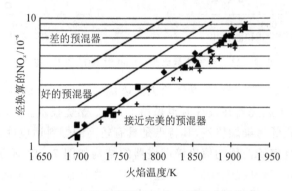

图 7-25 经换算的 NO_x 与火焰温度的关系

虽然贫燃预混燃烧可以降低 NO_x 的排放,但其火焰很不稳定,燃烧器可以稳定工作的范围较窄,这就导致该燃烧技术在燃气轮机有高负荷调节的需求时无法被采用。为解决这一问题,提出了分区燃烧的方法,将燃烧室内的反应区分为几个部分,当机组的负荷发生变化时,通过控制参加反应的区的数量来实现对燃烧负荷的要求,而在参加反应的每个区仍保证适当的高效低污染燃烧条件,这样在实现低污染排放的同时也满足了燃烧的稳定性。这种分区燃烧方式的主要缺点就是会导致燃烧室结构变复杂,需要采用复杂的控制系统来实现,但随着环保要求的不断提高和计算机控制技术的进步,这些问题都得到了解决。

1. 轴向分级燃烧室

燃气轮机的 NO_x 主要为热力型,生成速率与燃气在燃烧室内的停留时间成正比。因此,尽量减少高温燃气的停留时间能够降低 NO_x 排放。轴向分级燃烧技术就是利用了这一原理。如图 7-26 所示,燃烧室在轴向上分为两级,其燃烧温度可以独立调节。空气和燃料各分为两部分,一部分空气与一部分燃料预混后进入第一级燃烧,剩余的空气与燃料喷入第二级,与第一级燃烧产物混合后继续燃烧。通过调节两级的空气和燃料分配比例,降低第一级的温度,减少第二级的停留时间,可以有效降低 NO_x 排放。通过调节第一级和第二级的燃料分配,轴向分级燃烧室不但有效降低了 NO_x 排放,还具有优异的低负荷稳定性,拓宽了可调比。燃料分两级注入还提高了燃料适应性,允许更大的华白数变化范围,燃烧活性更高的燃料。此外,由于轴向分级燃烧室增加了后端空气孔,减小了燃烧室压力损失,所以可以提高循环效率,并有助于抑制热声振荡。

轴向分级燃烧室结构原理如图 7-27 所示,在不改变空气分配比的前提下,调节从一个区

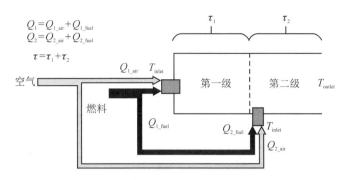

图 7-26　轴向分级燃烧室示意图

到另一个区的燃料分配比,从而维持相对恒定的燃烧温度,并将小功率状态和大功率状态分开,以达到降低发动机的总排放量的目的。由于其主燃级位于值班级下游,通过值班级引燃主燃级既快速又可靠,并且来自值班级的高温气流进入主燃级可有效保持在低工作状态下主燃级的燃烧效率。另外,值班级位于内环腔,可有效防止在暴雨条件下,压

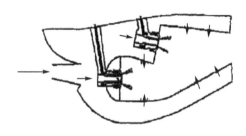

图 7-27　轴向分级燃烧室结构原理

气机将水分离至二股气流的外环腔而引起的燃烧室熄火。轴向分级燃烧室具有点火快速可靠、主燃区燃烧效率高、出口径向温度剖面稳定等特点。

轴向分级燃烧室具有如下优点:

① 可为多级供油提供足够的长度;

② 上游级预热有利于组织燃烧和改善产生 NO_x 和 CO 的温度裕度;

③ 维持主燃区温度不变,使贫油熄火裕度不变,工作适应性好。

轴向分级燃烧室的主要缺点是轴向布置增加了燃烧室额外的长度,2 级喷嘴的分开布置会削弱机匣结构刚性。

图 7-28 所示为罗-罗公司工业 RB211 燃气轮机的轴向分级干低排放燃烧室,该燃烧室是一个包括 9 个径向安装的火焰筒的单元体组件,每个火焰筒内包括一个串联二级燃烧室,并且每个火焰筒都装有点火器。在主燃区头部有一个中心喷嘴产生扩散火焰,也可由串列的两个反向旋流的径向旋流器供入气流与第一级旋流器通道内多个喷射点供给的预混燃料产生预混火焰。达到一定工况时,转入第二级预混燃烧,第二级燃料以一定喷射角供给,以保证燃料和空气均匀混合(不均匀度小于 4%)。该燃烧室燃用天然气时,NO_x 排放约为 17.4×10^{-6}。由于火焰筒上没有冷却气膜孔,节省的空气可参与燃烧,所以也使 CO 排放量小于 5×10^{-6}。

该燃烧室的工作过程是:在起动和低功率工作状态,第一级是由点火器点燃起动气体燃料形成火炬,再点燃从扩散火焰型喷射器喷出的燃料,形成第一级的扩散火焰,这是稳定工作和降低 CO 排放所必需的。在 70% 负荷左右,点燃第二级,供到扩散火焰中的部分燃料转到第二级,在此建立稳定的燃烧。此时第一级扩散火焰熄灭,并在第二级实现在 1 800 K 恒定温度下的完全预混燃烧。它是由第一级的扩散型燃料转至预混型喷射实现的。再调节第二级燃料供给量,以控制功率输出值。目前,罗-罗公司将工业 RB211 的三级低排放技术引入到工业

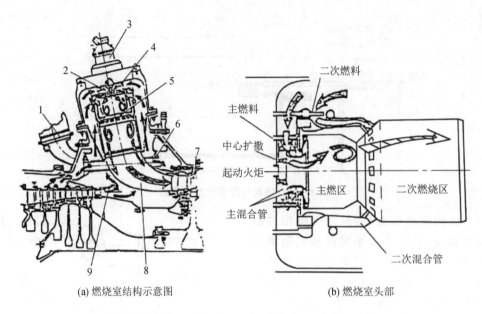

(a) 燃烧室结构示意图　　　　　　(b) 燃烧室头部

1—起动/处理旁路；2—旋流器；3—火炬点火器；4—喷嘴；5—燃烧室；

6—空气转接机匣；7—高压涡轮；8—排气导管；9—扩压器

图 7-28　罗-罗公司工业 RB211 燃气轮机的轴向分级干低排放燃烧室

AVON、工业 TRENT 等燃机上。

有必要强调的是，在轴向分级燃烧室中，首先要保证第一级贫态预混火焰不熄灭，这是极其重要的，否则整个燃烧室会熄火。这就依赖于第二级预混器的部分混合物被引入第一级，扩大了第一级熄火极限。另外，第二级要受最低温度限制，保证将 CO 烧完。

通过对分级燃烧室燃烧过程的研究，可以获知轴向燃料分级燃烧降低 NO_x 排放的关键在于调节第一级与第二级之间的燃料分配、空气分配与停留时间分配，使得：① 在保证第一级稳定燃烧的前提下，尽量提高第二级的燃料分配（降低第一级燃气温度）；② 在燃尽 CO 的前提下，尽量缩短第二级的燃气停留时间；③ 第二级反应物与第一级燃气尽量混合充分后燃烧。

图 7-29 所示为 GE 公司设计研发的一种轴向分级的 DLE 燃烧室。该燃烧室由两个燃烧区组成：第一区由 6 个彼此分隔，环绕在中心体 5 之外，各自有燃料喷嘴 2 的预混室 4 组成；

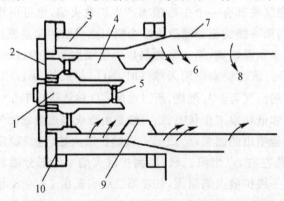

1—喷嘴；2—燃料喷嘴；
3—二股流空气通道；
4—预混室；5—中心体；
6—主燃孔；7—外机匣；
8—掺混孔；9—文氏管通道；
10—燃烧室盖板

图 7-29　GE 公司的轴向分级的 DLE 燃烧室

第二区布置在文氏管通道 9 之后,喷嘴 1 装在中心体前端,在第二区中通过主燃孔 6 供应的空气进行燃烧,掺混孔 8 供应的空气实现掺混。图中 7 为外机匣,用于形成空气通道,10 为燃烧室盖板。该燃烧室既可烧天然气,也可烧轻油。图 7 - 30 所示为不同负荷时燃烧室的工作模式。GE 公司首先在 H 级重型燃气轮机上使用单个燃烧室内轴向燃料分级技术,并实现商业运行。

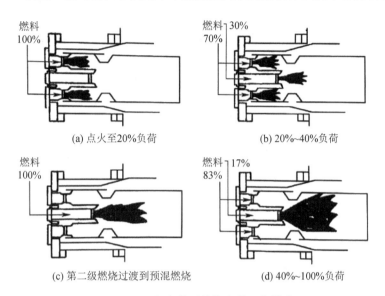

图 7 - 30　不同负荷时燃烧室的工作模式

2. 径向分级燃烧室

采用径向分级燃烧组织方式的双环腔燃烧室如图 7 - 31 所示。其主要特点是,在小功率下只有外环腔(值班级)供油,在大功率下内外环腔同时供油。其中,外环腔按照燃烧室低状态优化设计,可以保证在慢车工况下的综合性能。在大功率条件下,燃烧室的料料多供入内环腔进行燃烧,由于进入内环腔的空气流量比例很大,设计时有意将主燃区容积减小,一方面保证燃料与空气混合均匀,另一方面缩短火焰的停留时间,从而实现低 NO_x 和冒烟排放。

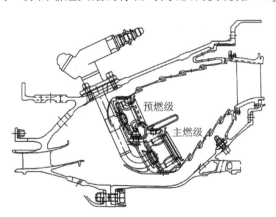

图 7 - 31　双环腔径向分级燃烧室

GE 公司研制的用于 LM6000 型地面燃气轮机的三环腔径向分级燃烧室及其分区工作模式如图 7 - 32 所示。形成的 NO_x 的数量不随燃气压力变化,NO_x 的排放不与燃烧室进口温度存在函数关系,NO_x的数量不随火焰停留时间的增加而增加。也就是说,该燃烧室的设计成功地解决了高压比、高温升燃烧室排气污染的问题。测试表明,输出功率为 43 MW,效率为 40%,NO_x排放为 22.4 mg/m³,CO 排放为 7.5 mg/m³,UHC 排放为 1.4 mg/m³。

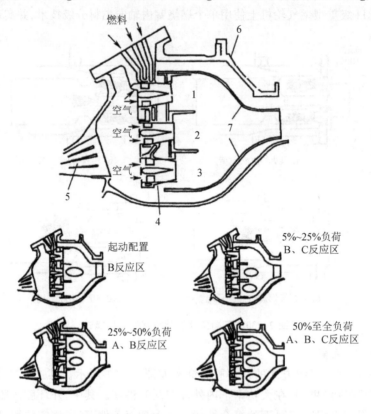

1—反应区 A;2—反应区 B;3—反应区 C;4—预混器;
5—扩压器;6—外机匣;7—燃烧室火焰筒

图 7-32　LM6000 型地面燃气轮机的三环腔径向分级燃烧室及其分区工作模式

GE 公司针对天然气燃料燃气轮机的低排放问题,相继发展了 DLN1 和 DLN2 两个系列的燃烧室,它们均采用了径向分级燃烧技术。

DLN1 燃烧室分级方案如图 7-33 所示,在中心体两侧为第一级,第一级装有各自的旋流器与燃料喷嘴,通过中心体安装合并。第二级在中心体上,装有一个旋流器与燃料喷嘴。第一级的燃料在燃烧后通过文丘里组合件之后,与中心体处的第二级燃料混合,在二次燃烧区进行燃烧。通过分级燃烧的方式,可以有效降低 NO_x 排放。一级燃料喷嘴有 6 个周向均布的燃料出口,天然气从这 6 个出口旋转射入一级燃烧区。二级燃料喷嘴位于一级燃料喷嘴中央,插入火焰筒的中心,提供值班火焰。火焰筒分为一、二级燃烧区,以文丘里组件分界,文丘里组件前端是一级燃烧区;文丘里组件后端是二级燃烧区。文丘里组件的作用是提高掺混的天然气向二级燃烧区的喷射速度,防止回火;在文丘里组件后部钝角处形成回流区稳定火焰。火焰筒尾部稀释孔孔径尺寸是关系到 NO_x 排放的重要参数,稀释孔起到分流压气机排气的作用,孔径大小影响着火焰筒的预混空气量。当孔径变大时,预混空气量会变少,燃空比变大,燃烧温度升高,NO_x 排放增大。

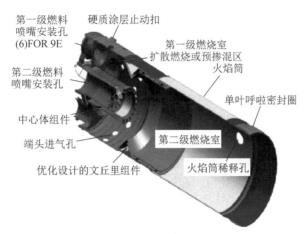

第一级燃料喷嘴安装孔(6)FOR 9E

硬质涂层止动扣

第一级燃烧室扩散燃烧或预掺混区

火焰筒

第二级燃料喷嘴安装孔

单叶呼啦密封圈

中心体组件

端头进气孔

第二级燃烧室

优化设计的文丘里组件

火焰筒稀释孔

图 7 - 33　DLN1 燃烧室分级方案

图 7 - 34 所示为 DLN2 系列燃烧室。与 DLN1 系列燃烧室相比,该系列燃烧室的主要特点是只有一个燃烧区域。此外,为减少用于掺混合冷却的空气用量,DLN2 系列燃烧室取消了 DLN1 系列燃烧室中需要空气冷却的文丘里和中心体组件。

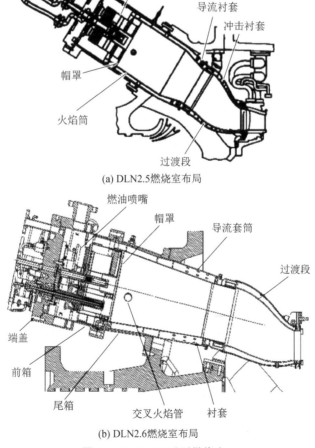

预混喷嘴

导流衬套

冲击衬套

帽罩

火焰筒

过渡段

(a) DLN2.5燃烧室布局

燃油喷嘴

帽罩

导流套筒

过渡段

端盖

前箱

尾箱

交叉火焰管

衬套

(b) DLN2.6燃烧室布局

图 7 - 34　DLN2 系列燃烧室

图 7-35 所示为西门子公司的采用径向分级燃烧技术的 SGT-8000H 燃烧室结构图和喷嘴结构。在该燃烧室内按照工作用途有 3 种不同类型的喷嘴:值班喷嘴、主燃烧喷嘴和高负荷喷嘴(C级喷嘴)。其中,值班喷嘴内部又分为两级:扩散式值班喷嘴和预混式值班喷嘴(D级喷嘴)。主燃烧喷嘴分为 A、B 两级,在每级内各有 4 个预混喷嘴。高负荷喷嘴(C级喷嘴)的功能为提高燃烧室高负荷下的燃烧稳定性,位于值班喷嘴与主燃烧喷嘴下游。工作过程中,该燃烧室采用如下工作方式实现分级燃烧:从点火到同步工况(额定转速空载工况)阶段,扩散式值班喷嘴与 A 级燃烧喷嘴同时运行;从同步工况到 25% 负荷,D 级喷嘴投入运行;从 25% 负荷到 45% 负荷,B 级燃烧喷嘴打开,此时值班喷嘴与主燃烧喷嘴全部投入使用;从 45% 负荷到设计负荷,C 级喷嘴也打开投入使用。通过以上的燃烧分级控制策略,保证了燃烧室在全工况下的燃烧低污染特性。

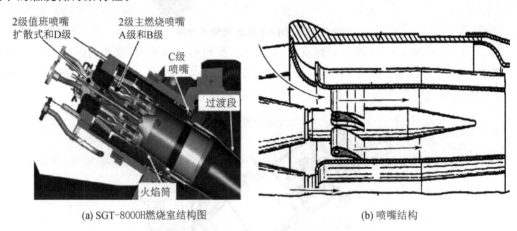

(a) SGT-8000H燃烧室结构图　　　　　　　　　　(b) 喷嘴结构

图 7-35　SGT-8000H 燃烧室结构图和喷嘴结构

径向分级燃烧室也有许多缺点:

① 喷嘴数量较常规燃烧室增加很多,会增加成本;

② 火焰筒结构复杂,同时存在 2 个环腔,需要的冷却面积大,使可用于掺混的空气量大大减少,造成出口温度分布变差;

③ 2 个区中间的位置很容易受两侧高温而烧蚀;

④ 燃烧室出口径向温度分布曲线会随着燃料的分级而变化,对高压涡轮工作叶片存在不利的影响。

3. 中心分级燃烧室

中心分级是指值班级与主燃级的燃料与空气以同心圆形式分布的燃烧组织方式。值班级位于正中心,起到点燃与在发动机小功率状态下稳定火焰的作用。主燃级环绕于值班级外侧,燃料与空气的混合物与值班级的燃料与空气混合物以同心圆形式分布,主要在慢车以上状态下使用。典型的中心分级方案如图 7-36 所示。

图 7-37 所示为西门子公司为 SGT6-5000F 燃气轮机所设计的采用中心分级技术的 DLE 燃烧室结构。其中,中心级采用了扩散燃烧模式,称为值班喷嘴,在中心级周围布置了 8 个预混喷嘴,称为主喷嘴;为保证值班级火焰的稳定性,值班喷嘴采用了强旋流气动设计,在燃烧室出口形成回流区,而为了降低污染物的排放,在主喷嘴出口处不形成回流区。燃料路分四路由不同的喷嘴进入燃烧室,其中值班喷嘴为第一路,值班喷嘴外围的 8 个主喷嘴分成独立

的两组,分别为第二路和第三路;在喷嘴来流上游的导流衬套上设有圆管形燃料管道,开有若干燃料喷口,为第四路;为保证燃烧的稳定性,在燃烧室的整个工况范围内第一路的值班喷嘴一直供应燃料。火焰筒上设有旁通阀,用于调节低负荷下的当量比,保证燃烧稳定性。对于压比为 16、透平一级动叶前温度为 1 332 ℃的 SGT6 - 5000F 燃气轮机,在 60%～100%的负荷范围内,生成的 NO_x、CO 的体积分数小于 $25×10^{-6}$。在此基础上,通过在 SGT6 - 5000F 燃烧室基础上做局部优化,优化值班喷嘴的气动性能,拓宽扩散燃烧的稳定燃烧边界,使得在 32%～100%的负荷范围内,SGT6 - 6000G 燃气轮机生成的 NO_x、CO 的体积分数小于 $25×10^{-6}$。

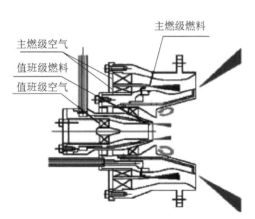

图 7 - 36　典型的中心分级方案

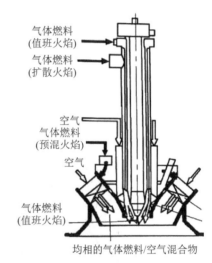

图 7 - 37　西门子公司的采用中心分级技术的 DLE 燃烧室结构

MHI 公司研制的 DLE 燃烧室类似于西门子公司的 DLE 燃烧室,也有置于中心部分的值班喷嘴,MHI 公司称之为导向喷嘴。在导向喷嘴外围有 8 个彼此独立的主喷嘴,也称为多向喷嘴,供给预混的混合气,如图 7 - 38 所示。值班喷嘴的作用为保证燃烧的稳定性,即在较低的燃空比下也能保证燃烧的稳定性,为此值班喷嘴采用了旋流进气,出口为扩张锥形型面,这

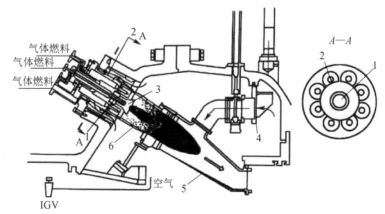

1—导向喷嘴;2—多向主喷嘴(预混);3—喇叭形组件;4—空气旁路阀;5—过渡段;6—火焰管

图 7 - 38　MHI 公司的环型 DLE 燃烧室

样在燃烧室出口可以形成稳定的回流区,以保证燃烧的稳定性;外围为预混喷嘴,采用了在旋流叶片下游的中心体上开设若干个燃料喷口,燃料直接喷射到通过旋流器的空气中去,在旋流作用下实现燃料与空气的充分预混。为预防回火,需要对旋流角度进行优化。外围喷嘴的出口为扇形,即混合通道从圆环形转为扇形。为调节点火、加速以及低负荷下的燃烧区当量比,同样在火焰筒上布置了旁通阀,以保证燃烧的稳定性。

MHI 公司的 G/H 级燃气轮机的燃烧室燃烧组织方案与西门子公司的基本相同,且都是在 F 级天然气燃烧室基础上进行局部优化发展起来的,主要的优化除了外围预混喷嘴的燃料/空气混合效果、值班喷嘴的稳火边界之外,还设置了抑制热声振荡的谐振腔以及旁通阀谐振装置。

4. 低旋流贫燃预混燃烧技术燃烧室

低旋流贫燃预混(Low Swirl Combustion,LSC)燃烧最早是由美国劳伦斯伯克利国家实验室开发的一种超低 NO_x 排放燃烧技术,与其他燃烧技术相比,具有的优点包括:燃烧效率高、火焰区域温度低、燃烧稳定、不易"返火"和"吹熄"等。降低 NO_x 排放的基本原理为采用贫燃预混以及减少燃烧反应停留时间。采用低旋流贫燃预混技术的燃烧室结构和工作时所产生的火焰照片如图 7-39 所示。

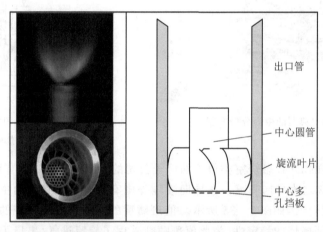

出口管

中心圆管

旋流叶片

中心多孔挡板

图 7-39　LSC 燃烧室结构及火焰照片

从燃烧室的结构特点看,该类燃烧室采用了轴对称结构,中心处为带有多孔挡板的圆管,圆管外侧为旋流叶片,燃烧室的旋流强度可以通过对多孔挡板的阻塞比以及叶片安装角度的调节来实现。在工作过程中,燃料与空气的混合气体由燃烧室下侧进入,经旋流叶片和中心圆管后由射流孔射出,在燃烧室喷口下方形成一个稳定的推举火焰,稳定燃烧。由图 7-39 可以看出,燃料/空气预混气体经过燃烧室射出后由于旋流的作用会产生气流扩散,流速迅速减小。预混火焰的推举位置可以通过调节多孔挡板的阻塞比和叶片的安装角度来实现。

LSC 燃烧技术与传统的干式贫燃预混燃烧技术在技术原理上有一定的差别,与干式贫燃预混燃烧技术相比,LSC 燃烧技术是一种简单经济的低 NO_x 技术。传统的干式贫燃预混燃烧技术需要采用强旋流来建立回流区,而 LSC 燃烧技术没有回流区,而是利用低旋流的方法来稳定火焰。这种方法的优点是,不仅缩短了烟气在高温区停留的时间,减少了 NO_x 的排放,还避免了常规不稳定燃烧等问题。传统的高旋流贫燃预混超低排放燃烧技术遇到的主要障碍包括贫油熄火边界与火焰不稳定燃烧边界,而 LSC 燃烧技术通过发展气动力学,克服了这一障碍,燃烧流场中无回流区,避免了不稳定燃烧,不存在不稳定燃烧边界,其可燃边界紧靠理论燃烧边界。

Solar 公司在 Solar Taurus 70 型燃气轮机上采用了 LSC 燃烧技术,试验测试结果表明,采用 LSC 燃烧技术后燃烧室的 NO_x 排放小于 5×10^{-6}。为了解 LSC 燃烧技术与传统贫燃预混燃烧技术的差别,将这两种燃烧技术在表 7-2 中进行了对比。由对比可以看出,对 LSC 燃烧室起控制作用的主要参数为预混气的出口旋流数与湍流火焰速度,这是与传统贫燃预混高旋流燃烧技术的主要区别。LSC 燃烧技术对燃料气的热值、品质等无特殊要求,所以十分适合中低热值合成气或纯氢燃料的清洁高效燃烧。

表 7-2　LSC 燃烧技术与传统贫燃预混高旋流燃烧技术对比

项　目	LSC 燃烧技术	传统贫燃预混高旋流燃烧技术
火焰稳定原理	火焰以湍流燃烧速度进行传播	漩涡将高温反应产物回流,形成新鲜预混燃气的连续点火源
稳焰方式	利用扩散的气流稳焰,无回流	利用回流区稳焰
火焰/湍流间的作用	火焰内部湍流具有各向同性的特点,具有很低的剪切应力,不容易产生火焰破碎现象	火焰流场具有高剪切应力区域,会导致火焰破碎与瞬时分离现象
燃烧不稳定性	由于无回流区,因此无明显的特征频率,不会产生不稳定燃烧	由于有回流区,所以具有特征频率,会产生不稳定燃烧

5. EV 型燃烧器

EV 型燃烧器(EV 为英文 EnVironmVnt 的缩写)是由 ABB-Alstom 公司研制的一种并联式的分级燃烧的 DLN 燃烧室,可以在一个圆筒型燃烧室的头部并联地配置 19~54 个 EV 型燃烧器,也可以在一个环型燃烧室中配置许多排的 EV 型燃烧器。

在这种由 EV 型燃烧器组成的 DLN 燃烧室中,EV 型燃烧器是彼此并联的、最基本的均相预混燃烧方式的燃烧单元。如图 7-40 所示,燃烧器中的燃烧空气、天然气以及液体燃料供入锥体内,逐渐形成均相预混可燃气体的旋流的情况。EV 型燃烧器是由两个彼此错开一定位置的半锥体组成的。由于错位,就在两个半锥体的搭接处形成了两个相对的开缝。燃烧空气就从这两道开缝处沿切线方向进入锥体。由于沿轴线方向旋

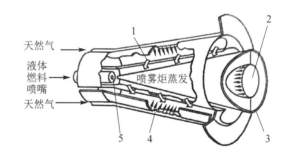

1—燃烧空气;2—中心回流区;3—火焰前锋;
4—天然气喷嘴;5—液体燃料雾化
图 7-40　EV 型燃烧器的工作原理

流半径逐渐加大,所以形成旋转气流的旋流强度也逐渐加强。天然气从开缝边上的许多小孔向内喷出,逐渐掺混到旋转气流中去,从而形成稀相的均匀预混可燃气体。这股均相预混可燃气体的旋流在进入燃烧室空间时,就会在锥体的出口边生成一个回流区,构成维持火焰传播的稳定点火源。试验表明,这种稀相预混火焰的温度可以比扩散火焰的温度低 500 ℃,因而具有降低 NO_x 排放的效应。

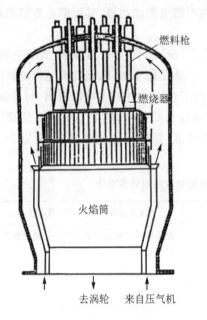

燃料枪

燃烧器

火焰筒

去涡轮　来自压气机

图 7-41　带 EV 型燃烧器的竖井式燃烧室

当燃烧柴油时，液体燃料从安装在锥体根部中心的喷嘴喷出，经过雾化、蒸发等步骤，逐渐与进入的空气组成可燃混合物。但液体燃料不可能在锥体出口处完全蒸发成为蒸气，因而所形成的火焰仍然带有相当程度的扩散火焰的性质，火焰温度要比烧天然气时的预混火焰温度高。这时为了控制 NO_x 的排放，必须向锥体内的混合区段喷射一定数量的水或水蒸气。燃烧天然气时，装有 EV 型燃烧器的燃烧室的 NO_x 排放（体积分数）可达到 25×10^{-6}；燃烧柴油时经喷水后，则能达到 42×10^{-6} 的水平。

EV 型燃烧器是一个燃烧单元体，为了扩大负荷可调范围，就必须增加并联的燃烧器数目。每台机组可根据需要进行多个并联使用。图 7-41 所示为采用 37 个 EV 型燃烧器组成的竖井式燃烧室。

6. 贫油直接喷射燃烧室

贫油直接喷射（Lean Direct Injection，LDI）燃烧技术，是为解决 LPP 燃烧室的回火和稳定性问题提出的。LPP 技术的 NO_x 排放最低，但在先进高压比发动机燃烧室中存在自燃、回火等问题。LDI 燃烧室是采用多点直接喷射把燃料喷入燃烧室内，与空气强烈混合与燃烧，在喷射点处为局部富油燃烧，以增加燃烧稳定性，然后与空气快速混合形成均匀贫油混气进行燃烧，消除局部过热点，降低燃气温度，从而抑制 NO_x 的排放。虽然喷射点处为富油燃烧，可能会增加 NO_x 的生成，但由于混气在高温区停留时间很短，故增加的 NO_x 量很少。LDI 燃烧技术的关键是如何使燃料与空气迅速混合，将该技术与其他低污染燃烧方案一起配合使用，效果更好。

由于多点喷射可大大增加燃油与空气接触面积，从而促使燃油与空气快速混合形成均匀贫油混气进行燃烧，消除局部过热点，降低燃气温度，从而抑制 NO_x 的排放。LDI 燃烧室与 LPP 燃烧室不同，其燃料是直接喷射入火焰区，因此不会有自燃或回火问题。喷射点附近局部富油燃烧可增加燃烧的稳定性，然后与空气快速混合形成均匀贫油混气进行贫油燃烧。不过，LDI 燃烧室中燃料没有预混合预蒸发过程，必须得到良好雾化，油气混合要既快速又均匀，以获得尽可能低的燃烧温度。因此，LDI 燃烧技术的关键问题是如何雾化得很细和如何与空气快速混合。LDI 燃烧室主要的技术措施是把现有的单个喷嘴改换成 10～20 个喷嘴，每一个喷嘴的燃料流量都很小，加上多点供入，可以大大减少雾化平均粒径和改善油气混合质量，同时通过控制每一个喷嘴的供入，保证发动机全功率状态下的燃烧和排放性能。通过减小雾化平均粒径以及改善油气混合的质量来提高燃烧性能和降低污染物排放。该技术不易出现自燃和回火的情况，且具有较好的燃烧稳定性；缺点是结构复杂，重量增加，控制难度增加。

LDI 燃烧室最初提出的是一种多点式的燃油直接喷射、燃烧室在贫油工况下多区域燃烧的概念，自 LDI 概念提出后，国内外学者针对只包含一个旋流器-文氏管的单点 LDI 燃烧室展开了大量细致的研究以探索这种新型低排放燃烧室的工作状态和燃烧机制。

　　单点 LDI 燃烧室结构简单,核心部件就是如图 7-42 所示的旋流器和文氏管,每一个单元 LDI 燃烧室的头部都包含有一个旋流器,旋流器中心插有一根喷杆,旋流器出口是一个缩扩文氏管结构。旋流器是燃烧室中最重要的零部件之一,它在燃烧室火焰筒的头部产生高速旋转射流,加速燃油的雾化和掺混,形成低压回流区,保证火焰稳定。

　　多点 LDI 燃烧室的研究重点在于多个旋流器-文氏管之间流动的相互作用,因此研究中的可调变量就包括了旋流器阵列方式的变化、旋流器叶片的安装角、文氏管缩扩张角等。LDI 燃烧室有两种形式:一种是 NASA 主导研发的喷嘴阵列式排布的 LDI 燃烧室,又称为多点喷射的 LDI 燃烧室。多点喷射的 LDI 燃烧室的典型结构如图 7-43 所示。多点喷射可以通过调节工作喷嘴的个数来适应不同的工况,燃烧区域当量比较低,燃烧温度下降,NO_x 排放较少,且多点喷射燃烧室的结构短小,降低了燃烧室尺寸。

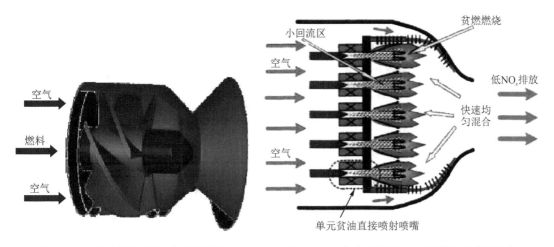

图 7-42　单喷嘴旋流器-文氏管结构　　　　图 7-43　多点喷射的 LDI 燃烧室的典型结构

　　另一种 LDI 燃烧室形式是中心分级式 LDI 燃烧室,中心分级式 LDI 燃烧室的典型结构如图 7-44 所示。中心分级 LDI 燃烧室的预燃级与主燃级之间的相互耦合作用,与 TAPS 燃烧室结构极为类似,但 LDI 燃烧室中燃料为直接喷射,不与空气提前预混。

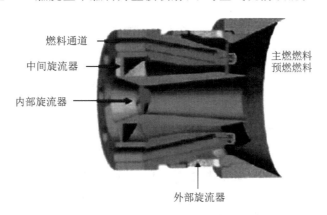

图 7-44　中心分级式 LDI 燃烧室的典型结构

　　多点喷射的 LDI 燃烧室的喷嘴数目众多,燃烧室头部结构复杂,且重量较大,大量喷嘴的存在对燃烧室的热防护和热管理提出了较高的要求。中心分级的 LDI 燃烧室主燃级空气对预燃级的燃烧起吹熄作用，可能会导致燃烧室的燃烧效率和点、熄火性能的恶化，因此必须对主燃级和预燃级进行优化匹配，但如何保证燃烧室全工况的高效燃烧仍然是巨大的技术挑战。

贫燃预混燃烧技术降低污染物排放的潜力在 F 级燃气轮机上得到了充分的认证，并在国际主流燃气轮机公司中得到了广泛的应用。但随着环保法规的日趋严格，污染物排放水平在进一步提高。但严格的 NO_x 排放标准与燃气轮机效率的提升产生了矛盾，为了提高循环效率，燃气轮机的设计参数也在持续提高。以三菱最新型的 J 级燃气轮机为例，其燃气温度为 1 600 ℃，压比为 25，NO_x 排放高达 25 $\mu mol/mol$，超过了许多国家和地区的排放上限。虽然能够通过后处理的方法来符合 NO_x 排放法规规定的条件，但也带来了运行成本的上升和氨逃逸的问题。研究表明，当燃气温度达到 1 700 ℃ 时，即使在理想预混条件下，现有贫燃预混燃烧室的 NO_x 排放也将超过 20 $\mu mol/mol$。而现有的强旋流预混器，燃料与空气的预混度一般在 98% 以上，其 NO_x 减排潜力已经挖掘殆尽。另外，为降低碳排放氢气和氨气作为燃气轮机燃料的技术优势已经得到了证明，然而，虽然这两种燃料避免了碳排放，但存在燃烧稳定性和 NO_x 排放问题。氢气的火焰传播速度非常快，导致预混燃烧时（尤其是有强旋流产生回流区的情况）易发生回火。因此，目前基于强旋流预混燃烧器的燃烧室不能适应纯氢燃料。而对于氨气这类燃烧速度极低的燃料，其预混火焰稳定性极差。而且由于燃料氮的存在，贫燃预混燃烧会产生非常高的 NO_x 排放。

由此可见，对于现有基于强旋流预混的贫燃预混燃烧室而言，单纯依靠增强预混以降低 NO_x 排放的方法已经无法满足未来燃气轮机进一步提高燃气初温以及使用新的零碳排放燃料的要求，一些新概念的先进低排放燃烧技术需要被提出并测试。

7.3.3　干式低排放燃烧室技术的难点

1. 燃料和空气掺混均匀性

对于先进的 DLN 燃烧室，必须通过贫燃预混的方式把火焰温度控制在 1 670～1 900 K 的范围内。但是，仅控制总的燃料/空气当量比并不等于能够实现低 NO_x 生成量的目标。事实上，所有 DLN 燃烧室的成功都主要依赖于燃料和空气接近完美的混合均匀度，如图 7 - 45 所示。

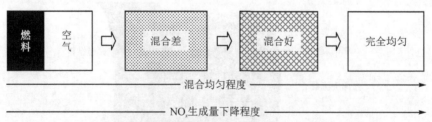

图 7 - 45　NO_x 生成量与燃料空气的混合均匀程度的关系及原理

混合均匀具有空间和时间上的双重含义：空间上，可燃混合物中不存在局部的高燃料浓度区域点，局部的燃料/空气当量比十分接近平均值；时间上，任何地方的燃料浓度或当量比不随时间发生大的波动。上述任何一种情况发生变化，在局部空间上就会出现高温炽热点，导致 NO_x 生成量增加。因此，均匀混合的本质是消除空间中的高温炽热点和瞬时的强高温脉动，要求预混可燃混合物的浓度空间分布尽可能接近平均值，同时浓度随时间的脉动幅度要很小。

一般而言,非均匀系数应控制在 5% 以下。

图 7-46 给出了美国 GE 公司的 LM6000 在不同混合均匀性下的 NO_x 生成特性的试验结果。在同样的火焰温度条件下,混合越差,NO_x 体积分数越高。这是因为 NO_x 生成量与当量比之间是非线性关系,也就是说,局部的稀区和浓区分别导致的 NO_x 下降和升高是不平衡的。因此,预混不均匀的总效果是 NO_x 体积分数上升。

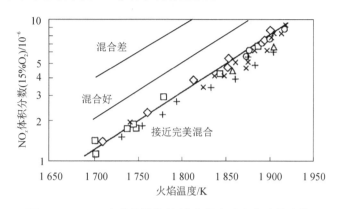

图 7-46　NO_x 生成量随燃料/空气混合均匀程度的变化

混合均匀还有一个优点:可以大大减少自燃的可能性。一般自燃着火延迟时间较长,但如果混合不好,会使局部当量比超过平均值,从而大大缩短着火延迟时间。

主导燃料空气预混均匀性的关键因素是燃料的喷射地点和喷射方式,以及来流空气的湍流度和混合距离。无论何种结构的燃烧室,燃料与空气混合的位置都要留出必要的预混段。燃料在预混流动中的供应位置应考虑留有足够的预混段长度,这与旋流器特性和前面关于喷射方式、方向及强度等设计直接相关,需要进行试验来确定最佳点。如旋流器安排在预混段的出口,则预混段长度必须相应增加。其中,Solar 公司的 DLN 燃烧室如图 7-47 所示,GE LM6000 燃气轮机上的 DLN 燃烧室的燃料喷射位置如图 7-48 所示。

2. 回火控制

回火是指当火焰传播速度大于燃料空气混合物来流的速度时,火焰前锋沿着可燃混合物的预混通道逆来流方向向上游传播的过程。无论燃料喷嘴安置在旋流器的上游还是出口处,一旦发生回火,由于预混通道尺寸大于淬熄直径,旋流器都将面临烧毁的危险。

回火的发生有以下几种情况:

① 边界层内回火;

② 主流区的湍流火焰传播导致的回火;

③ 燃烧不稳定所致回火;

④ 燃烧致涡破坏引发回火。

边界层回火一般发生在靠近固体壁面的无旋流和低湍流流动中。因为那里的流速低,但在壁面上也会因散热而引起淬熄。壁面速度梯度、温度及其分布、边界层结构与厚度以及湍流特性都是影响回火的重要参数,如图 7-49 所示。

核心区湍流火焰传播回火是湍流燃烧速度大于当地气流速度而引起的回火。这种回火取决于湍流结构(湍流尺度和湍流强度)和化学动力学。抵御主流中回火的安全设计原则就是要在预混区段避免出现低轴向速度和尾迹涡区。

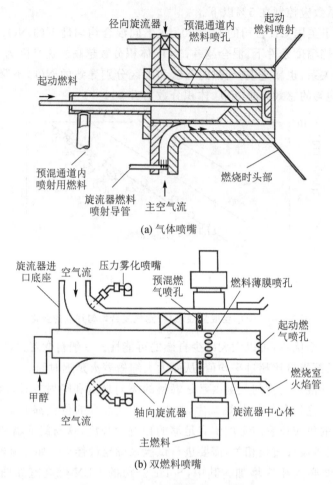

(a) 气体喷嘴

(b) 双燃料喷嘴

图 7-47　Solar 公司的 DLN 燃烧室

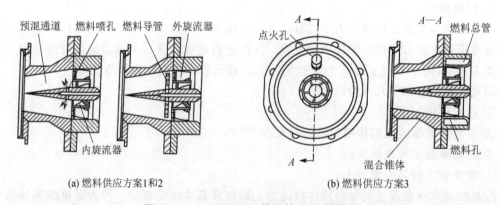

(a) 燃料供应方案1和2　　　　　　(b) 燃料供应方案3

图 7-48　GE LM6000 燃机的 DLN 燃烧室

燃烧不稳定性导致的回火,在边界层和中心区都可能存在。一次燃烧区中反应物的湍流放热是燃烧系统的噪声和脉动的驱动力。燃烧器出口流速的高振幅周期性脉动,会导致反应区位置和压力损失均呈周期性变动,反过来进一步刺激振荡。这种反馈作用最终会导致一种周期性回火。

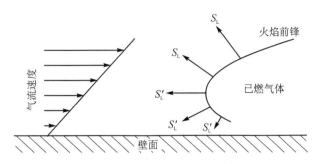

图 7 - 49　预混可燃混合物的来流速度和回火时的当地火焰传播速度

燃烧致涡破坏机制(Combustion Induced Vortex Breakdown,CIVB)是控制旋流燃烧回火的主要因素,必须给予特别的重视。

所谓"涡破坏",是指在一次燃烧区因旋流扩张而形成的回流区向上游传播,并进入预混通道,使那里原有的强旋顺流流动结构遭到破坏的情况。当旋流强度过高时,就会出现这种情况。因为旋流的离心力作用会使中心处的压力降低,当它在一次燃烧区扩张后,就会形成轴向逆压梯度而产生回流区。如果逆压梯度足够大,就会使回流区向上游扩展,而"燃烧致涡破坏"是指涡破坏的诱因是燃烧过程。在无反应的冷态旋流条件下往往不发生涡破坏,在有燃烧放热时才会出现,同时引发了回火现象,如图 7 - 50 所示。

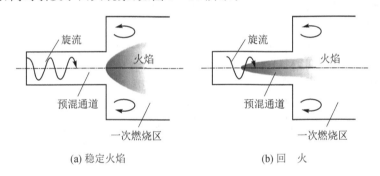

图 7 - 50　燃烧致涡破坏回火示意图

实际上,只有当旋流数超过某个值时,回流区才会扩展进入预混通道。这个值称为临界旋流数。尽管在等温流动中,旋流器设计可与临界状态保持一定距离。但在燃烧时,该距离可能就显得不足而容易被突破,产生涡破坏和回火现象。试验结果显示,等温流的回流区可稳定保持在一次燃烧区内。燃烧发生后,在当量比小于 0.718 的燃烧过程中,火焰也始终稳定在燃烧区进口。然而,当当量比逐渐升高到 0.83 时,就出现了楔形火焰前锋并进入预混通道,如图 7 - 51 所示。

为了保证 DLN 燃烧室具有足够的回火安全性,国际上典型的燃烧室分别从流动和反应两方面采取了一系列预防回火的措施,概括起来主要有 4 种措施:① 控制旋流强度;② 局部流动加速;③ 控制预混可燃混合物的初温和当量比的脉动程度;④ 其他回火保护措施等。

第一种措施是使流动不要处于涡破坏的边缘,通过对旋转主气流施加一定干扰,如在旋流器中心引入一股无旋隙缝环流(见图 7 - 52(a)),或者采用旋向相反的内外双旋流器(见图 7 - 52(b))结构,达到削弱旋流强度的目的。

(a) 回火照片

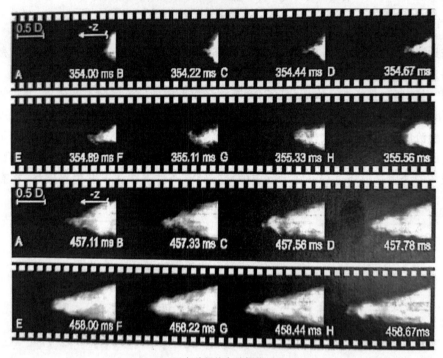

(b) 回火过程的高速摄像片断

图 7 - 51　回火过程的试验结果

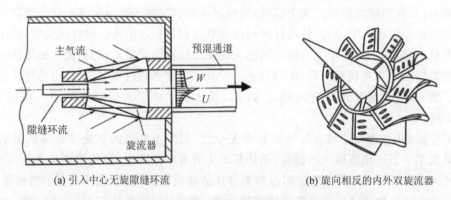

(a) 引入中心无旋隙缝环流　　　　　　　　(b) 旋向相反的内外双旋流器

图 7 - 52　削弱旋流强度的回火控制措施

　　第二种措施是逐渐减小预混通道的横截面积,以形成气流加速效应,如图 7 - 53 所示,在预混通道内和出口处的外侧设置束腰环,形成多级局部加速效应。

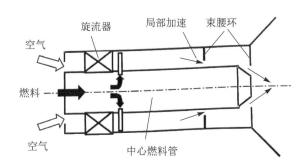

图 7-53　日本川崎重工业股份公司 DLN 燃烧室控制回火的结构简化示意图

第三种措施是在设计和调试过程中,从燃烧反应方面控制进口空气温度和当量比的脉动幅度,避免形成不合理的火焰分叉结构、振荡燃烧或燃烧放热的脉动,诱发旋流反转和回火。

第四种措施是其他措施,如 GE 公司为 DLN2.6 燃烧室的喷嘴(见图 7-54)采取的保险措施。该装置位于喷嘴中心体前端(喷嘴下游),采用了类似于低熔点合金保险丝封堵附加燃料分流隙缝的结构。当回火火焰通过这里时,该位置温度骤然升高,使低熔点合金熔化从而打开燃料分流隙缝,使一部分燃料喷出参与形成中心体头部的扩散火焰。原来流经喷射导管的燃料经过分流后,与空气混合后已经超出可燃极限,使回火中断。

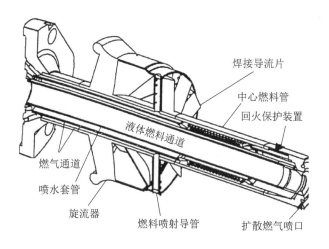

图 7-54　GE 公司 DLN2.6 燃烧室的喷嘴结构

3. 燃烧不稳定控制

从燃烧室工作安全性的角度讲,回火和振荡燃烧是均相预混燃烧过程中的两个重要因素,是设计和调试运行中经常遇到和必须解决的问题,否则,就无法顺利实施低 NO_x 燃烧。干低排放燃烧室的声学抑制是一个非常具有挑战性的问题,在目前的工业和舰用燃机上,通过将被动控制和主动控制技术结合在一起来解决。

燃烧不稳定性的被动控制主要是通过消除燃烧放热振荡源,阻止不稳定性激发和增加声压波动衰减来达到减小燃烧室内压力波动的目的,主要手段有采用障碍物、阻尼器和声学衬套等。GE 公司 LM6000 燃气轮机干低排放燃烧室在预混燃烧器上游的冷段额外安装了 1/4 波共鸣器,如图 7-55 所示,其面向燃烧室流路的一端为孔板,另一端为一个封闭硬壁端的直径为 1 in(1 in＝0.025 4 m)的不锈钢管,将管内空气柱的总长度设定为燃烧室共鸣频率波长的 1/4。这些阻尼器管的有效表面提供了一个阻抗突升且改变边界条件,从而改变发生的和反射的声压场,减弱了一定的离散振荡,因而减少了对燃烧室的破坏。

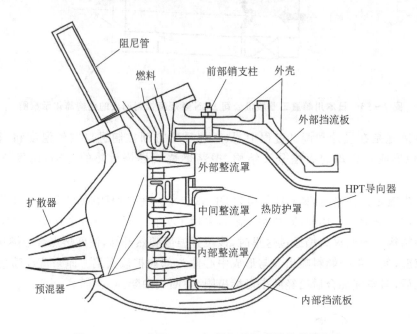

图 7-55 GE 公司 LM6000 燃气轮机干低排放燃烧室

尽管被动控制方法对燃烧室高频振荡抑制方面获得了重大成功,但对燃烧室的低频振荡并没有明显的作用,燃烧室的低频振荡主要是由于供油系统的油压和燃油分布等造成的,而被动控制对此很难有所为。更重要的是,被动控制方法只对有限的燃烧室结构和工况有效,如果对燃烧室尺寸或燃料稍作改变,所采用的被动控制措施必须随之改变甚至失效。

主动控制是根据燃烧室内不稳定性的激发原理对声压波动施以反激发信号,从而产生抑制不稳定性的效果。具体方法是:通过实时监测燃烧室内不稳定波动信号,利用信号处理确定燃烧室不稳定性状态,包括声压模式的频率、振幅和相位,来判断出能减小该不稳定性波动的反激发模型;再通过流量阀、扬声器、振荡射流、火花塞和燃油喷嘴等"激发器"产生所需的反激发模型波动,来抑制声压波动。根据对主动控制后的燃烧不稳定性信号再次监测并进一步调节与否,可分为开循环和闭循环。

GE 公司工业燃气轮机干低排放燃烧室声学抑制主动控制系统方案如图 7-56 所示,通过该系统能够实现对内环、外环和预燃环火焰温度的精确控制。整个系统包括两个动态压力传感器、一个信号调节装置、放大器和稳定可靠工作所需的电子电路。控制方法的基础是:将传感器实时监控测量燃烧室的动态压力作为一个正反馈,通过改变到每个环的燃料流量将火焰温度始终控制在允许的上、下限范围内。该系统的主要目的是将动态压力振荡降低到一个能正常工作的水平,同时硬件不发生损坏,而不是完全消除振荡。

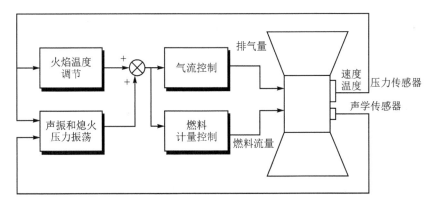

图 7 - 56　GE 公司工业燃气轮机干低排放燃烧室声学抑制主动控制系统方案

7.4　催化燃烧技术燃烧室

最早的催化燃烧报道于 20 世纪 70 年代。有别于传统的燃烧,催化燃烧的化学反应借助于催化剂这一媒介实现,改变了燃烧模式。因此,催化燃烧在许多方面有着明显的优势:① 反应能够在比传统燃烧温度低得多的温度下进行,低负荷稳定性非常好;② 燃烧时 N_2 不参与反应,NO_x 排放极低;③ 热声振荡极低。

基于干低排放燃烧室的贫燃预混技术,辅助以其他燃烧方式是有效降低燃气轮机污染物生成的一种新的方式,选择性催化还原就是其中一种。20 世纪 70 年代美国和日本对催化燃烧室技术展开了积极的研究,当时燃烧室内催化剂工作温度高于催化剂可稳定工作的温度,因而引起了催化剂的失活和烧毁问题,防碍了催化剂的使用。20 世纪 90 年代开始研究人员提出了催化燃烧和预混燃烧相结合的设计,降低了催化剂温度,防止了催化剂的钝化。

从热力型 NO_x 形成机理可知,想要使燃烧室 NO_x 排放最低,就需要承担燃烧室在接近贫油熄火极限工作的风险。把贫油熄火极限扩大到较低当量比的一个方法是在燃烧室内增加一段燃烧强化催化剂。催化燃烧是一个无火焰过程,它使燃料在通常的燃料空气混合物可燃极限以下的温度氧化。这样在燃气轮机燃烧室中,使用催化剂代替一部分热反应,使稳定燃烧发生在比常规燃烧室的温度低约 1 000 K 的条件下。众所周知,NO_x 的生成与燃烧温度成指数规律变化,因而随着燃烧温度的降低,NO_x 的排放也减少了。

图 7 - 57 给出了与预混燃烧室相结合的催化燃烧室的原理图。燃烧器系统由催化剂部分和预混喷嘴组成,为了保证催化剂的机械可靠性和热可靠性,需要将催化剂分成小段,并安装在每个催化燃烧室的扇形体上。催化燃烧温度控制在 1 000 ℃ 以下。将来自预混喷嘴的贫燃预混气体喷进催化燃烧排气中进行燃烧,以达到 1 300 ℃ 的燃气温度。通过与贫燃预混燃烧相结合,达到较低的 NO_x 排放,并在一定程度上减少在催化剂上的负载,使催化剂的温度低于 1 000 ℃。因此,催化剂的寿命得到延长,并且喷入的预混气体被催化燃烧的燃气加热,使预混燃烧稳定。

另一种富燃催化贫燃(Rich-Catalytic-Lean,RCL)燃烧的催化燃烧室方案(见图 7 - 58),由一个环形回流预混器、催化剂、后混合管和燃烧室四部分组成。回流环形预混器提供预混富油混气进入催化反应器进行催化后,在后混合管内与空气混合,进入燃烧区进行燃烧。

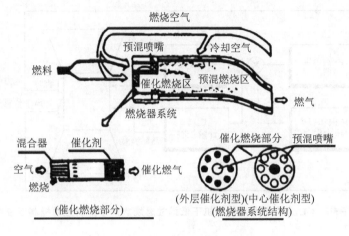

图 7-57 催化燃烧室的原理图

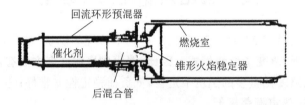

图 7-58 RCL 燃烧室

富燃催化燃烧室实际上是一个 RQL 燃烧室,只是富燃部分用催化燃烧器代替。全部燃料与部分空气混合后在催化燃烧器中发生反应,未反应完全的燃料在下游与另外的空气混合后在贫燃燃烧室继续反应。在使用天然气、煤气化合成气、高炉煤气,以及炼厂气燃料的试验中,使用富燃催化燃烧技术的污染物排放都达到了极低的水平,并在 F 级燃气轮机上得到了验证。富燃催化燃烧兼具 RQL 燃烧和催化燃烧的优点,富燃条件能避免燃料氮转化为 NO_x,还能防止回火,特别适合氨气、氢气等燃料;催化作用能够极大地提高燃烧速率,特别适合氨、高炉煤气等反应活性比较低、传统燃烧器中难以稳定燃烧的燃料。此种燃烧室的优点是:由于对富燃料混合气进行催化时,不能使燃料全部被氧化,从而降低了催化剂的工作温度;同时因催化剂不在氧化环境下工作,从而延长了其寿命,并使催化起燃温度在 200 ℃以下。研究表明,此种燃烧室可使燃气温度在 1 350 ℃时 NO_x 排放小于 1×10^{-6},CO 排放小于 10×10^{-6},UHC 排放小于 2×10^{-6}。但催化剂的使用也带来了另一个问题:不同的燃料往往需要不同的催化剂。

催化燃烧室分为两种:外层催化剂型燃烧室和中心催化剂型燃烧室。这两种燃烧室都有各自的缺点;前者,催化剂和喷入的预混气体混合不充分,导致燃烧的稳定性和燃烧室出口温度的均匀性不好;后者,如果在催化剂后没有陶瓷挡板混合装置,燃烧室就不能稳定燃烧,并且还会增加压力损失。基于这种原因采用了如图 7-58 所示的催化燃烧室结构。

该燃烧室的预燃室是环形的,其负荷范围较大,宜于选择扩散燃烧。当预燃室点火时,点火器插在预燃室上。如果点火成功,则拉出点火器;燃烧器系统由催化剂扇形体和预混喷嘴组成,6 个催化剂扇形体和 6 个预混喷嘴交替布置形成一个圆。预混喷嘴的形状构成使得在 90°角下将预混气体喷进催化燃烧燃气中。为了使预混气被平缓点着,点火器插在预混燃烧部分。

日本中央电力研究院与 Kansai 电力公司从 1988 年开始联合开展了应用于高温燃气轮机上的催化燃烧技术,所设计的先进的催化燃烧室结构如图 7 - 59 所示。主要特点是催化燃烧部分与预混部分交叉排列,在没有催化剂的预混通道内完成混合和预热,催化燃烧与预混燃烧进行轴向分级。所完成的一系列试验结果表明,NO_x 主要来源于预燃室,随着燃烧室运行压力的提高,NO_x 排放量降低;由于催化剂的老化时间及试验条件的限制没有明显看出催化剂老化对反应特性的影响。

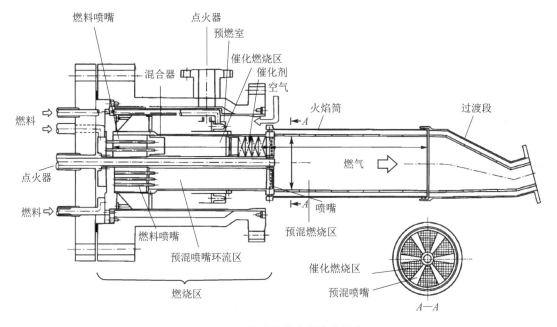

图 7 - 59　先进的催化燃烧室结构

在总结上述经验的基础上设计了几种催化燃烧室方案,并分别进行了试验,主要结论如下:

① 外层催化剂型燃烧室(OCT 型),由于催化燃烧的燃气与预混区喷射的混气混合得不充分,所以燃烧稳定性和燃烧室出口温度场均匀性都不太好。

② 中心催化剂型燃烧室(CCT 型),该燃烧室与 OCT 型的差别除催化剂置于中心外,还取消了催化剂后陶瓷挡板(作为混合装置),因此难以稳定燃烧,并且压力损失也增加了。

③ 先进催化燃烧室(ACC100 型),它由一个环形预热室、6 个催化燃烧段、6 个预混喷嘴、一个预混燃烧段以及一个旁路阀门组成。它克服了 CCT 型存在的问题,当燃用天然气时,在大气压下,改变燃料流量和旁路阀门开度以保持催化床恒定温度,NO_x 排放小于 10×10^{-6},$\Delta p / p$ 小于 3%,燃烧室出口温度可达到 1 570 K。

日本的 Toshiba 公司和 Tokyo 电力公司在 20 世纪 90 年代提出了一种催化-预混分级燃烧室的概念,并共同开展了 1 300 ℃级燃烧室的全尺度常压实验以及催化剂的小尺度高压实验。所设计的催化燃烧室结构简图如图 7 - 60 所示,其中 Z1 为预燃区,Z2 为预混区,Z3 为催化区,Z4 为气相反应区,燃料分三部分进入燃烧室:F1 用于提高催化剂入口温度,F2 用于催化燃烧,F3 与催化燃烧室出口尾气混合后在气相反应区中反应以满足透平入口温度要求。在常压条件下的实验结果表明,采用所提出的燃烧室结构可以使催化剂的工作温度在 800 ℃左右,这样可以确保催化剂的耐久性,同时降低了燃烧室的总排放。

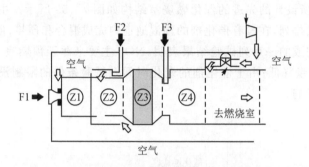

图 7 - 60　Toshiba 公司设计的催化燃烧室结构简图

2003—2006 年欧盟开展了由 10 个成员国参与的 CATHLEAN 项目,通过成员之间的协作开发一种具有低 NO_x 排放、高部分负荷稳定性以及低热声脉动的发动机燃烧室(见图 7 - 61)。项目的全尺度实验表明,催化-预混分级燃烧室的概念是可行的,催化转化提高了燃烧室的性能。但在催化剂持久性和发动机运行条件对持久性的影响方面,该项目没有进行详细的研究。

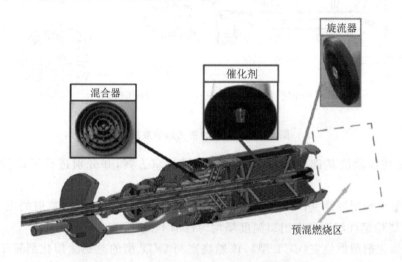

图 7 - 61　CATHLEAN 分级燃烧室结构图

7.5　其他先进低排放燃烧技术

1. 微混燃烧

微混燃烧的特点是使用微混燃烧器(见图 7 - 62)将空气与燃料在微小的管道内预混。这个方法能够达到较高的混合程度,有效降低了 NO_x 排放量。此外,与传统旋流燃烧器的旋流火焰不同,微混燃烧器火焰小、没有回流区,降低了 NO_x 在火焰区的生成量。而且由于小管径的淬灭效应,微混反应器具有较高的抗回火能力,特别适合氢气这类活性燃料,相对于旋流燃烧器,其燃料适应性有明显改善。

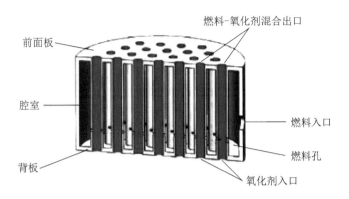

图 7 - 62　微混燃烧器示意图

　　图 7 - 63 所示为微混燃烧技术中燃料射流与空气掺混的过程。空气通过导风板进入微混燃烧室内,并与垂直射入的燃料进行混合。与燃料混合的自由射流空气通过内部涡剪切层与回流区相分离,要求燃料通过喷口射流进入流动区的深度 y 要小于临界值 y_{crit},这样燃料和空气的混合物可以顺利进入燃烧区,缩短燃料空气混合物在火焰区的停留时间,有效降低了 NO_x 的生成量。同时需要避免燃料被射流进入回流区,一旦燃料射流进入回流区,在回流区内将形成燃料与空气的混合物,混合物在回流区内反应将导致反应温度升高和停留时间增加,使 NO_x 的生成量增加。

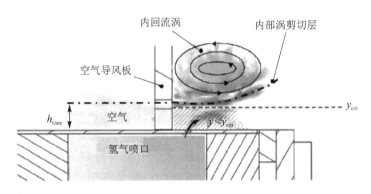

图 7 - 63　微混燃烧技术中燃料射流与空气掺混的过程

　　图 7 - 64 所示为在 Honeywell/Garrett 公司的 GTCP 36 - 300 燃气轮机上进行测试时采用的微混燃烧技术的环型燃烧室。

　　美国能源部资助 GE、Parker 等企业研究了合成气与氢气的微混燃烧特性。结果表明,微混燃烧器的 NO_x 排放明显低于传统旋流燃烧器,在 F 级燃气轮机满负荷工况下低至 8 $\mu mol/mol$(燃料为 60%H_2+40%N_2)。GE 公司最新的 9HA 燃气轮机就使用了微混燃烧器+轴向燃料分级的 DLN2.6e 燃烧室。如图 7 - 65 所示,第一级使用微混燃烧器,减少了 NO_x 的排放量,改善了抗回火性能,可以燃烧高氢燃料。

　　相对于现有技术,微混燃烧器是针对单元燃烧器的改进,以降低火焰稳定性为代价,改善了 NO_x 排放性能和燃料适应性。对于微混燃烧器,管径与管间距是影响其燃烧与排放性能的关键参数。微混燃烧器产生的射流火焰缺少回流区,其低负荷燃烧稳定性明显不如旋流火焰,而且热声振荡性能未知。因此,目前研究主要集中在如何提高其火焰稳定性上,并且研究其热

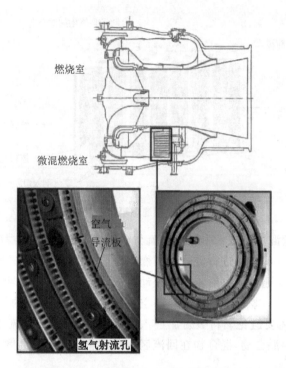

图 7 - 64　GTCP 36 - 300 燃气轮机上采用的微混燃烧技术的环型燃烧室

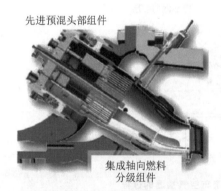

图 7 - 65　GE 公司微混燃烧器十轴向
燃料分级的 DLN2.6e 燃烧室示意图

声振荡特性。目前,主要手段是使用值班火焰稳燃,并与轴向分级结合来拓宽其低负荷运行边界。

2. 烟气循环

烟气循环(Exhaust Gas Recirculation,EGR),是将燃气轮机烟气再循环到燃烧室进行燃烧。由于烟气中的 O_2 含量低,因此 NO_x 生成速率降低。而且,燃烧产物中的 CO_2 浓度提高,可以降低碳捕捉成本。一般是将部分余热锅炉后的烟气引回压气机入口,与大气混合,再进行压缩后送入燃烧室燃烧。从原理上讲,相对于现有技术,EGR 是通过稀释的方法降低了 O_2 浓度,并增加了 CO_2 这一反应抑制剂的含量。因此,EGR 能够显著降低 NO_x 排放量,但也会导致 CO 排放增加,在低负荷下稳定性变差。

三菱和 GE 使用全尺寸贫燃预混燃烧室研究了烟气循环对污染物排放和燃烧性能的影响。结果表明:① EGR 能够显著降低 NO_x 排放量,35% 的烟气回流率即可降低 50% 的 NO_x 排放量(F 级燃气轮机满负荷工况),效果与轴向分级相当;② 过高的回流率引起了 CO 排放超标以及燃烧稳定性下降等问题。因此,实施 EGR 的关键在于调节回流率,平衡 NO_x 和 CO 排放。由于 EGR 系统复杂,而且大量回流烟气会导致系统效率下降,目前在重型燃气轮机上还没有被应用,通常被作为一种有利于进行燃烧后碳捕捉的技术储备进行研究,或与富氧燃烧结合起来,降低燃烧室内的反应温度。

3. 柔和(无焰)燃烧

柔和燃烧又称为无焰燃烧,其主要特征是燃烧中无火焰面,反应发生在整个燃烧室区域,因此具有燃烧均匀、温度梯度小、无局部高温区的优点,有利于降低 NO_x 排放量和减少热声振荡。相对于现有贫燃预混燃烧技术,柔和燃烧是燃烧模式上的彻底改变。理论上,柔和燃烧的 NO_x 排放比轴向分级还要低一个数量级,并且不存在火焰传播引起回火等问题,适用于氢气等活性燃料。在燃气轮机应用中,轴向分级燃烧室的第二级有望首先实现无焰燃烧。

柔和燃烧中 NO_x 和 CO 排放与当量比的关系如图 7 - 66 所示,常压下最优当量比在 $0.3 \sim 0.5$ 范围内。而且,随着压力的增大,化学反应时间缩短,这一范围也会逐渐缩小。

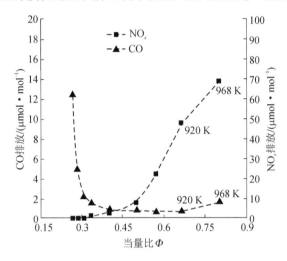

图 7 - 66　柔和燃烧中的 NO_x 和 CO 排放与当量比的关系

尽管柔和燃烧在工业燃烧炉中得到了应用,但在真实的燃气轮机燃烧室中实现柔和燃烧仍然存在一定缺陷。其主要原因是受到燃烧室压降及尺寸的限制,难以通过强卷吸实现燃料与空气的快速、充分预混。此外,受流量以及宽负荷稳定性等条件的限制,很难对燃烧室来流空气进行高度预热。另外,难以在整个负荷范围都实现柔和燃烧,在负荷调节方面比较差。

4. 富氧燃烧

(1) 常规富氧燃烧

富氧燃烧使用纯氧或高浓度氧为氧化剂,主要燃烧产物为 CO_2 和 H_2O,有利于进行碳捕捉。但纯氧燃烧温度太高,燃烧室无法承受。为降低燃烧温度,需要向燃烧室回流大量的 CO_2。相比现有燃气轮机技术,富氧燃烧改变了空气组分。通过使用纯氧,彻底解决了 NO_x 排放的问题,因此可以使用非预混燃烧,特别适合低热值燃料和氢燃料,具有很宽的燃料适应范围。但是,由于需要大量回流 CO_2,导致低负荷时稳定性较差,造成 CO 排放高、燃烧效率低等问题,如图 7 - 67 所示。因此,解决这一难点是富氧燃烧的首要问题。

(2) 超临界富氧燃烧

近年来,由于超临界二氧化碳(supercritical CO_2,sCO_2)循环具有效率高、功率密度大、便于碳捕捉等优点,获得了快速发展。相应地,超临界富氧燃烧研究也获得了广泛关注。但是,在超临界条件下进行富氧燃烧研究难度极大。CO_2 的临界点在 7.4 MPa 和 31 ℃。目前提出的典型循环远超该参数,燃烧室压力在 $15 \sim 30$ MPa 范围内,透平初温为 1 200 ℃时,燃烧室来

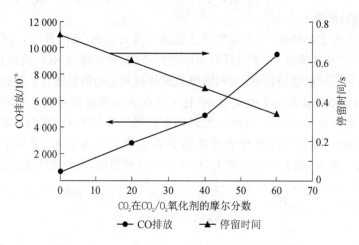

图 7 - 67　CO_2 浓度对 CO 排放及反应时间的影响

流温度高达 $750\sim900\ ℃$。在这样高的参数下，不但实验研究很难实施，数值模拟研究也因缺乏相关数据而难以开展。

美国西南研究院联合 GE、佐治亚理工学院等正在开发一个 1 MW 的燃烧室，用于演示和验证。为此，这些单位开展了一系列数值模拟研究，提出了自着火模式超临界富氧燃烧室概念设计（见图 7 - 68），并搭建了一个小型的燃烧室进行验证。对于自着火模式，燃料与氧气的混合非常重要。与常规富氧燃烧相比，超临界条件下的富氧燃烧有很大不同：① 分子间距与分子自由程相当，对分子间的作用和流动、传热、传质特性的影响未知；② 缺乏许多燃烧产物的热力学性质数据；③ 缺乏化学反应数据。

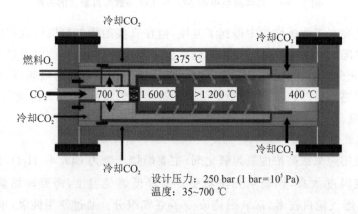

图 7 - 68　美国西南研究院等提出的自着火模式超临界富氧燃烧室概念设计

总体来讲，对于 sCO_2 富氧燃烧技术的发展还处于初步阶段，大部分研究处于概念中，以数值模拟为主，缺乏实验数据。在系统和循环设计、热力学分析、燃烧室概念设计与可行性验证、燃烧特性、CO 排放特性、热声振荡特性、反应机理、热力学和传递性质等方面都需要开展大量的工作。以自着火模式的超临界富氧燃烧室为例，其燃烧模式是传统的自着火稳定火焰还是柔和燃烧（无焰燃烧），都还未知。

5. 驻涡燃烧

驻涡燃烧室（Trapped Vortex Combustor，TVC）是一种简单有效的新型燃烧室，它利用凹腔内产生的漩涡来稳定火焰,有别于常规的旋流器式燃烧室。驻涡燃烧室特有的凹腔内可以产生双漩涡,凹腔外的一股空气为燃烧室主流空气进气,凹腔前后壁两股吹气在凹腔内形成的两个大涡和一个小涡起到火焰稳定的作用。驻涡燃烧室最早是由美国空军研究实验室在 20 世纪 90 年代初提出的设想,至今,在 30 多年时间里经过四代发展,已经发展出了高压驻涡燃烧室。

该燃烧室是由驻涡区和主燃区两个部分组成,空气和燃料分别进入驻涡区和主燃区。由于粘性作用,气流在驻涡区内产生驻涡,燃料在驻涡中稳定燃烧,产生的热燃气作为稳定的点火源点燃主燃区。与常规旋流燃烧室相比,驻涡燃烧室具有结构简单、贫油吹熄极限宽、总压损失低、燃烧效率高和 NO_x 排放量低等优点。为了进一步降低 NO_x 排放量,可采用一种 RQL 与 TVC 相结合的径向分级燃烧室方案(见图 7 – 69),在 RQL/TVC 燃烧室中空气分别从主燃区和驻涡区前后腔三路进气,而所有燃料全部喷入驻涡区,并在那里进行富油燃烧,因缺氧所产生的热燃气中包含了相当一部分未烧完的燃料,此热燃气在贫油熄火区处,与主燃区进气快速混合后,进入主燃区进行贫油燃烧。在驻涡区通过前腔与后腔进气形成双旋涡,其中大的主旋涡主要起稳定火焰的作用,而小的二次涡能使主燃区空气和热燃气更快地掺混,形成均匀的贫油混气,从而降低 NO_x 排放量,提高燃烧性能。RQL/TVC 燃烧室的缺点是壁面温度过高,出口温度不理想。

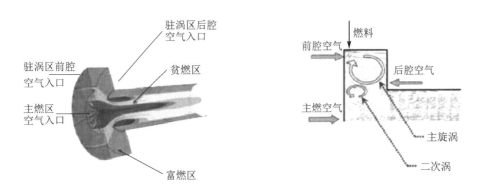

图 7 – 69　RQL 与 TVC 相结合的径向分级燃烧室方案

图 7 – 70 所示为美国空军研究实验室与 GEAE 公司联合开发的第四代驻涡燃烧室的基本模型中的一种。沿中心轴上下对称分布两个凹腔与进气孔,主流中心放置钝体及联焰板。在凹腔位置上有前壁进气和后壁进气,通过气流组织形成稳定的旋涡结构,旋涡受到凹腔结构的保护可在很宽的速度范围内稳定火焰,中心主流流过钝体和不同的分流通道,通过联焰板和凹腔进行物质与能量的交换。凹腔内的燃烧行为一方面在单独工作时提供高温燃气推动后方的涡轮做功,另一方面在凹腔与主流共同工作时,凹腔发挥值班级的作用持续不断地为主流提供高温燃气点燃主流,支持主流的燃烧。凹腔驻涡燃烧室的概念提出以来,经过 20 余年的发展与研究,其在点/熄火特性、燃烧效率、总压损失以及污染物排放特性方面都表现出卓越的性能。

目前对凹腔驻涡燃烧室的研究已经相当丰富,国内外学者对前后进气位置方式、凹腔的结构尺寸、主流的结构设计、油气组织方式和燃烧性能进行了广泛研究,取得了大量的研究成果。但是,距离工程上的实际应用还有一定的距离,这不仅有应用层面的限制,还受限于凹腔驻涡

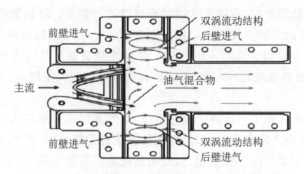

图 7-70　典型凹腔驻涡燃烧室结构和气流组织方式

燃烧室基础理论的不足,其中,对凹腔与主流相互作用影响燃烧系统流动和燃烧特性的内在规律认识不足是一个重要问题。

驻涡燃烧室有两种工作模式:一种是仅值班级供油,主燃级不供油;另一种是值班级、主燃级同时供油。仅凹腔供油工作模式下,燃料首先在凹腔内与空气混合燃烧,没有燃尽的燃料流入主流,与主流新鲜空气混合后进一步燃烧。因此,凹腔与主流的质量、能量交换决定着掺混和补燃过程。在凹腔、主流同时供油工作模式下,凹腔作为值班级工作,理想情况下,凹腔能够快速"点燃"主流并持续"支持"主流高效燃烧,这种"点燃"和"支持"依赖的机制正是凹腔与主流的相互作用:部分凹腔高温燃气流入主流新鲜混气中,通过一定形式的质量和能量交换,不断加热主流新鲜混气并最终点燃。

习　题

1. 一般把 NO_x 的生成分为热力型 NO_x、瞬发型 NO_x 和燃料型 NO_x。试分别阐述这三种 NO_x 的物理概念,并对它们的生成机理进行比较。

2. 为什么燃气轮机排气污染的问题主要集中在减少 NO_x 排放量?

3. 在液体燃料尤其是重油燃烧时,经常采用加水乳化燃烧的方法来控制 NO_x 的排放,试分析这一做法的理论基础。

4. 低污染燃烧室有哪些形式? 各有何优缺点?

5. 简述目前 DLN 燃烧室的主要技术原理。

6. 试讨论未来低污染燃烧室的发展方向。

第8章 燃烧室试验

在燃烧室的设计、研发过程中,都必须经过燃烧部件的模拟试验,燃烧室试验促进了燃烧室试验技术、方法和设备的发展。燃烧室试验是达到整机试验的必经之路,是基础研究,整机试验不能获得的参数,如燃烧效率、熄火边界、流动损失等均能在部件模拟试验中得到。燃烧室中发生着非常复杂的物理和化学变化过程,由于燃烧室中工作的复杂性,根据现有的燃烧理论、经验和设计方法还较难设计出非常符合技术要求的新型燃烧室。因此,在目前和未来的相当长时间内,燃烧室的研究仍然处于以试验为基础的发展阶段。包括美国、德国、日本、俄罗斯等在内的燃气轮机大国无一例外地建立了大型燃烧室试验用气源和设备,进行燃烧室试验测试。我国在燃烧室的试验测试上也建立了大量的测试设备,尤其是随着我国"两机重大专项"的实施,国内先后建立了多个可进行燃烧室全温全压的试验台,提高了燃烧室的试验测试能力。

8.1 燃烧室试验件及试验测试内容

8.1.1 燃烧室试验件

(1) 燃烧室基本元件试验

① 扩压器试验。研究扩压器流场和扩压损失;气流转角、扩压器长度、扩压器面积比、扩压器型面、突扩距离和速率分布等对扩压器性能的影响;扩压器与火焰筒匹配性能及气动敏感性评估,即进口速率分布对火焰筒流量分配和性能的影响。

② 进气装置试验。旋流器、火焰筒进气孔的流量系数、射流穿透深度、混合长度、掺混损失等,一般进行冷吹风或水流试验。

③ 喷嘴试验。喷嘴流量特性、雾化特性(喷雾质量、分布均匀性、喷雾锥角、射程、索特尔平均直径(SMD)和分布指数 N)。对空气雾化喷嘴要确定气液比对雾化特性的影响。

(2) 单头部试验

单头部试验用来研究头部装置,即喷嘴、旋流器和头部结构及其组合对雾化质量、燃料浓度分布、头部流场和回流区尺寸的影响,初步进行燃烧性能和燃烧室壁面温度的研究。

(3) 扇形段试验

燃烧室扇形段试验件至少包括三个头部或 $1/6 \sim 1/4$ 扇形,其几何尺寸与真实燃烧室相同。扇形段试验用来验证初步设计方案,诸如燃料喷嘴方案、流量分配合理性、燃烧效率、起动特性、出口温度分布、壁面温度、冒烟及排放、贫油熄火极限以及主燃区方案优化等。扇形段试验周期短,修改试验件容易,可突出主要矛盾,因而在燃烧室调试中所占的比重较大。用扇形段试验时,进口处温度和马赫数 Ma 保持与实际燃烧室相同,压力视气源能力可降低, $Re > 10^5$。

(4) 全环型燃烧室试验

全环型燃烧室试验件与燃气轮机真实燃烧室相同。试验包括:

① 常压试验用来观测点火、传焰、燃料喷射,测定压力损失、起动性、燃烧效率、出口温度分布和贫油熄火特性等。

② 中、高压试验用于评估燃气轮机各工况下燃烧室综合性能,试验时保持燃烧室进口温度、Ma、温升与实际工况相同,而减小压力和流量。

(5) 燃烧室台架试验

通过燃气轮机整机试验,评估或计算出燃烧室的效率、温度分布、总压恢复系数、起动点火、冒烟和污染物排放、壁面温度和寿命等。可以获得燃烧室在燃气轮机真实条件下的性能,验证部件试验结果。由于结构限制很难进行详细的部件性能测量,也难以孤立某些因素的研究,所以一般采用综合分析判断方法,如采用涡轮出口温度反推燃烧室出口温度方法等。

8.1.2 试验测试内容

(1) 燃烧效率测定试验

燃烧室燃烧效率测定是指燃烧效率 η_B 随余气系数 α 的变化特性,即 $\eta_B = f(\alpha)$。试验时保持燃烧室进口参数一定,求得 η_B 随 α 的变化曲线,如图 8-1 所示。

(2) 熄火特性试验

燃烧室熄火特性试验是指进口参数(温度和压力)保持一定时能实现稳定燃烧的余气系数变化范围,这项试验亦称燃烧室稳定性试验。它包括如图 8-2 所示的贫、富油熄火边界。

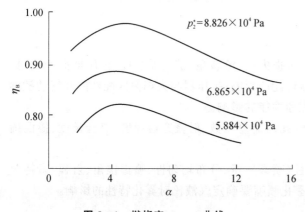

图 8-1　燃烧室 η_B-α 曲线

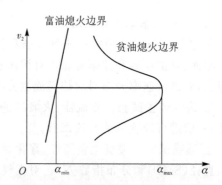

图 8-2　燃烧室的贫、富油熄火边界

(3) 压力损失试验

燃烧室的总压损失包括两类:一类是气体流动时由于通道面积扩张和收缩、壁面摩擦、气流掺混等引起的损失,即流阻损失;另一类是由于燃料在燃烧时对气体加热而引起的总压损失,即热阻损失。通常,表示燃烧室流阻损失的参数有流阻损失系数 ξ 和总压保持系数 φ_B,这两个参数的具体定义见式(5-1)和式(5-2)。

冷态试验测试时保持燃烧室进口温度压力不变,改变进气流量得到冷态下 $\xi = f(Ma)$ 曲线。进行热态试验测试时改变加温比,保持进口温度、压力、空气流量不变,得到 $\xi = f(T_3^* / T_2^*)$ 曲线。

(4) 起动点火特性试验

这一特性试验是采用扇形段或全环形试验件进行。在大气压力和温度下,随着燃烧室进口流速的变化测定燃烧室点火和贫油熄火油气比,以评定燃烧室起动性能。

（5）出口温度分布试验

这是通过试验来测量燃烧室出口温度沿叶高分布（决定转子叶片寿命）和周向分布的最大不均匀性（决定导向器叶片是否被烧坏）。采用出口温度分布系数（Outlet Temperature Distribution Factor,OTDF）和出口径向温度分布系数（Radial Temperature Distribution Factor,RTDF）来表征温度分布特性。在进行出口温度分布试验时,为了尽可能测得热点数据,温度测量点的密度应大于 0.17 点/cm^2,对测量的温度最好进行辐射误差和边界影响的修正。

（6）壁面温度测量

采用涂示温漆或在壁面上埋设壁温热电偶的方法测量壁面温度。一般在燃烧室工作压力或 $p_3^* \geqslant 1.0$ MPa 下进行试验,然后根据示温漆变色判读数据,或据热电偶测量值找出高热壁温区。该试验属于火焰筒耐久性考察。

（7）冒烟、排气成分和积碳试验

用过滤法或烟度计测量冒烟值;用气体分析法测量排气成分;用称重法或观察法评定积碳情况。

（8）热冲击、强度和刚度试验

按一定规律模拟燃气轮机慢车——最大工作状态的参数,在试验器上循环工作,检查火焰筒寿命,即为热冲击试验,一般在燃气轮机定型试车中进行。

（9）燃烧室冷吹风试验和水流模拟试验

燃烧室冷吹风试验可用全尺寸或扇形试验件在冷吹风或燃烧试验器上进行。扇形试验件至少包括 3 个火焰筒头部,以尽可能模拟真实的燃烧室流场。对于 3 个火焰筒头部的燃烧室试验件,只取中间火焰筒头部。为了使试验真实,可在燃烧室进口装压气机末级整流叶片或孔板来模拟燃烧室进口的流场。冷吹风试验的目的是在燃烧室不加温条件下评估燃烧室的气流结构、各流路的几何尺寸、空气流量分配和压力损失是否满足设计要求。

水流试验是以水为介质进行燃烧室流场结构、回流区形状和尺寸大小、射流穿透深度、掺混规律和流动分离的定性观察。水流模拟试验内容有:扩压器的流动、火焰筒内主燃区的流动、火焰筒掺混区的流动、壁面的冷却、压力损失和流量分配等,当从喷嘴喷入示踪剂,并在出口截面测量示踪剂浓度时,还可初步预测燃气温度分布。近年来,由于设计经验的积累和预测模拟技术的发展,水流试验相对有所减少。

（10）燃烧室冷却试验

进行燃烧室冷却试验的目的是测定各种冷却结构形式的气动、换热性能,如冷却通道的压降、流量系数、换热系数及气膜绝热冷却效率等,来确定最佳结构参数。

8.2　燃烧室试验台

8.2.1　单头部/扇形试验台

为了减少试验用空气量,可采用单头部/扇形段试验台。这种试验台可以是一个火焰筒（单管型/环管型燃烧室）或 3 个头部的扇形（环型燃烧室）。试验件的热力、气动过程与所研究的全尺寸燃烧室足够近似。

图 8-3 所示为用于研究注入二股空气时的燃烧过程的试验装置。这类试验台应尽量通用,并能改变燃烧室进口的空气流速、温度、压力,以及能测量用来确定特性的基本参数:空气流量、燃料流量、特征截面的气流压力与温度。

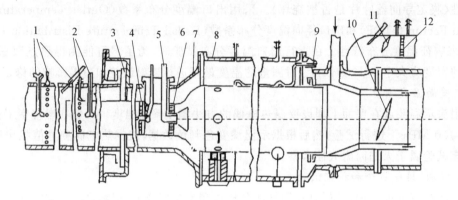

1—总空气流量测量系统;2—第一股空气测量组件;3—隔板;4—第一股空气调节器;5—喷嘴;
6—整流网格;7—试验燃烧室;8—外套;9—密封装置;10、11—节流阀;12—测量旁路空气量的节流孔板

图 8-3 研究注入二股空气时的燃烧过程的试验装置

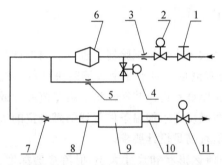

1—进气闸阀;2—进气电动调节阀;3—流量喷嘴;
4—气流分配调节阀;5—流量喷嘴;6—加温器;
7—流量喷嘴;8—进口测量段;9—试验段;
10—出口测量段;11—排气阀门

图 8-4 流量分配试验装置简图

图 8-4 所示为用于进行燃烧室流量分配的试验装置。流量分配试验方法均以堵孔法或孔的流量特性曲线法进行。大量试验表明,当燃烧室流动进入自模状态后,进口参数对流量分配的影响很小,可忽略不计。

试验件应采用原型燃烧室扇形件(至少包括 3 个火焰筒头部)。采用全尺寸燃烧室时应在全环试验台上进行测量。采用积累式堵孔法时,从火焰筒进口端开始,应用内外交叉堵孔,直至最后一组孔。若从火焰筒出口端开始,除外环(或内环)最后一组孔外的其余进气孔全部堵死,然后向前逐次交替打开所堵孔排,直至全部打开进气孔。在每一测量截面上测量通道的总压、静压和火焰筒内壁面每排孔前后的壁面静压。在堵孔测量流量过程中,堵孔前后所有测压点位置不变。

8.2.2 全尺寸试验台

图 8-5 所示为一种典型的燃烧室试验设备的试验段。采用该设备可进行全尺寸试验并可研究燃烧室的各项性能参数,包括点火、加速性、耐久性及冒烟问题。

经验表明,扩压器和燃烧室扇形段的试验往往不能完全重现全环燃烧试验件所观察到的流动现象,只有全尺寸、全环形试验才能提供燃烧室和扩压器整体调试和寿命试验所需要的三元流场。

试验设备包括供给所需压力和空气流量的燃烧空气系统、供给燃料系统;能将进气温度提

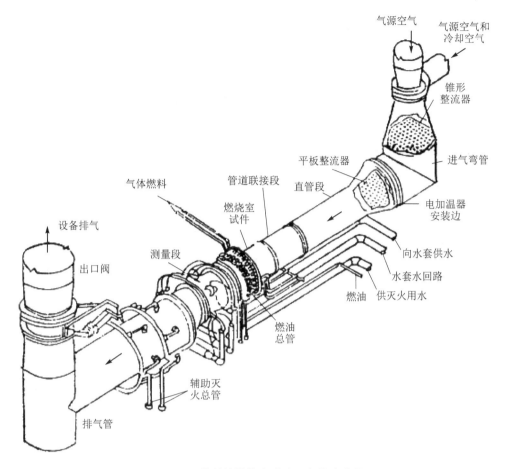

图 8 - 5　典型的燃烧室试验设备的试验段

高到温度要求的非污染式辅助加热系统、排气熄火及套筒水冷系统、防火安全系统和燃烧室试验冷却系统;数据采集和处理系统。

① 试验段(见图 8 - 6(a))包括带冷却空气进口的进气弯管、整流锥体、开孔平板、等直径管段、管道连接段、燃烧室、测量段、过渡段和排气段等。这些部件都装在轨道上,具有必要的膨胀能力,便于操作。

② 整流器在燃烧室试件进口产生均匀的空气流速分布。采用网格来模拟压气机排气的径向周向分布,如图 8 - 6(b)所示。燃烧室进口温度和空气流量的均匀性采用进口热电偶、总压耙和静压测头来测量,出口总温、总压、静压通过水冷式测头测量,进出口测点均沿周向均匀分布。图 8 - 6(c)所示为燃烧室试验段进口测量点的周向分布位置及布局。

③ 燃料系统包括泵、过滤器和分离器,不仅能供给燃油,还能供给天然气。

燃烧室出口总温和总压可采用可移动测头测量,可移动测头每次转动 3°,共转 120°。当不进行测量时,测头就放在 3 个水冷式测头保护套后面气流不经过的地方,处于休息位置,这样可减少测头暴露在气流里的时间,从而延长测头的寿命。

带旋转移位机构的出口测量段如图 8 - 7 所示。水冷旋转鼓筒上装有 3 支间隔 120° 的测头。旋转鼓筒能正、反向旋转 120°。旋转指令可由步进电机控制机构的时间延迟继电器给

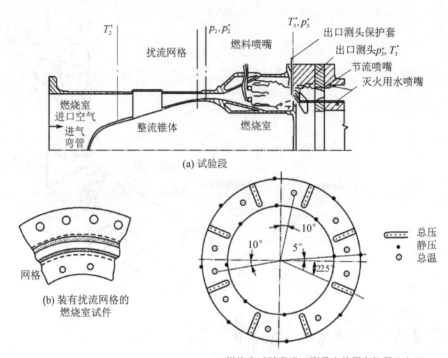

(a) 试验段

(b) 装有扰流网格的
燃烧室试件

(c) 燃烧室试验段进口测量点的周向位置及布局

图 8 - 6　燃烧室试验设备

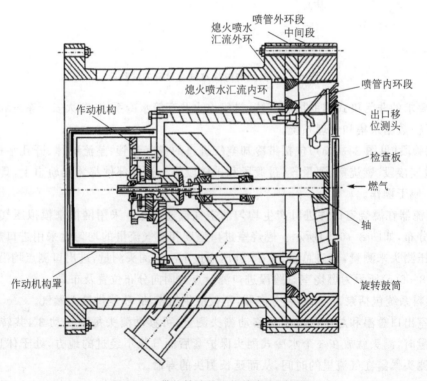

图 8 - 7　带旋转移位机构的出口测量段

出,步进方式可以选择自动或手动。出口截面的总温总压测头的轴向位置处在第一级导向叶片的进气边缘。

8.3　燃烧室试验测试类型

8.3.1　常压燃烧室试验

在燃烧室研制的初始设计阶段,需要考查和筛选燃烧室结构参数对点火、传焰、燃烧性能等的影响,可做常压开口试验。常压试验主要用来检查燃烧室设计是否存在严重问题,观察点火、传焰情况,观察燃料喷射是否合适,可以测定燃烧室的压力损失特性、地面点火性能、初始燃烧效率、出口温度分布、贫油熄火特性等。但得出的参数只能做定性分析,不适于型号燃烧室的发展试验。常压试验的气源一般是由鼓风机提供,空气进入试验设备后由气动调节阀调节,经流量测量装置测量空气流量,而后流入燃烧室的进口测量段和燃烧室试验件,供油点火,热燃气由燃烧室出口流经排气冷却段或直接排入大气。常压燃烧试验主要研究的内容如下:

① 各种旋流器和头部结构对燃烧的影响;
② 各种燃料喷射形式对燃烧的影响;
③ 流量分配研究;
④ 点火情况的研究。

8.3.2　中压燃烧试验

中压或高压燃烧试验用于评估燃气轮机各工况下燃烧室的综合性能,如慢车、满负荷、最大状态。试验参数一般可保持真实参数,但最大状态等燃气轮机大功率工况,受设备能力和成本的限制,试验参数采用模拟值,即保持 T_2^*、Ma_2、ΔT 与实际工况相同,而减小压力和流量,一般压力和流量按比例减小。

由于试验设备条件的限制,目前大部分采用中压(0.4~1.2 MPa)模拟参数的燃烧室试验。

1. 中压燃烧试验的内容
① 燃烧效率;
② 进口流场畸变对燃烧性能的影响;
③ 燃烧室壁面温度;
④ 燃烧室出口的温度分布;
⑤ 燃烧室流阻;
⑥ 燃烧稳定性。

2. 试验条件
① 试验燃烧室与原型燃烧室几何相同。
② 燃料相同。
③ 进气温度相同。
④ 余气系数 α 相同。
⑤ 雷诺数相等或在自模区工作,按不同类型试验相似准则确定燃烧室的试验压力和空气

流量。

⑥ 燃烧室进口流场相同或相近。

⑦ 燃油喷嘴模化是个复杂问题，用原型喷嘴，由于燃料流量减少，压差低，使燃料雾化质量变坏。如果要保持喷嘴前后压差（燃料雾化）相等，则要有缩小喷嘴的喷口，但工艺复杂。目前在燃烧室试验中，都用原形喷嘴。试验结果分析中应考虑这个问题。

3. 试验模化

燃烧室试验条件，特别是气源能力，目前大多数都不能满足新型燃气轮机全尺寸全环型燃烧室最大负荷等高工作状态下的全参数试验。以相似理论为基础的模化试验可以明显降低对气源能力的要求，简化设备，缩短试验周期，节约试验费用。根据模化原理，归纳出数个相似准则，建立起燃烧性能与相似准则的关系，或给出燃烧室性能与相关参数群的半理论半经验关系。这对燃烧室设计和试验均有重要指导意义。燃烧室模化试验是其研制过程中很重要的中间阶段，试验结果必须在台架试车过程中检验，而且是一个反复过程。当前，模化试验用气源和设备能力已有明显提高，而且随着燃烧数值模拟技术的发展，也激励了燃烧设计师去改进和完善模化方法。尽管如此，用扇形段试验台进行燃烧室试验研究仍在以后的一段时间里起着重要的作用。

在扇形段试验台上，用较低压力和较低流量所测定的燃烧室主要性能指标和真实情况下对应指标的关系即是模拟准则所要解决的主要问题。目前，试验中常用的模拟准则如下所述：

（1）等速率准则

① 进口空气流速与实际工作状态的值相等。

② 进口压力不低于 0.2 MPa。

③ 进口温度加温至所要求的值。

④ 几何尺寸相等。

⑤ 使用相同燃料并保持各状态下的 α 与实际工作状态的值相等。

⑥ 采用真实喷嘴。因为空气流量 q_{ma} 在试验上减少，保持 α 不变时，供油量 q_{mf} 按比例减少，因此，供油压力 p_f 将按 q_{mf} 规律减少。

（2）K 准则

K 准则是普遍应用的燃烧室调试准则，与等速率准则很相近，但认为 T_2^* 对燃烧反应速率有微弱的影响，于是

$$\eta_B = f(K,\alpha) \tag{8-1}$$

式中：

$$K = \frac{q_{ma}}{p_2^{*1.15} T_2^* D_{fT}^3} \tag{8-2}$$

其中，D_{fT} 为火焰筒直径。式(8-1)适用于环管、单管燃烧室，其理论基础是化学反应速率理论，适用于燃烧室进口压力 $p_2^* = 0.04 \sim 0.3$ MPa，进口温度 $T_2^* = 273 \sim 573$ K，余气系数 $\alpha = 5$ 的情况。应用该准则时要求：

① 试验件与真实燃烧室几何相似，不一定相等，过量空气系数 α 相等。若试验件与真实燃烧室相等，则

$$\frac{v_2}{T_2^{*2}p_2^{*0.15}}=常数 \tag{8-3}$$

即做模拟试验时,进口气流速率必须按 $T_2^{*2}p_2^{*0.15}$ 的规律修正,T_2^* 比 p_2^* 的影响大得多。

② 一般试验都尽量保持 T_2^* 相等,α 相等,降低 p_2^* 和 q_{ma},这时按 $p_2^{*0.15}$ 规律修正。由于 $q_{ma}=\rho V/R_u T$,$V=\dfrac{1}{4}\pi D_{fT}^2\cdot v_2$,$D_{fT}^3=D_{fT}^2 mL_{fT}$,代入式(8-2)得

$$K=\frac{\pi}{4mR_u T_2^{*2}p_2^{*0.15}\tau_s} \tag{8-4}$$

式中:

$$\tau_s=L_{fT}/v_2 \tag{8-5}$$

τ_s 为混气在燃烧室中的停留时间。若要得到相等的 η_B 值,必须满足下列条件:

$$\tau_R/\tau_s=常数 \tag{8-6}$$

即化学反应时间与停留时间之比若为常数,则可以在试验台上和真实燃烧室之间得到相同的 η_B 值。

(3) 朗威尔准则

这是英美常用的模拟准则,认为 $\eta_B=f(L,\alpha)$。其中,

$$L=\frac{q_{ma}}{p_2^{*1.75}\exp\left(\dfrac{T_2^*}{b}\right)A_{fT}L_{fT}} \tag{8-7}$$

式中:b 为 β 的函数,而 $\beta=1/\alpha$,

$$b=220\left(\sqrt{2}\pm\ln\frac{\beta}{1.03}\right) \tag{8-8}$$

式(8-8)中,"+"号对应于 $\beta>1.03$ 的情况,"-"号对应于 $\beta<1.03$ 的情况,于是 L 准则可简化为

$$L=\frac{v_2}{p_2^{*0.75}T_2^*\exp\left(\dfrac{T_2^*}{b}\right)L_{fT}}=\frac{1}{\tau_s p_2^{*0.75}T_2^*\exp(T_2^*/b)} \tag{8-9}$$

因此,由式(8-9)可以看出,p_2^*、T_2^* 都对化学反应速率和反应时间有较大影响。

在模拟试验中,只要使试验器的 L 值与真实燃烧室的 L 值相等,即使二者的 p_2^*、T_2^* 都不相等,其 η_B 也应相等。L 准则特别适用于煤油燃烧,$\alpha=3.5\sim7$,用较低气压模拟较高气压的真实燃烧室情况,常用于环型燃烧室扇形段的调试试验。

4. 中压燃烧试验设备

中压燃烧试验台的空气系统原理图如图 8-8 所示。

(1) 进气管路系统

进气管路包括进气管道、流量调节阀、空气流量测量装置、放空阀等,并保证在试验前排放掉气体来流中的水分及油泥等脏物。

(2) 空气加温系统

空气加温系统包括加温装置、流量调节阀、流量测量装置以及气温调节旁通管路等,能将空气加热至试验所需的试验燃烧室进口温度。

燃烧室进口空气加热一般有两种:一种是直接加热,主要的问题是,试验件进口空气有污

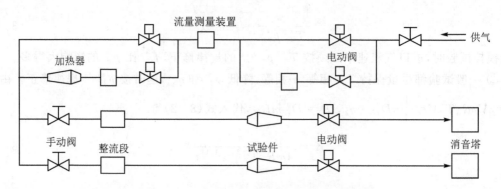

图 8-8　中压燃烧试验台的空气系统原理图

染,在计算试验燃烧室燃烧效率时需要修正;另一种是间接加热,如电加热器、换热器、加热炉等,这种加热方式更真实,燃烧效率计算和排气污染物测量都将大大简化。

(3) 冷热气流掺混管路

为了确保燃烧室试验件前气流参数的均匀与稳定,试验件前的掺混直管的 L/D 值不得小于 20,混合管内应安装整流器或整流网,所有管路必须有保温层。

(4) 排气系统

根据试验和安全要求,在排气系统中应考虑状态调压、设备冷却和排气消音。调压方式可采用排气蝶阀,蝶阀的冷却方式可采用高压喷水装置向燃气中喷水,使其温度低于 400 ℃,也可选用带冷却水套的排气蝶阀。

(5) 其他系统

① 燃料供给系统,由油泵、油滤、调节阀和燃料流量测量装置等组成。

② 冷却水供给系统,由水泵、水滤、调节阀等组成,分高压和低压供水系统。

③ 测量系统,包括常规测量、数据采集和数据处理系统,燃气分析系统。

④ 电气系统,应能为试验台电气装置和仪表供电,包括三相交流电、单相交流电和直流电源。

8.3.3　高压燃烧试验

燃烧室的高压燃烧试验主要是评估燃烧室的综合性能、火焰筒壁面温度和排气污染等。根据试验设备的能力确定燃烧室试验件是扇形的还是环形的。

高压燃烧试验设备和中压燃烧试验设备基本上是相同的,关键是考虑设备的承压能力。一般认为当试验压力超过 1.2 MPa 时为高压燃烧试验。燃烧室高压燃烧试验段设计主要考虑的问题如下:

① 扇形试验件(环管燃烧室的一个头部或环型燃烧室中的一段扇形)可放在承压的圆罐中。燃烧室较薄的壳体不承力,只形成气流通道,而圆罐承受内压。结构设计要简单和可靠,但应解决内外两层壳体的不同膨胀量问题。

② 扇形高压试验件的壳体承力需要加强,尤其是侧壁,除增加壁厚外,还必须考虑放置纵向和横向的加强筋。扇形火焰筒的侧壁必须冷却,除沿周向适当平移侧壁以增加流通面积外,还可引用内外环涡轮冷却空气逆向冷却侧壁。侧壁可做成多孔或分段气膜冷却形式。

③ 全环高压燃烧试验件采用适当增加机匣壁厚的方法是可行的。

8.3.4　地面起动试验

燃气轮机在地面试车台试车之前,必须在燃烧室试验台上做模拟燃烧室地面起动时进口参数下的点火试验。地面试车台使用的点火系统与燃气轮机的点火系统一样,进气压力、温度和速率等参数由燃气轮机总体提出。点火起动程序如下:

① 调节好燃烧室进口的气流状态;
② 按计算好的油气比进行供油;
③ 记录各个参数;
④ 接通点火系统进行点火;
⑤ 记下燃烧室是否着火。

在上述条件下,改变供油量的大小进行点火,找出可点燃的最小油气比,以预估燃气轮机地面台架的起动性能。

8.3.5　全尺寸燃烧室综合性能试验

全尺寸燃烧室试验主要是测量全尺寸燃烧室的综合性能,如燃烧效率、出口温度分布、稳定燃烧边界、点火边界、壁面温度和流阻等。只有全尺寸燃烧室试验,才可提供燃烧室需要的真实流场,反映真实的出口温度分布。

全尺寸燃烧室试验通常只做降压试验,可采用现成的全尺寸燃烧室作试验件。但是,由于压力和流量没有达到设计值,在排气冒烟、辐射换热、火焰筒壁温及机械强度方面并不能确切地反映真实情况,出口温度分布也有差别。

典型的全尺寸燃烧室试验台的空气系统示意图如图 8-9 所示。

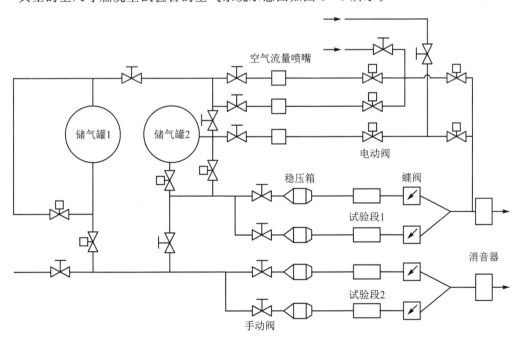

图 8-9　全尺寸燃烧室试验台的空气系统示意图

（1）进气管路

进气管路主要由调节阀、空气流量测量装置、空气放气阀及输气管道组成，主要作用是把气源空气引入试验台，并调节空气的流量和压力。

（2）空气加温系统

燃烧室的进口温度高、温升高，进口空气加温都采用间接加温方式，如采用天然气加温。

（3）试验段

试验段包括进气阀门、稳压箱、进气转接段、进口测量段、燃烧室试验件、出口测量段、排气转接段、喷水冷却段和排气蝶阀。

（4）消音器

消音器用于消除排气噪声，一般采用微孔板消音原理进行设计，对噪声有较强的消音能力。

（5）燃料供给系统

① 燃料供给系统由燃油泵、油滤、涡轮流量计及调节阀组成，为了防止燃烧室熄火时喷嘴内燃油积焦，还设有氮气吹除系统；

② 天然气供给系统既可以给加温炉供给燃料，以保证加温炉加热空气用，也可以为燃烧室提供燃料。

（6）冷却水系统

冷却水包括低压水和高压水两部分，低压水为自来水，供燃油散热器用；高压水采用多级离心泵供水，一路供给旋转移位机构的壳体、中心鼓筒、冷却水套，另一路供给喷水冷却段。

（7）状态参数自动控制系统

状态参数通过采集卡与外部的采集/控制主机箱进行试验数据的现场实时采集，计算机对现场实时采集的数据进行处理、分析、计算后得出被控制对象的值。根据实际值与给定值计算出相对误差，经误差分析后，通过开关量输出卡输出控制信号，使空气管路各阀门按计算结果的要求进行动作，使之稳定地达到给定的状态参数值。

（8）数据采集系统

数据采集系统由数据采集机与计算机联用，通过计算机的操作对采集的数据进行控制、采集，并由计算机对采集的数据进行处理、转换、报警、实时性能计算。

8.3.6　试验测试参数

1. 燃烧效率

燃烧效率的测试及确定方法主要有 3 种，即焓增燃烧效率、温升燃烧效率和燃气分析法燃烧效率，具体的定义见第 5 章。在焓增燃烧效率的测试中，燃烧室出口总焓的测量可将出口截面的面积分为若干块（$n=20\sim30$），在每一小块内测定气动参数以确定焓值。测量放热规律的试验说明，按面积相当的各小块内所测的局部温度的算术平均值与按质量平均的温度值重合度很好，并可简化计算。在温升燃烧效率的测试中，燃烧室出口温度可采用移位测量读数的质量流量平均温度，进口温度为进口热电偶读数的平均值，理论温升为由试验测出的空气流量、燃油流量（即得出油/气比）、进口温度、试验时空气温度、燃油碳氢组成，通过使用理论燃烧温度图线可以查出的理论温升。

在采用燃气分析法进行燃烧效率的测量时，如果采用了辅助加温燃烧室加热进入燃烧室的空气,会影响燃烧室的测量结果。令被试燃烧室工作时的温升为 ΔT^{*}_{3pr},实际燃烧效率为 η_{cpr},加温燃烧室相应值为 ΔT^{*}_{3ad} 及 η_{cad}。假定由加温燃烧室流出的不完全燃烧产物在被试燃烧室内燃烧,其燃烧效率也为 η_{cpr}。于是在实际燃烧室内所测的 η'_{cpr} 可由热平衡方程求得,即

$$\eta'_{cpr} H_u q_{fpr} = \eta_{cpr} H_u q_{fpr} + \eta_{cpr} H_u q_{fad}(1 - \eta_{cad}) \tag{8-10}$$

式中:q_f 为对于 1 kg 空气的燃油消耗量,下标 pr 表示被试燃烧室,下标 ad 表示辅助加温燃烧室,

$$q_f = \frac{c_p \Delta T^*}{H_u \eta_B} \tag{8-11}$$

将式(8-11)代入式(8-10),简单变换后可得

$$\eta'_{cpr} = \eta_{cpr}\left[1 + \frac{c_{pad} \Delta T^*_{3ad}}{c_{ppr} \Delta T^*_{3pr}} \cdot \frac{\eta_{cpr}}{\eta_{cad}}(1 - \eta_{cad})\right] \tag{8-12}$$

由式(8-12)可得

① 在被试燃烧室内所得的燃烧效率实际上更大地取决于由加温燃烧室流入的不完全燃烧的燃烧产物。

② 当加温燃烧室内的燃烧效率减少及温升增加时,所确定的燃烧效率的误差增加;而当被试燃烧室内温升增加时,误差减小。例如,若规定 $\Delta T^*_{3ad} = 250$ K,$\Delta T^*_{3pr} = 850$ K,$\eta_{cad} = 0.87$,$\eta_{cpr} = 0.98$,则 $\eta'_{cpr} = 1.015$,此时误差高达 3.5%,而 $\eta'_{cpr} = 1.015$,显然是不合理的。

2. 燃烧室进、出口参数

进行各种目的的全尺寸燃烧室试验时,其进、出口测点布置要规范化。这对正确得出试验结果、积累和比较试验数据都很重要。典型布置如图 8-6 所示。

进口总压由 8 个 5 点的总压耙测量,周向均布,如图 8-6(c)所示。每个测点在径向上的位置根据等环面分布的原则确定。第 i 个等环面的中心线半径 r_i 可由下式计算:

$$r_i = \sqrt{\frac{2i - 1}{2n}R_o^2 + \frac{2n - 2i + 1}{2n}R_i^2} \tag{8-13}$$

式中:n 为环形通道截面积等分的同心环数;R_i、R_o 分别为环形通道的内、外半径;i 为同心环序号。

每一个总压测点引出的压力都是单独的一个接管,每一个总压值都各自连到自动数据系统,其中有两个测点的总压值应通到控制间,作为控制间内调整试验状态及监视试验工作正常情况之用。伸入气流中的总压耙部分应做成叶型剖面,以减少对气流的扰动。总压耙的轴向位置处于相当于压气机出口导向叶片的后缘截面。

进口总温测量类似总压测试,如图 8-6(c)所示,也有两支热电偶用于调整试验状态以及监视燃烧室局部温升是否过高而自动停止试验。由于进口总温的数值并不会随测点轴向位置的变动而有显著变化,因此,进口总温测点的轴向位置可以在进口总、静压测点轴向位置之间,以便错开。在进口段内环壁、外环壁上总共有 16 个静压孔,用来测量进口静压。所有静压孔的轴向位置都开在同一截面上,即相当于压气机出口导向叶片的后边缘。

出口截面总温、总压由旋转移位机构及测头来测量,如图 8-7 所示。旋转移位机构每旋转 3°~9° 移位一次。全环燃烧室试验中,一般移位 3°。

燃烧室出口温度分析测量的准确性取决于测点密度,特别是热点指标。在测点数目少时,

可能漏掉热点。燃烧室出口温度分布越差，需要测量的点数越多。采样密度即是单位面积的测点数目，它对燃烧效率和温度分布系数测量偏差都有明显的影响。在扇形段试验中，平均约 $5\ cm^2$ 的温度场面积内安排一个采样点。若再提高密度，则会带来结构方面的困难，流通面积堵塞也会过大。

试验统计表明，欲使燃烧效率测量偏差小于 1%，采样密度平均需大于 1.8 点$/10\ cm^2$；欲使温度分布系数测量偏差小于 10%，采样密度平均需大于 2.5 点$/10\ cm^2$，即每 $4\ cm^2$ 温度场面积内应至少安排一个采样点；欲使温度分布系数测量偏差小于 5%，则采样密度应大于 2.9 点$/10\ cm^2$，即每 $3.4\ cm^2$ 温度场面积内应至少安排 1 个采样点。这表明欲达到给定测量偏差，所需采样密度与温度分布均匀程度有关。

对于扇形段与全环出口温度分布的试验研究表明：扇形试验件试验结果存在明显偏差，并且当扇形段包含的头部（喷嘴）数量增大时，其偏差减小。对于 $90°$ 扇形段，其出口温度分布系数 $OTDF_s$ 与全环试件的温度分布系数 $OTDF_d$ 有下列近似关系：

$$OTDF_d = 1.4\,OTDF_s \tag{8-14}$$

当采用扇形段调试温度场时，可使扇形段调试的温度分布系数 $OTDF_{st} = 0.7\,OTDF_d$。

燃烧室部件试验测得的出口温度分布系数优于燃气轮机试车结果。燃气轮机试车测得的 $OTDF_d$ 较差，热区较大，热点温度也较高，温度数据离散度亦高。

试验中应注意下列问题：

① 试验开始前，必须校准仪器、调整量程和零点；全面检查仪器之后，开动设备预热器，并把空气加热到试验温度。

② 在一定压力下通冷空气，检查设备接合面和安装边是否漏气。

③ 起动冷却水泵，使冷却水流进试验段。应监控移位测头的冷却水，喷管内、外环冷却水，以及旋转鼓筒冷却水的压力，并测量冷却水流量和温度。

④ 在要求的空气流量下，加温试验段和燃烧室试验件。当燃烧室进口空气温度达到 $300\ ℃$ 左右时，辅助加温器系统开始工作。

⑤ 一经达到要求的进口条件，就要仔细调整试验段的进气阀和排气阀，直到达到所要求的压力和流量条件。此后，燃烧室试验件点火并开始试验。调整冷却水，以保持燃烧、加温和冷却时在安全极限之内。水套的出口水温保持在 $65\ ℃$ 以下，热燃气进入排气系统以前降温到 $80\ ℃$ 以下。

⑥ 冷却时除了关闭辅助燃烧室之外，还要通过冷却流支路隔离辅助加温器，来迅速降低试验段的温度至安全操作温度。这样便于燃烧室的拆卸以及安装下一个燃烧室试验件。

3. 壁面温度测量

对于火焰筒壁面温度测量，其一是验证火焰筒冷却设计的有效性和冷却空气量的影响，为火焰筒壁应力分析提供壁面温度分布数据；其二是掌握壁面温度高的位置和原因，改进冷却结构设计，确定气动参数、结构参数及燃料过程对壁面温度的影响。工况参数为燃烧室壁面温度试验需要模拟工况下的进口压力、温度、油气比和相对压降。燃烧室壁面温度试验工况一般包括设计点和最大负荷点。

（1）测温方法

通常采用示温漆法和热电偶法测量壁面温度。

① 示温漆法可大面积地或在整个火焰筒上涂覆测温，简单易行，不干扰燃烧室流动。其

缺点是测量精度较低，测量准确度取决于测温范围和示温漆配方。涂一次示温漆只能测量一次，涂层厚度为 $20\sim40\ \mu m$，若漆层过厚，则在试验中容易脱落；若漆层过薄，则火焰筒壁形成的背景颜色会影响判读。试验后可对表面吹砂去掉漆层，以备重新涂漆。

② 热电偶法测量精度高，可多次使用，但不能大面积测量，因为偶丝可明显影响燃烧室二股通道中的气流流动。图 8-10 所示为等离子喷涂埋设铠装热电偶方法示意图。将热电偶置于沟槽内、点焊并进行等离子喷涂，然后打平磨光。试验时利用数据采集系统来获得试验状态下的壁面温度数据。

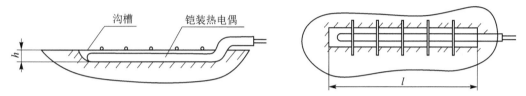

图 8-10　等离子喷涂埋设铠装热电偶方法示意图

火焰筒壁面温度实际测量中可首先采用示温漆法对火焰筒壁面温度进行普遍考察，然后再用热电偶法较精确地测量所关心部位的温度，特别是高温区。整机试车中多采用示温漆法。

（2）壁面温度试验状态和测点温度

壁面温度测量通常选取地面台架设计点和最大状态作为火焰筒壁面温度试验状态。试验件包括单头部、扇形和全环试件等。全环试件用于考察设计点和最大热负荷工况下的壁面温度情况。在燃气轮机上测火焰筒壁面温度可作为最终评定火焰筒壁面温度的指标。图 8-11 所示为全环型燃烧室壁面温度测试点位置的示例。

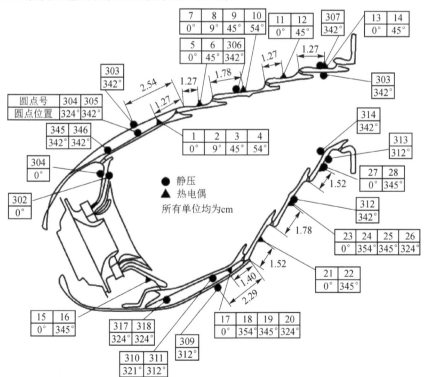

图 8-11　全环型燃烧室壁面温度测点位置示例

8.4　燃油喷嘴试验测试

地面用燃气轮机大多使用气体燃料,具有燃料成本低、污染物排放小等优点。但当用作移动设备的动力源时,由于气体燃料的储存性较差,所以大多数燃气轮机使用柴油作为燃料。使用液体燃料时,需要采用雾化器将液体燃料雾化为小液滴,再经历蒸发、燃烧等过程。因此,燃油雾化作为燃烧过程的初始阶段,其性能对燃烧室的燃烧效率和燃烧稳定性有重大影响,研究燃油的雾化机理和喷注单元的雾化特性对燃烧室的设计具有重要意义。

地面燃气轮机的燃油雾化技术,多借鉴于航空燃气轮机,早期使用的喷嘴类型主要为压力旋流式,通过此类喷嘴形成的液雾场点火容易、燃烧稳定范围宽,但不足之处是此类喷嘴容易造成燃油燃烧不充分、燃烧室中积碳、壁面温度超过限值等。为克服上述问题,随后发展了空气辅助雾化式喷嘴,此类喷嘴具有污染排放少、燃烧效率高的优点,但同时不可避免地存在燃烧不够稳定、低工况下燃烧效率较低、较难点火的缺陷,无法满足高性能燃气轮机的需求。组合式空气雾化喷嘴由于兼有压力雾化喷嘴和空气雾化喷嘴的优点,已逐渐成为当今发达国家重点研发的雾化装置。然而,无论是空气雾化喷嘴还是组合式空气雾化喷嘴,其燃油雾化明显不同于其他动力装置雾化过程,它会受到强湍流扰动、多级旋流和高压强等复杂气动条件的影响,液膜的破碎、流动、蒸发、掺混等过程呈现高度非定常特性与复杂相界面结构,雾化问题逐渐成为制约燃气轮机燃烧技术发展的重要问题之一。采用试验的方式,通过改变试验工况、捕捉不同的细节和测量不同的参量,获得雾化试验结果,进而研究燃油雾化特性对燃烧室内燃烧特性的影响是近年来一个主要研究方向。

液体燃料通过喷嘴喷入燃烧室。大多数燃油喷嘴雾化的油滴直径具有很宽的范围,其平均液滴直径在 $20\sim130~\mu m$。测量喷嘴雾化质量目前主要采用光学方法。例如,用脉冲激光获得油雾瞬间的局部图像,以直接测量液滴直径;激光全息照相可拍摄液雾中油滴全息图像,“冻结”了液滴的运动,得到一个全三维的液雾空间图像,可以识别直径小到 $15~\mu m$ 的液滴,但该法只适于较稀的液雾。近年来非接触式激光测试技术在燃油雾化特性的测试上得到了使用,如激光相位多普勒粒子分析仪(PDPA)、粒子图像测速(PIV)、平面激光诱导荧光(PLIF)等。下面将首先介绍燃烧室燃油喷嘴雾化质量的主要评定指标,进而介绍几种激光测试技术的原理和应用。

8.4.1　燃油雾化特性参数

根据燃烧室的设计和运行经验,采用下列几项指标来评定油雾质量。

1. 喷雾锥角 α_p

喷雾锥角 α_p 的大小对燃烧过程有重要影响,因为在很大程度上它决定了燃料在燃烧空间中的分布。对于大型燃烧室,燃油不易与空气充分混合,α_p 应取得大些,一般 $\alpha_p = 90°\sim120°$,过大时油滴会喷到壁上,造成壁面过热;对于小型燃烧室,$\alpha_p = 50°\sim80°$ 为宜,过小时 α_p 会使燃油过多地喷射到回流区中,发生析碳,使排气冒烟加重。

2. 喷雾射程

当喷嘴沿水平方向喷射油雾时,喷雾炬顶部实际达到的那个平面与喷嘴口端面之间的距离称为喷雾射程 L。当最前面液滴丧失动能时其所能达到的距离称为最大喷雾射程。通常所谓的喷雾射程,均指最大喷雾射程。对于分布很广、雾化很细的油滴群来说,其射程比较短,密集的喷雾炬由于从周围吸入了参与喷雾炬运动的空气量较少,因而射程较远。图 8-12 所示为喷雾锥角 α_p 和喷雾射程 L。

3. 雾化颗粒细度

雾化颗粒细度表示雾化颗粒尺寸的大小。由于油滴尺寸各不相同,因而引入液雾平均直径的概念,即用一个假想的液滴尺寸均一的液雾来代替原来的液雾,而保持原来液雾的某种特征量不变。

最常用的液雾平均直径是索特尔平均直径(SMD),它是用一个假想的都是 SMD 的液滴群来代替原来的液雾,该液滴群与原液雾的总体积和总表面积相等。由此可推出

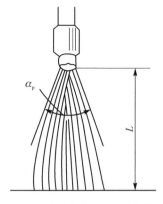

图 8-12　喷雾锥角 α_p 和喷雾射程 L

$$V = \frac{N}{6}\pi d_{SMD}^3 = \frac{\pi}{6}\sum d_i^3$$

$$S = N\pi d_{SMD}^2 = \pi\sum d_i^2$$

$$d_{SMD} = \frac{\sum d_i^3}{\sum d_i^2} \tag{8-15}$$

SMD 是目前最常用的描述喷雾炬雾化颗粒细度的表达式。SMD 越小,液滴越细,越易蒸发和燃烧。由上述定义可以得出,液雾雾滴的总表面积 A 和雾滴总体积 V 的关系为 $A = 6V/SMD$,可见,SMD 越小,其总表面积越大,蒸发也就越快。

很多学者发展了液滴尺寸与液体性质和雾化器几何形状之间的半经验关系。Lefebvre 提出的 SMD 预测公式为

$$SMD = C \cdot \sigma^a \cdot v_L^b \cdot m_L^c \cdot \Delta p_L^d \tag{8-16}$$

式中:a、b、c、d 为常数;v_L 为运动粘度,单位为 m^2/s;m_L 为质量流量,单位为 kg/s;σ 为表面张力,单位为 N/m;Δp_L 为燃料注射压力,单位为 Pa。该公式对于未考虑气动力影响的情况与试验数据吻合较好。当考虑气动力时,该公式需进行修正。

对液膜式空气雾化喷嘴来说,有

$$SMD = A\left(\frac{\sigma}{\rho_a v_a^2 D_p}\right)^{0.6}\left(\frac{\rho_f}{\rho_a}\right)^{0.1}\left(1+\frac{1}{AFR}\right) + B\left(\frac{\mu_f^2}{\sigma_f\rho_f D_p}\right)^{0.5}\left(1+\frac{1}{AFR}\right) \tag{8-17}$$

式中:ρ_a、ρ_f 分别为空气、燃油密度;v_a 为空气速率;σ_f 为燃油表面张力;μ_f 为燃油动力粘度;AFR 为气/油比;D_p 为喷口直径(预膜唇尾缘直径);B 为试验确定的常数。

另一个常用的平均直径是质量中间直径(Mass Median Diameter,MMD),其物理意义为:比该质量中间直径小的雾滴和比它大的雾滴的累积质量各占总质量的一半,即累积质量为 50% 时所对应的油珠直径称为中间直径。MMD 亦广泛应用。

对于同一个液雾锥,由于计算方法不同,质量中间直径和 SMD 可能存在很大的差别,但它们之间存在一定的关系;当已知其中一种平均直径后,就可以根据转换关系求得其他任何一种平均直径。

需要指出的是,雾化细度并不是越小越好。对于强化燃烧过程,尽管液滴直径小有利,但雾化过细,也会在燃油由喷嘴喷出来后,马上被气流带走,在某一区域形成过浓的混合物;而在油滴无法喷射到的地方,混合物的浓度却很稀。浓度场的这种分布反而会缩小稳定燃烧的范围,甚至使燃烧效率降低。因而,目前在燃气轮机燃烧室中,通常要求液滴直径在 $20\sim200~\mu m$ 之间变化,且液滴的中间直径不大于 $75\sim100~\mu m$。

4. 雾滴尺寸分布

液雾平均直径只代表雾化颗粒细度,液雾中不同大小的雾滴尺寸分布状况也对燃烧性能有重要影响,它表征了液雾的另一个重要特征。图 8-13 所示为典型的雾滴尺寸分布图,其中 D 为雾滴直径,N 为雾滴的数量。

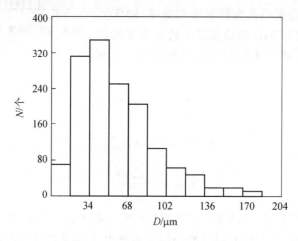

图 8-13 典型的雾滴尺寸分布图

工程上最常用的是 Rosin-Rammler 分布,其分布函数为

$$V = 1 - \exp\left[-\left(\frac{D}{\overline{D}}\right)^N\right] \tag{8-18}$$

式中:V 为累积分布,即尺寸小于 D 的雾滴体积占液雾总体积的分数;$\overline{D}$ 为雾滴尺寸分布中某个特征直径;N 为雾滴尺寸分布指数,表示雾滴尺寸分布的均匀性。

当 $D = \overline{D}$ 时,$V = 0.632$,因此 $\overline{D}$ 是 $V = 0.632$ 时的雾滴尺寸;当 $V = 0.5$ 时,$D = \text{MMD}$,由此可以得出

$$\text{MMD} = \overline{D} \cdot 0.693^{\frac{1}{N}} \tag{8-19}$$

由此 Rosin-Rammler 分布为

$$V = 1 - \exp\left[-0.693\left(\frac{D}{\text{MMD}}\right)^N\right] \tag{8-20}$$

图 8-14 所示为按 Rosin-Rammler 分布规律绘制的雾滴尺寸累积分布曲线,其中包括几个特征不同的液雾。按 Rosin-Rammler 分布可推导出 MMD/SMD 只是尺寸分布函数 N 的函数,即

$$\frac{\text{MMD}}{\text{SMD}} = \frac{N}{N-1}\Gamma\left(2 - \frac{1}{N}\right)0.693^{\frac{1}{N}} \tag{8-21}$$

式中:Γ 为伽马函数。

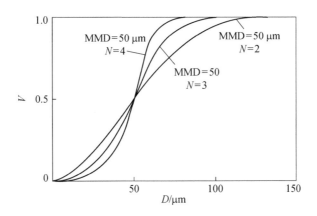

图 8 - 14　雾滴尺寸累积分布曲线

已知 SMD 或 MMD,可以找出大于和小于某一特定直径的液滴所占容积的百分数。图 8 - 15 所示为小于某个直径的液滴所占的容积百分数。该图对燃烧室设计很有用。例如,为了易于点火,需要小液滴占有足够的容积分数,假定要求 50 μm 的液滴占总容积的 5%,据此图可查出其液滴的 SMD 不能超过 110 μm。

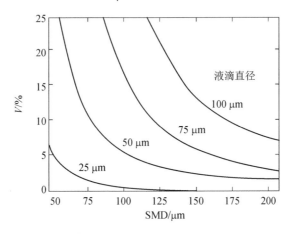

图 8 - 15　小于某个直径的液滴所占的容积百分数(由 SMD 得出)

8.4.2　雾化特性测试

1. 燃油流量

燃油流量测量是指每秒钟喷嘴喷出的燃油量。其最简单的测量是用一个量杯测量在一定时间内采集到的喷嘴喷出的燃油体积或质量,然后用燃油体积或质量除以时间得到流量。这种方法应用得当也可以获得工程上可用的精度。

目前应用较广泛的测量技术是采用涡轮转子流量计。其基本原理是:当燃油流经带有涡轮转子的通道时,会推动内部的涡轮转动,其流量与转动频率之间存在正比关系。通过测量转动频率可以获得流量。燃油流量的计算公式如下:

$$Q = Kf \qquad (8-22)$$

式中:Q 为燃油流量,mL/s;K 为常数;f 为转动频率,单位为 Hz。

对于双喷口喷嘴,特别是喷嘴本身油路中带有流量活门的喷嘴,由于要求活门保持一定的节流特性,必须分别测量主、副、双三种条件在不同压力下的供油量,并绘制喷嘴流量特性曲线。通常在流量试验范围内,流量有一误差范围,不同流量下的误差不等,只要试验流量在此范围内就认为合格。

2. 喷雾角度

雾锥的外观需保持一定的分布形态,不允许有明显的油线和缺缝。锥角的大小及其周向对称性均需具体测定,并符合一定的要求。燃油离心喷射时,油雾可将雾锥中心部分空气引射带走,气压略有下降。锥外空气虽然也受到引射抽吸作用,但因外界为无穷大空间,压力不致降低,这时形成了内外压差迫使雾锥向内收缩,因此,随着离喷口的距离越远,雾锥表面锥角越小。由于喷雾锥角随喷口距离的变化明显和靠近喷口处难以观察,所以一般测量锥角时,需要规定在距喷口一定距离位置上进行。喷雾锥角的测量方法有如下几种:

机械刻度式测量方法。如图 8-16 所示,当燃油流以一定锥角从喷嘴喷出时,在雾锥旁设有一块可以指示角度的转动靠板,当靠板转动与雾锥相碰时,靠板所指示的角度即为喷雾角度。这种装置可靠,经久耐用,目前国内外仍在沿用。其缺点是,需人工肉眼判读,精度差,没有测量结果的电信号输出。

如图 8-17 所示,采用光学投影方法,用平行光束将雾锥投影至其后面的易于观察的毛玻璃屏幕上,然后用角度尺在面板上测量。现在有用计算机图像处理技术将雾锥投影角度测出来的。这种测量方法比较准确,但代价比较昂贵,工程应用性较差。也可以先用摄像机把喷嘴燃油喷雾锥图像记录下来,然后按专用程序用计算机对图像进行分析处理。

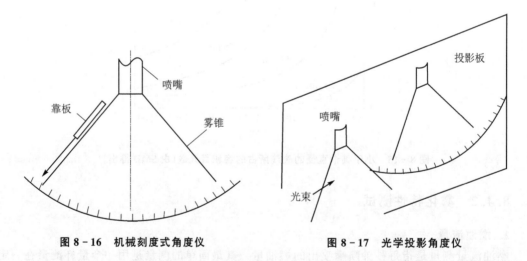

图 8-16　机械刻度式角度仪　　　　图 8-17　光学投影角度仪

由于人眼的直接干预,加之每人的观测方式不同,测试结果的误差很大。为了提高精度,对喷雾角度的检测采用固定测针式。如图 8-18 所示,在所需的雾锥标准角度的上下限各设一根测针,当喷雾角度超过上限时,雾锥会喷溅在两根针上;当喷雾角度超过下限时,雾锥喷不到任何一根针上;当雾锥在标准范围内时仅能喷至一根针上。这种测量方法准确、可靠,缺点是要靠肉眼观测,没有电信号。

可以在探针角度仪上进行改进,将肉眼判断改进为电信号判断。其方法是,将测针设计成具有能绕中间轴旋转的功能,如图 8-19 所示。

在测针尾部安装红外光电开关,用轻质金属材料制造测针。当无油雾喷射在测针上时,针尖部分轻于针尾,针尖将上翘,但在上部限动机构作用下使针保持水平。当喷嘴工作时,油雾喷至针尖,针尖将向下坠而针尾向上翘,尾部挡住了红外光线,产生了电信号,指示出角度是否合格。

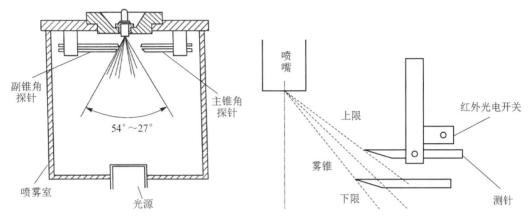

图 8-18　探针角度仪　　　　　图 8-19　红外光电信号针式角度仪示意图

3. 燃油周向分布不均匀度测量

喷嘴燃油喷雾锥的轴对称性是一个重要的性能指标,它关系到燃烧室火焰筒内主燃区内燃油的浓度场分布。燃油喷雾锥沿周向的不均匀度可以表示其喷雾锥的不对称性。喷嘴接口与旋流室不同心、喷口倒角不均匀、加工表面光洁度不够、喷口椭圆或喷嘴组装质量不高等工艺性能不良,都能使喷油雾锥沿周向的分布不均匀。喷嘴因积碳局部堵塞喷口也会导致喷油不均匀。

燃油周向分布不均匀度可采用累积流量收集法测量,是在一定时间内对在喷嘴下游各区域收集到的燃油量进行比较,或靠人工肉眼观测流量的高度或称量燃油质量。如图 8-20 所示,在喷嘴喷出油雾下游的扇形区域,沿周向埋设若干个集油漏斗,每个漏斗都接收周向一定角度范围内的燃油;然后分别输至整齐排列的带有高度刻度的玻璃管内,通过玻璃管内油面高度 H 得到不均匀度 B,即

$$B = [(H_m - H)/H] \times 100\% \qquad (8-23)$$

式中:H_m 为最大或最小油高,mm;H 为平均油高,mm。

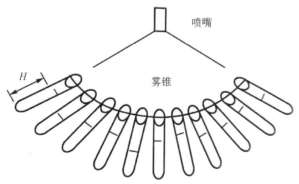

图 8-20　累积流量收集法检测周向燃油分布不均匀度

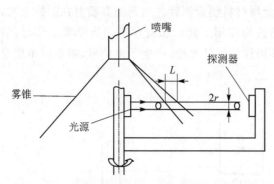

图 8 - 21　激光检测燃油周向分布不均匀度示意图

这种累积流量收集法检测周向燃油分布不均匀度的技术测点区域过粗（一般每 $20°\sim30°$ 一个测点），又受玻璃管精度的影响，故其测量精度低；另外，无法实现机电一体化测量和数字化输出。

也可以采用激光透射法检测燃油周向分布不均匀度，图 8 - 21 所示为激光检测燃油周向分布不均匀度示意图。

图 8 - 22 所示为周向燃油分布不均匀度检测结果。从图中可见，激光透射法检测燃油周向分布不均匀度技术具有精度高、数字化输出的优点。

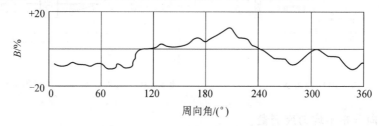

周向角/(°)

图 8 - 22　周向燃油分布不均匀度检测结果

4. 喷嘴燃油雾锥油量角向分布

喷嘴燃油雾锥油量角向分布用一种角向分布器测量，测量原理图如图 8 - 23 所示。分布器包含 29 根方截面的取样管，彼此相隔 $4.5°$ 排列在长 10 cm 的圆弧上，取样管被左右对称地固定在可转动的支板上。试验前转动手柄使取样管倒置，倒空管内的余油。喷油稳定后，转动手柄使取样管排放在喷嘴正下方，待油面最高的取样管内油面高达 3/4 时，转动手柄使取样管离开雾锥，然后观察记录各取样管内的油面高度。经过处理，即可得到雾锥油量沿角向的分布结果，即油量随角度变化的曲线。

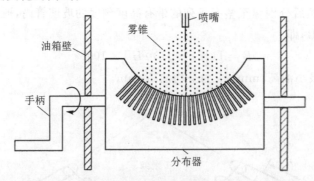

图 8 - 23　测量喷嘴燃油喷雾锥油量角向分布的原理图

5. 液膜脉动波测量

在现代燃气轮机及航空燃气轮机上广泛采用的空气雾化喷嘴主要是预模型。液流在喷嘴内形成液膜，在气动力、紊流作用下液膜表面形成脉动波，在离开喷口前其脉动已经得到充分发展，一经离开喷口则被撕裂、破碎、雾化。喷嘴内液膜脉动形成的波长-频率谱与液膜破碎、运动及其液雾尺寸、尺寸分布有密切关系。对液膜脉动波的测量目前有动态电阻法和激光反射法等测量方法,这里主要介绍动态电阻法。

　　动态电阻法是基于水具有微弱的导电性,利用接有电路的金属探针接触水膜时,探针与喷嘴壁面间将产生对应的电阻值。可以利用此特性测量时间平均的电阻值并用千分表测出对应的探针位移量(平均液膜厚度)。这是一种将动态信号平均化的静态信号测量方法。若要测出动态特性,还需找出个别微观波与被测电阻 R(或电压 V)的关系,而且还要求系统具有高频响应及统计分析的能力。

　　动态电阻法的原理如图 8-24 所示。当接在电路中的金属探针置于液膜波内时,探针与喷嘴壁面间的电阻 R,根据欧姆定律可以确定为

$$R = \rho_L \frac{d_L}{S} \qquad (8-24)$$

式中: ρ_L 为电阻率,$\Omega \cdot m$;d_L 为探针至喷嘴壁面间的距离,mm;S 为液波在针端处的面积,mm^2,且有

$$S = \pi \frac{L_2^2}{4} \qquad (8-25)$$

将式(8-25)代入式(8-24),有

$$R = \frac{4\rho_L d_L}{\pi L_2^2} \qquad (8-26)$$

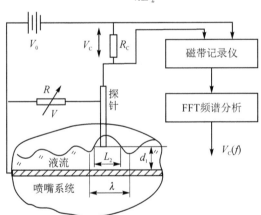

图 8-24　动态电阻法的原理

分析图 8-24 所示的电路,有

$$V_0 = V_C + V = I_0 (R + R_C) \qquad (8-27)$$

$$V = V_0 \left(1 - \frac{R_C}{R + R_C} \right) \qquad (8-28)$$

若 $R_C \ll R$(R_C 可预先选定),有

$$V = V_0 \left(1 - \frac{R_C}{R} \right) \qquad (8-29)$$

将式(8-26)及式(8-27)代入式(8-29)且重新整理得

$$V_C = \frac{\pi V_0 R_C}{4\rho_L d_L} L_2^2 \qquad (8-30)$$

为分析方便起见,假定液膜波面为球面,则可认为

$$L_2 = C\lambda \tag{8-31}$$

式中:C 为常数。将式(8-31)代入式(8-30),有

$$V_C = C^2 V_0 R_C \lambda^2 / (4\rho_L d_L) \tag{8-32}$$

$$V_C = C_1 \lambda^2 \tag{8-33}$$

式中:

$$C_1 = C^2 V_0 R_C / (4\rho_L d_L)$$

测量时 C_1 可为常数。

由于液膜波动具有随机性,所以对电压随机信号 V_C 的统计分析结果才有意义。因此,用高频记录仪记录 V_C 信号,然后进行快速傅里叶变换(FFT)分析处理,得

$$V_C(f) = C_1 \lambda^2 (f) \tag{8-34}$$

$$\lambda(f) = \left[V_C(f) / C_1 \right]^{\frac{1}{2}} \tag{8-35}$$

常数 C_1 的值可由几种方法确定,例如,可由大量的激光脉冲显微照片的统计得出。这种测量方法根据系统的测试精度可分辨出 10^{-3} mm 的波长;图 8-25 所示为采用该方法测出的喷嘴内的液膜波动谱。

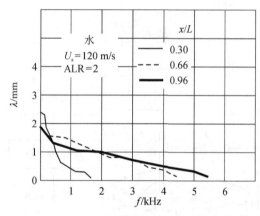

图 8-25 采用动态电阻法检测出的喷嘴内的液膜波动谱

6. 液膜厚度测量

喷嘴内的液膜很薄,一般在 0.01～1 mm 范围内,其表面不稳定,有扰动波,再加上液面上有雾滴,所以测准它是比较困难的。可以采用电阻法和电容法进行液膜厚度的测量。

在采用电阻法进行液膜厚度的测量时,通常利用水的弱导电性,采用水作为被测介质。如图 8-26 所示,通过测量时的观察和其他方法的校验,表明在水雾气流中不导电,即电阻值接近无穷大。在静止水膜中电阻值比较小,在 4×10 kΩ 以下,在扰动波区,由于水波断续触探针因而随着探针上移电阻值逐渐增大。电阻法测液膜厚度测出的电阻值随液膜高度的变化曲线如图 8-27 所示。电阻为 4×10 kΩ 以下表明探针进入液层内。从图中可以看到,电阻值随液膜高度的变化有一明显的拐点,此拐点在 $4 \times 10 \sim 5 \times 10$ kΩ 之间,在此拐点以上到 150×10 kΩ 处表示脉动区内,150×10 kΩ 处为脉动峰顶处。把 4×10 kΩ 及 150×10 kΩ 这两个有代表性的电阻值所示液膜高度作为脉冲表面的上限与下限,取它们的中间值再加上液膜底层的厚度就是液膜的平均高度。

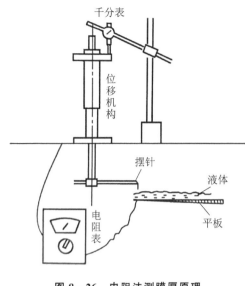

图 8 - 26　电阻法测膜厚原理

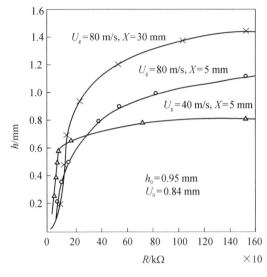

图 8 - 27　液膜高度与电阻的关系

多次试验表明,这套测量机构测量的重复性较好,重复测量偏差只有 0.02~0.03 mm,因而对零点几毫米厚的液膜来说,其测量误差约在 10% 以内。此方法可以得到比较满意而准确的结果。

8.4.3　燃油喷嘴激光测试技术

测量喷嘴雾化液滴尺寸比较老的方法有:熔化石蜡法、氧化剂涂层(或碳黑)印痕法、液氮冷冻法等。这些试验方法除了有各自的特殊问题需要解决之外,其共同的缺点是:不可能在接近于真实燃烧室条件下(高压下)测量雾滴尺寸,其试验工作量很大,数据处理慢,不适合喷嘴雾化大量的试验研究。目前有多种用于液雾测量的无干扰光学测量方法,例如高速摄影法、激光全息照相法、Malvern 激光粒度仪、PDPA 激光多普勒粒子分析法等。高速摄影法是用脉冲激光技术得出油雾瞬间的局部图像,从而测量液滴尺寸。该测试方法判读照片的工作量很大,即使用新的 TV 分析仪,也要花费不少时间。激光全息照相法可以获得喷雾的全息图像,记录的空间范围大,优点是结果不必校准,其精度主要取决于激光波长的控制,理论上精度为 2 μm 左右;缺点是只适用于较稀的液雾。

目前,基于单点测量的激光多普勒粒子分析仪(Phase Doppler Particle Analyzer,PDPA)和基于线测量的 Fraunhofer 衍射方法已经发展比较成熟,都得到了液滴粒径的统计平均结果。其中,PDPA 被认为是激光诊断方法中单点测量液滴粒径和速率精度最高的,也作为测量有效性的一个标准。雾化机理和雾化模型的发展亟需喷嘴近出口处的瞬态流场信息,因为此处是液膜表面非稳定波发展和液膜破碎成小液滴的地方,由于喷嘴近出口处液滴浓度大,PDPA 和 Fraunhofer 衍射方法都会由于多散射效应而产生巨大的测量误差,并且这两种方法不能给出二维瞬态结果,这使雾化特性的研究遇到瓶颈。随着计算机图像处理技术、激光和 CCD 相机的发展,平面激光成像方法在最近几年得到迅速发展。平面激光成像方法中的 PIV 测试方法可以得到雾锥中瞬态二维流场,能够满足对雾化特性进一步深入研究的需求,是最有发展和应用前景的。

1. 激光多普勒粒子分析仪(PDPA)

PDPA 能够测量粒径、雾滴速度、粒子数密度和体积流量。PDPA 主要由下述部分组成：激光发射器、激光接收器、信号处理器、光栅转动电机控制器、计算机以及传输电缆等。测量系统布置如图 8 - 28 所示，光路布置如图 8 - 29 所示。

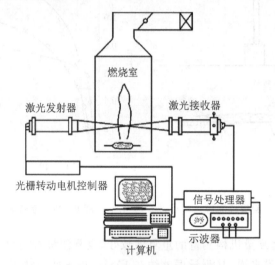

图 8 - 28　PDPA 测量系统布置

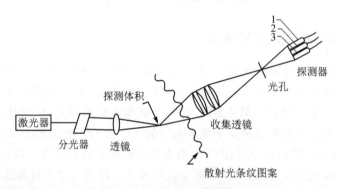

图 8 - 29　PDPA 光路布置

仪器的雾滴尺寸测量范围为 $0 \sim 3\,000\ \mu m$，一般可测 $0 \sim 500\ \mu m$，通过光学系统的更换，系统可在宽范围内使用。该种仪器功能强，能同时测量液雾的雾滴尺寸及其分布、雾滴速度、雾滴数密度、液雾体积流量和液雾体积通量等微观特性。速度测量范围为 $0.01 \sim 600\ m/s$，通过改变基准还能对回流速度进行测量。PDPA 测量速度快，允许每秒 10 000 个雾滴以上先后通过采样区，测量精度高。目前，二维(4 光束)和三维(6 光束)PDPA 已投入使用，信号探测、分析处理及测量速度、精度显著提高。

2. 粒子图像测速

粒子图像测速(Particle Image Velocimetry，PIV)是 20 世纪 80 年代初发展起来的一种崭新的瞬态、全场的激光测速技术，是一种基于流场图像互相关分析的非接触式二维或三维流场测量技术。由于 PIV 技术是在流动显示技术和计算机图像处理技术的基础上发展起来的一种无扰动流场测试技术，所以随着计算机技术和图像处理技术的快速发展，PIV 技术得到迅速发展与提高。PIV 测量技术的产生有两个技术基础：一个是图像处理技术的发展和阵列式计算机的产生给处理图像提供了实现的可能性,它把所获得的流场显示定性图像推向定量化;另一个是激光散斑测速技术,这个技术来源于固体力学。目前二维 PIV 技术已经走向成熟,广泛用于测量包括旋流、紊流在内的各种复杂气流结构的流场。三维 PIV 技术也开始形成商业化产品。在单相流动测量方面逐步完善的同时,作为气相技术的延伸和发展的 PIV 两相流技术在两相流动测量方面也得到长足的发展。目前,国际上普遍认为 PIV 技术是一种极有发展前景的流场测试手段。

PIV 测试系统的组成如图 8 - 30 所示,主要由光路系统、图像采集系统、同步控制器及图像处理系统等部分组成。光路系统包括连续或脉冲激光器、光传输系统和片光源光学系统;图像采集系统由电荷耦合器件(Charge Coupled Device,CCD)作为图像传感器,又称为 CCD 数字摄像机。图像处理系统包括帧抓取器和分析显示软件。帧抓取器将粒子图像数字化,并将连续图像储存到计算机的内存中。分析显示软件分析视频或照相图像,显示采样的图像数据和速率矢量场。测试时激光器发出激光束,光学元件将光束变成片光源照亮被测流场。如果采用脉冲激光器,则需设置脉冲间隔、脉冲延迟时间等。高速 CCD 相机捕捉 2 个激光脉冲照亮流场的两幅图像,并将图像转化为数字信号传入计算机。然后通过专用的软件(Insight)采用一定的图像处理算法匹配图像粒子对,就可以得到测试区域的速率矢量场。

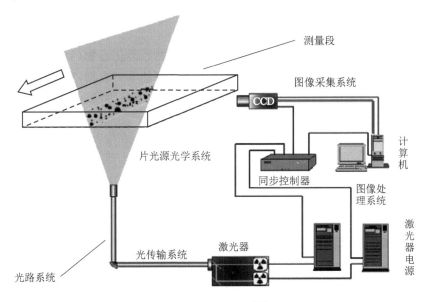

图 8 - 30 PIV 测试系统的组成

PIV 测量原理如图 8 - 31 所示,测量粒子图像经过 Δt 时间段的位移 Δx、Δy,要求位移必须足够小,使得 $\Delta x / \Delta t (\Delta y / \Delta t)$ 是速度 U 的很好的近似。也就是说,轨迹必须是接近直线并沿着轨迹的速度近似恒定。这些条件可以由选择 Δt 来达到,使 Δt 小到可以与受精度约束的拉格朗日速度场的泰勒微尺度比较的程度。

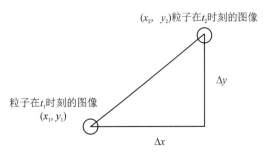

图 8 - 31 PIV 测量原理

PIV 技术可得到瞬时全流场定量信息,给出粒子粒径与其速度的分布,因而 PIV 技术已被广泛应用于测量油雾特性。但是,因为 PIV 油雾场测量中不仅要给出油粒粒径的分布,而且还要测出不同油粒粒径速度分布,因此 PIV 油雾测量的图像处理技术要比气相困难得多。

8.5 燃烧产物测量

与燃烧有关的气体成分分析包括燃烧过程中生成物的测量和各种排放物的检测,常见的成分有 CO、HC、NO_x、SO_2、CO 和 O 等。气体的组成成分和浓度测量属于分析化学研究的范畴,烟气的排放和成分分析以及燃烧效率测定对燃烧相关的生产和使用都有重大的意义。

燃烧产物的组分和浓度测量方法主要分为两大类:

① 燃气分析技术。利用采样探头直接将反应区内物质迅速取出,同时采用水冷却等方式抑制化学反应的进一步发生,最后利用不同的物理效应或者质谱技术对燃烧产物进行分析。

② 激光测量技术。用一束具有特定的光源或可调谐的单色光源去照射一个系统,利用良好的分光技术,根据已知吸收谱线和散射谱线知识,即可找出系统中有何相应的气体成分,再根据其谱线强度分辨出对应的各种组分的浓度。

8.5.1 燃气分析技术

燃烧室出口排放的产物主要有 CO_2、H_2O、CO、未燃烃类化合物(UHC)、H_2、NO、NO_2、O_2、N_2 和微小碳烟颗粒。燃烧室出口燃气成分和冒烟测量主要包括:测量污染物排放水平,确定燃烧效率,确定燃油浓度,根据成分分析结果计算燃烧绝热温度、检验空气流量以及估算燃气轮机功率。

1. 燃气取样技术

(1) 取样探头

根据试验目的,取样探头有多种形式,例如单点固定式取样探头、单点径向可移动取样探头、多点固定式取样探头、多点固定式联通取样探头、周向可移动式取样探头、单点径向和周向可移式探头。

单点径向可移动取样探头可通过径向位移机构移动,实现对出口场沿径向不同点的取样。周向可移动式取样探头安装在周向扫描位移机构上,可沿周向转动,因而可进行不同密度的扫描取样,也可对周向某一固定位置取样。取样探头的冷却首先是因为对气样冷却的需要。对于高温炽热气样,必须迅速降温,以达到化学反应"冻结",保持其化学成分不变。另一个原因是冷却采样管,使其能承受高温。图 8-32 所示为火焰中等速采样用的采样探头。探头有一特殊形状的冷却水套。在采样头内部,有一块引导水流沿壁面流动的大金属块,这样能很好地冷却采样管和迅速冷却气体。探头和内管由不锈钢制成。在每个采样点,要选择采样管直径,使其对给定的速率,在合理的时间内,探头能抽出足够体积的等速采样的样品。

通常应用平均孔径为 5 μm 的多孔青铜过滤器,过滤器元件具有 20 cm^2 的表面积,厚为 2 mm。固体颗粒收集于过滤器中,水蒸气在凝结器中冷凝,干燥的气体流过一个节流阀,该阀用于控制通过系统的流量。

(2) 采样速率对试验结果的影响

理论分析指出,在燃烧室出口截面,通过等速采样和不等速采样,混合后的气样成分会有

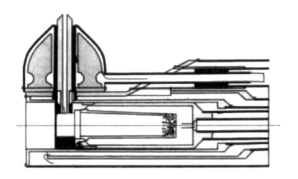

图 8-32　火焰中等速采样用的采样探头

差别。取样技术中建议：等速采样的斯托克斯数 $N_{p.s}$ 应处于下述范围：

$$0.05 < N_{p.s} < 50$$

$$N_{p.s} = \frac{\rho_p d^2 v_0}{18\mu D} \qquad (8-36)$$

式中：d 为粒子直径，mm；D 为采样探头外径，mm；v_0 为主气流速率，m/s；μ 为气体动力粘度，Pa·s；ρ_p 为粒子密度，mol/L。

等速和不等速采样的试验结果表明，两种方法测得的气体成分虽然有差别，但对燃烧效率试验结果并没有明显影响。

2. 燃气分析常用仪器

采样探头获取了采样气体，但是对燃气的成分及浓度必须通过气体分析仪进行分析。气体成分分析仪所涉及的物理和化学原理十分广泛，原则上说，混合气体中各组分的任何物理化学性质的区别方法都可作为分析的基础。下面将简单介绍几种典型的气体成分分析仪。图 8-33 所示为气体采样和分析系统的实验装置之一，水冷却的探针使抽取的混合气体冷却并防止化学反应的进一步发生，在冷却箱内进一步冷却可以消除残留水分。分析仪中每一个装置都需要一定的气体流率，因而要供给足够的试验气体；然而，抽样流率又受到等动力抽样要求的约束。在该图中给出了采用不同的物理效应对 O_2、CO_2、CO 和 NO 四种组分的测量，其中 PM（Paramagneticeffect）表示顺磁效应、IR（Infrared analyzer）表示红外气体分析仪、CL（Chemistry Luminescent）表示化学发光气体分析仪。

（1）红外气体分析仪

这种仪器是基于气体吸收的红外光能量与气体的浓度成线性关系，以及不同分子有不同的吸收频率，即有不同的吸收特征波长而对多组分混合气体进行定量分析的。基于这一测量原理的红外气体分析仪称为不分光红外气体分析仪（Non Dispersive Infrared Analyzer，NDIR），通常简称为红外气体分析仪。气体吸收的能量为

$$\Delta E = KCLE_0 \qquad (8-37)$$

式中：ΔE 为气体吸收的能量，J；E_0 为入射光能量，J；K 为吸收系数，m^{-1}；C 为气体浓度，mg/m^3；L 为气体层厚度，mm。

红外气体分析仪把气体吸收的能量 ΔE 转变为温差，又将温差转变为电容差，然后调制成低频电信号，放大后以电流值指示气体浓度。这种仪器可分析 CO、CO_2、CH_4、SO_2、NH_3、C_2H_4 和 NO 等。

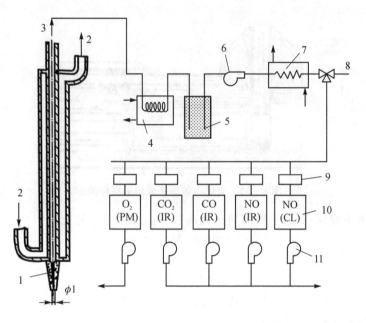

1—探头;2—冷却水;3—气体样本;4—水冷却器;5—过滤器;6、11—泵;
7—冷却箱;8—标定气体;9—过滤器;10—组分分析仪

图 8-33　气体采样和分析系统的实验装置

红外气体分析仪主要由光学系统和电学系统两部分组成,图 8-34 所示为工业上常用的红外气体分析仪的工作原理图。上部分可以看作是测量部分,下部分可以看作是参考部分。红外光源辐射线的波长为被测气体的吸收波长,用作测量气体的光束;参考光源辐射的波长为被测气体中任何组分均不吸收的波长。两组光束分别经过切光片调制成一定频率。测量时,待测气体连续流过样品室(测量气室 4),而参比气室 8 中填充对红外线不吸收的惰性气体(如 N_2)。红外测量光束和参考光束分别经干扰滤光室和气室后,最终到达装有可变电容的检出器 5。当被测气样浓度变化时,两个接收室红外辐射能力的差别也随之变化,使得检出器的温度升高不同,动片薄膜两边所受的压力不同,从而产生一个电容检测器的电信号,这样就可间接测量出待测组分的浓度。注意,红外气体分析仪要求被测气体是干燥而清洁的,因此在具体应用时应做除湿和除尘处理。

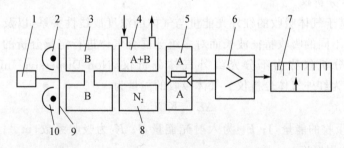

1—同步电动机;2—红外光源;3—干扰滤光室;4—测量气室;5—检出器;
6—放大器;7—指标记录仪;8—参比气室;9—切光片;10—参比光源

图 8-34　红外气体分析仪工作原理图

（2）化学发光气体分析仪

化学发光气体分析仪是目前测量 NO_x 的最佳方法,其特点是分辨率高(约 0.1×10^{-6}),反应速率快($2 \sim 4$ s),可连续分析,线性范围广,高、低浓度的 NO_x 气体均可检测。其测量原理是利用 NO 和 O_3 在反应器中产生的前分电子激发态 NO_2^* 分子,这些 NO_2^* 分子从激发态衰减到基态时,辐射出波长为 $0.6 \sim 3$ μm 的光子 $h\nu$,其化学发光的反应机理为

$$NO + O_3 \longrightarrow NO_2^* + O_2$$
$$NO_2^* \longrightarrow NO_2 + h\nu \tag{8-38}$$

式中:NO_2^* 为激发态的二氧化氮;$h\nu$ 为光量子,h 为普朗克常数,ν 为光子的频率。

在上述反应体系中,化学发光强度 I 与反应物浓度 c_{NO} 和 c_{O_3} 成正比,即

$$I = k c_{NO} c_{O_3} \tag{8-39}$$

所以,只要 O_3 的浓度足够大,已知可以忽略 O_3 在反应过程中的变化,就可以认为发光强度与被测浓度 c_{NO} 成正比,即通过检测发光强度 I 就可以确定被测浓度 c_{NO} 。

采用化学发光法测定 NO_2 时,需要通过适当的转化器把 NO_2 还原为 NO(如用加热方法使得 NO_2 分解为 NO),然后再进行测定。图 8-35 所示为化学发光法测量 NO 和 NO_2 的流程示意图。

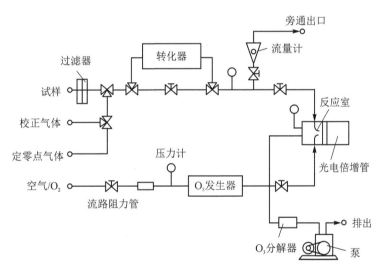

图 8-35　化学发光法测量 NO 和 NO_2 的流程示意图

该测量系统利用流路的自动或手动切换,使被测气样在进入反应器前可以经过转化器,也可以不经过转化器。当被测气体经过转化器时,气样中原来存在的 NO 和由 NO_2 转化而来的 NO 同时进入反应器并参加化学发光反应。这时测得的浓度代表的是 NO 和 NO_2 之和,即 NO_x 。当被测气体不经过转化器时,参与化学发光反应的就仅仅是气样中原有的 NO 。这两个测量结果之差就是被测的 NO_2 浓度。

（3）烟碳仪

工程上以 SAE SN(美国汽车工程师学会冒烟数)表示排气冒烟程度,其定义为

$$SN = 100 \left(1 - \frac{R_s}{R_w} \right) \tag{8-40}$$

式中:R_s 为有烟痕的滤纸的反射率;R_w 为清洁的滤纸的反射率。

烟碳仪是一种反射率计。清洁滤纸的反射率为 100，绝对黑体表面的反射率为 0。按规定，当滤纸通过的干气样量为 1.62 kg/m² 时，相对应的冒烟数即为 SN。

其他还有氧分析仪，它是利用氧的最强顺磁性，其他气体呈很弱磁性或抗磁性的基本原理构造的仪器。以氧的体积磁化率为 100%，氮的体积磁化率为 0%，其他气体有相应的体积磁化率。

(4) 气相色谱(Gas Chromatography, GC)分析法

色谱技术是一种较好的多组分混合物成分分离和分析技术，按照两步进行：首先让含有待测分析气体的介质(称为流动相)流过对气体的不同成分有不同的吸附或溶解作用的固定相，气体各成分被分离；随后依次进入检测室，在检测室中对分离的单一成分依次测量，输出按时间分布的幅值不同的一组信号，也就是色谱图。在气相色谱测量中，固定相为固体的称为气-固色谱仪，固定相为液体的称为气-液色谱仪。一般烟气分析中的气相色谱仪即气-固色谱仪。图 8-36 所示为气相色谱示意图。MN 称为基线，是没有组分流出时检测器的输出信号。当有物质通过检测器时将产生相应信号，称为色谱峰，它包括峰高、峰宽和峰面积。峰高 h 为色谱峰到基线的距离；峰宽 Y 为色谱峰自两侧拐点做两条切线，与基线相交的两点间的距离，它用来衡量色谱柱的效率，并反映色谱分离过程的动力学因素；峰面积 A 则是定量分析的主要依据，各组分的色谱峰完全分离时可以用积分仪自己测定，亦可计算得到。如果是对称峰，就可以用下式获得：

$$A \approx 1.065 h Y_{1/2} \tag{8-41}$$

如果是非对称峰，则

$$A \approx \frac{1}{2} h (Y_{0.15} + Y_{0.85}) \tag{8-42}$$

式中：$Y_{1/2}$ 为半峰宽，即峰高为 $h/2$ 处的色谱峰宽度；$Y_{0.15}$ 和 $Y_{0.85}$ 分别为 $0.15h$ 和 $0.85h$ 处的峰宽。信号峰值对应的时间称为保留时间，测出保留时间就可以定性确定相应信号所代表的物质，而浓度用各信号曲线包围的面积与全部信号曲线包围的面积的比值来确定。

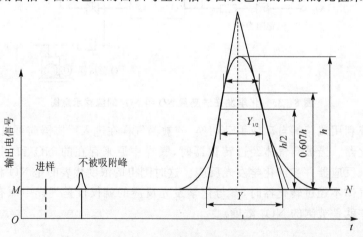

图 8-36　气相色谱示意图

图 8-37 所示为气相色谱仪基本工作流程。其中，载气系统为气相色谱仪提供稳定的流动相，常用惰性大、不被固定相吸附或溶解、不同于被测组分且在检测器中与被测组分的灵敏度相差较大的气体，如 H_2、He 或 Ar。

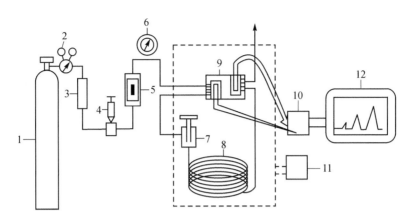

1—载气钢瓶;2—减压阀;3—净化干燥管;4—针形阀;5—流量计;6—压力表;7—进样器和气化室;
8—色谱柱;9—热导检测器;10—放大器及数据处理;11—温室控制器;12—记录仪

图 8 - 37　气相色谱仪基本工作流程

色谱柱是色谱仪中的关键部件,吸附剂决定了气体分离的效果。一般来说,吸附剂的颗粒越细,色谱柱越长,直径越细分离效果越好,但色谱峰的峰值越小,仪器的灵敏度也就越低。一般吸附剂的粒度在 40~100 目之间选用,色谱柱长度在 2 m 以下。为了获得较好的分离效果,又有较高的灵敏度,合理选择结构参数及运行参数是十分重要的,这往往需要通过调整来确定。例如,用分子筛色谱柱分析烟气的 CO 时,常选柱长为 1~2 m,柱温为 50~60 ℃,用 H_2 作为载气。

3. 燃气分析方法的应用

（1）燃烧效率测量

图 8 - 38 所示为燃烧效率和余气系数测量系统流程图。燃烧效率按定义式进行计算,其中的余气系数 α 可表示为

$$\alpha = \frac{0.139\,7(100 + 0.5\varphi_{CO_2} - 1.5\varphi_{H_2} - 1.5\varphi_{CH_4})}{\varphi_{CO_2} + \varphi_{CO} + \varphi_{UHC}} \tag{8-43}$$

式中:φ_{CO_2}、φ_{CO}、φ_{H_2}、φ_{CH_4}、φ_{UHC} 分别为各成分的体积分数,在燃烧室出口取样分析,便可得到。

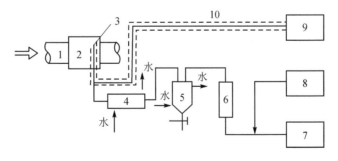

1—试验管道;2—燃烧室试验件;3—取样管;4—水冷却器;5—水分离器;
6—干燥器;7—红外仪;8—色谱仪;9—烃化物分析仪;10—保温管

图 8 - 38　燃烧效率和余气系数测量系统流程图

（2）排气冒烟的测量

图 8－39 所示为排气冒烟测量系统图。试验研究表明，随着转速的提高，冒烟数急剧增加。图 8－40 所示为 SN 随余气系数 α 的变化曲线，采用空气雾化喷嘴（亦称气动喷嘴）的冒烟数比采用离心喷嘴的低，因为采用空气雾化喷嘴的燃烧室内，空气与燃油掺混比较均匀。

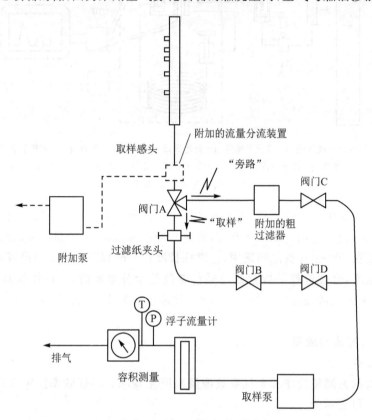

图 8－39　排气冒烟测量系统图

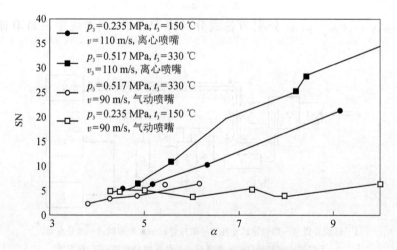

图 8－40　SN 随余气系数 α 的变化曲线

（3）排气污染物测量

图 8-41 所示为排气污染物分析测量系统图。

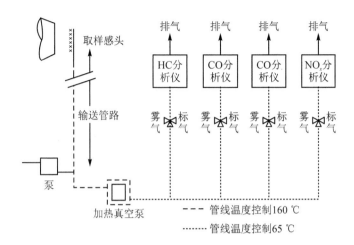

图 8-41　排气污染物分析测量系统图

试验表明，NO_x 排放的最大浓度出现在最大功率状态，因为此时燃烧室处于高温和高压状态。在火焰筒中由空气中的 N_2 高温氧化生成瞬发 NO。当高温燃气在火焰筒掺混段被冷却降至 1 650 ℃ 以下时，NO 生成反应停止。NO 在排入大气之后又逐渐被氧化成 NO_2。NO_x 排放指数 EI_{NO_x} 均随进口温度的增加而增加，其关系为

$$EI_{NO_x} \sim e^{T_3/b} \tag{8-44}$$

式中：T_3 为燃烧室进口温度；b 为与燃烧室特定几何形状相关的常数。

在主燃区当量比接近 1.0 时，NO_x 排放指数达到最大值。

NO 的生成浓度（φ_{NO}）随反应物在主燃区停留时间的增加而增大，如图 8-42 所示。NO 按 $EI_{NO} \sim p^{0.5}$ 规律变化。

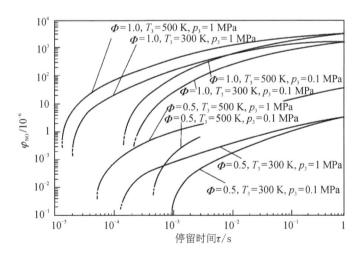

图 8-42　NO 的生成浓度与停留时间的关系

8.5.2 激光测量技术

激光测量技术是一种新型的非接触式测量方法,测量精度高,在燃烧过程中参数(如温度场、速率场、两相浓度场等)的测量上具有很大的优势,获得的数据能够较准确地反映燃烧过程的真实工况,因而引起越来越多的重视。随着计算机技术的发展,自动控制、数据采集与处理及实时显示等功能推动了激光技术的发展,使该技术日趋完善,在工程上得到了广泛应用。

激光是光的受激辐射,普通光源是光的自发辐射。激光测量的特点如下:

① 激光的单色亮度极高,输出功率可达 1 000 W。

② 激光的方向性极好,发散角很小,在 10^{-6} 球面度量级的立体角内基本成直线传播,可进行多维测量。

③ 激光是纯正的单色光。

④ 激光是目前最理想的相干光源,有固定的相位差。

⑤ 激光测量属于非接触测量,激光束的焦点就是测量探头,它不影响燃烧参数的分布,可测量远距离或狭窄通道中的参数。

⑥ 测量精度高,一般误差为 0.5%～1.0%。

⑦ 空间分辨率高,可测量很小区域内的参数,如燃烧设备中近壁区域的参数分布。

⑧ 测量范围广,动态响应快,是研究湍流的有效方法。激光测量技术可分为 3 种方法,即激光诱导荧光法(Laser Induced Fluorescence,LIF)、自发(线性)拉曼散射(Spontaneous Raman Scattering,SRS)法和相干反斯托克斯拉曼散射(Coherent Anti-Stokes Raman Scattering,CARS)法。

1. 激光诱导荧光法

激光诱导荧光(Laser Induced Fluorescence,LIF)法可用来测量燃烧温度和组分浓度参数。LIF 法的基本原理是通过单一和多级相互作用图的逐步演变,提供在激光区域所要研究的组分浓度和荧光信号之间的关系。这种非干扰的技术提供了具有很高空间和时间分辨率的图像,有效地获得了某一瞬间的燃烧状态。当激光波长调谐到分子的某两个特定能级时,分子就发生共振并吸收光子能量而激发到高能态,在从高能态返回基态时,分子就会发出荧光,用光电倍增管接收,其信号为

$$P_f = h_v \times (K/4\pi)\Omega_c V_c N_2 \tag{8-45}$$

式中:h_v 为荧光光子能量,J;K 为荧光上能级自发辐射系数,W/m^2;Ω_c 为光学收集系统的立体角,(°);V_c 为有效的荧光体积,mm^3;N_2 为荧光上能级粒子数,mol。

在利用 LIF 法做定量分析时,为了得到参数的绝对值,必须对荧光信号进行校正,也就是考虑荧光体积 V、荧光收集立体角、光学系统的荧光传递效率,以及荧光的吸收俘获、极化和碰撞等因素对荧光信号的影响,还要考虑荧光的淬熄效应。淬熄效应是指分子吸收光子能量而跃迁到激发状态时,能量不是以荧光而是通过碰撞弛豫到达其他能级。特别是在高温高气压下,粒子浓度大,平均自由程短,这种效应更加明显,严重时可能会收不到荧光光谱。

LIF 法除了具有高灵敏度以外,还可以用平面二维图形显示燃烧参数的分布。在一个激光脉冲内,就可以得到一张二维的瞬态燃烧参数分布图,实现了实时处理。因此,在燃烧测量中,LIF 法及改进的平面激光诱导荧光(Planar Laser-Induced Fluorescence,PLIF)法成为近年来国际上广泛采用的方法之一。

LIF 法的硬件系统有：

① 激励源，由激光器和光屏（通常为一组球面或柱面透镜）组成。

② 检测系统，包括像差修正成像透镜和数码成像微光摄影机。

③ 高速分析系统，即图像分析处理机，可事后、实时处理图像。

图 8-43 所示为典型的单点 LIF 法实验装置。激光束聚焦到燃烧产物，采集光路接收荧光并与激光束一起决定了空间分辨率。所接收的荧光通过色散器件（通常为滤光镜、小型单色仪或多色仪），被检测器转换为电信号。

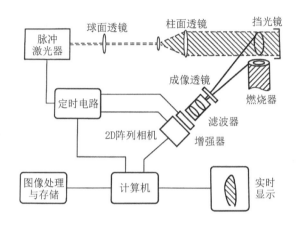

图 8-43　典型的单点 LIF 法实验装置

LIF 法通过高能量的脉冲激光器激发标志分子的荧光，应用强度开启 CCD 相机，通过适当选择标志分子，可以获得流体定量参数的二维图形。根据图形得到有关标志分子浓度的定性测量和随时间变化的扰动，来研究燃烧过程。目前已将 NO_2 和丙酮作为标志分子应用于实际测量中。对于燃烧过程中的温度分布及 OH、CH、O_2 分布的荧光图像已经可以获取，但对 NO 和其他主要污染物的荧光图像还比较缺乏。

LIF 技术的关键是选择合适的物质与特定波长的激光相匹配，以产生足够强度的荧光信号为探测器所接收。在研究燃烧过程中，常采用 OH 根离子作为示踪粒子，因为在碳氢化合物燃烧过程中，存在大量的 OH 根离子，它们可以很好地指明火焰前沿位置，同时还可以显示火焰结构等参数。

在实际测量时，LIF 图像所能感受的燃烧参数包括温度、组分浓度、速率、压力和密度。一旦获得这种 2D 场测量参数，即可计算其他量。例如，可由温度计算热流，由组分浓度计算梯度和耗散因子等。LIF 图像可以定量显示燃烧参数信息，用来详细研究燃烧流场结构、火焰与湍流射流等，也能得到浓度、温度等方面的定量信息。

在国外，LIF 技术目前处于迅速发展中，近几年相继报道了若干基于荧光特征衰减期的测温系统，在燃烧测量中得到了应用。

美国 Los. Alams 国家实验室和 Oak Ridge 国家实验室已研究出两种用温度自动记录荧光体的技术，来遥测涡轮叶片的表面温度。荧光测温技术不受电、磁、射频和微波的干扰，可以避免其他技术测量中出现的问题。

荧光测温技术具有测温范围宽、测量精度高、重复性好等特点。目前已有在 1 600 ℃ 的实验条件和 1 100 ℃的燃气轮机条件下进行荧光测温的报道,测温精度可达±1 ℃。但是要在高温条件下应用荧光测温技术,必须解决材料和耦合问题。同时,采用 CCD 数字相机拍摄燃烧火焰图像并采用图像处理技术对燃烧火焰进行研究,目前还多用于定性分析,用于定量分析还显不足。采用 LIF 技术是获取被激光照射的粒子的诱发荧光,对实验条件要求较高,实验系统较复杂。

2. 自发(线性)拉曼散射法

自发(线性)拉曼散射(SRS)法也属于一阶非弹性散射过程。当具有单色辐射频率的光线照射到一透明物质(气体、液体或晶体)上时,光线的大部分以不变的频率透射过去,但同时有少量的光线会发生光的散射现象,即光线偏离其传播方向而向各个方向产生偏折的现象。

在散射光中的大部分光线,其频率不发生变化,这种频率不发生变化的散射称为弹性散射。如果这样的弹性散射是由于很小的散射粒子(如分子,它的直径远小于入射光的波长)引起的,则称为瑞利(Rayleigh)散射;如果这样的弹性散射是由于大的散射粒子(如尘埃,它的直径一般大于入射光的波长)引起的,则称为米氏散射。分子散射光中的一小部分,其频率要发生变化,这种频率发生变化的散射称为拉曼散射。拉曼散射是与瑞利散射相对应的非弹性散射,它的散射强度与散射方向无关。在多数情况下,采用与入射光轴成 90°角接收,目的是使光源的强光对微弱的散射光的干扰减至最小。拉曼散射光的接收原理如图 8-44 所示。

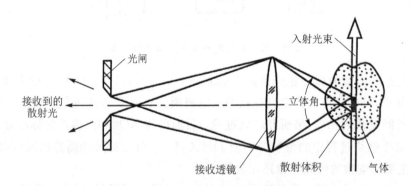

图 8-44　拉曼散射光的接收原理

与 CARS 法和 LIF 法相比,SRS 法的优点是,可用单波长激光器同时测量温度和组分浓度,且对碰撞淬熄不敏感。这种同时测量的能力提供了一种内部基准,以修正与激光功率脉动、接收光学及电子系统有关的不确定性。

当激光通过气体分子时,部分光会被分子散射,并且发生频移,其散射光强为

$$I_1 = I_0 \frac{\mathrm{d}\sigma_1(V_0)}{\mathrm{d}\Omega} n_1 \delta_\Omega \delta_s \eta \qquad (8-46)$$

式中:I_0 为入射光强,W/m^2;$\mathrm{d}\sigma_1(V_0)/\mathrm{d}\Omega$ 为频率为 V_0 的光的微分散射截面;δ_Ω 为光学系统收集立体角,(°);δ_s 为由光学系统决定的散射强度,W/m^2;η 为光学系统的传输效率,lm/m;n_1 为分子能级下的粒子数,mol。

由于分子振动能级不均匀及与转动能级间相互作用,所以每个振动能级的拉曼频移都不相同;又由于各能级粒子数随温度变化,所以拉曼信号也随温度变化。先对拉曼谱线两个强度峰值的测量比较,然后进行拟合,就可求得温度。

SRS法是采用能量较强的脉冲激光束照射被测点,载有温度、浓度信息的散射光经过窄带滤波器滤波,再由光电倍增管转换为电脉冲信息,然后送到拉曼散射信号处理装置进行数据处理,就可测出燃烧参数。

图 8-45 所示为一个用来测量高压火焰多种组分浓度和温度的高性能自发拉曼散射系统。

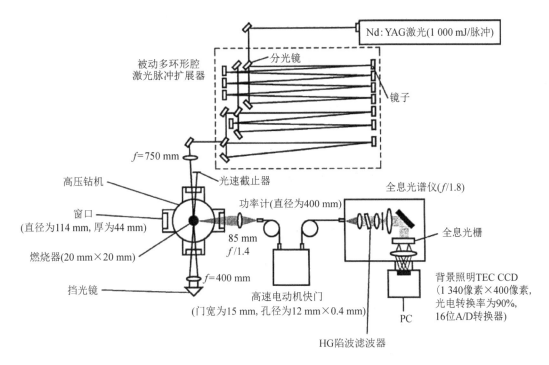

图 8-45　高性能自发拉曼散射系统

拉曼散射被证明有可能是唯一一种可以同时测量燃烧系统气体种类(N_2、O_2、CO_2、H_2O、CO、H_2、CH_4)和温度的光学诊断技术。在 20 atm 条件下得到的氢氧火焰的初步数据表明,该系统具有极好的光谱覆盖率、高分辨率和信噪比,完全可以达到校准的标准,可以获得全面的拉曼散射光校准数据库标准,为燃烧计算提供标准火焰的实际测量结果。

SRS法的一个重要特点是具有很高的空间和时间分辨率。因此,自发拉曼散射技术目前已广泛用于"清洁"火焰的燃烧研究中。由于其散射截面非常小,散射光很弱,火焰中收集到的拉曼散射光与激光能量之比的典型值约为 10^{-14} 量级。因此,在实际的燃烧系统中可得到的信噪比就显得太低。为了解决这个问题,出现了各种受激拉曼散射的形式,如共振拉曼散射、反转拉曼散射、相干反斯托克斯拉曼散射(CARS)等。其中,CARS 可能是燃烧测量中最有前途的一种诊断技术。

3. 相干反斯托克斯拉曼散射法

CARS法是一种比较成熟的测试方法,以其高强度、高抗干扰能力和相干特性而适用于较为恶劣的燃烧环境,如高含尘的煤粉燃烧条件下的温度及组分浓度测量。CARS法属于三阶非弹性散射过程,是通过测量组分的反斯托克斯拉曼光谱,利用光谱轮廓同温度的依赖关系获得温度值的。

CARS 法诞生于 20 世纪 70 年代,在原理上与 SRS 法相同,但由于自发拉曼散射信号微弱和非相干性,一般仅限用于相当"干净"的火焰研究。而在实际燃烧过程中,火焰中含有大量烟灰,炽热微粒产生的杂散光将掩盖信号,而 CARS 法具有高转换效率,且信号具有与激光一样的相干特性。在激光技术中,CARS 法是唯一可用于实际含尘燃烧系统中的检测燃烧温度与组分浓度分布的非接触式激光诊断技术。

CARS 探测区是通过叠加两束或更多不同频率光束产生相干的 CARS 信号,然后对 CARS 信号的频率进行分析,可以获得与检测分子(通常是 N_2)的拉曼波谱相干的 CARS 波谱,从波谱的形状就可以归纳出温度。实际的 CARS 系统通常用双倍的 Nd:YAG 激光器(以掺有一定量钕离子 Nd^{3+} 的钇铝石榴石 YAG 晶体为工作物质的激光器,称为掺钕钇铝石榴石激光器 Nd:YAG),以 10 Hz 的脉冲重复运行 CARS 法,特别适用于检测具有光亮背景的燃烧过程温度分布,可为燃烧设备设计、改造、提高燃烧效率、降低污染提供有价值的依据。

CARS 法测量原理:当两频率为 ω_p 和 ω_s 的高能激光(泵浦(Pump)和斯托克斯(Stokes)激光束)聚焦在一点,入射到被测介质中时,通过分子中的非线性过程互相作用产生第 3 束类似于 CARS 光束的偏振光,其频率为 ω_R。如果 $\omega_R = 2\omega_p - \omega_s$ 正好是分子的某一共振谱线,且满足非线性光学中的相位匹配条件,那么 ω_R 频率的光会极大地增强,用这一信号就可对燃烧组分的成分进行鉴别。最后,通过对检测光谱与已知其温度的理论光谱的比较,就可得到燃烧温度。通过与配置的标准浓度光谱的比较,可得气体组分的浓度。要执行这些反复迭代的最小二乘法计算程序,还需要具备相当的计算能力,这就是 CARS 法。

一般 ω_p 固定,ω_s 可通过调谐激光器改变频率,所以 ω_R 总可以与某一分子能级实现共振。另外,由于温度对光谱的影响可以完全确定,因此通过光谱线型拟合分析就可以确定燃烧温度。CARS 法是一种利用非线性光学的方法,具有高的信号强度,能产生比拉曼信号大 $10^5 \sim 10^{10}$ 倍的信号。同时,CARS 信号是一束频率为 $\omega_R = 2\omega_p - \omega_s$ 的高于泵浦光频率的相干光,所以信噪比高,而且不受火焰中各种成分荧光的影响,可用于燃烧参数的测量。

CARS 的缺点:

① 作为一种分析手段,三阶非线性极化率非共振部分的影响严重限制了其检测灵敏度;

② 不能用于不透明、吸收性大的介质;

③ 整套实验装置价格较贵;

④ 近共振、非共振本底、双光子共振吸收等干涉效应会使其线型变得复杂;

⑤ 其效率随激光功率的增大而迅速增加,但大功率的入射激光对光学元件和样品有破坏危险。

美国 NASA 兰利研究中心建造有一台先进的 CARS 试验装置,如图 8-46 所示。

与 SRS 法不同,同一时间 CARS 法通常只能测量一种组分(除了 N_2、CO、CO_2 与 O_2 以外)。为了克服此局限性,能够同时测量多组分,可以用多色 CARS 技术。这时 CARS 信号位于反斯托克斯区,要产生波混合的各种组合,每一种组合需要单独的相位匹配。

一般来说,CARS 法测温精度可在 ± 50 K 以内($T = 2\,000$ K 左右时),理论上可以提供 ns 级的时间分辨率和 μm 级的空间分辨率及很高的精度,适用于含尘燃烧环境。但是,这种方法光路复杂,设备昂贵,技术也较复杂。

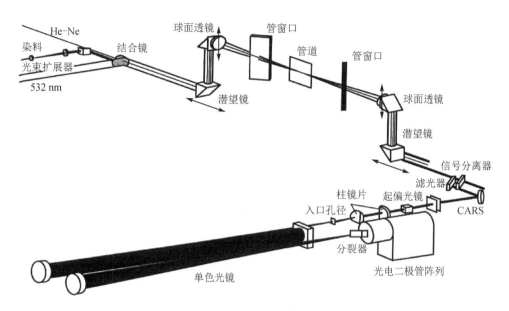

图 8 - 46　NASA 兰利研究中心的 CARS 试验装置

8.6　燃烧流场温度测量

1. 温度的测量及分类

温度是表征冷热程度特性的一个物理量,通常燃烧温度指的是火焰气体处于热平衡状态时的温度,它是表征燃烧过程的一个重要参数。但有时火焰气体处于不平衡状态,此时火焰的反应区对温度就没有严格的定义。火焰中有部分能量变成了分子中电子能级或分子振动和转动能级的变化。因此,了解气体中能量的转换过程很有必要。研究分子之间能量的分布和各种形式的有效温度很有价值,因为它可以解释燃烧过程中燃烧产物和离子的形成,并促进对火焰传播机理的进一步了解。

温度本身是一个抽象的物理量,对温度的测量不像长度、质量和时间那样,不能直接与标准量比较而测出,必须通过测量某些随温度变化的物体的性质来反映温度,如几何尺寸、密度、粘性、弹性、电导率、热容量、热电势、光的辐射强度及光的吸收强度等。通过测出某个参数的变化就可以间接知道被测物体的温度,这就是温度测量的原理。

目前,燃烧流场的温度测量还是一个长期未能很好解决的问题。温度测量可以分为接触式测温和非接触式测温。常用的经典测温方法是接触式的热电偶法,这种方法结构简单,测量可靠。但接触式测温法会干扰流场,测出的只是滞止温度,不能真实反映流体的静温。随着各种燃烧技术的发展,基于光学测量的非接触式测温法得到了广泛应用。表 8 - 1 所列为各种温度测量方法的分类。

2. 接触式测温法

接触式测温法十分简单,可按照测温原理、测头的材料进行分类。在表 8 - 2 中列出了各种接触式温度计的适用范围。接触式测温法在测量时需要与被测物体或介质充分接触,测量的是被测对象和传感器的平衡温度。在测量时除了对被测温度有一定干扰外,还要保证传感器不与被测介质发生化学反应。大多数接触式测温法都会存在导热误差、辐射误差等影响。

表 8 - 1　各种温度测量方法的分类

接触式测温	膨胀式测温	玻璃液体温度计、双金属温度计、压力式温度计
	电量式测温	热电偶测温、电阻式测温、半导体测温、集成芯片测温
	接触式光电、热色测温	示温漆、光纤测温、光导管测温
非接触式测温	辐射式测温	亮温高温计、色温高温计、全辐射高温计、多光谱测温、热像仪测温
	光谱法测温	CARS 测温，瑞利、拉曼散射光谱、激光诱导荧光、光谱吸收法测温
	激光干涉测温	激光全息照相测温、干涉仪法测温、纹影法测温、激光散斑照相法测温
	声波、微波法测温	微波衰减法测温、超声波法测温

表 8 - 2　温度计分类及使用温度范围

温度计类型		使用温度范围/K
膨胀式	压力式温度计	193～823
	双金属温度计	173～873
	水银温度计	235～629
	有机液体温度计	173～373
电阻式	铂电阻温度计	13.81～961.78
	镧电阻温度计	223～423
	铑铁电阻温度计	0.1～73
	锗电阻温度计	0.015～100
	镍电阻温度计	213～453
	碳电阻温度计	1～30
	热敏电阻温度计	233～423
热电偶式	铜-康铜	73～673
	铂铑-铂	273～1 073
	镍铬-考铜	273～2 073
	镍铬-镍硅（镍铝）	273～1 573

接触式测温法结构简单，测量可靠，但当介质为高温火焰时，这种方法就会暴露出一些严重的缺点：

① 不能承受很高的温度，暴露在高温火焰中的热电偶很容易被烧熔或吹断，热电偶的最高测量温度也就在 2 800 K 左右；

② 接触式测温非常干扰流场，还可能与气体反应产生相互作用，流场中机械探针干扰上游燃气流，导致燃气成分变化，变化甚至高达 300%；

③ 接触式测温法的时间和空间分辨率低，难以精确和有效地进行标定。

3. 非接触式测温法

鉴于接触式测温法存在的缺陷,近年来在燃气轮机燃烧室的研发中,非接触式测温法变得更加重要。非接触式测温法主要包括辐射式测温法、拉曼散射测温法、相干反斯托克斯测温法、微波衰减测温法以及超声波测温法。

（1）辐射式测温法

辐射式测温法是建立在热辐射定律基础上的。任何物体的温度,当其高于热力学温度零度时就有能量释放,其中以热能方式向外发射的那一部分称为热辐射。根据普朗克（Planck）定律,绝对黑体的单色辐射强度为

$$E_\lambda^0 = \frac{C_1}{\lambda^5 (e^{C_2/\lambda T} - 1)} \qquad (8-47)$$

式中:$C_1 = 3.68 \times 10^{-16}$ W/m²,为普朗克第一辐射常量;$C_2 = 1.438 \times 10^{-2}$ m·K,为普朗克第二辐射参数;λ 为波长,m;T 为黑体的热力学温度,K。在低温（$T < 3\,000$ K）与短波（$\lambda < 0.8$ μm）的情况下,$C_2/\lambda T \gg 1$,普朗克定律可用维恩近似公式代替,误差在 1% 内,即

$$E_\lambda^0 = C_1 \lambda^{-5} e^{-\frac{c_2}{\lambda T}} \qquad (8-48)$$

所以,在波长确定后,只要能确定相应波长的辐射强度,就可以求得温度。如果物体是灰体,则只要知道灰体的辐射系数 ε_λ,就可以知道灰体的单色辐射强度 $E_\lambda = \varepsilon_\lambda E_\lambda^0$。

斯蒂芬-玻耳兹曼定律建立了黑体的辐射强度与温度之间的定量关系,它的表达式为

$$E^0 = \int_0^\infty E_\lambda^0 \mathrm{d}\lambda = \sigma_0 T^4 \qquad (8-49)$$

式中:$\sigma_0 = 5.669 \times 10^{-8}$ W/(m²·K),为斯蒂芬-玻耳兹曼常数。该定律指出,黑体的辐射强度正比于热力学温度的四次方。

根据辐射式测温原理,发展出了多种测温仪器,包括单色辐射式光学高温计（亮渐测温法）、全辐射高温计（全辐射测温法）、比色高温计（颜色测温法）、红外热成像仪（红外测温技术）等。

（2）拉曼散射测温法

利用拉曼散射原理可以制成拉曼散射光谱测温仪器,根据光学系统分光原理的不同,拉曼光谱仪可分为色散型拉曼光谱仪和傅里叶变换拉曼光谱仪。典型的拉曼散射装置如图 8-47 所示,主要有激光光源、外光路系统、测试装置,以及单色摄谱仪（内光路）和探测记录装置。激光光源可以是可见光波段、紫外波段、红外波段的激光器,其作用是与物质分子相互作用,产生散射光。最常用的是氩离子激光,波长为 514.5 nm 和 488.0 nm 的谱线最强,单频输出功率为 0.2~1 W。也可以用氦-氖激光（波长为 632.8 nm,约为 50 mW）,但 50 mW 的氦-氖激光器几乎观察不到拉曼散射,通常用 YAG 激光器 2 倍频 532 nm 激光或 3 倍频 355 nm 激光。

为了在测试区内得到最有效的照射,最大限度地收集散射光,还要适合对不同状态的试样在各种不同条件（如高、低温等）下的测试,通常采用聚焦激光照射到测试区域,以提高测试区域内的辐照度,产生拉曼散射。在入射激光的垂直方向,用透镜和反射镜将拉曼散射光聚焦在单色仪上,由光电倍增管计数散射光子。对于定常流动,采用脉冲激光器,经过较长时间的照射采集,求其平均值,可提高测试精度。如果火焰的背景辐射很强,则可通过将入射光产生的信号减去无入射光时所引起的信号,也可采用遮光器间断挡住入射激光束。

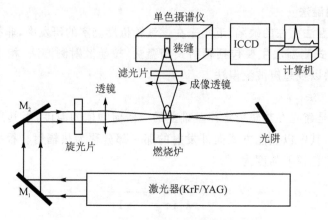

图 8-47 典型的拉曼散射装置

单色仪(见图 8-48)内部是色散光路,其主要功能是对光谱信号进行频率分解,多采用短焦距的摄谱仪,以提高到达探测器的光谱信号强度。入射光通过入射狭缝后经准直镜 M_1 照射在平面射光栅 G 上,衍射光束经成像汇聚在物镜 M_2 上,反射后直接照射到平面反射镜 M_3 上,经 M_3 反射的光照射在出射狭缝 S_2 上;在 S_2 外侧有一光电倍增管,当光谱仪的光栅转动时,光谱信号通过光电倍增管放大,电子学转换相应的电脉冲,并由光子计数器计数,进入计算机处理,在显示器的荧光屏上得到光谱的分布曲线。

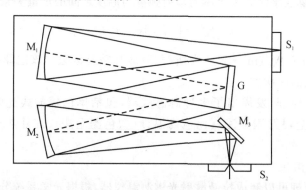

S_1—入射狭缝;S_2—出射狭缝;M_1—准直镜;M_2—物镜;M_3—平面反射镜;G—平面射光栅

图 8-48 单色仪

色散型拉曼光谱仪一般采用多单色器系统,如双单色器、三单色器。最好的是带有全息光栅的双单色器,能有效消除杂散光,使与激光波长非常接近的弱拉曼线得到检测。在傅里叶变换拉曼光谱仪中,以迈克耳逊(Michelson)干涉仪代替色散元件,光源利用率高,可采用红外激光光源,以避免分析物或杂质的荧光干扰。

图 8-49 所示为拉曼散射法测量距离燃烧器出口 6 mm 水平面方向测得的,预混乙烯-空气(化学计量比为 0.8,总体积流量为 17.5 L/min)火焰的斯托克斯拉曼散射谱分布。图示信号为 300 次的 YAG 激光脉冲的累积结果。

(3) 相干反斯托克斯测温法

CARS 法把受激拉曼散射和自发拉曼散射的优点结合起来,不仅信噪比增强,还具有方向性强、抗噪声和荧光性能好、脉冲效率高和所需脉冲输入能量小等优点,适合含有高浓度颗粒

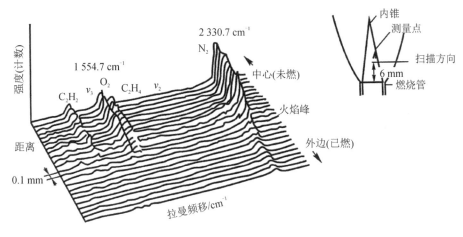

图 8-49 斯托克斯拉曼散射谱分布

的两相流场非清洁火焰的温度诊断。

典型的 CARS 实验装置如图 8-50 所示，泵浦光源（ω_1）采用 Nd∶YAG 激光器发出的经倍频后的 532 nm 的激光，通过分束镜 BS_1 分为两束。其中，一束用来泵浦 DYE 激光器产生斯托克斯光（ω_2），斯托克斯光通过全反射镜 M_3，与另一束通过分束镜 BS_2 以及全反射镜 M_1、M_2（调整光路，主要用于调整延迟时间，因为是脉冲激光，需保证泵浦光与斯托克斯光在时间上重合）和中心打有 45° 斜孔的环形反射镜 AM 形成的环形激光，组成用于 USED CARS 的相位匹配方式。然后，这两束激光（ω_1 和 ω_2）通过透镜 L_1，聚焦于待测火焰上某处，出射的 CARS 信号光（ω_{As}）及其他激光（剩余的泵浦光 ω_1 和斯托克斯光 ω_2）通过与 L_1 共焦的相同透镜 L_2，平行射向双色镜 DM（短波通），通过 DM 反射掉大部分其他激光（波长较长），而透过信号光（波长较短），再通过干涉滤光片 F，进一步滤掉其他激光并透过信号光。最后，信号光经过透镜 L_3 聚焦后进入光导纤维，光导纤维传输 CARS 信号到光谱仪的入口狭缝上，由摄谱仪采集光谱，光谱信号经过处理再送入计算机进行显示和处理。

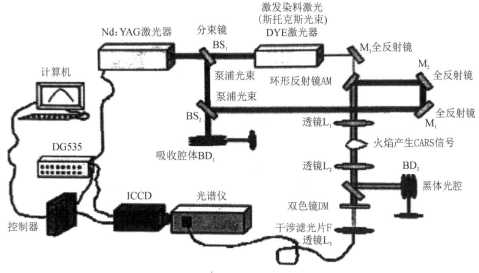

图 8-50 典型的 CARS 实验装置

图 8 - 51 所示为用上述 CARS 装置在自制的平面火焰炉上对液化石油气和空气的预混火焰的温度进行测量得到的结果。为提高时间分辨率,采用宽带单脉冲测量方式。通过拟合得到火焰的温度 $T = 1\,135\,K$,与热电偶测得的结果 $T = 1\,050\,K$ 相比较,相对误差为 8%。

(4) 微波衰减测温法

微波衰减测温法也是非接触式测量火焰温度的一种方法,其原理是根据入射微波通过火焰中的等离子体后的衰减程度来确定火焰的温度。图 8 - 52 描述的是固体火箭推进剂火焰的微波测温原理示意图。在推进剂中掺入不同量的高氯酸钾($KClO_4$),因为钾有较低的电离位能,故可在燃烧火焰中产生足够的自由电子。这些电子与入射微波相互作用,使出射微波的强度衰减。

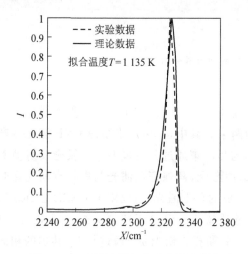

图 8 - 51 理论光谱与实验光谱的拟合

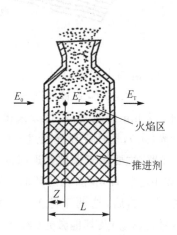

图 8 - 52 固体火箭推进剂火焰的
微波测温示意图

电场强度的变化与等离子体的传播常数有关,可描述为

$$E_P = E_0 \exp(-\Gamma z), \quad E_T = E_0 \exp(-\Gamma L) \tag{8-50}$$

式中:E 为电场强度振幅,下标 0、P 和 T 分别表示入射波、火焰中和出射波;z 为火焰区中某测点在传播方向上的距离;Γ 为等离子体的传播常数,$\Gamma = \alpha + \beta i$,$i$ 为组分 α 和 β 分别为衰减常数和相位常数,它们是火焰温度、压力、微波频率、气体成分和密度以及电子密度(即高氯酸钾含量)的复杂函数。定义 A(dB)为穿过火焰区域后的微波衰减,则有

$$A = 20\lg \frac{E_T}{E_0} = 20\lg e^{-\Gamma L} \tag{8-51}$$

在一定的假设条件下(如认为钾离子是唯一的自由电子源),通过复杂的计算可得到微波衰减 A 与火焰温度、压力和高氯酸钾含量的变化关系,如图 8 - 53 所示。

(5) 超声波测温法

声学测温是以声波在介质中的传播速率与温度有关为基础的。声波在理想气体中的传播速率与气体温度的平方根成正比,即

$$c = k\sqrt{T} \tag{8-52}$$

式中:c 为声速,m/s;T 为温度,K;k 为常数。将声波在理想气体中的传播过程看作是绝热过

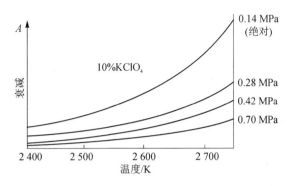

图 8-53　高氯酸钾含量为 10% 时，微波衰减 A 与火焰温度和压力的关系

程，其传播速度 c 为

$$c = \sqrt{\frac{\gamma p}{\rho}} = \sqrt{\frac{1\,000\gamma R_u T}{M}} \qquad (8-53)$$

式中：γ 为气体的比定压热容与比定容热容之比，$\gamma = c_p/c_V$；R_u 为摩尔气体常数，数值为 8.314 J/(mol·K)；M 为气体的摩尔质量，g/mol；ρ 为气体密度，kg/m³；p 为气体压力，Pa；T 为气体温度，K。对于实际气体，其声速为

$$c = \sqrt{\frac{\gamma(R_u T + 2Bp)}{M}} \qquad (8-54)$$

式中：B 为第二维里系数。显然，实际气体的声速不仅与温度有关，而且与气体的压力有关。因此，一般条件下对压力的影响要进行修正。

对于匀质且截面均匀的细线，当其线径与长度之比小于 0.1~0.2 时，声波在固体中的传播速度为

$$c = \sqrt{\frac{E}{\rho}} \qquad (8-55)$$

式中：E 为材料的弹性模量，GPa；ρ 为材料的密度，kg/m³。但是，由于缺少弹性模量与温度间准确的函数关系，现在在固体中传播的声速与温度的关系需要靠实验来标定。

大多数气体中的声速随气体温度的升高而增大，大多数固、液体中的声速随温度的升高而降低。气体中声速的温度变化率 $\mathrm{d}c/\mathrm{d}T$ 在低温时最大，而固体中在高温时最大，在液体中基本不变。因此，声学测温技术特别适合测量低温气体、高温固体中的温度。图 8-54 所示为超声速气体温度计测量系统示意图。

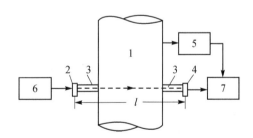

1—被测流体管道；2、4—超声换能器；
3—缓冲器；5—压力传感器；
6—超声波发射电路；7—超声波接收电路

图 8-54　超声速气体温度计测量系统示意图

超声速气体温度计只能测量平均温度。由于影响声速测量的因素很多，如被测介质的性质、组分、温度、压力和流动状况等，因此需要修正。因为测量声程不能太短，否则难以测得准确的温度，因此它更适合测量大容积的气体温度。

8.7　燃烧热声不稳定测量

对燃烧热声耦合振荡引起的燃烧不稳定性的实验测试,根据实验目的和对象的不同,这些实验在不同尺度的燃烧装置上进行,并可分为三类实验:第一类是基础理论研究,主要在简单结构的燃烧器上研究燃烧热声振荡产生的机理,如 Rijke 管和 Sondhauss 管等,实验装置往往比较简单,这样可以减少实验中的不确定因素,也较容易实现对于燃烧过程细节的测量;第二类是现象研究,主要是在燃气轮机等燃烧装置的模型燃烧室上模拟实际运行工况下的热声耦合振荡现象,这样可以近似于真实燃气轮机中的不稳定燃烧状况,使得结果更贴近于工业实际;第三类是工业实验研究,在全尺寸燃气轮机燃烧室上进行实验,主要是解决运行中遇到的燃烧热声不稳定问题,以改进设计,提高产品性能。

8.7.1　燃烧热声不稳定测量方法

对于燃烧热声不稳定过程中的重要参数进行直接测量,是了解不稳定燃烧机理、研究其内部机制的重要手段。燃烧热声振荡的测量中涉及对燃烧产生的噪声的测量,这包括两个部分:一部分是确定其频谱特性,由于直接燃烧噪声的频谱往往分布在一个较广的范围内,并且与湍流脉动的频谱有直接关系,因此对于其频谱特性的测定一直是一个受到关注的问题,并且对于一些标准火焰,例如射流火焰声压级的频谱特性的测量,可以建立校准理论分析以及数值计算结果的标准数据库,这一类实验的对象较多集中于开放空间中的火焰,可以减少壁面等因素的影响,简化分析过程;另一部分着眼于真实燃烧室内的直接燃烧噪声,基于声学测量的角度,得到声压级等一些直接燃烧噪声特征量的信息,使得研究结果更加贴近于实际。

燃烧室内压力的波动可能会诱发燃烧室的不稳定振荡现象,有必要对流场特性进行测量研究,也就是对燃烧热声振荡的测量。常用的测量仪器设备包括振动噪声分析仪、压力变送器和高速摄像仪,下面分别介绍其功能及作用。

① 振动噪声分析仪用于测量燃烧室内压力波动的频率和振幅,它是一套用于数据采集和信号分析的高性能多通道数据采集系统,它可以任意组合噪声及振动测量通道,实现噪声、振动等物理量的实时测量。利用计算机的高速计算大容量存储能力对采集到的信号进行时域、频域分析计算,可广泛应用环境噪声测量、环境振动测量、噪声源的快速频谱分析等诸多领域。仪器一般装有通用分析软件,可用于各种声学和振动分析。

② 高速摄像仪用于记录火焰形状(即外表面)的变化情况,火焰表面积的变化规律可以直接反映热释放速率的脉动情况。根据高速摄像采样频率高、图像分辨率高的特点,可用它来记录火焰的脉动图像,利用拍摄到的图像研究火焰结构和热释放速率的变化规律,并取得了较好的效果。

③ 压力变送器用于记录燃烧室内压力的波动情况,一般配以 PCI 数据采集卡采集压力信号,利用软件处理数据,并在计算机上显示压力随时间的波动曲线。根据获得的压力曲线,可以了解任一时刻流场内的压力波动情况。通过分析燃烧室内的振动频谱,可以探讨燃烧室内流场对火焰振荡的影响规律,以及探讨热声耦合振荡的诱发机理。

8.7.2　Rijke 型燃烧器的热声不稳定诊断

目前对 Rijke 型燃烧器热声不稳定诊断开展的工作包括:对不同类型的柱型燃烧器、不同的热源方式、热源位置、化学当量比、燃料种类、氧气浓度、边界条件、入口速率、雷诺数和加热功率或燃烧功率的热声不稳定现象的研究。这些工作测量了管内温度、压力脉动幅值、振动频率、脉动速率、共振模式、热释放率和发光率等参数,并且研究了这些参数的相互相位关系、频谱特性和热声不稳定得以激发和持续的临界参数。图 8 - 55 给出了 Rijke 型燃烧器热声不稳定实验系统示意图。Rijke 型燃烧器能激发起热声振荡的条件为在大长径比(长度和直径之比)的管子的下部布置温度足够高的热源,而且热源放在 Rijke 管下部 1/4 处时振荡最为激烈,再往上移振荡发生衰减。所以实验中所使用的燃烧器为竖直布置的 Rijke 型热声管,上端开口,下端封闭,对应于声学上的开口和封闭,燃烧器为管长 1 066 mm、内径 40 mm。Rijke 管的热源可以是电热丝网,也可以是火焰,这里采用的热源是火焰。在距热声管底部 1/4 处或 1/2 处内置多孔介质状的火焰稳燃体,上方安装有电点火器,并用甲烷和空气的预混气体在多孔介质表面燃烧形成平面火焰作为整个声学体的热源。甲烷和压缩空气经质量流量控制器后在混合腔内预混,从 Rijke 管底部通入管内,混合气流经电点火枪点燃后,在稳燃体的作用下稳定燃烧。沿 Rijke 管高度布置了若干温度($T_1 \sim T_6$)和压力($p_1 \sim p_5$)测点,管内温度采用热电偶进行测量,管内压力采用压力传感器进行测量,测量数据用计算机采集并记录。

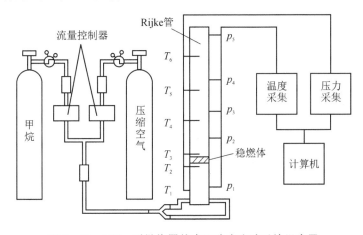

图 8 - 55　Rijke 型燃烧器热声不稳定实验系统示意图

化学当量比 Φ 是燃烧反应的一个关键参数,它表征了参加化学反应的组分配比情况,直接影响燃烧反应能否开始以及燃烧反应的剧烈程度,同时也直接影响着燃烧的完全性、热声不稳定的强度、共振频率和污染物的排放水平。因此,不同当量比下 Rijke 管的热声不稳定特性实验工况如表 8 - 3 所列。化学当量比从 0.6~1.79 依次缓慢递增,其中空气流量保持不变,主要通过改变甲烷流量来控制化学当量比。

可以测量得出预混燃烧器在各个化学当量比的压力振荡波形,发现在 $\Phi = 0.6$ 和 $\Phi = 1.79$ 时,预混燃烧器内均不能持续燃烧,而且熄火时的压力波形不同。在 $\Phi = 0.6$ 时,其渐变过程持续数秒,较为明显;而在 $\Phi = 1.79$ 时,其渐变过程并不明显,在 0.5 s 内压力便减小到平衡位置。缓慢调整甲烷的流量,使预混燃烧器内能够维持持续燃烧,获得了 Rijke 型预混燃烧器的下限极限化学当量比和上限极限化学当量比,分别为 0.63 和 1.75。当 $\Phi = 0.63$ 时,预混燃烧器内能够维持持续燃烧,但压力波形极不稳定,燃烧器内出现周期性的短暂熄火,然后重新被高温的火焰稳燃体点燃继续燃烧。$\Phi=1.75$ 时的压力波形起振过程相当迅速,在 0.2 s 内,燃烧器内的压力振幅从 0 Pa 左右迅速增加到 50 Pa。此外,从各个化学当量比下的平均压力幅值和燃烧区域的温度值的分析中还发现,当 $1\leqslant\Phi\leqslant1.5$ 时,平均压力幅值均维持较高水平,这说明在富燃条件下燃烧器的热声不稳定易于发生,这一结论给分级配气的燃烧器设计带来了重要参考:在二次风或三次风喷入燃烧室之前,虽然燃烧室内的缺氧状况能够有效地降低燃烧室内的温度水平,大量减少热力型 NO_x 的生成,但此时燃烧室处于富燃气氛,容易发生热声不稳定现象,其压力振荡幅值也较大,对燃烧过程和设备结构带来更严重的影响。低 NO_x 燃气轮机常遇到的燃烧热声不稳定问题可能就是其分级配气带来的富燃气氛造成的,这一实验结论能给低 NO_x 燃气轮机的设计提供参考。

表 8-3　热声不稳定实验工况表

序　号	化学当量比	空气流量/ $(L \cdot min^{-1})$	甲烷流量/ $(L \cdot min^{-1})$	序　号	化学当量比	空气流量/ $(L \cdot min^{-1})$	甲烷流量/ $(L \cdot min^{-1})$
1	0.60	4.80	0.30	8	1.19	4.80	0.60
2	0.63	4.80	0.32	9	1.29	4.80	0.65
3	0.73	4.80	0.37	10	1.49	4.80	0.75
4	0.79	4.80	0.40	11	1.59	4.80	0.80
5	0.89	4.80	0.45	12	1.75	4.80	0.88
6	0.99	4.80	0.50	13	1.79	4.80	0.90
7	1.09	4.80	0.55				

习　　题

1. 燃烧室有哪些重要试验?
2. 说明在全环型燃烧室试验台上如何进行全环型燃烧室的模拟试验测试。
3. 液体燃料雾化的特征参数有哪些?
4. 索特尔平均直径(SMD)是如何定义的? 为什么燃烧学中广泛使用 SMD?
5. 燃气轮机燃烧室常用的燃油喷嘴有哪几种?
6. 在燃气轮机燃烧室中为什么要采用双油路离心喷嘴?
7. 液体燃料的雾化机理是什么? 如何应用这些机理来改善燃料的雾化质量?
8. 评定液体燃料雾化质量的指标有哪些? 它们对燃烧性能有什么影响?
9. 试分析各种喷嘴的雾化过程。燃油射流在雾化过程中主要受哪些力的作用?
10. 为什么在高压燃烧室中用离心喷嘴供油时,头部辐射及冒烟问题比较严重,而采用空气雾化喷嘴或蒸发管式喷嘴时情况就好得多?
11. 激光测试技术在燃烧测试中的应用有哪些? 都有什么特点?
12. 燃烧流场中温度的测试都有哪些方法? 与接触式测温法相比,非接触式测温法有哪些优点?

附录 A C-H-O-N 系统热力学性质

表 A.1 一氧化碳(CO)热力学参数(MW＝28.010 kg/kmol, 298 K 时的生成焓＝−110 541 kJ/kmol)

T/K	$\bar{c}_p/$ $[kJ \cdot (kmol \cdot K)^{-1}]$	$\bar{h}^0(T)-\bar{h}_f^0(298\ K)/$ $(kJ \cdot kmol^{-1})$	$\bar{h}_f^0(T)/$ $(kJ \cdot kmol^{-1})$	$\bar{s}^0(T)/$ $[kJ \cdot (kmol \cdot K)^{-1}]$	$\bar{g}_f^0(T)/$ $(kJ \cdot kmol^{-1})$
200	28.687	−2 835	−111 308	186.018	−128 532
298	29.072	0	−110 541	197.548	−137 163
300	29.078	54	−110 530	197.728	−137 328
400	29.433	2 979	−110 121	206.141	146 332
500	29.857	5 943	−110 017	212.752	−155 403
600	30.407	8 955	−110 156	218.242	−164 470
700	31.089	12 029	−110 477	222.979	−173 499
800	31.860	15 176	−110 942	227.180	−182 473
900	32.629	18 401	−111 450	230.978	−191 386
1 000	33.255	21 697	−112 022	234.450	−200 238
1 100	33.725	25 046	−112 619	237.642	−209 030
1 200	34.148	28 440	−113 240	240.595	−217 768
1 300	34.530	31 874	−113 881	243.344	−226 453
1 400	34.872	35 345	−114 543	245.915	−235 087
1 500	35.178	38 847	−115 225	248.332	−243 674
1 600	35.451	42 379	−115 925	250.611	−252 214
1 700	35.694	45 937	−116 644	252.768	−260 711
1 800	35.910	49 517	−117 380	254.814	−269 164
1 900	36.101	53 118	−118 132	256.761	−277 576
2 000	36.271	56 737	−118 902	258.617	−285 948
2 100	36.421	60 371	−119 687	260.391	−294 281
2 200	36.553	64 020	−120 488	262.088	−302 576
2 300	36.670	67 682	−121 305	263.715	−310 835
2 400	36.744	71 354	−122 137	265.278	−319 057
2 500	36.867	75 036	−122 984	266.781	−327 245

表 A. 2　二氧化碳(CO_2)热力学参数(MW＝44. 011 kg/kmol,298 K 时的生成焓＝－393 546 kJ/kmol)

T/K	$\bar{c}_p/$ $[kJ \cdot (kmol \cdot K)^{-1}]$	$\bar{h}^0(T)-\bar{h}_f^0(298\ K)/$ $(kJ \cdot kmol^{-1})$	$\bar{h}_f^0(T)/$ $(kJ \cdot kmol^{-1})$	$\bar{s}^0(T)/$ $[kJ \cdot (kmol \cdot K)^{-1}]$	$\bar{g}_f^0(T)/$ $(kJ \cdot kmol^{-1})$
200	32.387	－3 423	－393 483	199.876	－394 126
298	37.198	0	－393 546	213.736	－394 428
300	37.280	69	－393 547	212.966	－394 433
400	41.276	4 003	－393 617	225.257	－394 718
500	44.569	8 301	－393 712	234.833	－394 983
600	47.313	12 899	－393 844	243.209	－395 226
700	49.617	17 749	－394 013	250.680	－395 635
800	51.550	22 810	－394 213	257.436	－395 799
900	53.136	28 047	－394 433	263.603	－395 939
1 000	54.360	33 425	－394 659	269.268	－396 056
1 100	55.333	38 911	－394 875	274.495	－396 155
1 200	56.205	44 488	－395 083	279.348	－396 236
1 300	56.984	50 149	－395 287	283.878	－396 301
1 400	57.677	55 882	－395 488	288.127	－396 352
1 500	58.292	61 681	－395 691	292.128	－396 389
1 600	58.836	67 538	－395 897	295.908	－396 414
1 700	59.316	73 446	－396 110	299.489	－396 425
1 800	59.738	79 399	－396 332	302.892	－396 424
1 900	60.108	85 392	－396 564	306.132	－396 421
2 000	60.433	91 420	－396 808	309.223	－396 410
2 100	60.717	97 477	－397 065	312.179	－396 384
2 200	60.966	103 562	－397 338	315.009	－396 346
2 300	61.185	109 670	－397 626	317.724	－396 294
2 400	61.378	115 798	－397 931	320.333	－396 230
2 500	61.548	121 944	－398 253	322.842	－396 152

表 A.3 氢气(H₂)热力学参数(MW=2.016 kg/kmol,298 K 时的生成焓=0)

T/K	$\bar{c}_p/$ $[kJ \cdot (kmol \cdot K)^{-1}]$	$\bar{h}^0(T)-\bar{h}_f^0(298\ K)/$ $(kJ \cdot kmol^{-1})$	$\bar{h}_f^0(T)/$ $(kJ \cdot kmol^{-1})$	$\bar{s}^0(T)/$ $[kJ \cdot (kmol \cdot K)^{-1}]$	$\bar{g}_f^0(T)/$ $(kJ \cdot kmol^{-1})$
200	28.522	−2 818	0	119.137	0
298	28.871	0	0	130.595	0
300	28.877	53	0	130.773	0
400	29.120	2 954	0	139.116	0
500	29.275	5 874	0	145.632	0
600	29.375	8 807	0	150.979	0
700	29.461	11 749	0	155.514	0
800	29.581	14 701	0	159.455	0
900	29.792	17 668	0	162.950	0
1 000	30.160	20 664	0	166.106	0
1 100	30.625	23 704	0	169.003	0
1 200	31.077	26 789	0	171.687	0
1 300	31.516	29 919	0	174.192	0
1 400	31.943	33 092	0	176.543	0
1 500	32.356	36 307	0	178.761	0
1 600	32.758	39 562	0	180.862	0
1 700	33.146	42 858	0	182.860	0
1 800	33.522	46 191	0	184.765	0
1 900	33.885	49 562	0	186.587	0
2 000	34.236	52 968	0	188.334	0
2 100	34.575	56 408	0	190.013	0
2 200	34.901	59 882	0	191.629	0
2 300	35.216	63 388	0	193.187	0
2 400	35.519	66 925	0	194.692	0
2 500	35.811	70 492	0	196.148	0

表 A.4　水(H_2O)热力学参数(MW＝18.016 kg/kmol,298 K 时的生成
焓＝－241 845 kJ/kmol,蒸发焓＝44 010 kJ/kmol)

T/K	$\bar{c}_p/$ $[kJ \cdot (kmol \cdot K)^{-1}]$	$\bar{h}^0(T)-\bar{h}_f^0(298\ K)/$ $(kJ \cdot kmol^{-1})$	$\bar{h}_f^0(T)/$ $(kJ \cdot kmol^{-1})$	$\bar{s}^0(T)/$ $[kJ \cdot (kmol \cdot K)^{-1}]$	$\bar{g}_f^0(T)/$ $(kJ \cdot kmol^{-1})$
200	32.255	－3 227	－240 838	175.602	－232 779
298	33.448	0	－241 845	188.715	－228 608
300	33.468	62	－241 865	188.922	－228 526
400	34.437	3 458	－242 858	198.686	－223 929
500	35.337	6 947	－243 822	206.467	－219 085
600	36.288	10 528	－244 753	212.992	－214 049
700	37.364	14 209	－245 638	218.665	－208 861
800	38.587	18 005	－246 461	223.733	－203 550
900	39.930	21 930	－247 209	228.354	－198 141
1 000	41.315	25 993	－247 879	232.633	－192 652
1 100	42.638	30 191	－248 475	236.634	－187 100
1 200	43.874	34 518	－249 005	240.397	－181 497
1 300	45.027	38 963	－249 477	243.955	－175 852
1 400	46.102	43 520	－249 895	247.332	－170 172
1 500	47.103	48 181	－250 267	250.547	－164 464
1 600	48.035	52 939	－250 597	253.617	－158 733
1 700	48.901	57 786	－250 890	256.556	－152 983
1 800	49.705	62 717	－251 151	259.374	－147 216
1 900	50.451	67 725	－251 384	262.081	－141 435
2 000	51.143	72 805	－251 594	264.687	－135 643
2 100	51.784	77 952	－251 783	267.198	－129 841
2 200	52.378	83 160	－251 955	269.621	－124 030
2 300	52.927	88 426	－252 113	271.961	－118 211
2 400	53.435	93 744	－252 261	274.225	－112 386
2 500	53.905	99 112	－252 399	276.416	－106 555

表 A.5　氮气(N₂)热力学参数(MW＝28.013 kg/kmol,298 K 时的生成焓＝0)

T/K	$\bar{c}_p/$ $[\text{kJ}\cdot(\text{kmol}\cdot\text{K})^{-1}]$	$\bar{h}^0(T)-\bar{h}_f^0(298\text{ K})/$ $(\text{kJ}\cdot\text{kmol}^{-1})$	$\bar{h}_f^0(T)/$ $(\text{kJ}\cdot\text{kmol}^{-1})$	$\bar{s}^0(T)/$ $[\text{kJ}\cdot(\text{kmol}\cdot\text{K})^{-1}]$	$\bar{g}_f^0(T)/$ $(\text{kJ}\cdot\text{kmol}^{-1})$
200	28.793	−2 841	0	179.959	0
298	29.071	0	0	191.511	0
300	29.075	54	0	191.691	0
400	29.319	2 973	0	200.088	0
500	29.636	5 920	0	206.662	0
600	30.086	8 905	0	212.103	0
700	30.684	11 942	0	216.784	0
800	31.393	15 046	0	220.927	0
900	32.131	18 222	0	224.667	0
1 000	32.762	21 468	0	228.087	0
1 100	33.258	24 770	0	231.233	0
1 200	33.707	28 118	0	234.146	0
1 300	34.113	31 510	0	236.861	0
1 400	34.477	34 939	0	239.402	0
1 500	34.805	38 404	0	241.792	0
1 600	35.099	41 899	0	244.048	0
1 700	35.361	45 423	0	246.184	0
1 800	35.595	48 971	0	248.212	0
1 900	35.803	52 541	0	250.142	0
2 000	35.988	56 130	0	251.983	0
2 100	36.152	59 738	0	253.743	0
2 200	36.298	63 360	0	255.429	0
2 300	36.428	66 997	0	257.045	0
2 400	36.543	70 645	0	258.598	0
2 500	36.645	74 305	0	260.092	0

表 A.6 一氧化氮(NO)热力学参数(MW＝30.006 kg/kmol,298 K 时的生成焓＝90.297 kJ/kmol)

T/K	$\bar{c}_p/$ $[kJ \cdot (kmol \cdot K)^{-1}]$	$\bar{h}^0(T)-\bar{h}_f^0(298\ K)/$ $(kJ \cdot kmol^{-1})$	$\bar{h}_f^0(T)/$ $(kJ \cdot kmol^{-1})$	$\bar{s}^0(T)/$ $[kJ \cdot (kmol \cdot K)^{-1}]$	$\bar{g}_f^0(T)/$ $(kJ \cdot kmol^{-1})$
200	29.374	−2 901	90 234	198.856	87 811
298	29.728	0	90 267	210.652	86 607
300	29.735	55	90 298	210.836	86 584
400	30.103	3 046	90 341	219.439	85 340
500	30.570	6 079	90 367	226.204	84 086
600	31.174	9 165	90 382	231.829	82 828
700	31.908	12 318	90 393	236.688	81 568
800	32.715	15 549	90 405	241.001	80 307
900	33.498	18 860	90 421	244.900	79 043
1 000	34.076	22 241	90 443	248.462	77 778
1 100	34.483	25 669	90 465	251.729	76 510
1 200	34.850	29 136	90 486	254.745	75 241
1 300	35.180	32 638	90 505	257.548	73 970
1 400	35.474	36 171	90 520	260.166	72 697
1 500	35.737	39 732	90 532	262.632	71 423
1 600	35.972	43 317	90 538	264.937	70 149
1 700	36.180	46 925	90 539	267.124	68 875
1 800	36.364	50 552	90 534	269.197	67 601
1 900	36.527	54 197	90 523	271.168	66 327
2 000	36.671	57 857	90 505	273.045	65 054
2 100	36.797	61 531	90 479	274.838	63 782
2 200	36.909	65 216	90 447	276.552	62 511
2 300	37.008	68 912	90 406	278.195	61 243
2 400	37.095	72 617	90 358	279.772	59 976
2 500	37.173	76 331	90 303	281.288	58 771

表 A.7　二氧化氮(NO₂)热力学参数(MW=46.006 kg/kmol,298 K 时的生成焓=33 098 kJ/kmol)

T/K	$\bar{c}_p/$ $[kJ \cdot (kmol \cdot K)^{-1}]$	$\bar{h}^0(T)-\bar{h}_f^0(298\ K)/$ $(kJ \cdot kmol^{-1})$	$\bar{h}_f^0(T)/$ $(kJ \cdot kmol^{-1})$	$\bar{s}^0(T)/$ $[kJ \cdot (kmol \cdot K)^{-1}]$	$\bar{g}_f^0(T)/$ $(kJ \cdot kmol^{-1})$
200	32.936	−3 432	33 961	226.061	45 453
298	36.881	0	33 098	239.925	51 291
300	36.949	68	33 085	240.153	51 403
400	40.331	3 937	32 521	251.259	57 602
500	43.227	8 118	32 173	260.578	63 916
600	45.373	12 569	31 974	268.686	70 285
700	47.931	17 255	31 885	257.904	76 679
800	49.762	22 141	31 880	282.427	83 079
900	51.243	27 195	31 938	288.377	89 476
1 000	52.271	32 357	32 035	293.834	95 864
1 100	52.989	37 638	32 146	298.850	102 242
1 200	53.625	42 970	32 267	303.489	108 609
1 300	54.186	48 361	32 392	307.804	114 966
1 400	54.679	53 805	32 519	311.838	121 313
1 500	55.109	59 295	32 643	315.625	127 651
1 600	55.483	64 825	32 762	319.194	133 981
1 700	55.805	70 390	32 873	322.568	140 303
1 800	56.082	75 984	32 973	325.765	146 260
1 900	56.318	81 605	33 061	328.804	152 931
2 000	56.517	87 247	33 134	311.698	159 238
2 100	56.685	92 907	33 192	334.460	165 542
2 200	56.826	98 583	32 233	337.100	171 843
2 300	56.943	104 271	33 256	339.629	178 143
2 400	57.040	109 971	33 262	342.054	184 442
2 500	57.121	115 679	33 248	344.384	190 742

表 A.8　氧气(O_2)热力学参数(MW=31.999 kg/kmol,298 K 时的生成焓=0)

T/K	$\bar{c}_p/$ $[\text{kJ} \cdot (\text{kmol} \cdot \text{K})^{-1}]$	$\bar{h}^0(T) - \bar{h}_f^0(298\ \text{K})/$ $(\text{kJ} \cdot \text{kmol}^{-1})$	$\bar{h}_f^0(T)/$ $(\text{kJ} \cdot \text{kmol}^{-1})$	$\bar{s}^0(T)/$ $[\text{kJ} \cdot (\text{kmol} \cdot \text{K})^{-1}]$	$\bar{g}_f^0(T)/$ $(\text{kJ} \cdot \text{kmol}^{-1})$
200	28.473	−2 836	0	193.518	0
298	29.315	0	0	505.043	0
300	29.331	54	0	205.224	0
400	30.210	3 031	0	213.782	0
500	31.114	6 097	0	220.620	0
600	32.030	9 254	0	226.374	0
700	32.927	12 503	0	213.379	0
800	33.757	15 838	0	235.831	0
900	34.454	19 250	0	239.849	0
1 000	34.936	22 721	0	243.507	0
1 100	35.270	26 232	0	246.852	0
1 200	35.593	29 775	0	249.935	0
1 300	35.903	33 350	0	252.796	0
1 400	36.202	36 955	0	255.468	0
1 500	36.490	40 590	0	257.976	0
1 600	36.768	44 253	0	260.339	0
1 700	37.036	47 943	0	262.577	0
1 800	37.296	51 660	0	264.701	0
1 900	37.546	55 402	0	266.724	0
2 000	37.778	59 169	0	268.656	0
2 100	38.023	62 959	0	270.506	0
2 200	38.250	66 773	0	272.280	0
2 300	38.470	70 609	0	273.985	0
2 400	38.684	74 467	0	275.627	0
2 500	38.191	78 346	0	277.210	0

表 A.9 氮原子(N)热力学参数(MW=14.007 kg/kmol,298 K 时的生成焓=472 629 kJ/kmol)

T/K	$\bar{c}_p/$ $[kJ \cdot (kmol \cdot K)^{-1}]$	$\bar{h}^0(T)-\bar{h}_f^0(298\ K)/$ $(kJ \cdot kmol^{-1})$	$\bar{h}_f^0(T)/$ $(kJ \cdot kmol^{-1})$	$\bar{s}^0(T)/$ $[kJ \cdot (kmol \cdot K)^{-1}]$	$\bar{g}_f^0(T)/$ $(kJ \cdot kmol^{-1})$
200	20.786	0	472 629	153.189	455.504
300	20.786	38	472 640	153.317	455.398
400	20.786	2 117	473 258	159.297	449 557
500	20.786	4 196	473 864	163.935	443 562
600	20.786	6 274	474 450	167.725	437.446
700	20.786	8 353	475 010	170.929	431 234
800	20.786	10 431	475 537	173.705	424 944
900	20.786	12 510	476 027	176.153	418 590
1 000	20.786	14 589	476 483	178.343	412 183
1 100	20.792	16 668	476 911	180.325	405 732
1 200	20.795	18 747	477 316	182.134	399 243
1 300	20.795	20 826	477 700	183.798	392 721
1 400	20.793	22 906	478 064	185.339	386 171
1 500	20.790	24 985	478 411	186.774	379 595
1 600	20.786	27 064	478 742	188.115	372 996
1 700	20.782	29 142	479 059	189.375	366 377
1 800	20.779	31 220	479 656	190.563	359 740
1 900	20.777	33 298	479 656	191.687	353 086
2 000	20.776	35 376	479 939	192.752	346 417
2 100	20.778	37 453	480 213	193.766	339 735
2 200	20.783	39 531	480 479	194.733	333 039
2 300	20.791	41 610	480 740	195.657	326 331
2 400	20.802	43 690	480 995	196.657	319 622
2 500	20.818	45 771	481 246	197.391	312 883

表 A.10　氧原子(O)热力学参数(MW=16.000 kg/kmol,298 K 时的生成焓=249 197 kJ/kmol)

T/K	$\bar{c}_p/$ [kJ·(kmol·K)$^{-1}$]	$\bar{h}^0(T)-\bar{h}_f^0(298\ K)/$ (kJ·kmol^{-1})	$\bar{h}_f^0(T)/$ (kJ·kmol^{-1})	$\bar{s}^0(T)/$ [kJ·(kmol·K)$^{-1}$]	$\bar{g}_f^0(T)/$ (kJ·kmol^{-1})
200	22.477	−2 176	248 439	152.085	237 374
300	21.890	41	249 211	161.080	231 670
400	21.500	2 209	249 890	167.350	225 719
500	21.256	4 345	250 494	172.089	219 605
600	21.113	6 463	251 033	175.951	213 375
700	21.033	8 570	251 516	179.799	207 060
800	20.986	10 671	251 949	182.004	200 679
900	20.952	12 768	252 340	184.474	194 246
1 000	20.915	14 861	252 698	186.679	187 772
1 100	20.898	16 952	253 033	188.672	181 263
1 200	20.882	19 041	253 350	190.490	174 724
1 300	20.867	21 128	253 650	198.160	168 159
1 400	20.854	23 214	253 934	193.706	161 572
1 500	20.843	25 229	254 201	195.145	154 966
1 600	20.834	27 383	254 454	196.490	148 342
1 700	20.827	29 466	254 692	197.753	141 702
1 800	20.822	31 548	254 916	198.943	135 049
1 900	20.820	33 630	255 127	200.069	128 384
2 000	20.819	35 712	255 325	201.136	121 709
2 100	20.821	37 794	255 512	202.152	112 023
2 200	20.825	39 877	255 687	203.121	108 329
2 300	20.831	41 959	255 852	204.047	101 627
2 400	20.840	44 043	255 007	204.933	94 918
2 500	20.851	46 127	256 152	205.784	88 203

来源:表 A.1～表 A.10 由 Kee. R. J., Rupely F. M. 和 Miller J. 根据"The Chemkin Thermodynamic Dase"(Sandia Report,SAND87-8215B,March 1991)曲线拟合获得的相关数据。表中,T 为温度,$\bar{c}_p$ 为比定压热容,$\bar{h}^0(T)-\bar{h}_f^0(298\ K)$ 为显焓的变化,$\bar{h}_f^0(T)$ 为标准状态下生成焓,$\bar{s}^0(T)$ 为标准状态下熵值,$\bar{g}_f^0(T)$ 为标准状态下吉布斯生成自由能。

表 A.11　C-H-O-N 系统的热力学性质拟合曲线系数

$$\bar{c}_p/R_u = a_1 + a_2 T + a_3 T^2 + a_4 T^3 + a_5 T^4$$

$$\bar{h}_f^0/R_u T = a_1 + \frac{a_2}{2}T + \frac{a_3}{3}T^2 + \frac{a_4}{4}T^3 + \frac{a_5}{5}T^4 + \frac{a_6}{T}$$

$$\bar{s}^0/R_u = a_1\ln T + a_2 T + \frac{a_3}{2}T^2 + \frac{a_4}{3}T^3 + \frac{a_5}{4}T^4 + a_7$$

组　分	T/K	a_1	a_2	a_3	a_4	a_5	a_6	a_7
CO	1 000～5 000	0.030 250 78E+02	0.144 268 85E-02	−0.056 308 19E-05	0.101 858 13E-09	−0.069 109 51E-13	−0.142 683 50E+05	0.061 082 17E+02
CO	300～1 000	0.032 624 51E+02	0.151 194 09E-02	−0.038 817 55E-04	0.055 819 44E-07	−0.024 749 51E-10	−0.143 105 39E+05	0.048 488 97E+02
CO$_2$	1 000～5 000	0.044 536 23E+02	0.031 401 68E-01	−0.127 841 05E-05	0.023 939 96E-08	−0.166 903 33E-13	−0.048 966 96E+06	−0.095 539 59E+01
CO$_2$	300～1 000	0.022 757 24E+02	0.099 220 72E-01	−0.104 091 13E-04	0.068 666 86E-07	0.021 172 80E-10	−0.048 373 14E+06	0.101 884 88E+02
H$_2$	1 000～5 000	0.029 914 23E+02	0.070 006 44E-02	−0.056 338 28E-06	−0.092 315 78E-10	0.158 275 19E-14	−0.083 503 40E+04	−0.135 511 01E+01
H$_2$	300～1 000	0.032 981 24E+02	0.082 494 11E-02	−0.081 430 15E-05	−0.094 754 34E-09	0.041 348 72E-11	−0.101 252 09E+04	−0.032 940 94E+02
H	1 000～5 000	0.025 000 00E+02	0.000 000 00E+00	0.000 000 00E+00	0.000 000 00E+00	0.000 000 00E+00	0.025 471 62E+06	−0.046 011 76E+01
H	300～1 000	0.025 000 00E+02	0.000 000 00E+00	0.000 000 00E+00	0.000 000 00E+00	0.000 000 00E+00	0.025 471 62E+06	−0.046 011 76E+01
OH	1 000～5 000	0.028 827 30E+02	0.101 397 43E-02	−0.022 768 77E-05	0.021 746 83E-09	−0.051 263 05E-14	0.038 868 88E+05	0.055 957 12E+02
OH	300～1 000	0.036 372 66E+02	0.018 509 10E-02	−0.167 616 46E-05	0.023 872 02E-07	−0.084 314 42E-11	0.036 067 81E+05	0.135 886 05E+01
H$_2$O	1 000～5 000	0.026 721 45E+02	0.030 562 93E-01	−0.087 302 60E-05	0.120 099 64E-09	−0.063 916 18E-13	−0.029 899 21E+06	0.068 628 17E+02
H$_2$O	300～1 000	0.033 868 42E+02	0.034 749 82E-01	−0.063 546 96E-04	0.069 685 81E-07	−0.025 065 88E-10	−0.030 208 11E+06	0.025 902 32E+02
N$_2$	1 000～5 000	0.029 266 40E+02	0.148 797 68E-02	−0.056 847 60E-05	0.100 970 38E-09	−0.067 533 51E-13	−0.092 279 77E+04	0.059 805 28E+02
N$_2$	300～1 000	0.032 986 77E+02	0.140 824 04E-02	−0.039 632 22E-04	0.056 415 15E-07	−0.024 448 54E-10	−0.102 089 99E+04	0.039 503 72E+02
N	1 000～5 000	0.024 502 68E+02	0.106 614 58E-03	−0.074 653 37E-06	0.018 796 52E-09	−0.102 598 39E-14	0.056 116 04E+06	0.044 487 58E+02
N	300～1 000	0.025 030 71E+02	−0.002 180 018E-03	0.054 205 29E-06	−0.056 475 60E-09	0.020 999 04E-12	0.056 098 90E+06	0.041 675 66E+02
NO	1 000～5 000	0.032 454 35E+02	0.126 913 83E-02	−0.050 158 90E-05	0.091 692 83E-09	−0.062 754 17E-13	0.098 088 40E+05	0.064 172 93E+02
NO	300～1 000	0.033 765 41E+02	0.125 306 34E-02	−0.033 027 50E-04	0.052 178 10E-07	−0.024 462 62E-10	0.098 117 961E+05	0.058 295 90E+02
NO$_2$	1 000～5 000	0.046 828 59E+02	0.024 624 29E-01	−0.104 225 85E-05	0.019 769 02E-08	−0.139 171 68E-13	0.022 612 92E+05	0.098 859 85E+01
NO$_2$	300～1 000	0.026 706 00E+02	0.078 385 00E-01	−0.080 638 64E-04	0.061 617 14E-07	−0.023 201 50E-10	0.028 962 90E+05	0.116 120 71E+02
O$_2$	1 000～5 000	0.036 975 78E+02	0.061 351 97E-02	−0.125 884 20E-06	0.017 752 81E-09	−0.113 643 54E-14	−0.123 393 01E+04	0.031 891 65E+02
O$_2$	300～1 000	0.032 129 36E+02	0.112 748 64E-02	−0.057 561 50E-05	0.131 387 73E-08	−0.087 685 54E-11	−0.100 524 90E+04	0.060 347 37E+02
O	1 000～5 000	0.025 420 59E+02	−0.027 550 61E-04	−0.031 028 03E-07	0.045 510 67E-10	−0.043 680 51E-14	0.029 230 80E+06	0.049 203 08E+02
O	300～1 000	0.029 464 28E+02	−0.163 816 65E-02	0.024 210 31E-04	−0.160 284 31E-08	0.038 906 96E-11	0.029 147 64E+06	0.029 639 95E+02

注：以多项式形式拟合热力学数据比定压热容 $\bar{c}_p$，焓 $\bar{h}_f^0$ 和熵 $\bar{s}_0$，R_u 为摩尔气体常数，T 为温度，$a_1 \sim a_7$ 为拟合多项式的系数。

附录 B 燃料性质

表 B.1 碳氢燃料的某些性质（298.15 K 和 1 atm）

分子式	燃 料	MW/ (kg·kmol^{-1})	$\bar{h}_f^0$/ (kJ·kmol^{-1})	$\bar{g}_f^0$/ (kJ·kmol^{-1})	$\bar{s}^0$/ [kJ·(kmol·K)$^{-1}$]	HHV$^+$/ (kJ·kg^{-1})	LHV$^+$/ (kJ·kg^{-1})	沸点/℃	h_{fg}/ (kJ·kg^{-1})	T_{ad}^+/K	ρ_{liq}^*/ (kg·m^{-3})
CH$_4$	甲烷 (Methane)	16.043	−74 831	−50 794	186.188	55 528	50 016	−164	509	2 226	300
C$_2$H$_2$	乙炔 (Acetylene)	26.038	226 748	209 200	200.819	49 923	48 225	−84	—	2 539	—
C$_2$H$_4$	乙烯 (Ethene)	28.054	52 283	68 124	219.827	50 313	47 161	−103.7	—	2 369	—
C$_2$H$_6$	乙烷 (Ethane)	30.069	−84 667	−32 886	229.492	51 901	47 489	−88.6	488	2 259	370
C$_3$H$_8$	丙烯 (Propene)	42.080	20 414	62 718	266.939	48 936	45 784	−47.4	437	2 334	514
C$_3$H$_8$	丙烷 (Propane)	44.096	−103 847	−23 489	269.910	50 368	46 357	−42.1	425	2 267	500
C$_4$H$_8$	丁烯 (1 - Butene)	56.107	1 172	72 036	307.440	48 471	45 319	−63	391	2 322	595
C$_4$H$_{10}$	丁烷 (n - Butane)	58.123	−124 733	−15 707	310.034	49 546	45 742	−0.5	386	2 270	279

续表 B.1

分子式	燃料	$MW/$ (kg·kmol^{-1})	$\bar{h}_f^0/$ (kJ·kmol^{-1})	$\bar{g}_f^0/$ (kJ·kmol^{-1})	$\bar{s}^0/$ [kJ·(kmol·K)$^{-1}$]	$HHV^+/$ (kJ·kg^{-1})	$LHV^+/$ (kJ·kg^{-1})	沸点/℃	$h_{fg}/$ (kJ·kg^{-1})	T_{ad}^+/K	$\rho_{liq}^*/$ (kg·m^{-3})
C_5H_{10}	戊烯 (1-Pentene)	70.134	−20 920	78 605	347.607	48 152	45 000	30	358	2 314	641
C_4H_{12}	戊烷 (n-Pentane)	72.150	−146 440	−8 201	348.402	49 032	45 355	36.1	358	2 272	626
C_6H_6	苯 Benzene	78.113	82 927	129 658	269.199	42 277	40 579	80.1	393	2 342	879
C_6H_{12}	己烯 (1-Hexene)	84.161	−41 673	87 027	385.974	47 955	44 803	63.4	3 335	2 308	673
C_6H_{14}	己烷 (n-Hexane)	86.177	−167 193	209	386.911	48 696	45 105	69	335	2 273	659
C_7H_{14}	庚烯 (1-Hepene)	98.188	−621.32	95.563	424.383	47 817	93.6	—	2 305	—	—
C_7H_{16}	庚烷 (n-Heptane)	100.203	−187 820	8 745	425.262	48 456	44 926	98.4	316	2 274	684
C_8H_{16}	辛烯 (1-Octene)	112.214	−82 927	104 140	462.792	47 712	44 560	121.3	—	2 302	—
C_8H_{18}	辛烷 (n-Octane)	14.230	−208 447	17 322	463.671	48.275	44 791	125.7	300	2 275	703
C_9H_{18}	壬烯 (1-Nonene)	126.241	−103 512	112 717	501.243	47 631	44 478	—	—	2 300	—
C_9H_{20}	壬烷 (n-Nonane)	128.257	−229 032	25 857	502.080	48 134	44 686	150.8	295	2 276	718

分子式	燃 料	MW/ (kg·kmol⁻¹)	$\bar{h}_f^0$/ (kJ·kmol⁻¹)	$\bar{g}_f^0$/ (kJ·kmol⁻¹)	$\bar{s}^0$/ [kJ·(kmol·K)⁻¹]	HHV⁺/ (kJ·kg⁻¹)	LHV⁺/ (kJ·kg⁻¹)	沸点/℃	h_{fg}/ (kJ·kg⁻¹)	T_{ad}^+/K	ρ_{liq}^*/ (kg·m⁻³)
$C_{10}H_{20}$	癸烯 (1-Decene)	140.268	−124 139	121 294	539.652	47 565	44 413	170.6	—	2 298	—
$C_{10}H_{22}$	癸烷 (n-Decane)	142.284	−249 659	34 434	540.531	48 020	44 602	174.1	277	2 277	730
$C_{11}H_{22}$	十一烯 (1-Undecene)	154.295	−144 766	129 830	578.061	47 512	44 360	—	—	2 296	—
$C_{11}H_{24}$	十一烷 (n-Undecane)	156.311	−270 286	43 012	578.940	47 926	44 532	195.9	265	2 277	740
$C_{11}H_{24}$	十二烯 (1-Dodecene)	168.322	−165 352	138 407	616.471	47 468	44 316	213.4	—	2 295	—
$C_{12}H_{26}$	十二烷 (n-Dodecane)	170.337	−292 162	—	—	47 841	44 467	216.3	256	2 277	749

注:MW 为摩尔质量,$\bar{h}_f^0$ 为生成焓,$\bar{g}_f^0$ 为吉布斯生成焓,$\bar{s}^0$ 为熵,HHV⁺ 和 LHV⁺ 分别为 298.15 K,1 atm 下的高位热值和低位热值,h_{fg} 为汽化潜热,T_{ad}^+ 为 1 atm 下的定压绝热火焰温度,ρ_{liq}^* 为液态密度。

⁺基于气体燃料;C⁺与空气(79%N₂,21%O₂)化学恰当比燃烧;*对于 20 ℃液体或液化气沸点的气体。

数据来源:

① 生成焓,吉普斯生成函数和熵选自:Rossini F. D.,Selected Values of Physical and Thermodynamic Properties of Hydrocarbons and Related Compounds,Carnegie Press,Pittsburgh,PA,1953;

② 高热值和低热值均为 298.15 K 和 1 atm 下的值;

③ 1 atm 下的沸点值选自:Weast R. C.,Handbook of Chemistry and Physics(56th),CRC Press,Cleveland,OH,1976;

④ 1 atm 下的汽化潜热和热化密度选自:Obert E. F.,Internal Combustion Engines and Air Pollution,Harper&Row,New York,1793;

⑤ 1 atm 下的定压绝热火焰选自:Calculated using HPFLAME(Appendix F)。

表 B.2 燃料在 298.15 K、1 atm、元素的焓为零参考状态下比定压热容和焓的曲线拟合系数

$\bar{c}_p[\text{kJ}/(\text{kmol} \cdot \text{K})] = 4.184(a_1 + a_2\theta + a_3\theta^2 + a_4\theta^3 + a_5\theta^{-2})$									
$\bar{h}^0(\text{kJ/kmol}) = 4184(a_1\theta + a_2\theta^2/2 + a_3\theta^3/3 + a_4\theta^4/4 - a_5\theta^{-1} + a_6)$									
这里 $\theta \equiv T(\text{K})/1000$									
分子式	燃 料	MW	a_1	a_2	a_3	a_4	a_5	a_6	a_8
CH_4	甲烷	16.043	$-0.291\,49$	26.327	-10.610	1.565 6	0.165 73	-18.331	4.300
C_3H_8	丙烷	44.096	$-1.486\,7$	74.339	-39.065	8.0543	0.012 19	-27.313	8.852
C_6H_{14}	己烷	86.177	-20.777	210.48	-164.125	52.832	0.566 35	-39.836	15.611
C_8H_{18}	异辛烷	114.230	$-0.553\,13$	181.62	-97.787	20.402	$-0.030\,95$	-60.751	20.232
CH_3OH	甲醇	32.040	$-2.705\,9$	44.168	-27.501	7.2193	0.202 99	-48.288	5.337 5
C_2H_5OH	乙醇	46.07	6.990	39.741	-11.926	0	0	-60.214	7.613 5
$C_{8.26}H_{15.5}$	汽油	114.8	-24.078	256.63	-201.68	64.750	0.580 8	-27.562	17.792
$C_{10.8}H_{18.7}$	柴油	148.6	$-9.106\,3$	246.97	-143.74	32.329	0.051 8	-50.128	23.514

数据来源:Heywood J. B.,Internal Combustion Engine Fundamentals,McGraw - Hill, New York,1988。

为了获得 0 K 参考状态下的焓,需要将 a_8 加入 a_6。

附录 C 空气、氮气和氧气的常用性质

表 C.1 1 atm 下空气的常用性质

T/K	$\rho/$ $(kg \cdot m^{-3})$	$c_p/$ $[kJ \cdot (kg \cdot K)^{-1}]$	$\mu \times 10^7/$ $(N \cdot s \cdot m^{-2})$	$\nu \times 10^6/$ $(m \cdot s^{-2})$	$\lambda \times 10^3/$ $[W \cdot (m \cdot K)^{-1}]$	$a \times 10^6/$ $(m \cdot s^{-2})$	Pr
100	3.556 2	1.032	71.1	2.00	9.34	2.54	0.786
150	2.336 4	1.012	103.4	4.426	13.8	5.84	0.758
200	1.745 8	1.007	132.5	7.590	18.1	10.3	0.737
250	1.394 7	1.006	159.6	11.44	22.3	15.9	0.720
300	1.161 4	1.007	184.6	15.89	26.3	22.5	0.707
350	0.995 0	1.009	208.2	20.92	30.0	29.9	0.700
400	0.871 1	1.014	230.4	26.41	33.8	38.3	0.690
450	0.774 0	1.021	250.7	32.39	40.7	56.7	0.684
500	0.696 4	1.030	270.1	38.79	40.7	56.7	0.684
550	0.632 9	1.040	288.4	45.57	43.9	66.7	0.683
600	0.580 4	1.051	305.8	52.69	46.9	76.9	0.685
650	0.535 6	1.063	322.5	60.21	49.7	87.3	0.690
700	0.497 5	1.075	338.8	68.10	52.4	98.0	0.695
750	0.464 3	1.087	354.6	76.37	54.9	109	0.702
800	0.435 4	1.099	369.8	84.93	57.3	120	0.709
850	0.409 7	1.110	384.3	93.80	59.6	131	0.716
900	0.386 8	1.121	398.1	102.9	62.0	143	0.720
950	0.366 6	1.131	411.3	112.2	64.3	155	0.723
1 000	0.348 2	1.141	424.4	121.9	66.7	168	0.726
1 100	0.316 6	1.159	449.0	141.8	71.5	195	0.728
1 200	0.290 2	1.175	473.0	162.9	76.3	224	0.728
1 300	0.267 9	1.189	496.0	185.1	82	238	0.719
1 400	0.248 8	1.207	530	213	91	303	0.703
1 500	0.232 2	1.230	557	240	100	350	0.685
1 600	0.217 7	1.248	584	268	106	390	0.688
1 700	0.204 9	1.267	611	298	113	436	0.685
1 800	0.193 5	1.286	637	329	120	482	0.683
1 900	0.183 3	1.307	663	362	128	534	0.677

T/K	$\rho/$ $(kg \cdot m^{-3})$	$c_p/$ $[kJ \cdot (kg \cdot K)^{-1}]$	$\mu \times 10^7/$ $(N \cdot s \cdot m^{-2})$	$\nu \times 10^6/$ $(m \cdot s^{-2})$	$\lambda \times 10^3/$ $[W \cdot (m \cdot K)^{-1}]$	$a \times 10^6/$ $(m \cdot s^{-2})$	Pr
2 000	0.174 1	1.337	689	396	137	589	0.672
2 100	0.165 8	1.372	715	431	147	646	0.667
2 200	0.158 2	1.417	740	468	160	714	0.655
2 300	0.151 3	1.478	766	506	175	783	0.647
2 400	0.144 8	1.558	792	547	196	869	0.630
2 500	0.138 9	1.665	818	589	222	960	0.613
3 000	0.113 5	2.726	955	841	486	1 570	0.536

数据来源:Incropera F. P.，De Witt D. P.，Fundamentals of Heat and Mass Transfer，3rd Ed。表中 ρ 为密度，c_p 为比定压热容，μ 为动力粘度，ν 为运动粘度，λ 为导热系数，a 为导温系数，Pr 为普朗特数。

表 C.2 1 atm 下氮气的常用性质

T/K	$\rho/$ $(kg \cdot m^{-3})$	$c_p/$ $[kJ \cdot (kg \cdot K)^{-1}]$	$\mu \times 10^7/$ $(N \cdot s \cdot m^{-2})$	$\nu \times 10^6/$ $(m \cdot s^{-2})$	$\lambda \times 10^3/$ $[W \cdot (m \cdot K)^{-1}]$	$a \times 10^6/$ $(m \cdot s^{-2})$	Pr
100	3.438 8	1.070	68.8	2.00	9.58	2.60	0.768
150	2.594	1.050	100.6	4.45	13.9	5.86	0.759
200	1.688 3	1.043	129.2	7.65	18.3	10.4	0.736
250	1.348 8	1.042 5	154.9	11.48	22.2	15.8	0.727
300	1.123 3	1.041	178.2	15.86	25.9	22.1	0.716
350	0.962 5	1.042	200.0	20.78	29.3	29.2	0.711
400	0.842 5	1.045	220.4	26.16	32.7	37.1	0.704
450	0.748 5	1.050	239.6	32.01	35.8	45.6	0.703
500	0.673 9	1.056	257.7	38.24	38.9	54.7	0.700
550	0.612 4	1.065	274.7	44.86	41.7	63.9	0.702
600	0.561 5	1.075	290.8	51.79	44.6	73.9	0.701
700	0.481 2	1.098	321.0	66.71	49.9	94.4	0.706
800	0.421 1	1.22	349.4	82.9	54.8	446	0.715
900	0.374 3	1.146	375.3	100.3	59.7	139	0.721
1 000	0.336 8	1.167	399.9	112.7	64.7	165	0.721
1 100	0.306 2	1.187	423.2	138.2	70	193	0.718
1 200	0.280 7	1.204	445.3	158.6	75.8	224	0.707
1 300	0.259 1	1.219	466.2	179.9	81.0	256	0.701

表 C.3 1 atm 下氧气的常用性质

T/K	$\rho/$ $(kg \cdot m^{-3})$	$c_p/$ $[kJ \cdot (kg \cdot K)^{-1}]$	$\mu \times 10^7/$ $(N \cdot s \cdot m^{-2})$	$\nu \times 10^6/$ $(m \cdot s^{-2})$	$\lambda \times 10^3/$ $[W \cdot (m \cdot K)^{-1}]$	$a \times 10^6/$ $(m \cdot s^{-2})$	Pr
100	3.945	0.962	76.4	1.94	9.25	2.44	0.796
150	2.585	0.921	114.8	4.44	13.8	5.80	0.766
200	1.930	0.915	147.5	7.64	18.3	10.4	0.737
250	1.542	0.915	178.6	11.58	22.6	16	0.723
300	1.284	0.920	207.2	16.14	26.8	22.7	0.711
350	1.100	0.920	233.5	21.23	29.6	29	0.733
400	0.962 0	0.942	258.2	26.84	33	36.4	0.737
450	0.855 4	0.956	281.4	32.90	36.3	44.4	0.741
500	0.769 8	0.972	303.3	39.40	41.2	55.1	0.716
550	0.699 8	0.988	324.0	46.30	44.1	63.8	0.726
600	0.641 4	1.003	343.7	53.59	47.3	73.5	0.729
700	0.549 8	1.031	380.8	69.26	52.8	63.1	0.744
800	0.481 0	1.054	415.2	86.32	58.9	116	0.743
900	0.427 5	1.074	447.2	104.6	64.9	141	0.740
1 000	0.384 8	1.090	477.0	124.0	71	169	0.733
1 100	0.349 8	1.103	5 050.5	144.5	75.8	196	0.736
1 200	0.320 6	1.15	5 320.5	166.1	81.9	229	0.725
1 300	0.296 0	1.125	588.4	188.6	78.1	262	0.721

注：表中 T 为温度，ρ 为密度，c_p 为比定压热容，μ 为动力粘度，ν 为运动粘度，λ 为导热系数，a 为导温系数，Pr 为普朗特数。

数据来源：Incropera F. P. , De Witt D. P. , Fundamentals of Heat and Mass Transfer, 3rd ed.

附录 D 17 种气相反应物的平衡常数

表 D.1 17 种气相反应

编 号	反 应	编 号	反 应
1	$SO_2 + \dfrac{1}{2}O_2 \rightleftharpoons SO_3$	10	$CO_2 + H_2 \rightleftharpoons CO + H_2O$
2	$\dfrac{1}{2}O_2 + \dfrac{1}{2}N_2 \rightleftharpoons NO$	11	$CO_2 + C \rightleftharpoons 2CO$
3	$\dfrac{1}{2}O_2 \rightleftharpoons O$	12	$CO_2 \rightleftharpoons CO + \dfrac{1}{2}O_2$
4	$\dfrac{1}{2}H_2 \rightleftharpoons H$	13	$2C + H_2 \rightleftharpoons C_2H_2$
5	$\dfrac{1}{2}N_2 + \dfrac{3}{2}H_2 \rightleftharpoons NH_3$	14	$CO + H_2 \rightleftharpoons C + H_2O$
6	$\dfrac{1}{2}N_2 \rightleftharpoons N$	15	$C + 2H_2 \rightleftharpoons CH_4$
7	$NO \rightleftharpoons N + O$	16	$CO + 2H_2 \rightleftharpoons CH_3OH$
8	$H_2O \rightleftharpoons H_2 + \dfrac{1}{2}O_2$	17	$CO + 3H_2 \rightleftharpoons CH_4 + H_2O$
9	$H_2O \rightleftharpoons \dfrac{1}{2}H_2 + OH$		

表 D.2　17种气相反应物的 lg K_p 值

T/K	1	2	3	4	5	6	7	8	9	10	11	12	13	14	15	16	17
								17种气相反应物的 lg K_p 值									
298.2	11.91	-15.04			3.70					-4.5	-20.52				11.00	4.62	27.02
400	7.68	-11.07			1.07					-2.9	-13.02			16.02	6.65	0.35	16.77
500	5.21	-8.74			-0.45					-2.02	-8.64			6.62	4.08	-2.15	10.70
600	3.57	-7.20			-1.41					-1.13	-5.69	-20.11		4.26	2.36	-3.81	6.60
700	2.37	-6.07			-2.11				-16.6	-1.00	-3.59	-16.59	-13.73	2.59	1.12	-5.02	3.71
800	1.47	-5.11			-2.63	-20.40		-15.75	-14.06	-0.67	-1.98	-13.93	-11.63	1.31	0.20	-5.92	1.51
900	0.78	-4.58	-11.06	-9.95	-3.05	-17.7		-13.26	-12.07	-0.41	-0.74	-11.86	-10.02	0.33	-0.53	-6.63	-0.20
1 000	0.22	-4.06	-9.67	-8.65	-3.39	-15.59	-21.15	-10.01	-10.5	-0.22	0.26	-10.23	-8.72	-0.48	-1.05	-7.20	-1.53
1 100	-0.23	-3.62	-8.45	-7.55	-3.64	-13.8	-18.6	-8.82	-9.22	-0.07	1.08	-8.89	-7.67	-1.15	-1.49	-7.63	-2.64
1 200	-0.59	-3.29	-7.46	-6.66	-3.86	-12.49	-16.52	-7.85	-8.14	0.06	1.74	-7.79	-6.87	-1.68	-1.91	-8.02	-3.59
1 300	-0.92	-2.99	-6.60	-5.90	-4.05	-11.1	-14.75	-6.93	-7.22	0.17	2.30	-6.81	-6.02	-2.13	-2.24	-8.37	-4.37
1 400	-1.19	-2.71	-5.91	-5.25	-4.21	-10.06	-13.29	-6.27	-6.45	0.27	2.77	-6.01	-5.40	-2.50	-2.54	-8.64	-5.06
1 500	-1.42	-2.47	-5.29	-4.69	-4.35	-9.18	-11.98	-5.68	-5.78	0.35	3.18	-5.33	-4.84	-2.83	-2.79	-8.87	-5.64
1 600	-1.61	-2.27	-4.75	-4.19	-4.47	-8.37	-10.81	-5.14	-5.2	0.42	3.56	-4.73	-4.35	-3.14	-3.01	-9.08	-6.15
1 700	-1.81	-2.09	-4.25	-3.75	-4.59	-7.67	-9.79	-4.67	-4.66	0.48	3.89	-4.19	-3.94	-3.41	-3.20	-9.27	-6.61
1 800	-1.98	-1.94	-3.83	-3.37	-4.68	-7.06	-8.93	-4.25	-4.21	0.54	4.18	-3.71	-3.56	-3.64	-3.36	-9.44	-7.00
1 900	-2.11	-1.82	-3.44	-3.02	-4.76	-6.49	-8.11	-3.87	-3.79	0.59	4.45	-3.27	-3.20	-3.86	-3.51	-9.59	-7.37
2 000	-2.25	-1.70	-3.10	-2.74	-4.83	-5.98	-7.40	-3.52	-3.49	0.64	4.69	-2.88	-2.88	-4.05	-3.64	-9.72	-7.69
2 100	-2.37	-1.58	-2.78	-2.44	-4.89	-5.52	-6.73	-3.20	-3.07	0.69	4.91	-2.51	-2.61	-4.22	-3.75	-9.84	-7.97
2 200	-2.48	-1.47	-2.53	-2.20	-4.95	-5.10	-6.12	-2.92	-2.79	0.73	5.10	-2.24	-2.37	-4.37	-3.86	-9.95	-8.23
2 300	-2.57	-1.38	-2.29	-1.97	-5.01	-4.72	-5.67	-2.69	-2.52	0.76	5.27	-1.96	-2.14	-4.51	-3.96	-10.05	-8.47
2 400	-2.66	-1.29	-2.06	-1.75	-5.07	-4.38	-5.07	-2.45	-2.27	0.79	5.43	-1.69	-1.92	-4.64	-4.06	-10.14	-8.70
2 500	-2.75	-1.21	-1.84	-1.55	-5.12	-4.06	-4.62	-2.03	-2.03	0.82	5.58	-1.43	-1.72	-4.76	-4.15	-10.22	-8.91
2 600	-2.83	-1.14	-1.63	-1.36	-5.17	-3.77	-4.19	-1.81	-1.81	0.85	5.72	-1.21	-1.53	-4.87	-4.23	-10.30	-9.10

表 D.2

T/K	1	2	3	4	5	6	7	8	9	10	11	12	13	14	15	16	17
							17种气相反应物的 $\lg K_p$ 值										
2 700	−2.90	−1.07	−1.44	−1.19	−5.21	−3.49	−3.79	−1.60	−1.60	0.87	5.84	−1.00	−1.35	−4.97	−4.30	−10.47	−9.27
2 800	−2.97	−1.01	−1.26	−1.03	−5.25	−3.23	−3.42	−1.41	−1.41	0.89	5.95	−0.81	−1.18	−5.06	−4.37	−10.44	−9.43
2 900	−3.03	−0.95	−1.09	−0.89	−5.29	−3.00	−3.08	−1.24	−1.24	0.91	6.05	−0.63	−1.04	−5.14	−4.48	−10.50	−9.57
3 000	−3.09	−0.90	−0.93	−0.76	−5.32	−2.79	−2.77	−1.07	−1.07	0.93	6.16	−0.46	−0.91	−5.23	−4.49	−10.56	−9.72
3 100	−3.14	−0.85	−0.78	−0.63	−5.36	−2.60	−2.47	−0.92	−0.92	0.95	6.25	−0.30	−0.79	−5.30	−4.55	−10.61	−9.85
3 200	−3.19	−0.80	−0.63	−0.51	−5.39	−2.41	−2.19	−0.78	−0.78	0.97	6.33	−0.15	−0.68	−5.37	−4.61	−10.66	−9.98
3 300	−3.24	−0.76	−0.50	−0.40	−5.42	−2.22	−1.98	−0.64	−0.64	0.99	6.41	−0.01	−0.57	−5.44	−4.66	−10.71	−10.10
3 400	−3.28	−0.71	−0.38	−0.30	−5.45	−2.04	−1.69	−0.51	−0.51	1.01	6.49	−0.12	−0.47	−5.50	−4.71	−10.76	−10.21
3 500	−3.32	−0.67	−0.26	−0.21	−5.47	−1.86	−1.46	−0.28	−0.28	1.02	6.56	0.24	−0.37	−5.56	−4.75	−10.81	−10.31
3 600	−3.36	−0.63	−0.15	−0.11	−5.49	−1.69	−1.24	−0.26	−0.26	1.03	6.63	0.35	−0.28	−5.62	−4.78	−10.85	−10.40
3 700	−3.40	−0.59	−0.05	−0.02	−5.51	−1.53	−1.03	−0.13	−0.13	1.04	6.71	0.36	−0.19	−5.67	−4.81	−10.89	−10.48
3 800	−3.44	−0.56	0.05	0.07	−5.53	−1.39	−0.83	−0.04	−0.04	1.05	6.78	0.56	−0.11	−5.72	−4.84	−10.93	−10.56
3 900	−3.47	−0.53	0.14	0.15	−5.55	−1.26	−0.63	0.05	0.05	1.06	6.85	0.65	−0.03	−5.78	−4.87	−10.96	−10.65
4 000	−3.50	−0.50	0.23	0.23	−5.57	−1.14	−0.44	0.13	0.13	1.07	6.91	0.74	0.05	−5.83	−4.90	−10.99	−10.73
4 100	−3.53	−0.47	0.32	0.31	−5.59	−1.03	−0.26	0.21	0.21	1.08	6.97	0.83	0.12	−5.88	−4.93	−11.02	−10.81
4 200	−3.56	−0.44	0.40	0.38	−5.61	−0.92	−0.09	0.29	0.29	1.09	7.03	0.92	0.19	−5.93	−4.96	−11.05	−10.89
4 300	−3.59	−0.41	0.47	0.44	−5.62	−0.82	0.07	0.37	0.37	1.10	7.08	1.00	0.25	−5.97	−4.99	−11.08	−10.96
4 400	−3.62	−0.39	0.54	0.50	−5.63	−0.72	0.22	0.44	0.44	1.11	7.13	1.08	0.31	−6.01	−5.02	−11.11	−11.03
4 500	−3.65	−0.37	0.61	0.56	−5.64	−0.63	0.36	0.51	0.51	1.12	7.17	1.15	0.37	−6.05	−5.05	−11.14	−11.10
4 600	−3.67	−0.35	0.67	0.62	−5.66	−0.54	0.49	0.59	0.58	1.13	7.21	1.22	0.43	−6.08	−5.08	−11.16	−11.16
4 700	−3.69	−0.33	0.72	0.67	−5.68	−0.46	0.61	0.64	0.64	1.14	7.25	1.29	0.48	−6.11	−5.11	−11.18	−11.22
4 800	−3.71	−0.31	0.77	0.72	−5.69	−0.38	0.72	0.70	0.70	1.15	7.28	1.36	0.53	−6.13	−5.14	−11.20	−11.27
4 900	−3.73	−0.29	0.82	0.77	−5.70	−0.30	0.82	0.76	0.76	1.16	7.31	1.43	0.58	−6.15	−5.17	−11.22	−11.32
5 000	−3.75	−0.29	0.86	0.81	−5.71	−0.22	0.91	0.82	0.82	1.17	7.34	1.50	0.63	−6.17	−5.19	−11.24	−11.36

附录 E　甲烷的详细反应机理及简化反应机理

1. 甲烷的详细反应机理

表 E.1　甲烷的详细反应机理(GRI Mech2.11)

序号	反应	正向反应速率常数 $k=AT^b\exp(-E_a/R_uT)$		
		$A/[\text{g}\cdot\text{mol}\cdot(\text{cm}^3\cdot\text{s})^{-1}]$	b	$E_a/[\text{cal}\cdot(\text{g}\cdot\text{mol})^{-1}]$
	C－H－O反应			
1	$O+O+M\longrightarrow O_2+M$	1.20×10^{17}	-1.0	0.0
2	$O+H+M\longrightarrow OH+M$	5.00×10^{17}	-1.0	0.0
3	$O+H_2\longrightarrow H+OH$	5.00×10^4	2.67	6 290
4	$O+HO_2\longrightarrow OH+O_2$	2.00×10^{13}	0.0	0.0
5	$O+H_2O_2\longrightarrow OH+HO_2$	9.63×10^6	2.0	4 000
6	$O+CH\longrightarrow H+CO$	5.70×10^{13}	0.0	0.0
7	$O+CH_2\longrightarrow H+HCO$	8.00×10^{13}	0.0	0.0
8①	$O+CH_2(S)\longrightarrow H_2+CO$	1.50×10^{13}	0.0	0.0
9①	$O+CH_2(S)\longrightarrow H+HCO$	1.50×10^{13}	0.0	0.0
10	$O+CH_3\longrightarrow H+CH_2O$	8.43×10^{13}	0.0	0.0
11	$O+CH_4\longrightarrow OH+CH_3$	1.02×10^9	1.5	8 600
12	$O+CO+M\longrightarrow CO_2+M$	6.02×10^{14}	0.0	3 000
13	$O+HCO\longrightarrow OH+CO$	3.00×10^{13}	0.0	0.0
14	$O+HCO\longrightarrow H+CO_2$	3.00×10^{13}	0.0	0.0
15	$O+CH_2O\longrightarrow OH+HCO$	3.90×10^{13}	0.0	3 540
16	$O+CH_2OH\longrightarrow OH+CH_2O$	1.00×10^{13}	0.0	0.0
17	$O+CH_3O\longrightarrow OH+CH_2O$	1.00×10^{13}	0.0	0.0
18	$O+CH_3OH\longrightarrow OH+CH_2OH$	3.88×10^5	2.5	3 100
19	$O+CH_3OH\longrightarrow OH+CH_3O$	1.30×10^5	2.5	5 000
20	$O+C_2H\longrightarrow CH+CO$	5.00×10^{13}	0.0	0.0
21	$O+C_2H_2\longrightarrow H+HCCO$	1.02×10^7	2.0	1 900
22	$O+C_2H_2\longrightarrow OH+C_2H$	4.60×10^{19}	-1.41	28 950
23	$O+C_2H_2\longrightarrow CO+CH_2$	1.02×10^7	2.0	1 900
24	$O+C_2H_3\longrightarrow H+CH_2CO$	3.00×10^{13}	0.0	0.0
25	$O+C_2H_4\longrightarrow CH_3+HCO$	1.92×10^7	1.83	220
26	$O+C_2H_5\longrightarrow CH_3+CH_2O$	1.32×10^{14}	0.0	0.0

续表 E.1

序 号	反 应	正向反应速率常数 $k=AT^b\exp(-E_a/R_uT)$		
		$A/[g\cdot mol\cdot(cm^3\cdot s)^{-1}]$	b	$E_a/[cal\cdot(g\cdot mol)^{-1}]$
27	$O+C_2H_6\longrightarrow OH+C_2H_5$	8.98×10^7	1.92	5 690
28	$O+HCCO\longrightarrow H+CO+CO$	1.00×10^{14}	0.0	0.0
29	$O+CH_2CO\longrightarrow OH+HCCO$	1.00×10^{13}	0.0	8 000
30	$O+CH_2CO\longrightarrow CH_2+CO_2$	1.75×10^{12}	0.0	1 350
31	$O_2+CO\longrightarrow O+CO_2$	2.50×10^{12}	0.0	47 800
32	$O_2+CH_2O\longrightarrow HO_2+HCO$	1.00×10^{14}	0.0	40 000
33	$H+O_2+M\longrightarrow HO_2+M$	2.80×10^{18}	-0.86	0.0
34	$H+O_2+O_2\longrightarrow HO_2+O_2$	3.00×10^{20}	-1.72	0.0
35	$H+O_2+H_2O\longrightarrow HO_2+H_2O$	9.38×10^{18}	-0.76	0.0
36	$H+O_2+N_2\longrightarrow HO_2+N_2$	3.75×10^{20}	-1.72	0.0
37	$H+O_2+Ar\longrightarrow HO_2+Ar$	7.00×10^{17}	-0.8	0.0
38	$H+O_2\longrightarrow O+OH$	8.30×10^{13}	0.0	14 413
39	$H+H+M\longrightarrow H_2+M$	1.00×10^{18}	-1.0	0.0
40	$H+H+H_2\longrightarrow H_2+H_2$	9.00×10^{16}	-0.6	0.0
41	$H+H+H_2O\longrightarrow H_2+H_2O$	6.00×10^{19}	-1.25	0.0
42	$H+H+CO_2\longrightarrow H_2+CO_2$	5.50×10^{20}	-2.0	0.0
43	$H+OH+M\longrightarrow H_2O+M$	2.20×10^{22}	-2.0	0.0
44	$H+HO_2\longrightarrow O+H_2O$	3.97×10^{12}	0.0	671
45	$H+HO_2\longrightarrow O_2+H_2$	2.80×10^{13}	0.0	1 068
46	$H+HO_2\longrightarrow OH+OH$	1.34×10^{14}	0.0	635
47	$H+H_2O_2\longrightarrow HO_2+H_2$	1.21×10^7	2.0	5 200
48	$H+H_2O_2\longrightarrow OH+H_2O$	1.00×10^{13}	0.0	3 600
49	$H+CH\longrightarrow C+H_2$	1.10×10^{14}	0.0	0.0
50	$H+CH_2(+M)\longrightarrow CH_3(+M)$	与压力有关	与压力有关	与压力有关
51[①]	$H+CH_2(S)\longrightarrow CH+H_2$	3.00×10^{13}	0.0	0.0
52	$H+CH_3(+M)\longrightarrow CH_4(+M)$	与压力有关	与压力有关	与压力有关
53	$H+CH_4\longrightarrow CH_3+H_2$	6.60×10^8	1.62	10 840
54	$H+HCO(+M)\longrightarrow CH_2O(+M)$	与压力有关	与压力有关	与压力有关
55	$H+HCO\longrightarrow H_2+CO$	7.34×10^{13}	0.0	0.0
56	$H+CH_2O(+M)\longrightarrow CH_2OH(+M)$	与压力有关	与压力有关	与压力有关
57	$H+CH_2O(+M)\longrightarrow CH_3O(+M)$	与压力有关	与压力有关	与压力有关
58	$H+CH_2O\longrightarrow HCO+H_2$	2.30×10^{10}	1.05	3 275

序 号	反 应	正向反应速率常数 $k = AT^b \exp(-E_a/R_u T)$		
		$A/[\mathrm{g \cdot mol \cdot (cm^3 \cdot s)^{-1}}]$	b	$E_a/[\mathrm{cal \cdot (g \cdot mol)^{-1}}]$
59	$H + CH_2OH(+M) \longrightarrow CH_3OH(+M)$	与压力有关	与压力有关	与压力有关
60	$H + CH_2OH \longrightarrow H_2 + CH_2O$	2.00×10^{13}	0.0	0.0
61	$H + CH_2OH \longrightarrow OH + CH_3$	1.20×10^{13}	0.0	0.0
62[①]	$H + CH_2OH \longrightarrow CH_2(S) + H_2O$	6.00×10^{12}	0.0	0.0
63	$H + CH_3O(+M) \longrightarrow CH_3OH(+M)$	与压力有关	与压力有关	与压力有关
64[①]	$H + CH_2OH \longrightarrow CH_2(S) + H_2O$	3.40×10^6	1.6	0.0
65	$H + CH_3O \longrightarrow H_2 + CH_2O$	2.00×10^{13}	0.0	0.0
66	$H + CH_3O \longrightarrow OH + CH_3$	3.20×10^{13}	0.0	0.0
67[①]	$H + CH_3O \longrightarrow CH_2(S) + H_2O$	1.60×10^{13}	0.0	0.0
68	$H + CH_3OH \longrightarrow CH_2OH + H_2$	1.70×10^7	2.1	4 870
69	$H + CH_3OH \longrightarrow CH_3O + H_2$	4.20×10^6	2.1	4 870
70	$H + C_2H(+M) \longrightarrow C_2H_2(+M)$	与压力有关	与压力有关	与压力有关
71	$H + C_2H_2(+M) \longrightarrow C_2H_3(+M)$	与压力有关	与压力有关	与压力有关
72	$H + C_2H_3(+M) \longrightarrow C_2H_4(+M)$	与压力有关	与压力有关	与压力有关
73	$H + C_2H_3 \longrightarrow H_2 + C_2H_2$	3.00×10^{13}	0.0	0.0
74	$H + C_2H_4(+M) \longrightarrow C_2H_5(+M)$	与压力有关	与压力有关	与压力有关
75	$H + C_2H_4 \longrightarrow C_2H_3 + H_2$	1.325×10^6	2.53	12 240
76	$H + C_2H_5(+M) \longrightarrow C_2H_6(+M)$	与压力有关	与压力有关	与压力有关
77	$H + C_2H_5 \longrightarrow C_2H_4 + H_2$	2.00×10^{12}	0.0	0.0
78	$H + C_2H_6 \longrightarrow C_2H_5 + H_2$	1.15×10^8	1.9	7 530
79	$H + HCCO \longrightarrow CH_2(S) + CO$	1.00×10^{14}	0.0	0.0
80	$H + CH_2CO \longrightarrow HCCO + H_2$	5.00×10^{13}	0.0	8 000
81	$H + CH_2CO \longrightarrow CH_3 + CO$	1.13×10^{13}	0.0	3 428
82	$H + HCCOH \longrightarrow H + CH_2CO$	1.00×10^{13}	0.0	0.0
83	$H_2 + CO(+M) \longrightarrow CH_2O(+M)$	与压力有关	与压力有关	与压力有关
84	$OH + H_2 \longrightarrow H + H_2O$	2.16×10^8	1.51	3 430
85	$OH + OH(+M) \longrightarrow H_2O_2(+M)$	与压力有关	与压力有关	与压力有关
86	$OH + OH \longrightarrow O + H_2O$	3.57×10^4	2.4	$-2\ 210$
87	$OH + HO_2 \longrightarrow O_2 + H_2O$	2.90×10^{13}	0.0	-500
88	$OH + H_2O_2 \longrightarrow HO_2 + H_2O$	1.75×10^{12}	0.0	320
89	$OH + H_2O_2 \longrightarrow HO_2 + H_2O$	5.80×10^{14}	0.0	9 560
90	$OH + C \longrightarrow H + CO$	5.00×10^{13}	0.0	0.0

序 号	反 应	正向反应速率常数 $k = AT^b \exp(-E_a/R_u T)$		
		$A/[\text{g} \cdot \text{mol} \cdot (\text{cm}^3 \cdot \text{s})^{-1}]$	b	$E_a/[\text{cal} \cdot (\text{g} \cdot \text{mol})^{-1}]$
91	$OH + CH \longrightarrow H + HCO$	3.00×10^{13}	0.0	0.0
92	$OH + CH_2 \longrightarrow H + CH_2O$	2.00×10^{13}	0.0	0.0
93	$OH + CH_2 \longrightarrow CH + H_2O$	1.13×10^7	2.0	3 000
94[①]	$OH + CH_2(S) \longrightarrow H + CH_2O$	3.00×10^{13}	0.0	0.0
95	$OH + CH_3(+M) \longrightarrow CH_3OH(+M)$	与压力有关	与压力有关	与压力有关
96	$OH + CH_3 \longrightarrow CH_2 + H_2O$	5.60×10^7	1.6	5 420
97[①]	$OH + CH_3 \longrightarrow CH_2(S) + H_2O$	2.5×10^{13}	0.0	0.0
98	$OH + CH_4 \longrightarrow CH_3 + H_2O$	1.00×10^8	1.6	3 120
99	$OH + CO \longrightarrow H + CO_2$	4.76×10^7	1.23	70
100	$OH + HCO \longrightarrow H_2O + CO$	5.00×10^{13}	0.0	0.0
101	$OH + CH_2O \longrightarrow HCO + H_2O$	3.43×10^9	1.18	-447
102	$OH + CH_2OH \longrightarrow H_2O + CH_2O$	5.00×10^{12}	0.0	0.0
103	$OH + CH_3O \longrightarrow H_2O + CH_2O$	5.00×10^{12}	0.0	0.0
104	$OH + CH_3OH \longrightarrow CH_2OH + H_2O$	1.44×10^6	2.0	-840
105	$OH + CH_3OH \longrightarrow CH_3O + H_2O$	6.30×10^6	2.0	1 500
106	$OH + C_2H \longrightarrow H + HCCO$	2.00×10^{13}	0.0	0.0
107	$OH + C_2H_2 \longrightarrow H + CH_2CO$	2.18×10^4	4.5	$-1 000$
108	$OH + C_2H_2 \longrightarrow H + HCCOH$	5.04×10^5	2.3	13 500
109	$OH + C_2H_2 \longrightarrow C_2H + H_2O$	3.37×10^7	2.0	1 400
110	$OH + C_2H_2 \longrightarrow CH_3 + CO$	4.83×10^4	4.0	$-2 000$
111	$OH + C_2H_3 \longrightarrow H_2O + C_2H_2$	5.00×10^{12}	0.0	0.0
112	$OH + C_2H_4 \longrightarrow C_2H_3 + H_2O$	3.60×10^6	2.0	2 500
113	$OH + C_2H_6 \longrightarrow C_2H_5 + H_2O$	3.54×10^6	2.12	870
114	$OH + CH_2CO \longrightarrow HCCO + H_2O$	7.50×10^{12}	0.0	2 000
115	$HO_2 + HO_2 \longrightarrow O_2 + H_2O_2$	1.30×10^{11}	0.0	$-1 630$
116	$HO_2 + HO_2 \longrightarrow O_2 + H_2O_2$	4.20×10^{14}	0.0	12 000
117	$HO_2 + CH_2 \longrightarrow OH + CH_2O$	2.00×10^{13}	0.0	0.0
118	$HO_2 + CH_3 \longrightarrow O_2 + CH_4$	1.00×10^{12}	0.0	0.0
119	$HO_2 + CH_3 \longrightarrow OH + CH_3O$	2.00×10^{13}	0.0	0.0
120	$HO_2 + CO \longrightarrow OH + CO_2$	1.50×10^{14}	0.0	23 600
121	$HO_2 + CH_2O \longrightarrow HCO + H_2O_2$	1.00×10^{12}	0.0	8 000
122	$C + O_2 \longrightarrow O + CO$	5.800×10^{13}	0.0	576

序 号	反 应	正向反应速率常数 $k = AT^b \exp(-E_a/R_u T)$		
		$A/[g \cdot mol \cdot (cm^3 \cdot s)^{-1}]$	b	$E_a/[cal \cdot (g \cdot mol)^{-1}]$
123	$C + CH_2 \longrightarrow H + C_2H$	5.00×10^{13}	0.0	0.0
124	$C + CH_3 \longrightarrow H + C_2H_2$	5.00×10^{13}	0.0	0.0
125	$CH + O_2 \longrightarrow O + HCO$	3.30×10^{13}	0.0	0.0
126	$CH + H_2 \longrightarrow H + CH_2$	1.11×10^8	1.79	1 670
127	$CH + H_2O \longrightarrow H + CH_2O$	1.71×10^{13}	0.0	-755
128	$CH + CH_2 \longrightarrow H + C_2H_2$	4.00×10^{13}	0.0	0.0
129	$CH + CH_3 \longrightarrow H + C_2H_3$	3.00×10^{13}	0.0	0.0
130	$CH + CH_4 \longrightarrow H + C_2H_4$	6.00×10^{13}	0.0	0.0
131	$CH + CO(+M) \longrightarrow HCCO(+M)$	与压力有关	与压力有关	与压力有关
132	$CH + CO_2 \longrightarrow HCO + CO$	3.40×10^{12}	0.0	690
133	$CH + CH_2O \longrightarrow H + CH_2CO$	9.46×10^{13}	0.0	-515
134	$CH + HCCO \longrightarrow CO + C_2H_2$	5.30×10^{13}	0.0	0.0
135	$CH_2 + O_2 \longrightarrow OH + HCO$	1.32×10^{13}	0.0	1 500
136	$CH_2 + H_2 \longrightarrow H + CH_3$	5.00×10^5	2.0	7 230
137	$CH_2 + CH_2 \longrightarrow H_2 + C_2H_2$	3.20×10^{13}	0.0	0.0
138	$CH_2 + CH_3 \longrightarrow H + C_2H_4$	4.00×10^{13}	0.0	0.0
139	$CH_2 + CH_4 \longrightarrow CH_3 + CH_3$	2.46×10^6	2.0	8 270
140	$CH_2 + CO(+M) \longrightarrow CH_2CO(+M)$	与压力有关	与压力有关	与压力有关
141	$CH_2 + HCCO \longrightarrow C_2H_3 + CO$	3.00×10^{13}	0.0	0.0
142[①]	$CH_2(S) + N_2 \longrightarrow CH_2 + N_2$	1.50×10^{13}	0.0	600
143[①]	$CH_2(S) + Ar \longrightarrow CH_2 + Ar$	9.00×10^{12}	0.0	600
144[①]	$CH_2(S) + O_2 \longrightarrow H + OH + CO$	2.80×10^{13}	0.0	0.0
145[①]	$CH_2(S) + O_2 \longrightarrow CO + H_2O$	1.20×10^{13}	0.0	0.0
146[①]	$CH_2(S) + H_2 \longrightarrow CH_3 + H$	7.00×10^{13}	0.0	0.0
147[①]	$CH_2(S) + H_2O(+M) \longrightarrow CH_3OH(+M)$	与压力有关	与压力有关	与压力有关
148[①]	$CH_2(S) + H_2O \longrightarrow CH_2 + H_2O$	3.00×10^{13}	0.0	0.0
149[①]	$CH_2(S) + CH_3 \longrightarrow H + C_2H_4$	1.20×10^{13}	0.0	-570
150[①]	$CH_2(S) + CH_4 \longrightarrow CH_3 + CH_3$	1.60×10^{13}	0.0	-570
151[①]	$CH_2(S) + CO \longrightarrow CH_2 + CO$	9.00×10^{12}	0.0	0.0
152[①]	$CH_2(S) + CO_2 \longrightarrow CH_2 + CO_2$	7.00×10^{12}	0.0	0.0
153[①]	$CH_2(S) + CO_2 \longrightarrow CO + CH_2O$	1.40×10^{12}	0.0	0.0
154[①]	$CH_2(S) + C_2H_6 \longrightarrow CH_3 + C_2H_5$	4.00×10^{13}	0.0	-550

序 号	反 应	正向反应速率常数 $k = AT^b \exp(-E_a/R_u T)$		
		$A/[\mathrm{g \cdot mol \cdot (cm^3 \cdot s)^{-1}}]$	b	$E_a/[\mathrm{cal \cdot (g \cdot mol)^{-1}}]$
155	$CH_3 + O_2 \longrightarrow O + CH_3O$	2.68×10^{13}	0.0	28 800
156	$CH_3 + O_2 \longrightarrow OH + CH_2O$	3.60×10^{10}	0.0	8 940
157	$CH_3 + H_2O_2 \longrightarrow HO_2 + CH_4$	2.45×10^{4}	2.47	5 180
158	$CH_3 + CH_3 (+M) \longrightarrow C_2H_6 (+M)$	与压力有关	与压力有关	与压力有关
159	$CH_3 + CH_3 \longrightarrow H + C_2H_5$	4.99×10^{12}	0.1	10 600
160	$CH_3 + HCO \longrightarrow CH_4 + CO$	2.65×10^{13}	0.0	0.0
161	$CH_3 + CH_2O \longrightarrow HCO + CH_4$	3.32×10^{3}	2.81	5 860
162	$CH_3 + CH_3OH \longrightarrow CH_2OH + CH_4$	3.00×10^{7}	1.5	9 940
163	$CH_3 + CH_3OH \longrightarrow CH_3O + CH_4$	1.00×10^{7}	1.5	9 940
164	$CH_3 + C_2H_4 \longrightarrow C_2H_3 + CH_4$	2.27×10^{5}	2.0	9 920
165	$CH_3 + C_2H_6 \longrightarrow C_2H_5 + CH_4$	6.14×10^{6}	1.74	10 450
166	$HCO + H_2O \longrightarrow H + CO + H_2O$	2.24×10^{18}	-1.0	17 000
167	$HCO + M \longrightarrow H + CO + M$	1.87×10^{17}	-1.0	17 000
168	$HCO + O_2 \longrightarrow HO_2 + CO$	7.60×10^{12}	0.0	400
169	$CH_2OH + O_2 \longrightarrow HO_2 + CH_2O$	1.80×10^{13}	0.0	900
170	$CH_3O + O_2 \longrightarrow HO_2 + CH_2O$	4.28×10^{13}	7.6	$-3 530$
171	$C_2H + O_2 \longrightarrow HCO + CO$	5.00×10^{13}	0.0	1 500
172	$C_2H + H_2 \longrightarrow H + C_2H_2$	4.07×10^{5}	2.4	200
173	$C_2H_3 + O_2 \longrightarrow HCO + CH_2O$	3.98×10^{12}	0.0	-240
174	$C_2H_4 (+M) \longrightarrow H_2 + C_2H_2 (+M)$	与压力有关	与压力有关	与压力有关
175	$C_2H_5 + O_2 \longrightarrow HO_2 + C_2H_4$	8.40×10^{11}	0.0	3 875
176	$HCCO + O_2 \longrightarrow OH + CO + CO$	1.60×10^{12}	0.0	854
177	$HCCO + HCCO \longrightarrow CO + CO + C_2H_2$	1.00×10^{13}	0.0	0.0
	N -反应			
178	$N + NO \longrightarrow N_2 + O$	3.50×10^{13}	0.0	330
179	$N + O_2 \longrightarrow NO + O$	2.65×10^{12}	0.0	6 400
180	$N + OH \longrightarrow NO + H$	7.33×10^{13}	0.0	1 120
181	$N_2O + O \longrightarrow N_2 + O_2$	1.40×10^{12}	0.0	10 810
182	$N_2O + O \longrightarrow NO + NO$	2.90×10^{13}	0.0	23 150
183	$N_2O + H \longrightarrow N_2 + OH$	4.40×10^{14}	0.0	18 880
184	$N_2O + OH \longrightarrow N_2 + HO_2$	2.00×10^{12}	0.0	21 060
185	$N_2O (+M) \longrightarrow N_2 + O (+M)$	与压力有关	与压力有关	与压力有关

序号	反应	正向反应速率常数 $k = AT^b \exp(-E_a/R_u T)$		
		$A/[\text{g} \cdot \text{mol} \cdot (\text{cm}^3 \cdot \text{s})^{-1}]$	b	$E_a/[\text{cal} \cdot (\text{g} \cdot \text{mol})^{-1}]$
186	$HO_2 + NO \longrightarrow NO_2 + OH$	2.11×10^{12}	0.0	-480
187	$NO + O + M \longrightarrow NO_2 + M$	1.06×10^{20}	-1.41	0.0
188	$NO_2 + O \longrightarrow NO + O_2$	3.90×10^{12}	0.0	-240
189	$NO_2 + H \longrightarrow NO + OH$	1.32×10^{14}	0.0	360
190	$NH + O \longrightarrow NO + H$	5.00×10^{13}	0.0	0.0
191	$NH + H \longrightarrow N + H_2$	3.20×10^{13}	0.0	330
192	$NH + OH \longrightarrow HNO + H$	2.00×10^{13}	0.0	0.0
193	$NH + OH \longrightarrow N + H_2O$	2.00×10^{9}	1.2	0.0
194	$NH + O_2 \longrightarrow HNO + O$	4.61×10^{5}	2.0	6 500
195	$NH + O_2 \longrightarrow NO + OH$	1.28×10^{6}	1.5	100
196	$NH + N \longrightarrow N_2 + H$	1.50×10^{13}	0.0	0.0
197	$NH + H_2O \longrightarrow HNO + H_2$	2.00×10^{13}	0.0	13 850
198	$NH + NO \longrightarrow N_2 + OH$	2.16×10^{13}	-0.23	0.0
199	$NH + NO \longrightarrow N_2O + H$	4.16×10^{14}	-0.45	0.0
200	$NH_2 + O \longrightarrow OH + NH$	7.00×10^{12}	0.0	0.0
201	$NH_2 + O \longrightarrow H + HNO$	4.60×10^{13}	0.0	0.0
202	$NH_2 + H \longrightarrow NH + H_2$	4.00×10^{13}	0.0	0.0
203	$NH_2 + OH \longrightarrow NH + H_2O$	9.00×10^{7}	1.5	-460
204	$NNH \longrightarrow N_2 + H$	3.30×10^{8}	0.0	0.0
205	$NNH + M \longrightarrow N_2 + H + M$	1.30×10^{14}	-0.11	4 980
206	$NNH + O_2 \longrightarrow HO_2 + N_2$	5.00×10^{12}	0.0	0.0
207	$NNH + O \longrightarrow OH + N_2$	2.50×10^{13}	0.0	0.0
208	$NNH + O \longrightarrow NH + NO$	7.00×10^{13}	0.0	0.0
209	$NNH + H \longrightarrow H_2 + N_2$	5.00×10^{13}	0.0	0.0
210	$NNH + OH \longrightarrow H_2O + N_2$	2.50×10^{13}	0.0	0.0
211	$NNH + CH_3 \longrightarrow CH_4 + N_2$	5.00×10^{13}	0.0	0.0
212	$H + NO + M \longrightarrow HNO + M$	8.95×10^{19}	-1.32	740
213	$HNO + O \longrightarrow NO + OH$	2.50×10^{13}	0.0	0.0
214	$HNO + H \longrightarrow H_2 + NO$	4.50×10^{11}	0.72	660
215	$HNO + OH \longrightarrow NO + H_2O$	1.30×10^{7}	1.9	-950
216	$HNO + O_2 \longrightarrow HO_2 + NO$	1.00×10^{13}	0.0	13 000
217	$CN + O \longrightarrow CO + N$	7.70×10^{13}	0.0	0.0

序 号	反 应	正向反应速率常数 $k=AT^b\exp(-E_a/R_uT)$		
		$A/[\mathrm{g\cdot mol\cdot(cm^3\cdot s)^{-1}}]$	b	$E_a/[\mathrm{cal\cdot(g\cdot mol)^{-1}}]$
218	$CN+OH\longrightarrow NCO+H$	4.00×10^{13}	0.0	0.0
219	$CN+H_2O\longrightarrow HCN+OH$	8.00×10^{12}	0.0	7 460
220	$CN+O_2\longrightarrow NCO+O$	6.14×10^{12}	0.0	-440
221	$CN+H_2\longrightarrow HCN+H$	2.10×10^{13}	0.0	4 710
222	$NCO+O\longrightarrow NO+CO$	2.35×10^{13}	0.0	0.0
223	$NCO+H\longrightarrow NH+CO$	5.40×10^{13}	0.0	0.0
224	$NCO+OH\longrightarrow NO+H+CO$	2.50×10^{12}	0.0	0.0
225	$NCO+N\longrightarrow N_2+CO$	2.00×10^{13}	0.0	0.0
226	$NCO+O_2\longrightarrow NO+CO_2$	2.00×10^{12}	0.0	20 000
227	$NCO+M\longrightarrow N+CO+M$	8.80×10^{16}	-0.5	48 000
228	$NCO+NO\longrightarrow N_2O+CO$	2.85×10^{17}	-1.52	740
229	$NCO+NO\longrightarrow N_2+CO_2$	5.70×10^{18}	-2.0	800
230	$HCN+M\longrightarrow H+CN+M$	1.04×10^{29}	-3.3	126 600
231	$HCN+O\longrightarrow NCO+H$	1.11×10^{4}	2.64	4 980
232	$HCN+O\longrightarrow NH+CO$	2.77×10^{3}	2.64	4 980
233	$HCN+O\longrightarrow CN+OH$	2.13×10^{9}	1.58	26 600
234	$HCN+OH\longrightarrow HOCN+H$	1.10×10^{6}	2.03	13 370
235	$HCN+OH\longrightarrow HNCO+H$	4.40×10^{3}	2.26	6 400
236	$HCN+OH\longrightarrow NH_2+CO$	1.60×10^{2}	2.56	9 000
237	$H+HCN+M\longrightarrow H_2CN+M$	1.40×10^{26}	-3.4	1 900
238	$H_2CN+N\longrightarrow N_2+CH_2$	6.00×10^{13}	0.0	400
239	$C+N_2\longrightarrow CN+N$	6.30×10^{13}	0.0	46 020
240	$CH+N_2\longrightarrow HCN+N$	2.86×10^{8}	1.1	20 400
241	$CH+N_2(+M)\longrightarrow HCNN(+M)$	与压力有关	与压力有关	与压力有关
242	$CH_2+N_2\longrightarrow HCN+NH$	1.00×10^{13}	0.0	74 000
243[①]	$CH_2(S)+N_2\longrightarrow NH+HCN$	1.00×10^{11}	0.0	65 000
244	$C+NO\longrightarrow CN+O$	1.90×10^{13}	0.0	0.0
245	$C+NO\longrightarrow CO+N$	2.90×10^{13}	0.0	0.0
246	$CH+NO\longrightarrow HCN+O$	5.00×10^{13}	0.0	0.0
247	$CH+NO\longrightarrow H+NCO$	2.00×10^{13}	0.0	0.0
248	$CH+NO\longrightarrow N+HCO$	3.00×10^{13}	0.0	0.0
249	$CH_2+NO\longrightarrow H+HNCO$	3.10×10^{17}	-1.38	1 270

序　号	反　　应	正向反应速率常数 $k=AT^b\exp(-E_a/R_uT)$		
		$A/[g\cdot mol\cdot(cm^3\cdot s)^{-1}]$	b	$E_a/[cal\cdot(g\cdot mol)^{-1}]$
250	$CH_2+NO\longrightarrow OH+HCN$	2.90×10^{14}	-0.69	760
251	$CH_2+NO\longrightarrow H+HCNO$	3.80×10^{13}	-0.36	580
252[①]	$CH_2(S)+NO\longrightarrow H+HNCO$	3.10×10^{17}	-1.38	1 270
253[①]	$CH_2(S)+NO\longrightarrow OH+HCN$	2.90×10^{14}	-0.69	760
254[①]	$CH_2(S)+NO\longrightarrow H+HCNO$	3.80×10^{13}	-0.36	580
255	$CH_3+NO\longrightarrow HCN+H_2O$	9.60×10^{13}	0.0	28 800
256	$CH_3+NO\longrightarrow H_2CN+OH$	1.00×10^{12}	0.0	21 750
257	$HCNN+O\longrightarrow CO+H+N_2$	2.20×10^{13}	0.0	0.0
258	$HCNN+O\longrightarrow HCN+NO$	2.00×10^{12}	0.0	0.0
259	$HCNN+O_2\longrightarrow O+HCO+N_2$	1.20×10^{13}	0.0	0.0
260	$HCNN+OH\longrightarrow H+HCO+N_2$	1.20×10^{13}	0.0	0.0
261	$HCNN+H\longrightarrow CH_2+N_2$	1.00×10^{14}	0.0	0.0
262	$HNCO+O\longrightarrow NH+CO_2$	9.80×10^7	1.41	8 500
263	$HNCO+O\longrightarrow HNO+CO$	1.50×10^8	1.57	44 000
264	$HNCO+O\longrightarrow NCO+OH$	2.20×10^6	2.11	11 400
265	$HNCO+H\longrightarrow NH_2+CO$	2.25×10^7	1.7	3 800
266	$HNCO+H\longrightarrow H_2+NCO$	1.05×10^5	2.5	13 300
267	$HNCO+OH\longrightarrow NCO+H_2O$	4.65×10^{12}	0.0	6 850
268	$HNCO+OH\longrightarrow NH_2+CO_2$	1.55×10^{12}	0.0	6 850
269	$HNCO+M\longrightarrow NH+CO+M$	1.18×10^{16}	0.0	84 720
270	$HNCO+H\longrightarrow NH+HCO$	2.10×10^{15}	-0.69	2 850
271	$HNCO+H\longrightarrow OH+HCN$	2.70×10^{11}	0.18	2 120
272	$HNCO+H\longrightarrow NH_2+CO$	1.70×10^{14}	-0.75	2 890
273	$HOCN+H\longrightarrow H+HNCO$	2.00×10^7	2.0	2 000
274	$HCCO+NO\longrightarrow HCNO+CO$	2.35×10^{13}	0.0	0.0
275	$CH_3+N\longrightarrow H_2CN+H$	6.10×10^{14}	-0.31	290
276	$CH_3+N\longrightarrow HCN+H_2$	3.70×10^{12}	0.15	-90
277	$CH_3+N\longrightarrow NH_2+CH$	5.40×10^5	2.4	9 915
278	$CH_3+OH\longrightarrow CH_2+H_2O$	5.00×10^7	1.6	955
279	$CH_3+O\longrightarrow CH_2+OH$	9.40×10^6	1.94	6 460

① $CH_2(S)$ 为带电子 CH_2。

2. 甲烷的简化反应机理

鉴于甲烷的氧化很重要,为了使用方便,不少学者开始研究甲烷的简化反应动力学。研究

表明,当甲烷的温度高于 350 ℃时,其简化反应机理可以认为是

$$CH_4 + O_2 \longrightarrow CH_3 + HO_2 \tag{1}$$

$$CH_3 + O_2 \longrightarrow CH_2O + OH \tag{2}$$

$$OH + CH_4 \longrightarrow CH_3 + H_2O \tag{3}$$

$$HCO + O_2 \longrightarrow CO + HO_2 \tag{4}$$

$$HO_2 + CH_4 \longrightarrow H_2O_2 + CH_3 \tag{5}$$

$$HO_2 + CH_2O \longrightarrow H_2O_2 + HCO \tag{6}$$

$$OH + CH_2O \longrightarrow H_2O + HCO \tag{7}$$

$$CH_2O + O_2 \longrightarrow HCO + HO_2 \tag{8}$$

$$OH + 器壁 \longrightarrow 终止 \tag{9}$$

$$CH_2O + 器壁 \longrightarrow 终止 \tag{10}$$

$$H_2O_2 + CO \longrightarrow CO_2 + H_2O \tag{11}$$

反应(1)为链的引发,反应(2)～反应(7)为链的传递,反应(8)为链的分支,反应(9)和反应(10)为链的终止。反应(1)和反应(8)的活化能各为 $E_1 = 230$ kJ/mol,$E_8 = 134$ kJ/mol。链的分支反应(8)是由比较稳定的中间产物甲醛和反应物作用的结果,这种支链反应称为退化支链反应。实验发现,加入甲醛可以缩短甲烷燃烧的感应期。

附录 F　1 atm 下一些物质双分子扩散系数

物质 A	物质 B	T/K	$D_{AB} \times 10^5 /(m^2 \cdot s^{-1})$
苯(Benzene)	空气(Air)	273	0.77
二氧化碳(Carbon dioxide)	空气(Air)	273	1.38
二氧化碳(Carbon dioxide)	氮气(Nitrogen)	293	1.63
环己烷(Cyclohexane)	空气(Air)	318	0.86
癸烷(n-Decane)	氮气(Nitrogen)	363	0.84
十二烷(n-Dodecane)	氮气(Nitrogen)	399	0.81
乙醇(Ethanol)	空气(Air)	273	1.02
己烷(n-Hexane)	氮气(Nitrogen)	288	0.757
氢(Hydrogen)	空气(Air)	273	0.611
甲醇(Methanol)	空气(Air)	273	1.32
辛烷(n-Octane)	空气(Air)	273	0.505
辛烷(n-Octane)	氮气(Nitrogen)	303	0.71
甲苯(Toluene)	空气(Air)	303	0.88
异辛烷(2,2,4-Trimethyl pentane (Isooctane))	氮气(Nitrogen)	303	0.705
三甲基庚烷(2,2,3-Trimethyl heptane)	氮气(Nitrogen)	363	0.684
水(Water)	空气(Air)	373	2.2

① 数据来源：Perry R. H., Green D. W., Maloney J. O., Perry's Chemical Engineers' Handbook, 6th Ed., McGraw-Hill, New York, 1984。

② 用 $D_{AB}T^{3/2}/p$ 估计双分子扩散系数与压力及温度的关系, 假设物质是理想气体。

附录 G 一些物质的物性参数

表 G.1 部分液体燃料的闪点

液体燃料名称	闪点/℃	液体燃料名称	闪点/℃
汽油	−58~10	乙醚	−45
煤油	28~45	丙酮	−20
酒精	11	乙酸	40
苯	−14	松节油	35
甲苯	5.5	乙二醇	110
二甲苯	2.5	二苯醚	115
二硫化碳	−45	菜籽油	163

表 G.2 空气中某些可燃物的最低着火温度

可燃物质	最低着火温度/℃	可燃物质	最低着火温度/℃
甲烷	537	甲醇	385
乙烷	472	乙醇	363
丙烷	432	1-丙醇	412
丁烷	287	1-甲醇	343
戊烷	260	氢气	500
己烷	223	一氧化碳	609
庚烷	204	氧化乙烯	429
辛烷	260	醋酸	463
异辛烷	415	甲醛	424
氨	651	聚乙烯	350
乙烯	450	聚苯乙烯	495
丙烯	455	乙炔	305
聚氯乙烯	530	环乙烷	245
甲苯	480	苯	498

表 G.3 气体燃料可燃浓度极限(1 atm,室温)

可燃性气体	下　限		上　限	
	体积百分数	当量比	体积百分数	当量比
甲烷	5	0.5	15	1.69
乙烷	3	0.52	12.5	2.39

可燃性气体	下　限		上　限	
	体积百分数	当量比	体积百分数	当量比
丙烷	2.1	0.51	9.5	2.51
丁烷	1.6	0.5	8.4	2.85
戊烷	1.5	0.58	7.8	323
己烷	1.1	0.5	7.5	3.66
庚烷	1.05	0.56	6.7	376
辛烷	1	0.6	6.5	4.27
异辛烷	1.1	0.66	6	3.8
乙烯	2.7	0.4	36	8.04
丙烯	2	0.44	11.1	2.67
环乙烷	1.3	0.57	8	3.74
苯	1.3	0.49	7.1	2.74
甲苯	1.2	0.52	7.1	3.27
甲醇	6	0.46	36	4.03
乙醇	3.3	0.49	19	3.36
1-丙醇	2.2	0.48	13.7	3.4
1-丁醇	1.4	0.41	11.2	3.6
氢气	4	0.1	75	7.17
一氧化碳	12.5	0.34	74	6.8
氧化乙烯	3.6	0.44	100	无穷
醋酸	4	0.4	19.9	2.37
甲醛	7	0.36	73	12.9
氨	16	—	25	—

表 G.4　可燃气体与空气混合的层流火焰传播速度最大值及相应的浓度值(1 atm，室温)

可燃气体	最大层流火焰传播速度/ $(cm \cdot s^{-1})$	可燃气体浓度值	
		体积百分数	当量比
甲烷	3.70	9.98	1.06
乙烷	40.1	6.28	1.14
丙烷	43.0	4.56	1.14
丁烷	37.9	3.52	1.13
戊烷	38.5	2.92	1.15
己烷	38.5	2.15	1.17

可燃气体	最大层流火焰传播速度/	可燃气体浓度值	
	（cm·s^{-1}）	体积百分数	当量比
庚烷	38.6	2.26	1.21
二甲基丙烷	34.9	3.48	1.12
二甲基丁烷	36.6	2.89	1.14
乙烯	75.0	7.43	1.15
丙烯	43.8	5.04	1.14
乙炔	154.0	9.80	1.30
环乙烷	38.7	2.65	1.17
苯	40.7	3.34	1.24
甲醇	55.0	12.40	1.01
一氧化碳	43.0	52.00	2.57
氢气	291.2	43.00	1.80

表 G.5　部分气体燃料的可燃浓度极限

可燃物	下限 Vol%	上限 Vol%	可燃物	下限 Vol%	上限 Vol%
氢气	4.0	75	一氧化碳	12.5	74
甲烷	5.3	14.0	乙炔	2.5	81
轻质汽油	1.3	7.0	苯	1.4	7.1
乙醇	4.3	19	四乙醚	1.9	48
二硫化碳	1.3	44	甲醇	7.3	6.7
甲苯	1.4	6.7	氨	16	25

表 G.6　燃料在空气中的物理和燃烧性质

燃料	相对分子质量	密度/(kg·m⁻³)	沸点/℃	蒸发热/(cal·g⁻¹)	燃烧热/(kcal·g⁻¹)	可燃极限（与化学计量比的比值/%）		自燃温度/℃	最大火焰速度时的燃料百分数（与化学计量比的比值/%）	最大火焰速度/(cm·s⁻¹)	最大火焰时的火焰温度/K	点火能·10⁵/cal		熄火距离/mm	
						贫	富					相应的化学计量比	最小计量比	相应的化学计量比	最小计量比
乙醛	44.1	0.783	−56.7	136.1								8.99		2.29	
丙酮	58.1	0.792	56.7	125.0	7.36	59	233	561.1	131	50.18	2 121	2.75		3.81	
乙炔	26.0	1.621	−83.9		11.52	31	752	305.0	133	155.25		0.72		0.76	
丙烯醛	56.1	0.841	52.8			48		277.8	100	61.75		4.18		1.52	
乙烯腈	531.0	0.797	78.3			87		481.1	105	46.75	2 461	8.60	3.82	2.29	1.52
氨	17.0	0.817	−33.3	328.3				651.1			2 600				
苯胺	93.1	1.022	184.4	103.4				593.3							
苯	78.1	0.885	80.0	103.2	9.56	43	336	591.7	108	44.60	2 365	13.15	5.38	2.79	1.78
苯甲醛	108.1	1.050	205.0					427.8							
丁二烯-[1,2]	54.1	0.658	11.1		10.87				117	63.90	2 419	5.60		1.30	
正丁烷	58.1	0.584	−0.5	92.2	10.92	54	330	430.6	113	41.60	2 256	18.16	6.21	3.05	1.78
丁酮	72.1	0.805	79.4	106.1					100	39.45		12.67	6.69	2.54	2.03
乙烯-[1]	55.1	0.601	−6.1	93.3	10.82	53	353	443.3	116	47.60	2 319				
二硫化碳	76.1	1.263	46.1	83.9		18	1 120	120.0	54.46	102		0.36		0.51	
一氧化碳	28.0		−190.0	50.6		34	676	608.9	42.88	170					
环丁烷	56.1	0.703	12.8						62.18	115	2 308				
环己烷	84.2	0.783	80.6	85.6	10.47	48	401	270.0	42.46	117	2 250	32.98	5.33	4.06	1.78
环己烯	82.1	0.810	82.8						44.17			20.55		3.30	
环戊烷	70.1	0.751	49.4	92.8	10.56			385.0	41.17	117	2 264	19.84		3.30	

续表 G.6

燃料	相对分子质量	密度/(kg·m⁻³)	沸点/℃	蒸发热/(cal·g⁻¹)	燃烧热/(kcal·g⁻¹)	可燃极限(与化学计量比的比值/%) 贫	可燃极限 富	自燃温度/℃	最大火焰速度时的燃料百分数(与化学计量比的比值/%)	最大火焰速度/(cm·s⁻¹)	最大火焰时的火焰温度/K	点火能·10⁵/cal 相应的化学计量比	点火能 最小计量比	熄火距离/mm 相应的化学计量比	熄火距离 最小计量比
环丙烷	42.1	0.720	−34.4			58	276	497.8	52.32	113	2 328	5.76	5.50	1.78	
萘烷	138.2	0.874	187.2					271.1	33.88	109	2 222				
正癸烷	142.3	0.734	174.0	86.0	10.56	45	356	231.7	40.31	105	2 286				
二乙醚	74.1	0.714	34.4	83.9		555	2 640	185.6	43.74	115	2 253	11.71	6.69	2.06	
乙烷	30.1		−88.9	116.7	11.34	50	272	472.2	44.17	112	2 244	10.04	5.74	2.54	
醋酸乙酯	88.1	0.901	77.2		6.40	61	236	486.1	35.59	100		33.94	11.47	2.29	
乙醇	46.1	0.789	78.5	200.0				392.2			57.36				
乙胺	45.1	0.706	16.7	146.1								5.33		4.32	
环氧乙烷	44.1	1.965	10.6	138.9				428.9	100.35	125	2 411	2.51	1.48	1.27	1.02
正庚烷	100.2	0.688	98.5	87.1	10.62	53	450	247.2	122	42.46	2 214	27.49	5.74	3.81	1.78
正己烷	86.2	0.664	68	87.1	10.69	51	400	260.6	117	42 046	2 239	22.71	5.50	2.56	1.78
氢	2.0		−252.7	107.8	28.65			571.1	170	291.1	2 380	0.36	0.36	0.51	0.51
异丙醛	60.1	0.785	82.2	158.9				455.6	100	38.16		15.54		2.79	
煤油	154.0	0.825	250	69.05	10.30										
甲烷	16.0		−161.7	121.7	11.95	46	164	632.2	106	37.31	2 236	7.89	6.93	2.54	2.03
甲醇	32.0	0.793	64.5	263.0	4.47	48	408	470.0	101	52.32		5.14	3.35	1.78	1.52
甲酸甲脂	60.1	0.975	31.7	112.8				238.9			2 251	14.82		2.79	
正壬烷	128.3	0.772	150.6	68.9	10.67	47	434	240.0							
正辛烷	114.2	0.707	125.6	71.7	10.70	51	425								

续表 G.6

燃料	相对分子质量	密度/(kg·m⁻³)	沸点/℃	蒸发热/(cal·g⁻¹)	燃烧热/(kcal·g⁻¹)	可燃极限(与化学计量比的比值/%) 贫	可燃极限(与化学计量比的比值/%) 富	自燃温度/℃	最大火焰速度时的燃料百分数(与化学计量比的比值/%)	最大火焰速度/(cm·s⁻¹)	最大火焰时的火焰温度/K	点火能·10⁵/cal 相应的化学最小计量比	熄火距离/mm 相应的化学最小计量比
正戊烷	72.1	0.631	36.0	87.1	1082	54	359	284.4	115	42.16	2 250	19.60	3.30
戊烯-[1]	70.1	0.646	34.0		10.75	47	370	298.3	114	46.75	2 314	5 326	1.78
丙烷	44.1	0.508	−42.2	101.7	11.07	51	283	507.4	114	42.89	2 250	7.29	2.03
丙烯	42.1	0.522	−47.7	104.5	10.94	48	272	557.8	114	48.03	2 339	6.74	2.03
正丙醇	60.1	0.804	97.2	163.9			433.3						
甲苯	92.1	0.872	110.6	86.7	9.78	43	322	567.8	105	38.60	2.344		
二乙胺	101.2	0.723	89.4	80.0	10.30						27.48	3.81	1.78
二甲苯	106.0	0.870	130.0	81.0	10.54								
汽油73辛烷	120.0	0.720	155.0					298.9					
汽油100辛烷								468.3	106	37.74			
喷气燃料JP1	150.0	0.810			10.28			248.9	107	36.88			
JP3	112.0	0.760			10.39								
JP4	126	0.780			10.39			261.1	107	38.17			
JP5	170.0	0.830			10.28			242.2					

附录 H 国外典型燃气轮机参数

型号	首台生产时间/年	ISO基本负荷功率/kW	热耗率/[kJ/(kW·h)]	热效率/%	增压比	空气流量/(lb·s⁻¹)	输出轴转速/(r·min⁻¹)	排气温度/℉	近似质量/lb	近似尺寸 长×宽×高/(ft·ft·ft)	备 注
阿尔斯通公司(Alstom)(50 Hz)											
GT11N2	1993	113 600	10 810.6	33.3	15.9	882.0	3 610	979	419 000	43×18×33	可用双燃料燃烧室
GT13E2	2012	202 700	9 473.9	38.0	18.2	1 376.0	3 000	934	772 000	36×18×18	可用双燃料燃烧室
GT26	2011	326 000	8932.7	40.3	35.0	1 526.0	3 000	1 117	895 000	39×16×18	可用双燃料燃烧室
安萨尔多能源公司(Ansaldo Energia)											
AE64.3A	1996	75 000	10 027.8	35.9	16.7	476	3 000/3 600	1 065	220 000	36×13×16	AE64.3A 燃气轮机包括附件齿轮箱
AE94.2	1981	170 000	10 365.4	34.7	11.5	1 179.0	3 000	1 026	617 000	46×41×28	
AE94.2K	1981	170 000	9 862.1	36.5	12.0	1 190.0	3 000	1 013	617 000	46×41×28	AE94.2K 燃气轮机还燃用合成气
AE94.3A	1995	310 000	9 044.5	39.8	19.5	1 653.0	3 000	1 069	794 000	43×20×26	包括附属系统的重量
GE能源集团公司(GE Energy)(50 Hz)											
LM1800e	2011	18 100	10 476.2	34.4	15.6	131.0	3 000	916	210 000	57×9×10	
LM2000PS	2000	18 363	10 417.1	34.6	15.6	142.7	3 000	866	210 000	57×9×10	喷水
LM2000PJ	2000	17 855	10 240.9	35.1	15.6	136.1	3 000	925	210 000	57×9×10	干低排放(DLE)
LM2500PE	1981	23 091	10 251.4	35.1	19.1	157.4	3 000	963	250 000	57×9×10	喷水
LM2500PJ	1981	21 846	9 859.0	36.5	19.1	151.0	3 000	995	250 000	57×9×10	干低排放

续表

型　号	首台生产时间/年	ISO基本负荷功率/kW	热耗率/[kJ/(kW·h)]	热效率/%	增压比	空气流量/(lb·s⁻¹)	输出轴转速/(r·min⁻¹)	排气温度/°F	近似质量/lb	近似尺寸 长×宽×高/(ft·ft·ft)	备　注
LM2500PK	1995	29 316	9 797.8	36.7	19.1	196.6	3 000	911	250 000	57×9×10	喷水
LM2500PR	1981	29 962	9 341.0	38.5	19.4	191.3	3 000	982	250 000	57×9×23	干低排放
LM2500＋RC	2005	36 024	9 689.1	37.2	23.0	213.0	3 000	945	250 000	65×10×23	喷水
LM2500＋RD	2005	32 881	9 256.6	38.9	23.0	201.0	3 000	977	250 000	65×10×23	干低排放
LM6000PC	1997	43 339	8 987.5	40.1	29.8	283.2	3 000	803	673 770	65×14×15	喷水
LM6000PC Sprint	1998	50 836	8 923.2	40.3	31.9	296.9	3 000	835	673 770	65×14×15	喷水
LM6000PD	1997	42 732	8 622.5	41.7	29.8	274.8	3 000	844	673 770	65×14×15	干低排放
LM6000PD Sprint	2000	47 505	8 610.9	41.8	31.7	290.0	3 000	835	67 3770	65×14×15	干低排放
LM6000PF	2006	42 732	8 622.5	41.7	29.8	274.8	3 000	844	673 770	65×14×15	干低排放,15×10⁻⁶NOₓ
日立株式会社(Hitachi)(所有 Hitachi 燃气轮机都是在 3.5″进气损失、2.5″排气损失和轴驱动辅助设备功率损失下的有效功率)											
H－15	1990	16 900	10 497.3	34.3	14.7	116.0	9 710	1 047	440 000	65×20×35	50/60 Hz
H－25	1988	32 000	10 345.3	34.8	14.7	207.0	7 280	1 047	661 000	80×30×45	50/60 Hz
PG6101(FA)	1993	70 100	10 534.2	34.2	15.0	453.0	5 254	1 100	1 070 000	120×20×34	50/60 Hz
PG7121(EA)	1987	85 100	11 003.7	32.7	12.7	661.0	3 600	1 000	1 070 000	132×71×31	60 Hz
PG7241(FA)	1997	171 700	9 874.8	36.5	15.5	1 003.0	3 600	1 000	1 642 000	180×75×31	60 Hz
PG9171(E)	1987	125 400	10 708.3	33.6	12.6	921.0	3 000	1 009	1 900 000	115×77×39	50 Hz
PG9351(FA)	1996	255 600	9 758.8	36.9	17.0	1 462.0	3 000	1 116	2 400 000	112×25×50	50 Hz

续表

型号	首台生产时间/年	ISO基本负荷功率/kW	热耗率/[kJ/(kW·h)]	热效率/%	增压比	空气流量/(lb·s⁻¹)	输出轴转速/(r·min⁻¹)	排气温度/℉	近似质量/lb	近似尺寸 长×宽×高/(ft·ft·ft)	备 注
石川岛播磨重工业电力系统公司(IHI Power Systems)(50/60Hz)											
IM270	1996	2 000	14 643.4	24.6	12.2	21.3	20 300	1 013	4 409	8×3×3	干低氮氧化物
LM2500RB	2006	31 970	9 199.6	39.2	23.0	193.9	6 100	958	31 228	19×8×9	
LM6000PH	2010	49 009	8 780.8	41.0	35.0	305.5	3 930	884	TBD		
LM6000PH Sprint	2010	51 342	8 773.4	41.1	35.0	308.5	3 930	878	TBD		
LM6000PG	2009	54 621	8 825.1	40.8	35.0	315.9	3 930	871	16 240	16×7×7	
LM6000PG Sprint	2009	55 985	8 957.0	40.2	35.0	312.8	3 930	876	16 240	16×7×7	
川崎重工业株式会社(Kawasaki Heavy Industries)											
M1A-13D	1995	1 485	15 021.1	24.0	9.6	17.5	1 500 或 1 800	987	7 518	8×4×7	
M1A-17D	2010	1 685	13 547.3	26.0	10.5	17.7		970	7 826	10×5×7	
M1T-13D	1995	2 930	15 238.4	23.6	9.5	35.1		988	13 801	8×7×7	在发动机终端,M7A-01和M7A-02的总发电效率分别为95%和97%
M7A-01	1993	5 530	12 143.1	29.6	13.1	47.9		1 013	9 921	12×5×6	
M7A-02	1997	6 800	11 868.8	30.3	15.9	59.5		960	11 023	12×5×6	
MTA-02D	1997	6 740	11 911.0	30.2	15.9	59.5		955	11 470	12×5×6	LL30A,M1A - 13D,M1A - 17D,MIT - 13D,M7A - 01D,M7A - 02D,M7A - 03D发电效率为98.5%

续表

型号	首台生产时间/年	ISO基本负荷功率/kW	热耗率/[kJ/(kW·h)]	热效率/%	增压比	空气流量/(lb·s⁻¹)	输出轴转速/(r·min⁻¹)	排气温度/°F	近似质量/lb	近似尺寸 长×宽×高/(ft·ft·ft)	备 注
三菱重工业株式会社 (Mitsubishi Heavy Indystries) (50/60 Hz)											
M7A-03D	2006	7 800	10 739.9	33.6	15.6	60.1	—	973	12 700	14×5×6	
L20A	2001	18 522	10 495.1	34.3	18.6	131.8		1 006	35 274	22×7×9	L20A 和 L30A 带有低氮氧化物燃烧室
L30A	2012	30 120	8 969.6	40.1	24.9	195.6		878	68 343	24×11×12	
MF-61	1989	5 925	12 565.1	28.7	15.0	60.0	13 800	925	21 605	12×8×10	
MFT-8	1994	26 780	9 305.1	38.7	21.0	190.0	5 000	867	14 771	23×8×8	MFT-8 燃气轮机的轴输出功率
MF-221	1994	30 000	11 256.9	32.0	15.0	238.0	7 200	991	110 229	25×12×11	
PW 电力系统公司 (Pratt & Whitney Power Systems)											
MobilePac	2005	24 220	10 340.1	34.8	19.3	188.2	3 000	850			喷水，可移动
MobilePac	2005	26 140	9 972.9	36.1	19.3	187.5	3 600	861			喷水，可移动
SwiftPac 25 DLN	2003	25 455	9 452.8	38.1	19.5	186.9	3 000/3 600	856			
SwiftPac 50 DLN	2003	51 235	9 394.8	38.3	19.5	373.8	3 000/3 600	856			
罗-罗 (Rolls-Royce) 公司 (50 Hz/60 Hz)											
501-KB5S	1990	3 897	12 393.1	29.0	10.3	33.9	14 200	1 040	85 980	30×9×10	
RB211-G62 DLE	1993	27 216	9 903.3	36.4	20.8	201.2	4 800	934		61×13×16	
RB211-GT62 DLE	1999	29 845	9 588.9	37.5	21.5	210.2	4 800	938		61×13×16	
RB211-GT61 DLE	2000	32 130	9 158.5	39.3	21.5	206.9	4 850	949		61×13×16	

续表

型号	首台生产时间/年	ISO基本负荷功率/kW	热耗率/ [kJ/(kW·h)]	热效率/%	增压比	空气流量/ (lb·s⁻¹)	输出轴转速/ (r·min⁻¹)	排气温度/°F	近似质量/ lb	近似尺寸 长×宽×高/ (ft·ft·ft)	备注
西门子能源公司 (Siemens Energy) (50/60 Hz)											
SGT-100	1997	5 050	11 915.2	30.2	14.3	43.0	17 384	1 015	77 000	36×9×13	
SGT-100	2010	5 400	11 613.4	31.0	15.6	45.4	17 384	988	77 000	36×9×13	
SGT-300	1995	7 900	11 771.7	30.6	13.8	66.0	14 010	1 008	129 800	39×19×13	
SGT-400	1997	12 900	10 356.9	34.8	16.9	87.0	9 500	1 031	184 800	46×10×14	
SGT-400	2010	14 400	10 233.5	35.2	18.9	97.9	9 500	1 009	184 800	46×10×14	
SGT-700	1999	32 214	9 764.0	36.9	18.2	106.0	6 500	1 026	317 000	63×15×13	
SGT-750	2012	35 930	9 270.3	38.7	23.8	249.8	6 100	864			
SGT-800	1998	47 500	9 556.2	37.2	20.2	292.8	6 608	1 006	379 000	56×15×13	
SGT-800	2010	50 500	9 406.4	38.3	20.8	295.8	6 608	1 027	379 000	56×15×13	
索拉涡轮公司 (Solar Turbines)											
Centaur 40	1992	3 515	12 913.2	27.9	27.9	41.9	15 000	835	69 760	32×9×11	
Centaur 50	1993	4 600	12 269.7	29.3	29.3	42.1	16 500	956	65 860	32×8×11	
Mercury 50	1997	4 600	9 350.5	38.5	38.5	39.0	15 000	710	100 700	37×10×12	回热燃气轮机
Taurus 60	1993	5 670	11 425.7	31.5	31.5	48.0	13 950	960	87 160	32×9×11	
Taurus 65	2005	6 300	10 945.6	32.9	32.9	46.5	15 000	1 002	87 160	32×9×11	
Taurus 70	1994	7 965	10 502.5	34	34.0	59.4	11 000	951	138 000	39×10×12	
Mars 100	1994	11 430	10 935.1	32.9	32.9	93.1	9 500	913	190 000	47×9×13	
Titan 130	1998	15 000	10 228.2	35.2	35.2	109.8	8 500	932	191 465	46×11×11	

参考文献

[1] (美) Stephen R Turns. 燃烧学导论:概念与应用[M]. 3 版. 姚强,李水清,王宇,译. 北京:清华大学出版社,2015.

[2] 韩昭沧. 燃料及燃烧[M]. 北京:冶金工业出版社,2015.

[3] 许晋源,徐通模. 燃烧学-修订本[M]. 北京:机械工业出版社,1990.

[4] Frenklach M, Hai W, Rabinowitz M J. Optimization and analysis of large chemical kinetic mechanisms using the solution mapping method—combustion of methane[J]. Progress in Energy & Combustion Science, 1992, 18(1):47-73.

[5] 周力行. 多相湍流反应流体力学[M]. 北京:国防工业出版社,2002.

[6] (美) Stephen R Turns. 燃烧学导论:概念与应用[M]. 2 版. 姚强,李水清,王宇,译. 北京:清华大学出版社,2009.

[7] 严传俊,范玮. 燃烧学[M]. 西安:西北工业大学出版社,2005.

[8] 张群,黄希桥. 航空发动机燃烧学[M]. 北京:国防工业出版社,2015.

[9] 冉景煜,张力. 工程燃烧学[M]. 北京:中国电力出版社,2014.

[10] 潘剑锋. 燃烧学理论基础及其应用[M]. 镇江:江苏大学出版社,2013.

[11] 隆武强. 燃烧学[M]. 北京:科学出版社,2015.

[12] 徐通模. 燃烧学[M]. 北京:机械工业出版社,2011.

[13] 徐旭常,周力行. 燃烧技术手册[M]. 北京:化学工业出版社,2008.

[14] 周力行. 燃烧理论和化学流体力学[M]. 北京:科学普及出版社,1986.

[15] 方庆艳. 燃烧数值模拟方法与应用[M]. 北京:中国电力出版社,2017

[16] 熊姹,范玮. 应用燃烧诊断学[M]. 西安:西北工业大学出版社,2014.

[17] 娄春. 工程燃烧诊断学[M]. 北京:中国电力出版社,2016

[18] 汪军,马其良,张振东. 工程燃烧学[M]. 北京:中国电力出版社,2008.

[19] 胡双启. 燃烧与爆炸[M]. 北京:北京理工大学出版社,2015.

[20] 童正明,张松寿,周文铸. 工程燃烧学[M]. 北京:中国计量出版社,2008.

[21] 李永华. 燃烧理论与技术[M]. 北京:中国电力出版社,2011.

[22] 张群,范玮,徐华胜,等. 低排放航空燃气轮机燃烧技术[J]. 航空制造技术, 2013(9): 75-79.

[23] 尉曙明. 先进燃气轮机燃烧室设计研发[M]. 上海:上海交通大学出版社,2014.

[24] 赵洪滨. 热力涡轮机械装置[M]. 北京:清华大学出版社,2014.

[25] 李孝堂,侯凌云,杨敏. 现代燃气轮机技术[M]. 北京:航空工业出版社,2006.

[26] 忻建华,钟芳源. 燃气轮机设计基础[M]. 上海:上海交通大学出版社,2015.

[27] (美)博伊斯. 燃气轮机工程手册[M]. 马丽敏,等译. 北京:石油工业出版社,2012.

[28] 李孝堂. 世界航改燃气轮机的发展[M]. 北京:航空工业出版社,2017.

[29] 《世界燃气轮机手册》编委会. 世界燃气轮机手册[M]. 北京:航空工业出版社,2011.

[30] 林宇震,许全宏,刘高恩. 燃气轮机燃烧室[M]. 北京:国防工业出版社,2008.

［31］赵士杭. 燃气轮机原理、结构与应用［M］. 北京：科学出版社，2002.

［32］翁史烈. 燃气轮机与蒸汽轮机［M］. 上海：上海交通大学出版社，1996.

［33］翁史烈. 现代燃气轮机装置［M］. 上海：上海交通大学出版社，2015.

［34］郑体宽. 热力发电厂［M］. 北京：中国电力出版社，2008.

［35］付忠广. 电厂燃气轮机概论［M］. 北京：机械工业出版社，2013.

［36］姚秀平. 燃气轮机与联合循环［M］. 北京：中国电力出版社，2010.

［37］任其智，等. PG9531FA 燃气轮机原理与应用教程［M］. 北京：电子工业出版社，2014.

［38］刘惠明. 燃气轮机及其联合循环发电技术的实践与探索［M］. 广州：华南理工大学出版社，2018.

［39］李磊. 燃气轮机涡轮冷却叶片设计及优化［M］. 北京：科学出版社，2018.

［40］李淑英. 燃气轮机性能分析［M］. 哈尔滨：哈尔滨工程大学出版社，2017.

［41］刘爱虢. 气体燃料燃气轮机低排放燃烧室技术发展现状及水平［J］. 沈阳航空航天大学学报，2018，35（4）：28.

［42］李苏辉，张归华，吴玉新. 面向未来燃气轮机的先进燃烧技术综述［J］. 清华大学学报（自然科学版），2021（12）：61.

［43］胡晓煜. 世界燃气轮机手册［M］. 北京：航空工业出版社，2011.

［44］清华大学热能工程系动力机械与工程研究所. 燃气轮机与燃气——蒸汽联合循环装置［M］. 北京：中国电力出版社，2007.

［45］岑可法，姚强，骆仲泱，等. 燃烧理论与污染控制［M］. 北京：机械工业出版社，2004.

［46］Lefebvre A H，Ballal D R，Bahr D W. GAS TURBINE COMBUSTION—Alternative Fuels and Emissions［J］. Journal of Engineering for Gas Turbines & Power，2010，132（11）：77.

［47］勒菲沃 A H，鲍拉尔 D R. 燃气涡轮发动机燃烧［M］. 北京：航空工业出版社，2016.

［48］田中，优佑，野势，等. Development of the Low NOx Combustion System with EGR for 1700℃ class Gas Turbine［J］. Mitsubishi Heavy Industries Technical Review，2013，50（1）：2-7.

［49］Karim H，Natarajan J，Narra V，et al. Staged Combustion System for Improved Emissions Operability and Flexibility for 7HA Class Heavy Duty Gas Turbine Engine［C］// Asme Turbo Expo：Turbomachinery Technical Conference & Exposition，2017.

［50］Sullivan-Lewis E，Hack R，Mcdonell V. PerformanceAssessment of a Gas Fired RQL Combustion System Operated in a Vitiated Air Stream［C］// Aiaa/asme/sae/asee Joint Propulsion Conference & Exhibit，2012.

［51］Haque M A，Nemitallah M A，Abdelhafez A A，et al. Review of fuel/oxidizer-flexible combustion in gas turbines［J］. Energy & Fuels，2020，34（9）：10459-10485.

［52］Hoferichter V，Ahrens D，Kolb M，et al. A Reactor Model for the NO_x Formation in a Reacting Jet in Hot Cross Flow Under Atmospheric and High Pressure Conditions［C］// Asme Turbo Expo：Turbine Technical Conference & Exposition，2014.

［53］Mckinney R，Cheung A，Sowa W，et al. The Pratt & Whitney TALON X Low Emissions Combustor：Revolutionary Results with Evolutionary Technology［C］// Aiaa

Aerospace Sciences Meeting & Exhibit，2007.

[54] Alan S Feitelberg，Michael A Lacey. The GE rich-quench-lean gas turbine combustor. [J]. Journal of Engineering for Gas Turbines & Power，1998，120(3)：502-508.

[55] York W D，Ziminsky W S，Yilmaz E. Development and Testing of a Low NO_x Hydrogen Combustion System for Heavy-Duty Gas Turbines[J]. Journal of Engineering for Gas Turbines and Power，2013：135(2)：022001. 1-022001. 8.

[56] Lee H，Hernandez S，Mcdonell V，et al. Development of Flashback Resistant Low-Emission Micro-Mixing Fuel Injector for 100% Hydrogen and Syngas Fuels[C]// Asme Turbo Expo：Power for Land，Sea，& Air，2009：411-419.

[57] Li H，Elkady A，Evulet A. Effect of Exhaust Gas Recirculation on NO_x Formation in Premixed Combustion System[C]// 47th AIAA Aerospace Sciences Meeting including The New Horizons Forum and Aerospace Exposition，2013.

[58] Combustor J，Group H. Catalytic Combustion for the Gas Turbine a Review of Research at Cranfield University[C]// Catalysis Today，2003.

[59] Kajita S，Betta R D. Achieving ultra low emissions in a commercial 1. 4 MW gas turbine utilizing catalytic combustion[J]. 2003，83(1-4)：279-288.

[60] Fant D B，Jackson G S，Karim H，et al. Status of Catalytic Combustion R&D for the Department of Energy Advanced Turbine Systems Program[J]. Journal of Engineering for Gas Turbines & Power，2001，122(2)：154-183.

[61] Smith L L，Karim H，Castaldi M J，et al. Rich-Catalytic Lean-Burn Combustion for Low-Single-Digit NO[sub x] Gas Turbines[J]. Journal of Engineering for Gas Turbines & Power，2005，127(1)：27-35.

[62] Cheng R K. Low swirl combustion，the gas turbine handbook[M]. U. S. Department of Energy，National Energy Technology Laboratory，Morgantown，WV，2006.

[63] Ochrymiuk T，Badur J. Flameless oxidation at the GT26 gas turbine：numerical study via full chemistry [J]. Centrum Informatyczne Trójmiejskiej Akademickiej Sieci Komputerowej，TASK QUARTERLY，2001，5，(2)：239-246.

[64] Levy Y，Sherbaum V，Arfi P. Basic thermodynamics of FLOXCOM，the low-NOx gas turbines adiabatic combustor[J]. Applied Thermal Engineering，2004，24(11-12)：1593-1605.

[65] Kruse S，Kerschgens B，Berger L，et al. Experimental and numerical study of MILD combustion for gas turbine applications[J]. Applied Energy，2015，148：456-465.

[66] Khallaghi N，Hanak D P，Manovic V. Techno-economic evaluation of near-zero CO_2 emission gas-fired power generation technologies：A review[J]. Journal of Natural Gas Science and Engineering，2019：103095，1-13.

[67] Qian W，Liu H，Zhu M，et al. Kinetics Study of a Staged Combustor Concept for Oxy-Fuel Combustion Gas Turbine Cycles[C]// ASME Turbo Expo 2019：Turbomachinery Technical Conference and Exposition，2019.

[68] Sundkvist S G，Dahlquist A，Janczewski J，et al. Concept for a combustion system in

oxyfuel gas turbine combined cycles[C]// Asme TurboExpo：Turbine Technical Conference & Exposition，2014.

[69] Strakey P A. Oxy-Combustion Modeling for Direct-Fired Supercritical CO_2 Power Cycles[J]. Journal of Energy Resources Technology，2019，141(7)：070706.1-8.

[70] Manikantachari K，Martin S，Vesely L，et al. A Strategy of Reactant Mixing in Methane Direct-Fired sCO$_2$ Combustors[C]// ASME Turbo Expo 2018：Turbomachinery Technical Conference and Exposition. 2018.

[71] 侯凌云，侯晓春. 喷嘴技术手册[M]. 2 版. 北京：中国石化出版社，2007.

[72] Lefebvre A H. Atomization and sprays[M]. Hemisphere Pub. Corp，1988.

[73] 张宝诚. 航空发动机试验和测试技术[M]. 北京：北京航空航天大学出版社，2005.

[74] 李应红. 航空涡轮风扇发动机试验技术与方法[M]. 上海：上海交通大学出版社，2014.

[75]《航空发动机设计手册》总编委会. 航空发动机设计手册：第 9 册：主燃烧室[M]. 北京：航空工业出版社，2000.

[76] 甘晓华. 航空燃气轮机燃油喷嘴技术[M]. 北京：国防工业出版社，2006.

[77] 李孝堂. 航机改型燃气轮机设计及试验技术[M]. 北京：航空工业出版社，2017.

[78] 黄素逸，周怀春. 现代热物理测试技术[M]. 北京：清华大学出版社，2008.

[79] 邓开发. 激光技术与应用[M]. 长沙：国防科技大学出版社，2002.

[80] 安毓英，刘继芳，曹长庆. 激光原理与技术[M]. 北京：科学出版社，2010.

[81] 魏彪. 激光原理及应用[M]. 重庆：重庆大学出版社，2007.

[82] 姚兆普. 非预混火焰热声耦合机理的理论和计算分析[D]. 北京：清华大学，2012.

[83] 李国能. 燃烧诱发热声不稳定特性及控制研究[D]. 杭州：浙江大学，2009.